Robert Jötten

Leistungselektronik

Band 1 : Stromrichter - Schaltungstechnik

Mit 213 Bildern

Vieweg

Prof. Dr.-Ing. *Robert Jötten* ist Leiter des Instituts für Stromrichtertechnik und Antriebsregelung der Technischen Hochschule Darmstadt

Verlagsredaktion: *Alfred Schubert*

ISBN 3 528 0**3062** 3

1977

Satz: Vieweg, Braunschweig
Druck: fotokop, Darmstadt
Buchbinder: Junghans, Darmstadt
Printed in Germany

Vorwort

Mit dem vorliegenden ersten Teil der auf zwei Bände angelegten „Leistungselektronik“ wird ein Lehr- und Arbeitsbuch vorgelegt, das zum Gebrauch neben einer Vorlesung wie auch zum Selbststudium geeignet sein soll. Auf die mathematischen Grundlagen wird soweit wie nötig und möglich eingegangen. Es wurde jedoch versucht, den Inhalt auch dem mathematisch weniger geübten Leser zugänglich zu machen. Wo es angängig war, wurden die mathematischen Sachverhalte graphisch veranschaulicht, und es wurden z. B. Lösungen von Differentialgleichungen für Schaltvorgänge in geschlossener Form für häufig vorkommende Fälle angegeben. Sie werden damit u.U. benutzbar, ohne daß man die Lösung immer nachvollziehen muß.

Die Grundlagen der Halbleiterventile und die Signalverarbeitung in der Leistungselektronik lassen sich wegen des Gesamtumfanges nicht in dem gleichen Band unterbringen. Ich habe die Schaltungstechnik vorangestellt, weil diese unter Annahme idealer Ventile besser verstanden werden kann, als die Anforderungen an die Ventile ohne Kenntnisse über die Funktion der Schaltungen.

Der vorliegende erste Band behandelt etwas mehr als die Hälfte dessen, was in einem zweisemestrigen Vorlesungszyklus gebracht werden kann. Damit wird u. U. eine Auswahl je nach Vorbildung und Interessenlage der Hörer notwendig, die dem Dozenten jedoch nicht schwerfallen dürfte.

Das Buch ist so angelegt, daß nach Meinung des Verfassers möglichst wenig weiteres Nachschlagen erforderlich werden sollte. Das Literaturverzeichnis soll bis etwa 1960 die historische Entwicklung erkennen lassen. Aus der jüngeren Zeit wurden dagegen mehr Titel berücksichtigt. Dabei war eine Auswahl zu treffen, die bei einer so großen Zahl von vorliegenden Veröffentlichungen natürlich niemals allen Autoren gerecht werden kann und auch durch Zufälligkeiten bestimmt ist.

Dem vorliegenden und dem geplanten zweiten Band liegt eine Vorlesung mit Übung zugrunde, die ich in dieser Form etwa seit 1965 an der TH Darmstadt gehalten habe.

In dieser Zeit haben mich nacheinander verschiedene Mitarbeiter unterstützt. Einigen davon möchte ich an dieser Stelle besonders danken:

Herr Dipl.-Ing. Günther Frhr. von Schlotheim hat mir schon vor der Ausarbeitung des Manuskripts für den Druck, die Herren Dipl.-Ing. Knut Gebhardt und cand. ing. Christian Urbanke insbesondere in der Schlußphase der Abfassung geholfen.

Darmstadt, Oktober 1976 *Robert Jötten*

Inhaltsverzeichnis

A. Einführung

1. Einführung, Definitionen, geschichtlicher Rückblick, Anwendungen

„Elektrotechnik" war ursprünglich gleichbedeutend mit „Gleichstromtechnik". Wechsel- und Drehstrom wurden erst später erfunden. 1891 fiel mit der Realisierung der Energieübertragung Lauffen – Frankfurt anläßlich der Frankfurter Elektrotechnischen Ausstellung die Entscheidung für das Drehstromsystem in Erzeugung und Verteilung elektrischer Energie, das sich sehr schnell auf der ganzen Welt durchsetzte. Mit *einer* Drehstrommaschine ist heute eine Leistung in der Größenordnung 10^6 kW zu erzeugen. Drehstrom bietet – als Wechselstrom – die Möglichkeit der Umspannung und damit der wirtschaftlichen Energieübertragung über große Entfernungen. Auch der Transformator wird für Drehstrom billiger als für Wechselstrom. Der Drehstrommotor mit Käfigläufer ist die einfachste und billigste elektrische Maschine.

Es gibt jedoch eine Reihe von Anwendungen, die vom Prinzip her Gleichspannung und Gleichstrom benötigen. Hierzu gehören z.B. die elektrolytische Erzeugung von Aluminium, Chlor, Zink und Kupfer in der chemisch-metallurgischen Industrie. Heute verbraucht z.B. eine einzige Ofen- oder Bäderserie Gleichstrom-Leistung in der Größenordnung von 10^5 kW. Diese Energie wird fast ausschließlich aus zuerst mit Drehstrommaschinen erzeugter Energie durch „Umarten" bereitgestellt. Maschinen oder Maschinensätze, die eine solche Umartung ermöglichen, heißen „Umformer" (Ein-Anker-Umformer und Motor-Generator-Sätze).

Als hinsichtlich des Wartungsaufwandes und vor allem des Wirkungsgrades vorteilhafter als rotierende Maschinen erwiesen sich Geräte, die in der Lage sind, ohne bewegte oder rotierende Teile die Umartung vorzunehmen. Wird Drehstrom oder Wechselstrom auf diese Art in Gleichstrom umgewandelt, so heißt das Gerät „Gleichrichter".

Ein weiteres Anwendungsgebiet für Gleichstrom ist die elektrische Antriebstechnik, einschließlich der Zugförderung (Traktion). Dem oben genannten Vorteil des Drehstrom-Asynchronmotors stand nämlich als Nachteil gegenüber, daß er nicht leicht verlustarm in der Drehzahl zu verstellen war. Daher behielt man für Antriebe, bei denen Drehzahl und Drehrichtung sowie Drehmoment in weiten Grenzen verändert und gesteuert werden müssen, die Gleichstrommaschine bei. Das klassische Stellglied für solche Anwendungen war der *Leonard-Umformer*, ein Motor-Generator-Satz aus Asynchronmotor und Gleichstrommaschine. Er ist in der Lage, dem gesteuerten Motor Beschleunigungsenergie zuzuführen sowie Bremsenergie in elektrische Energie zurückzuverwandeln. Diese Funktion kann der gewöhnliche, ungesteuerte Gleichrichter nicht erfüllen. Ein steuerbarer Gleichrichter jedoch kann so gesteuert werden, daß er Energie vom Gleichstromsystem in das Drehstromsystem überführt. Er heißt dann „Wechselrichter". Wechselrichter nennt man ferner solche Geräte, die nur dem Zweck dienen, Energie aus einer Gleichstromquelle, z.B. einer Batterie, in Wechsel- oder Drehstrom-Energie zu verwandeln. Der Oberbegriff für Gleich- und Wechselrichter ist „Stromrichter".

Mit Maschinenformern kann man auch Wechsel- oder Drehstrom einer Frequenz und Spannung in Dreh- oder Wechselstrom einer anderen Frequenz und Spannung, auch einer anderen Phasenzahl, verwandeln. Das ist mit ruhenden Geräten möglich, die „Umrichter“ genannt werden. Gleich- und Wechselrichter können als Unterbegriffe zum Umrichter aufgefaßt werden, nämlich dann, wenn die Primärfrequenz oder die Sekundärfrequenz Null ist.

Der Umrichter besitzt gegenüber dem Umformer den Vorteil, daß seine abgegebene Wechselspannung von der Frequenz unabhängig ist. Mit dem Umrichter ist der oben erwähnte Nachteil der Drehstrom-Asynchronmaschine gegenüber dem Gleichstrommotor hinsichtlich der Steuerbarkeit im Prinzip aufgehoben.

Energieübertragung mit Drehstrom oder Gleichstrom. Spannungen, Leistungen und Übertragungsentfernungen der Drehstromnetze wuchsen sehr schnell. Verhältnismäßig früh (*von Dolivo-Dobrowolski,* 1919) erkannte man, daß bei sehr großen Übertragungsleistungen und sehr großen Entfernungen eine Energieübertragung mit Gleichspannung und Gleichstrom-Vorteile gegenüber der Drehstromübertragung bietet (Hochspannungs-Gleichstrom-Übertragung, HGÜ). Die Stromrichtertechnik macht das möglich. Ein als Gleichrichter arbeitender Stromrichter verwandelt die Energie in Gleichstromenergie für die Übertragung, ein als Wechselrichter arbeitender Stromrichter verwandelt sie am Empfangsort wieder in Drehstromenergie zurück. Schon während des 2. Weltkrieges wurde in Deutschland eine Anlage für 60 000 kW gebaut („Elbe-Berlin“), jedoch vor Inbetriebnahme bei Kriegsende wieder demontiert. Nach dem Krieg wurde die Entwicklung zuerst in Schweden und der UdSSR aufgenommen, erst nach 1960 in Großbritannien, der Bundesrepublik und den USA.

Neben den genannten Hauptanwendungen, chemisch-metallurgische Industrie, Antriebstechnik, Hochspannungs-Gleichstrom-Übertragung, sind noch weitere Anwendungsfelder zu erwähnen, wie geregelte Batterie-Ladeanlagen für Akkumulatoren-Triebzüge, die Gleichstromversorgung von Rundfunksendern und anderen Geräten der Rundfunk-, Fernseh- und Röntgentechnik, elektrostatische Anlagen, z.B. zum Farbspritzen und zur Entstaubung sowie für Anlagen zur Magnetspeisung großer Teilbeschleuniger für die physikalische Forschung. Die Erregung sehr großer Drehstrom-Generatoren geschieht heute fast nur noch über gesteuerte Stromrichter.

Stromrichter als Stellglied bei Regelung. Der Stromrichter ist infolge seines hervorragenden Zeitverhaltens und seiner großen Leistungsverstärkung das beste Stellglied der Energietechnik und daher auch aus der Sicht der Regelungstechnik ein interessantes und für die Anwendung sehr wichtiges Element.

2. Das Stromrichterventil

2.1. Ideale Ventile

Das wichtigste Funktionselement eines Stromrichters ist ein Bauelement, das ohne bewegte Teile Schalthandlungen ausführt. Es wird „Stromrichterventil“ genannt.

Man kann Stromrichtertechnik mit der Beschreibung des physikalischen Verhaltens des Ventils oder mit der Schaltungstechnik beginnen. Wir wählen hier den zweiten Weg und nehmen dazu ein „ideales“ Ventil an. Wirkliche Ventile kommen in ihrem Verhalten dem im Folgenden idealisierten Ventil sehr nahe (Abweichungen werden in Bd. II behandelt).

Diode. Bild 2.1 zeigt zwei Symbole für einen Zweipol, der die in Bild 2.2 dargestellte nichtlineare Charakteristik hat. Er heißt „Diode“, weil er nur zwei Klemmen hat. Aus Bild 2.2 folgt, daß der Zweipol keine positive Spannung aufnehmen kann, d.h. durchschaltet, sobald $u > 0$ wird. Die Diode ist stets Teil eines Stromkreises; die treibende Spannung muß an anderer Stelle in diesem Kreis abfallen. Ferner kann der Strom nicht negativ werden. Für $i = 0$ und $u < 0$ muß die treibende Spannung des Stromkreises an der Diode abfallen. Im allgemeinen sind Ströme und Spannungen in einer Schaltung Funktionen der Zeit. Die Diode verhält sich wie ein Schalter, der nach folgendem Programm schaltet (Bild 2.1): Bei negativer Spannung ist der Kontakt getrennt. Ändert sich die Spannung von negativen Werten zu positiven Werten, so schaltet er ein, sobald die Spannung durch Null geht. Solange Strom fließt, bleibt der Schalter geschlossen. Geht aufgrund der Bedingungen in der Schaltung der Strom durch Null, so öffnet der Schalter im Augenblick des Nulldurchgangs.

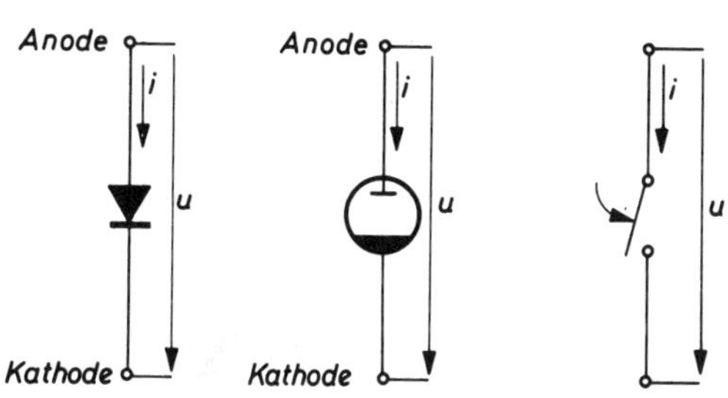

Bild 2.1. Diode

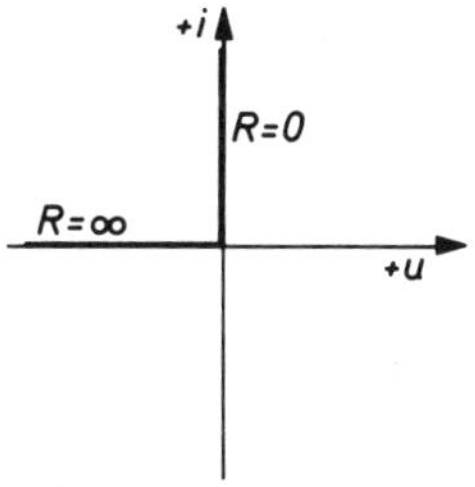

Bild 2.2
Kennlinie der idealen Diode

Schalt-Triode. Bild 2.3 zeigt das Symbol für das *steuerbare* Stromrichterventil. Für negative Werte von u, die Sperr-Richtung, verhält es sich ebenso wie die Diode. In Durchlaßrichtung, für positive Werte von u, hat es im Ruhezustand ebenfalls den Widerstand unendlich, kann also auch positive Spannung aufnehmen (gestrichelter Kennlinienast in Bild 2.4). Wird zwischen den Elektroden K und S (Kathode und Steuerelektrode) ein positiver Spannungsimpuls angelegt, so bewirkt dieser bei positiver Anoden-Kathodenspannung ein Einschalten, d.h., der gestrichelte Kennlinienast geht bei $i > 0$ auf den Ast $R = 0$ über. Solange Strom fließt, bleibt die Triode durchgeschaltet. Erst wenn infolge der Bedingungen in der Schaltung der Strom durch Null geht, kommt der negative Ast mit unendlich großem Widerstand wieder zur Wirkung. Auch das Verhalten des steuerbaren Ventils oder der Schalttriode macht man sich am besten an der Schalter-Darstellung in Bild 2.5 klar. Im Zustand a liegt positive Sperrspannung an, der Strom ist Null. Wird bei positiver Sperrspannung ein Zündimpuls gegeben, so schließt der Schalter. Deshalb wird sich ein positiver Strom aufbauen (Zustand b). Geht der Strom wieder durch Null, so öffnet beim idealen Ventil der Schalter *im Augenblick des Stromnulldurchgangs* (Zustand c). Im allgemeinen

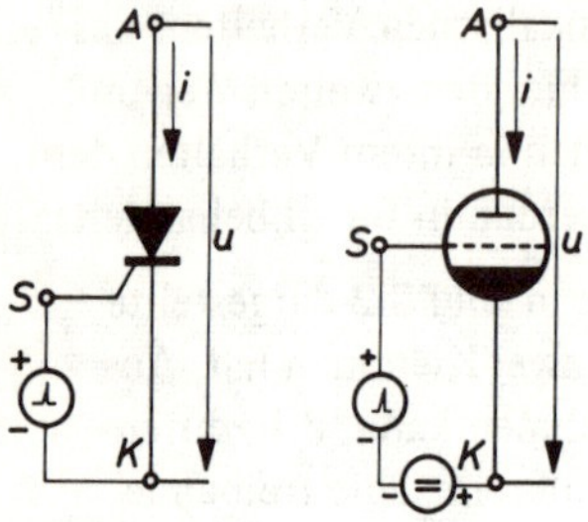

Bild 2.3. Steuerbares Ventil

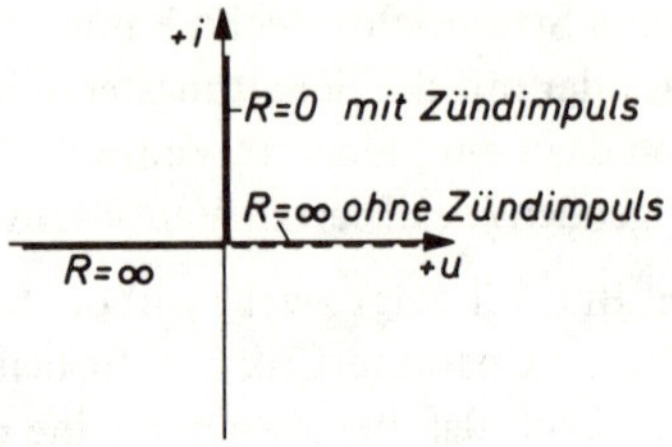

Bild 2.4

Kennlinien des idealen steuerbaren Ventils

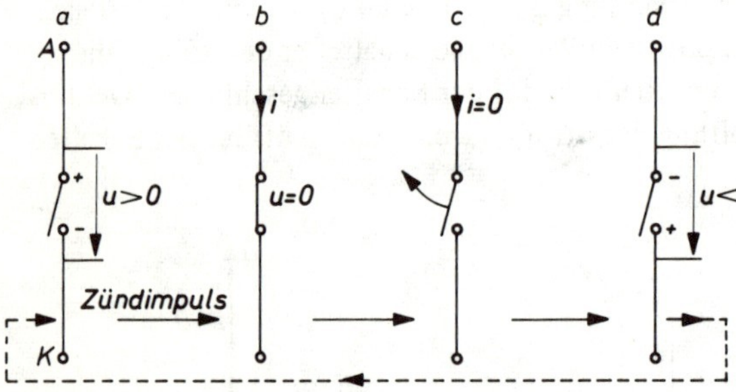

Bild 2.5

Schalterfunktion des steuerbaren Ventils

liegt danach negative Spannung am Ventil (Zustand d). Bei wirklichen Ventilen muß diese negative Spannung oder Sperrspannung eine kurze Zeit anliegen, bevor im Zustand a wieder positive Spannung aufgenommen werden kann. Soll das Ventil in der Schaltung arbeiten, muß es also zyklisch die vier beschriebenen Zustände durchlaufen.

Man erkennt, daß das ideale Ventil keine Verluste hat, weil Strom und Spannung niemals gleichzeitig vorhanden sind.

Überblick über Ventilarten. Ein Überblick über Ventilarten sei hier vorab gegeben (näheres s. Bd. 2):

Eine Vakuum-Diode mit Glühkathode hat gleichrichtende Wirkung. Eine Vakuum-Triode mit Glühfaden und Steuergitter hat auch gleichrichtende Wirkung, läßt sich aber durch das Steuergitter auch für positive Spannung sperren.

Die Hochvakuum-Glühkathodenröhre hat einen hohen Spannungsabfall, der sich durch die Elektronenraumladung ergibt, und ist daher nicht für die Verwendung in der Energietechnik geeignet. Dieser Gleichrichtereffekt ist schon von *Edison* an der Glühlampe entdeckt worden. 1902 wurde von *Cooper-Hewitt* der Quecksilberdampf-Gleichrichter angegeben, 1905 das Prinzip seiner Steuerung über das Steuergitter. Er kommt dem idealen Ventil erheblich näher als Vakuum-Diode und -Triode, weil im „gezündeten" Zustand die Elektronen-Raumladung durch eine gleich große Raumladung von positiv geladenen Quecksilberionen kompensiert wird. Die Elektronen bewirken im wesentlichen den Stromtransport, es liegt ein raumladungsfreies „Plasma" vor, das mit dem metallischen Leiter mehr Ähnlichkeiten aufweist als mit der Elektronenleitung des Vakuums (s. Bd. II). 1927 wurde von *Toulon* ein Verfahren entwickelt, wie man einen Gleichrichter mit Hilfe der Gittersteuerung in der Spannung verstellen kann. Ein Ventil mit Quecksilberdampf- oder Edelgasfüllung und Glühkathode nannte man „Gasdiode", mit zusätzlichem Steuergitter „Stromtor" oder „Thyratron". Obwohl diese Begriffe ursprünglich geschützte Handelsnamen waren, haben sie sich allgemein eingebürgert.

Der Quecksilberdampf-Stromrichter unterscheidet sich von der Gasdiode und dem Thyratron im wesentlichen dadurch, daß er keine Glühkathode hat, sondern ein Brennfleck auf einem Quecksilber-Teich über einen Lichtbogen aufrecht erhalten wird. *Fritts* gab 1885 das Prinzip des Selen-Gleichrichters an, der um 1934 in die Technik eingeführt wurde. 1923 schuf *Schottky* die Grundlagen für den Kupferoxydul-Gleichrichter, ab 1929 wurde er in der Meß- und Nachrichtentechnik eingesetzt. Man nannte diese beiden Gleichrichterarten „Trockengleichrichter". Heute zählen wir sie zu den „Halbleiter-Gleichrichtern".

Geschichtlich interessant ist die Entwicklung von „Kontaktumformern" oder „Kontaktstromrichtern" durch *Koppelmann* um 1950. Sie verdrängten bei Elektrolyseanlagen den Quecksilberdampf-Gleichrichter aufgrund ihres besseren Wirkungsgrades. Die Kontakte werden nach dem bei Bild 2.1 beschriebenen Schema mechanisch betätigt, wodurch die gleiche Richtwirkung erzeugt wird.

Die Erforschung der halbleitenden Elemente Silicium und Germanium führte zur technischen Anwendung der Halbleiter und zum monokristallinen Halbleiter-Gleichrichter. Wesentliche Grundlagen wurden 1949 von *Shockley* erarbeitet. Ab 1958 erschienen Germanium- und Silicium-Leistungsdioden auch in Deutschland und verdrängten den Kontaktumformer (*Spenke* u.a.). 1956 wurde das Prinzip eines steuerbaren Halbleiter-Stromrichterventils vorgestellt *(Moll, Tannenbaum, Goldey, Holonyak)*. Es wird heute „Thyristor" genannt, in Anlehnung an die Worte Thyratron und Transistor. 1960 wurde in einem kleinen Umkehrantrieb auf der Hannover-Messe die Verwendbarkeit von Thyristoren für die Antriebstechnik gezeigt. Ende 1970 stehen aus Thyristoren aufgebaute Thyristorventile für HGÜ für Spannungen in der Größenordnung von 150 kV und für Ströme in der Größenordnung von 1800 A zur Verfügung, aus denen Stationen mit ± 533 kV gegen Ende, d.h. mehr als 1000 kV zwischen den Polen, kombiniert werden.

2.2. Stromrichterventile in Schaltungen, die ohmsche Widerstände und Spannungsquellen enthalten

Die Bilder 2.2 und 2.4 zeigen, daß die Kennlinien des idealisierten Ventils stückweise linear sind. Ist man in der Lage, festzustellen, in welchem Teil der Kennlinie man sich befindet, kann man also lineare Analysemethoden anwenden. Das ist verhältnismäßig leicht möglich, wenn das Netz außer Ventilen nur ohmsche Widerstände enthält, weil man dann nur Augenblickswerte und keine zeitlichen Abläufe zu betrachten braucht.

Ist beispielsweise nur eine Diode vorhanden, so kann man den Diodenzweig heraustrennen und die Ersatz-EMK-Methode anwenden. Läuft die Leerlaufspannung zwischen den Anschlußpunkten in Sperr-Richtung, so ist dies die Sperrspannung der Diode. Ist sie in Durchlaßrichtung gerichtet, so schließt die Diode diese beiden Punkte kurz und führt den Kurzschlußstrom der Ersatzspannungsquelle.

Handelt es sich um eine Schalttriode, so stellt man auf diese Weise fest, ob positive oder negative Sperrspannung anliegt.

Ein weiteres Beispiel zeigt Bild 2.6. Die drei eingezeichneten Spannungen seien vorerst alle positiv. Wir denken uns zunächst die Zweige mit R_a und e_c abgetrennt. Dann bleibt eine Masche übrig, die die Ventile p_a und p_b enthält. Ist $e_a > e_b$, so bleibt eine treibende Spannung in Durchlaßrichtung von p_a übrig. Es findet also eine Spannungsteilung zwischen e_a und e_b statt, für die der Durchlaßwiderstand von p_a (= 0) und der Sperrwiderstand von p_b (= ∞) maßgebend ist. Der Punkt K nimmt also gegenüber dem gewählten Bezugspunkt 0 das Potential e_a an, während an p_b die Differenz $(e_a - e_b)$ als Sperrspannung ansteht. Wird nun p_c hinzugefügt, erkennt man sofort, daß es in Sperrichtung beansprucht wird, wenn $e_c < e_a$ ist. Ist dagegen $e_c > e_a$, so lehrt die gleiche Betrachtung wie vorhin, daß der Punkt K das Potential e_c annimmt. Diese Schaltung hat also die Eigenschaft, die am meisten positive der drei Spannungen e_a, e_b, e_c auf den Widerstand R_a durchzuschalten. Die gleiche Überlegung läßt sich für den Fall anstellen, daß die drei Spannungen negativ sind. Denkt man sich R_a abgetrennt, so ist auch hier zunächst das Ergebnis, daß das am meisten positive, d.h. am wenigsten negative Potential, zum Punkt K durchgeschaltet wird. Wird jetzt der Widerstand R_a angeschlossen, so müßte ein negativer Strom über das durchgeschaltete Ventil fließen. Das Ventil sperrt also. Der Punkt K hat Nullpotential und die drei Anoden haben negatives Potential. Hätte man die drei Ventile in Bild 2.6 umgekehrt gepolt, wie in Bild 2.7 angedeutet, so würde die jeweils am meisten negative Spannung auf den Punkt A durchgeschaltet. Es würden jedoch alle Ventile mit Sperrspannung beansprucht, wenn alle Spannungen positiv gegen den Nullpunkt wären.

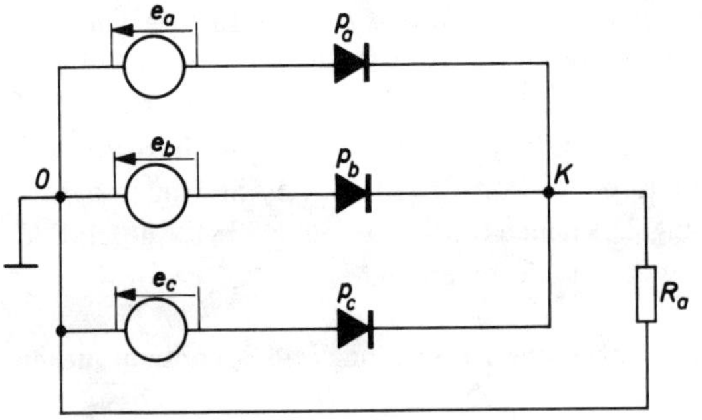

Bild 2.6

Auswahlschaltung mit verbundenen Kathoden (K-Schaltung)

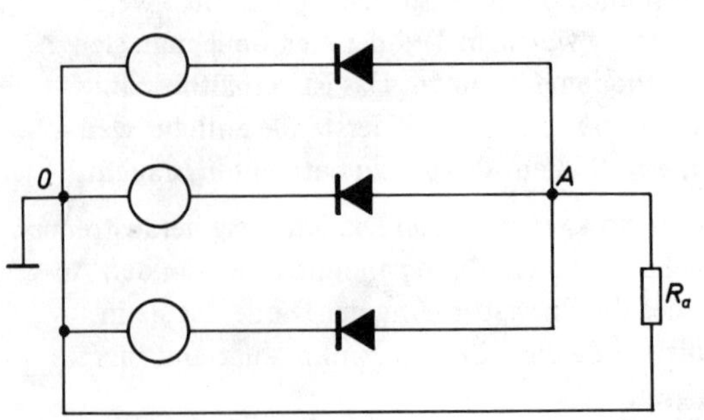

Bild 2.7

Auswahlschaltung mit verbundenen Anoden (A-Schaltung)

In Bild 2.8 wird die gleiche Betrachtung für den Fall angestellt, daß die beiden Spannungen e_1 und e_2 gleich große, gegenphasige Wechselspannungen sind. Wir wählen wieder den Punkt 0 als Bezugspunkt für die Potentialangaben. Ist $(e_1 - e_2)$ positiv, so ist e_1 auf den Punkt K durchgeschaltet. Ist $(e_2 - e_1)$ positiv, so ist e_2 auf den Punkt K durchgeschaltet. Die Spannung am Widerstand R_a setzt sich also aus einer Folge von positiven Sinushalbwellen zusammen. Sie hat einen positiven Mittelwert, enthält also eine Gleichspannungskomponente. Das nicht stromführende Ventil ist mit dem jeweiligen Betrag von $(e_2 - e_1)$ bzw. $(e_1 - e_2)$ als Sperrspannung beaufschlagt.

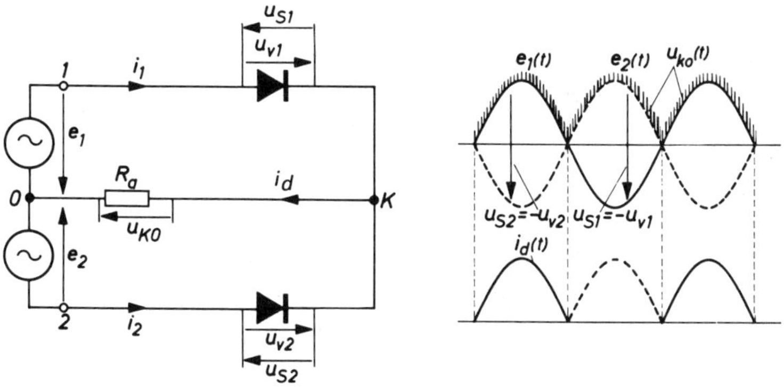

Bild 2.8. Verhalten der 2-Phasen-K-Schaltung bei rein ohmscher Last

2.3. Ventile in Schaltungen, die Induktivitäten und ohmsche Widerstände neben den Spannungsquellen enthalten

Es sei zunächst eine Masche mit einer treibenden Wechselspannung e(t) und einem Ventil gemäß Bild 2.9 betrachtet. Bei nicht gezündetem Ventil ist $i = 0$, und der Augenblickswert der Spannung e(t) wird als positive oder negative Sperrspannung vom Ventil aufgenommen. Wird das Ventil zu einem Zeitpunkt gezündet, in dem e(t) positiv ist, so gilt von dann ab die Differentialgleichung

$$L \cdot \frac{di}{dt} + R \cdot i = e(t)$$

$$\frac{di}{dt} + \frac{1}{T} \cdot i = \frac{1}{L} \cdot e(t) \qquad (2.1)$$

mit $T = L/R$.

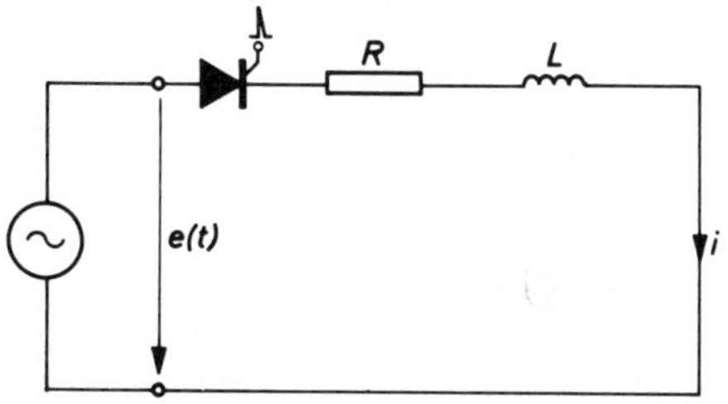

Bild 2.9

Stromkreis mit ohmsch-induktiver Last und einem steuerbaren Ventil

Die Wechselspannung $e(t)$ muß in ihrer Phasenlage bezüglich des Zündzeitpunkts, den man zweckmäßig in der Zeitzählung mit $t = 0$ bezeichnet, richtig angegeben werden, etwa in der Form

$$e(t) = \sqrt{2}\,E_p \sin(\omega t + \varphi)$$

oder besser zerlegt in eine Kosinus- und eine Sinuskomponente bezüglich des gewählten Zeitnullpunkts:

$$e(t) = \sqrt{2} \cdot K \cdot \cos\omega t + \sqrt{2} \cdot S \cdot \sin\omega t .$$

Dabei ist

$$\sqrt{2}\,K = e(0) \qquad \sqrt{2}\,S = e\left(\frac{\pi}{2\omega}\right) = e\left(\frac{T}{4}\right)$$

$$K^2 + S^2 = E_p^2 \qquad \frac{K}{S} = \tan\varphi .$$

(*Bemerkung:* Im folgenden wird auch das „dimensionslose Zeitmaß" $x = \omega t$ verwendet. Wegen $t = x/\omega$ gehört zu $x = \pi/2$, entsprechend 90°, $t = T/4 = \pi/2\omega$.)

Die Anfangsbedingung lautet:

$$i(0) = 0 .$$

Es ist bekannt, wie man diese Differentialgleichung löst, d.h. eine Zeitfunktion $i(t)$ herausfindet, die bei Einsetzen Gl. (2.1) für alle t erfüllt. (Lineare Differentialgleichung mit konstanten Koeffizienten[1]) Bekanntlich hat sie eine Lösung von der Form

$$i(t) = i_D(t) + C \cdot e^{-t/T} .$$

Dabei ist $i_D(t)$ die sogenannte „Dauerlösung", die man beispielsweise durch den Ansatz vom Typ der rechten Seite erhält. $C \cdot e^{-t/T}$ ist der „Ausgleichsvorgang" mit einer durch die Anfangsbedingung – hier $i(0) = 0$ – bestimmten Konstanten C. Ist $e(t)$ eine sinusförmige Wechselspannung, so kann $i_D(t)$ auch nach den Regeln der Wechselstromlehre berechnet werden. Ferner gilt bekanntlich ein Superpositionssatz, wenn $e(t)$ eine Summe von Funktionen ist. Da für $t = 0$ $e^{-t/T} = 1$ ist, nimmt C einen solchen Wert an, daß das Ausgleichsglied die Dauerlösung zur Zeit $t = 0$ so ergänzt, daß die Anfangsbedingung erfüllt wird. C ist also die Differenz des tatsächlichen Anfangswerts $i(0)$ und des Augenblickswerts von $i_D(0)$

$$i_D(0) + C = i(0) \qquad C = i(0) - i_D(0) .$$

Besonders nützlich ist die Betrachtung des Grenzfalls $R \to 0$. In diesem Falle geht $T \to \infty$, und aus der Exponentialfunktion wird eine Konstante. Für diesen Fall können wir die

---

[1]) Siehe z.B. auch *Jötten/Zürneck*, Einführung in die Elektrotechnik, Bd. I, Kap. 12.

Lösung besonders leicht angeben: i(t) ergibt sich durch Integration von $\frac{1}{L} \cdot e(t)$. Wird e(t) als Sinusschwingung $\sqrt{2}\,E_p \sin \omega t$ angesetzt, ergibt sich gemäß der Wechselstromlehre

$$i_D(t) = \sqrt{2}\,E_p \frac{1}{\omega L} \sin\left(\omega t - \frac{\pi}{2}\right) = \sqrt{2}\,\frac{E_p}{\omega L} \cdot (-\cos \omega t).$$

Damit die Anfangsbedingung erfüllt wird, muß

$$C = +\sqrt{2} \cdot \frac{E_p}{\omega L}$$

werden. In diesem idealisierten Falle würde also, obwohl nur eine Wechselspannung als treibende Spannung vorhanden ist, gemäß Bild 2.10 ein Gleichstrom vom Mittelwert C fließen. Nach jeder vollen Periode würde ein ihm überlagerter Wechselstrom bewirken, daß die Nullinie gerade tangiert wird. Wenn im Spannungsmaximum ($t = t_{S_2}$) geschaltet wird, so ist $e(t') = \sqrt{2}\,E_p \cos \omega t'$ anzusetzen und die Zeit ab t_{S_2} zu zählen. Jetzt wird $i = (\sqrt{2}\,E_p/\omega L) \cdot \sin \omega t'$, es tritt kein Ausgleichsvorgang auf, die Stromflußdauer ist nur 180°.

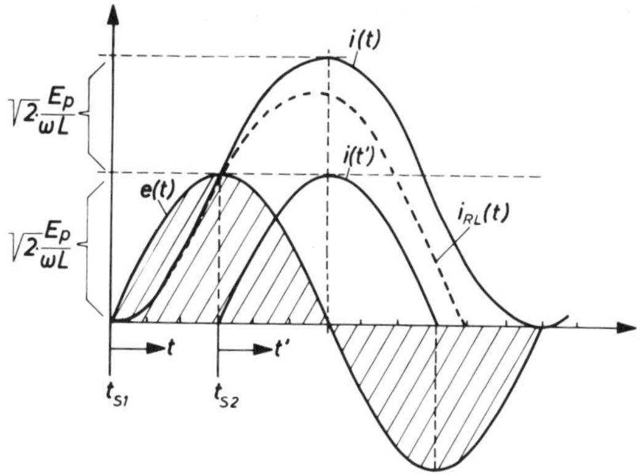

Bild 2.10

Einschaltvorgänge bei rein induktiver und ohmsch-induktiver Last

Man beachte, daß positiver Strom zu Zeiten fließt, in denen die treibende Spannung negativ ist.

Ist ein kleiner Wert von R vorhanden, so daß beispielsweise die Phasenverschiebung des Wechselstroms etwas kleiner als 90° wird, klingt das überlagerte Gleichstromglied mit der Zeitkonstanten T ab. Aus der Phasenverschiebung kann man die Zeitkonstante errechnen.

$$\frac{\omega L}{R} = \omega T = \operatorname{arc\,tan} \varphi,$$

daraus:

$$T = \frac{1}{\omega} \cdot \operatorname{arc\,tan} \varphi.$$

Die Folge ist, daß der Strom schon vor Ablauf einer vollen Periode, bzw. Halbperiode beim Einschaltzeitpunkt t_{S_2}, durch Null geht und das Ventil in einem Augenblick löscht, nach dem Sperrspannung auftritt. Nach Ablauf einer vollen Periode ist jedoch die Ventilspannung wieder positiv und erneut die Möglichkeit zum Zünden gegeben. Es ist also möglich, mit der treibenden Wechselspannung eine Serie von Stromimpulsen gleicher Richtung zu erzeugen. Wir haben es mit einem einphasigen Gleichrichter zu tun. (Wir kommen auf diesen Fall im Kap. 8 wieder zurück.)

Weitere Einsichten erhält man, wenn man Gl. (2.1) in folgender Form umschreibt:

$$\frac{di}{dt} = \frac{1}{L} \cdot e(t) - \frac{1}{T} \cdot i. \tag{2.2}$$

Bild 2.11 zeigt Strukturbilder für die Differentialgleichung mit einem Integrator im Vorwärtszweig und einer negativen „Rückführung". Ist die Anfangsbedingung $i(0) = 0$, so liest man aus Gl. (2.2) und Bild 2.11 ab, daß $(di/dt)_{t=0}$ proportional dem Wert von $e(t)$ bei $t = 0$ ist. Das Nullsetzen von R bzw. $R/L = \frac{1}{T}$ macht di/dt vom aufgelaufenen Strom unabhängig.

Wir wollen den Fehler abschätzen, der entsteht, wenn bei einem Verhältnis $\omega L/R = 10$ (s. Bild 2.10, gestrichelter Verlauf) der ohmsche Widerstand vernachlässigt, die Rückführung in Bild 2.11 weggelassen wird. Dann ist $\varphi = \arctan 10 = 84{,}3°$.

Der Betrag des Scheinwiderstands

$$|Z| = \sqrt{R^2 + (\omega L)^2}$$

ergibt sich in diesem Falle zu

$$|Z| = \omega L \sqrt{1{,}01} \approx 1{,}005 \cdot \omega L.$$

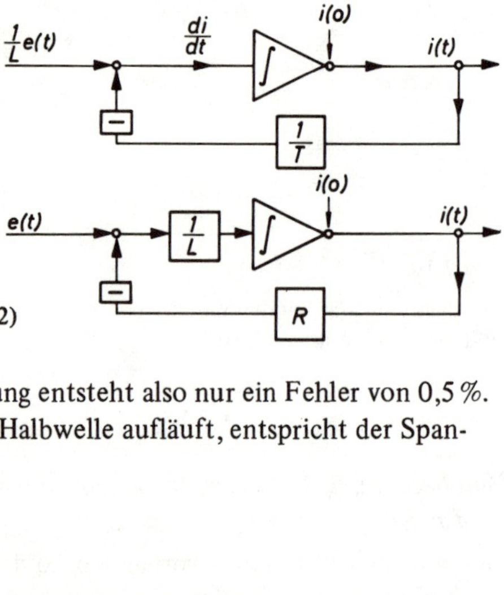

Bild 2.11. Analog-Strukturbild zu Gl. (2.2)

Für die Amplitude der Dauer-Wechselstromlösung entsteht also nur ein Fehler von 0,5 %. Der Wert, auf den der Strom bei $R = 0$ in einer Halbwelle aufläuft, entspricht der Spannungszeitfläche einer Halbwelle und beträgt

$$2 \cdot \frac{\sqrt{2}\, E_p}{\omega L}.$$

Bei $R \neq 0$ wird die wirksame Spannungszeitfläche für die Drossel kleiner, und zwar um den Wert

$$\int_0^t i(\tau) \cdot R \cdot d\tau.$$

Setzt man als Mittelwert von $i(\tau)$ über eine Halbwelle den Wert $\sqrt{2}\, E_p/\omega L$ von oben, so ist sicher

$$\int_0^{\pi/\omega} i(\tau) \cdot R \cdot d\tau < \frac{\sqrt{2}\, E_p}{\omega L} \cdot \frac{\pi}{\omega} \cdot R = \frac{1}{10} \sqrt{2}\, E_p \cdot \frac{\pi}{\omega}.$$

Setzt man diese Spannungszeitfläche zur Spannungszeitfläche einer Halbwelle der Wechselspannung ins Verhältnis, so ergibt sich:

$$\frac{1}{10}\sqrt{2}\,E_p\,\frac{\pi}{\omega} \Big/ \frac{2}{\pi}\cdot\sqrt{2}\,E_p\,\frac{\pi}{\omega} = \frac{1}{10}\cdot\frac{\pi}{2} = 0{,}157,$$

d.h. unter Berücksichtigung des ohmschen Widerstands wird der Strom auf einen Wert auflaufen, der nicht mehr als 15,7 % kleiner ist als bei Vernachlässigung des ohmschen Widerstands (genauer Wert 14,34 %).

Bei bekannter Netzfrequenz ergibt sich aus dem Verhältnis $\omega L/R = 10$ die Zeitkonstante $L/R = 10/\omega = 32$ ms für $\omega = 2\pi \cdot 50\,s^{-1}$.

Die Abweichung kommt also hauptsächlich dadurch zustande, daß das Abklingen des Gleichstromgliedes nach der e-Funktion nicht berücksichtigt wurde. Daher vermindert sie sich erheblich, wenn der zu betrachtende Zeitraum kleiner ist. Für ein Intervall entsprechend 30° ergibt mit $i(0) = 0$ die Fehlerabschätzung 1,8 %, bei einem Zeitraum, der 15° entspricht, bleibt der Fehler innerhalb der Rechenschiebergenauigkeit.

In Stromkreisen der Starkstromtechnik sind die als Beispiel genannten Verhältnisse $\omega L/R$ und die zugehörigen Zeitkonstanten die Regel. Dies und die vorhergehende Betrachtung führt uns dazu, für die *Abschätzung* von Stromverläufen in Gl. (2.1) auf der linken Seite den 2. Term zu streichen, bzw. in Bild 2.11 die Rückführung fortzulassen. Über die genaue Berechnung von Stromläufen wird später noch zu sprechen sein (s. insbesondere Kap. 21).

Der Fall, daß ein Netzwerk mit Stromrichterventilen mehr als eine Masche enthält, wird im folgenden Kapitel betrachtet.

B. Netzgeführte Stromrichter

3. Die zweiphasige Mittelpunkt-Schaltung (als beispielhafte Grundschaltung für netzgeführte Stromrichter)

Der „netzgeführte Stromrichter" verhält sich wie eine steuerbare Spannungsquelle mit Innenwiderstand. Diese Betrachtungsweise wird in den Kapiteln 3 bis 6 entwickelt.

3.1. Alleinzeit und Kommutierungsvorgang

Für diese Klasse von Schaltungen liefert die in Bild 3.1 skizzierte Schaltung alle wesentlichen Aussagen und Gesetze. Sie heißt 2-phasige Mittelpunktschaltung. Die beiden gegenphasigen Spannungen e_1 und e_2 (vgl. Bild 2.8) werden in Bild 3.1 aus *einer* speisenden Spannung durch einen Transformator mit zwei Sekundärwicklungen gewonnen. Im allgemeinen wird eine Gegenspannung E_d bzw. U_d vorhanden sein, wenn Gleichstrom benötigt wird.

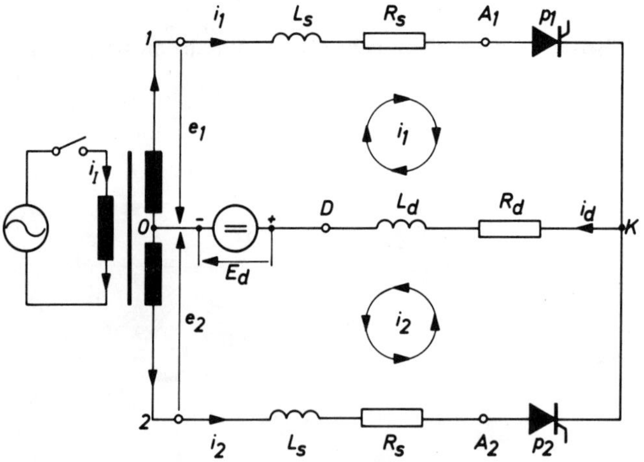

Bild 3.1
2-Phasen-Mittelpunktschaltung

Aus Bild 2.8 konnte man schon folgern, daß der Zweck der Schaltung die Gewinnung einer Gleichspannung aus einer Wechselspannung ist. Wir wollen annehmen, daß es zulässig sei, eine Streuinduktivität L_s des Transformators jedem Sekundärstrang zuzuordnen. (Näheres über Stromrichter- und Mehrwicklungstransformatoren siehe Kap. 8.)

Alleinzeit. So lange nur ein Ventil (z.B. p_1) leitend ist, haben wir analoge Verhältnisse wie im vorhergehenden Abschnitt, jedoch mit dem Unterschied, daß die Gegenspannung E_d mit im Kreis wirksam ist und auf der rechten Seite als Störfunktion hinzuzufügen ist;

infolgedessen gibt es durch Überlagerung zwei stationäre Lösungen, eine „Wechselstromlösung" und eine „Gleichstromlösung". Die vollständige Lösung ist von der Form

$$i_1(t) = i_D(t) + C \cdot e^{-t/T} \quad \text{mit} \quad i_D(t) = i_w(t) + I_d \quad \text{und} \quad I_d = -E_d/R.$$

Für die freie Konstante ergibt sich:

$$C = i_1(0) - i_w(0) - I_d.$$

Setzen wir zunächst $E_d = 0$, so ergibt sich für die „Alleinzeit" gegenüber Abschnitt 2.3 nichts Neues, und nach einer Halbperiode ist ein Ventilstrom aufgelaufen, der im Grenzfall $R_s \to 0$, $R_d \to 0$ den Wert $2 \cdot \sqrt{2} \cdot E_p/\omega L_{11}$ erreichen kann, mit $L_{11} = L_s + L_d$.

Überlappungszeit. Nach mehr als einer Halbperiode kehrt sich die Sperrspannung am Ventil p_2 ins Positive um, dieses kann zünden, während der Strom $i_1 > 0$ als neue Anfangsbedingung vorhanden ist.

Es tritt der Fall auf, daß beide Ventile zugleich leitend sind. Jetzt liegt ein Netz mit $z = 3$ Zweigen und $k = 2$ Knoten, also $m = z - (k - 1) = 2$ unabhängigen Maschen vor. Wir können die Stromverteilung in diesem Netz entweder durch die drei Zweigströme, d.h. die beiden Ventilströme und den Strom i_d im Zweig K0, beschreiben, oder aber durch zwei von drei möglichen Maschenströmen. Wir wählen die Maschenströme so, daß sie mit den Ventilströmen identisch werden, wie in Bild 3.1 eingezeichnet. Dann fließt im Zweig K0 die Summe der beiden Maschenströme, und die beiden Maschen sind positiv durch L_d und R_d gekoppelt. Wir führen folgende Abkürzungen ein:

$$\begin{aligned} L_s + L_d &= L_{11} = L_{22} \\ R_s + R_d &= R_{11} = R_{22}. \end{aligned} \tag{3.1}$$

Wir nennen

$$\begin{aligned} R_d &= R_{12} = R_{21} \\ L_d &= L_{12} = L_{21}. \end{aligned}$$

Mit diesen Bezeichnungen erhalten wir folgendes gekoppeltes Differentialgleichungssystem 1. Ordnung mit konstantem Koeffizienten: [1])

$$\begin{aligned} L_{11} \cdot \frac{di_1}{dt} + L_{12} \cdot \frac{di_2}{dt} + R_{11} \cdot i_1 + R_{12} \cdot i_2 &= e_1(t) - E_d \\ L_{21} \cdot \frac{di_1}{dt} + L_{22} \cdot \frac{di_2}{dt} + R_{21} \cdot i_1 + R_{22} \cdot i_2 &= e_2(t) - E_d. \end{aligned} \tag{3.2}$$

Die Lösung dieses Differentialgleichungssystems besteht wiederum aus Dauerlösung und Ausgleichsvorgang. Da zwei Störfunktionen auf der rechten Seite stehen, besteht auch die Dauerlösung aus zwei Komponenten, einem Wechselstromglied und einem Gleich-

[1]) Siehe hierzu auch Kap. 21.

stromglied. (Eine vereinfachte Betrachtung, mit $R_s = 0$ und $R_d = 0$ folgt unten. Der eilige Leser nehme sie hier vorweg!) Nach der klassischen Lösungsmethode macht man für das Ausgleichsglied den Ansatz

$$i_{1A} = C_1 \cdot e^{\lambda t} \qquad i_{2A} = C_2 \cdot e^{\lambda t}$$

und setzt es in das homogene Differentialgleichungssystem (rechte Seite gleich Null gesetzt) ein. Das ergibt nach Wegkürzen von $e^{\lambda t}$ ein homogenes lineares Gleichungssystem für C_1 und C_2.

Für die Existenz von Null verschiedener Konstanten C_1 und C_2 gemäß Ansatz, muß die Determinante dieses linearen homogenen Gleichungssystems verschwinden. Dies liefert eine Bestimmungsgleichung für λ, das „charakteristische Polynom". Es hat zwei negativ reelle Wurzeln, $\lambda_1 = -1/T_1$ und $\lambda_2 = -1/T_2$, wir erhalten also zwei Zeitkonstanten. Die Lösung ist schließlich von der Form:

$$\begin{aligned} i_1 &= i_{w1}(t) + I_{d1} + k_{11} \cdot e^{-t/T_1} + k_{12} \cdot e^{-t/T_2} \\ i_2 &= i_{w2}(t) + I_{d2} + k_{21} \cdot e^{-t/T_1} + k_{22} \cdot e^{-t/T_2}. \end{aligned} \tag{3.3}$$

Die Konstanten k_{ij} bestimmen sich aus den Anfangsbedingungen $(i_1(0), i_2(0))$. (Diese reichen, wie man im konkreten Fall leicht feststellt, für die vier Konstanten aus. Die Notwendigkeit, jeweils stetig fortzusetzen, liefert die notwendigen Zusatzbedingungen.) Eine andere Methode ist, die beiden Differentialgleichungen der Laplace-Transformation zu unterwerfen und das resultierende lineare Gleichungssystem nach den Bildfunktionen von i_1 und i_2 aufzulösen und dann wieder in den Zeitbereich rückzutransformieren. (Sie wird in Kap. 21 nochmals gesondert dargestellt.)

Welche Methode man auch anwendet, sie ändert nichts an der Tatsache, daß die Lösung 10 Konstanten enthält, 2 mal 2 bestimmen die Wechselstromdauerlösung, zwei die Gleichstromdauerlösung, dazu kommen die Konstanten bei den Ausgleich-Gliedern. Das System ist intervallweise geschlossen lösbar.

Man kann es auch auf dem Analogrechner nachbilden oder auf dem Digitalrechner numerisch lösen.

Um beides in Anlehnung an Bild 2.11 durchführen zu können, ist es nützlich, die Differentialgleichungen nach $\frac{di_1}{dt}$ und $\frac{di_2}{dt}$ aufzulösen, wie in Kap. 21 näher ausgeführt.

Das läßt sich formal am leichtesten mit der Matrix-Schreibweise darstellen: Mit den Koeffizienten-Matrizen **(L)** und **(R)** sowie dem „Vektor" der Maschenströme $\mathbf{i} = \{{i_1 \atop i_2}\}$ wird:

$$(\mathbf{L}) \cdot \dot{\mathbf{i}} + (\mathbf{R}) \cdot \mathbf{i} = \mathbf{e} \quad \text{mit} \quad \mathbf{e} = \begin{Bmatrix} e_1 - E_d \\ e_2 - E_d \end{Bmatrix} \tag{3.4}$$

Daraus:

$$\dot{\mathbf{i}} = -(\mathbf{L})^{-1} \cdot (\mathbf{R}) \cdot \mathbf{i} + (\mathbf{L})^{-1} \cdot \mathbf{e} \tag{3.5}$$

ausführlich geschrieben:

$$\frac{di_1}{dt} = a_{11} \cdot i_1 + a_{12} \cdot i_2 + b_{11}(e_1 - E_d) + b_{12} \cdot (e_2 - E_d)$$
$$\frac{di_2}{dt} = a_{21} \cdot i_1 + a_{22} \cdot i_2 + b_{21}(e_1 - E_d) + b_{22} \cdot (e_2 - E_d). \quad (3.6)$$

Die Koeffizienten a_{ik} und b_{ik} sind Elemente der in Gl. (3.5) vorkommenden Matrizen

$$(\mathbf{A}) = -(\mathbf{L})^{-1}(\mathbf{R}) \quad \text{und} \quad (\mathbf{B}) = (\mathbf{L})^{-1}.$$

Da $(\mathbf{L})$ und $(\mathbf{R})$ symmetrisch sind, sind auch $(\mathbf{L})^{-1}$ und $(\mathbf{L})^{-1} \cdot (\mathbf{R})$ symmetrisch. Diese Form ist für die Darstellung auf dem Analogrechner mit zwei Integratoren oder für eine numerische Integration geeignet.

Vereinfachte Betrachtung. Im folgenden betrachten wir zunächst nur den Fall $E_d = 0$ (Kurzschluß). Ferner setzen wir aufgrund der Überlegungen von Kap. 2.3 alle Widerstände gleich Null. Im Nulldurchgang der Spannung e_1 kann dann Ventil p_1 gezündet werden. In Übereinstimmung mit Kap. 2 ergibt sich für die Alleinzeit die Differentialgleichung

$$L_{11} \frac{di_1}{dt} = \sqrt{2}\, E_p \sin \omega t, \quad \text{mit} \quad L_{11} = L_s + L_d, \quad (3.7)$$

mit der Lösung

$$i_1 = \frac{\sqrt{2}\, E_p}{\omega L_{11}} (-\cos \omega t) + C^{1)} \quad (3.8)$$

In Bild 3.2 ist die Lösung skizziert. Da i_1 die Integralkurve von e_1 ist, ist nach einer Halbperiode $\frac{di_1}{dt}$ wieder gleich Null. Die Spannung u_{K0} (zwischen K und 0) ist im betrachteten Falle etwas kleiner als e_1, weil eine Spannungsteilung zwischen L_s und L_d stattfindet. In der Schaltung ist gewöhnlich $L_d \gg L_s$. Nach einer Halbperiode ist das Potential des Punktes K bezogen auf den Bezugspunkt 0 Null, weil $e_1 = 0$ ist und $u_{K0} = e_1 \cdot L_s/(L_s + L_d)$ gleich Null ist. Es ist also die Möglichkeit zur Zündung des Ventils 2 gegeben. Von diesem Augenblick an gilt das System von zwei Differentialgleichungen, das durch die vorgenommenen Vereinfachungen statt Gln. (3.2) und (3.4) die folgende Form annimmt:

$$L_{11} \cdot \frac{di_1}{dt} + L_{12} \cdot \frac{di_2}{dt} = e_1 \quad (3.9)$$

$$L_{21} \cdot \frac{di_1}{dt} + L_{22} \cdot \frac{di_2}{dt} = e_2. \quad (3.10)$$

[1]) Man erhält die Lösung nicht einfach durch Integrieren auf beiden Seiten der Differentialgleichung. Die Lösung der homogenen Differentialgleichung $L_{11} \frac{di_1}{dt} = 0$; $i_1 = C$ muß hinzugefügt werden.

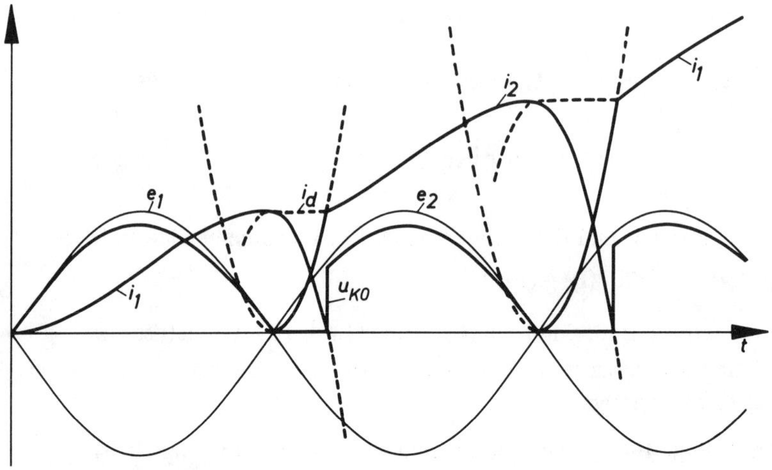

Bild 3.2. 2-Phasen-Mittelpunktschaltung, vereinfachte Betrachtung im Kurzschluß ($E_d = 0$, R_s, $R_d = 0$)

Wir lösen nach $\frac{di_1}{dt}$ und $\frac{di_2}{dt}$ auf und erhalten statt der Gln. (3.5) und (3.6) nach der Cramerschen Regel:

$$\frac{di_1}{dt} = \frac{e_1 \cdot L_{22} - e_2 \cdot L_{12}}{L_{11} \cdot L_{22} - L_{12} \cdot L_{21}} \tag{3.11}$$

$$\frac{di_2}{dt} = \frac{e_2 \cdot L_{11} - e_1 \cdot L_{21}}{L_{11} \cdot L_{22} - L_{12} \cdot L_{21}}. \tag{3.12}$$

Es ist $L_{11} = L_{22}$ und $L_{12} = L_{21}$. Ferner ist in unserem besonderen Falle $e_1 = -e_2$. Daraus folgt dann weiter: $di_2/dt = -di_1/dt$, also:

$$\frac{di_1}{dt} + \frac{di_2}{dt} = 0. \tag{3.13}$$

Ferner für den Strom im Zweig K0, $i_d = i_1 + i_2$:

$$\frac{di_d}{dt} = 0, \quad i_d = \text{const.} \tag{3.14}$$

Der Strom im Zweig K0 ist konstant. Er behält in der Überlappungszeit den Wert, den er am Ende der ersten Alleinzeit hatte. Die Änderung von i_1 und i_2 erfolgt spiegelbildlich. Setzen wir $e_2 = -e_1$, bzw. $e_1 = -e_2$, ferner noch L_d und L_s gemäß Gl. (3.1) ein, so vereinfachen sich die Gln. (3.11) und (3.12) zu

$$\frac{di_1}{dt} = \frac{1}{L_s} \cdot e_1(t) \tag{3.15}$$

$$\frac{di_2}{dt} = \frac{1}{L_s} \cdot e_2(t). \tag{3.16}$$

Für diese „entkoppelten" Gleichungen können wir sehr einfach die Lösungen angeben. Die Anfangsbedingungen sind: $i_1(0) = I_{do}$ (Strom am Ende der Alleinzeit); $i_2(0) = 0$.

Der neue Nullpunkt der Zeitzählung wird so gewählt, daß

$$e_1(t) = \sqrt{2}\, E_p\, (-\sin \omega t)$$

$$e_2(t) = \sqrt{2}\, E_p\, \sin \omega t\,;$$

daraus ergeben sich die Lösungen für die Überlappungszeit:

$$i_1(t) = \frac{1}{\omega L_s} \sqrt{2}\, E_p \cdot \cos \omega t + C_1\,, \tag{3.17}$$

$$i_2(t) = \frac{1}{\omega L_s} \sqrt{2}\, E_p \cdot (-\cos \omega t) + C_2 \tag{3.18}$$

mit

$$C_1 = I_{do} - \sqrt{2}\, \frac{E_p}{\omega L_s} = I_{do} - \hat{I}_{kD}$$

$$C_2 = \sqrt{2}\, \frac{E_p}{\omega L_s} = \hat{I}_{kD}\,.$$

$\hat{I}_{kD}$ bezeichnet dabei den Scheitelwert des Dauerkurzschlußstroms, der sich bei Kurzschluß der Phasenspannungen gegeneinander (bei $R_s = 0$) ergibt.

Diese Lösung gilt gemäß Kap. 2.1 so lange, bis einer der Ventilströme durch Null geht. Das ist für i_1 zuerst der Fall. Die Stromverläufe während der Überlappungszeit stellen sich demnach als Sinuskurven mit dem Scheitelwert $\hat{I}_{kD}$ dar. Sie sind um die konstanten Werte C_1 und C_2 soweit senkrecht verschoben, daß die Anfangsbedingungen erfüllt werden. (In Bild 3.2 sind diese Stromverläufe gestrichelt verlängert worden.)

Physikalische Deutung des vorstehend beschriebenen Sachverhalts. Wenn p_2 gezündet wird, während p_1 einen Strom führt, ist die Differenzspannung $(e_1 - e_2)$ im Punkt K über die Drosseln L_s kurzgeschlossen. Der Punkt K nimmt (wegen der Gleichheit von L_s in beiden Zweigen) den Mittelwert der Spannungen e_1 und e_2 an. Dieser Mittelwert ist bei der vorliegenden Schaltung gleich Null. Liegt an der idealen Drossel L_d die Spannung Null, bleibt der Strom in der Drossel konstant. Bleibt der Strom in L_d konstant, so erfordert die Knotenpunktsgleichung für K, daß gemäß Gl. (3.13) i_1 in demselben Maße abnimmt, wie i_2 zunimmt.

Während der Überlappung wechselt oder „kommutiert" der Strom i_d vom Ventil 1 auf das Ventil 2. Im vorliegenden Fall brauchen wir für die Berechnung des Kommutierungsvorgangs nur den äußeren Maschenumlauf zu betrachten. Die treibende Spannung $(e_2 - e_1)$ in diesem äußeren Maschenumlauf heißt daher auch „Kommutierungsspannung" e_k; $(2 \cdot L_s)$ ist die Kommutierungsinduktivität L_k. Falls

$$\frac{di_d}{dt} = \frac{di_1}{dt} + \frac{di_2}{dt} = 0,$$

gilt also auch

$$-\frac{di_1}{dt} = +\frac{di_2}{dt} = \frac{(e_2 - e_1)}{(2L_s)} = \frac{e_k}{L_k}$$

und

$$-\Delta i_1 = +\Delta i_2 = \frac{1}{L_k}\int_0^t e_k \cdot d\tau\,. \tag{3.19}$$

Mit den Zählpfeilen von Bild 3.1 ergibt sich für die Überlappungszeit für den *Primärstrom*

$$i_I = i_1 - i_2\,,\quad \text{für gleiche Windungszahlen}\quad w_I = w_1 = w_2 \tag{3.20}$$

Wir können nun die Betrachtung fortsetzen. An das Ende der ersten Überlappung schließt sich eine Alleinzeit für p_2 an. In der Alleinzeit nimmt der Strom $i_d = i_2$ gemäß der mit e_2 bereitgestellten Spannungszeitfläche zu. Bei der nächsten Kommutierung ist der Anfangswert des Stroms höher, deswegen dauert es länger, bis die Kommutierung beendet ist. Die Kommutierungszeit im Winkelmaß heißt auch „Überlappungswinkel" (u). Wartet man eine genügende Anzahl von Kommutierungen ab, so wird der Überlappungswinkel 180°. Es bleibt überhaupt keine Alleinzeit mehr übrig, beide Ventile führen dauernd Strom. Das ist dann der Fall, wenn gemäß Bild 3.3 der Gleichstrom gerade den doppelten Wert des Scheitelwerts des Kommutierungswechselstroms

$$\hat{I}_{kD} = \sqrt{2}\,\frac{E_k}{\omega L_k} \tag{3.21}$$

erreicht hat. Die Spannung u_{K0} ist in diesem Fall dauernd Null. Es stellt sich also ein endlicher Kurzschlußstrom ein, obwohl weder eine Gegenspannung im Zweig K0 noch ohmsche Widerstände in der Schaltung angenommen wurden. Bezüglich der Spannung u_{K0} bewirkt die Überlappung also offensichtlich einen Spannungsabfall.

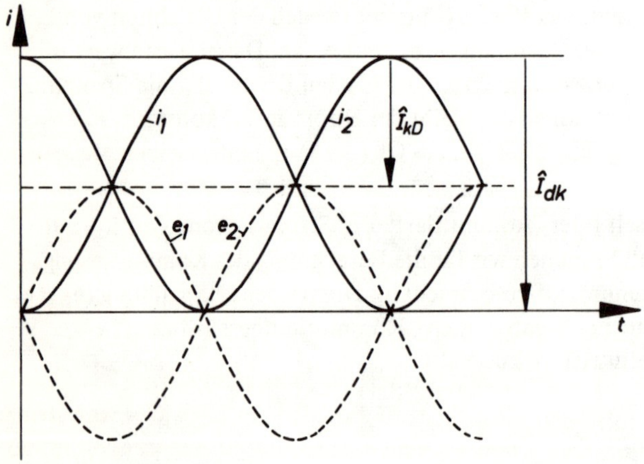

Bild 3.3
Stationärer Kurzschluß der Schaltung nach Bild 3.2

3.2. Einfluß der Gegenspannung

Wird gegenüber dem Vorhergehenden nun die Gegenspannung E_d von Null verschieden angenommen, so wird die Zündung von p_1 zum erstenmal möglich, wenn e_1 den Wert von E_d überschreitet. Gl. (2.1) und die Lösung sind jetzt in der Form abzuwandeln, daß für die Alleinzeit als treibende Spannung $(e_1 - E_d)$ eingesetzt wird. Bei Vernachlässigung der ohmschen Widerstände wird die Lösung superponiert aus einer Funktion vom Sinus-Cosinus-Typ, von $e_1(t)$ herrührend (Wechselstrom-Dauerlösung), und einer mit negativer Steigung zeitlinear verlaufenden Funktion, von E_d herrührend (Gleichstrom-Dauerlösung).

Man kann den Verlauf gemäß Bild 3.4 aber auch sofort skizzieren, wenn man sich vor Augen hält, daß der Integrand die Differenz zwischen e_1 und E_d ist. Daraus folgt, daß i_1 mit horizontaler Tangente beginnt, wo die erste Zündung möglich ist, beim Maximum von e_1 die größte Steigung hat, dann einen Maximalwert mit horizontaler Tangente erreicht, wo e_1 zum zweiten Mal gleich E_d wird. Nach diesem Zeitpunkt ist die treibende Spannung negativ und i_1 nimmt schon während der Alleinzeit ab, bevor noch eine neue Kommutierung eingeleitet ist.

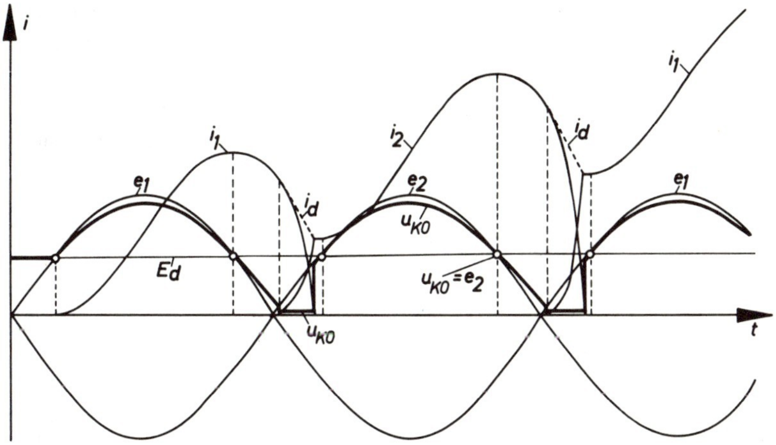

Bild 3.4. Verhältnisse ähnlich Bild 3.2, mit Gegenspannung $E_d \neq 0$

Die Spannung u_{K0} ist jetzt durch e_1 und E_d bestimmt. Eine einfache Betrachtung lehrt, daß sie sich durch Teilung der Potentialdifferenz $(e_1 - E_d)$ im Verhältnis $L_d/(L_d + L_s)$ ergibt. Die Folge ist, daß bei $\omega t = 180°$ der Punkt K gegen 0 noch positive Spannung hat, wie in der Skizze angedeutet. Dadurch wird die Möglichkeit zur neuen Zündung geringfügig auf einen späteren Zeitpunkt verschoben.

Ist die Zündbedingung erfüllt und wird p_2 gezündet, so ist auf der rechten Seite der Gln. (3.9) und (3.10) $(e_1 - E_d)$ und $(e_2 - E_d)$ zu setzen. Weil das Differentialgleichungssystem linear ist, ist Superposition möglich. Der von den Wechselspannungen herrührende Einfluß auf die Änderung von $i_d = i_1 + i_2$ ist, wie in der vorherigen Betrachtung, Null. Aus dem Schaltbild 3.5 liest man ab, daß der Einfluß von E_d gegeben ist durch

$$\frac{di_d}{dt} = \frac{-E_d}{L_d + \frac{L_s}{2}} . \tag{3.22}$$

Während des Überlappungsintervalls nimmt also der Strom im Zweig K0 wie in Bild 3.4 angedeutet ab. Weiter lehrt Bild 3.5, daß die Spannung u_{K0} während der Überlappungszeit sich ergibt zu

$$u_{K0} = E_d \frac{L_s/2}{L_d + L_s/2} . \tag{3.23}$$

Durch die Wirkung der Gegenspannung wird die Überlappung etwas verkürzt. Der Ventil-Stromverlauf ist eine Überlagerung einer zeitlinearen Funktion und einer Sinus-Kosinus-Funktion. Je größer L_d im Vergleich zu L_s ist, um so geringfügiger ist der Unterschied zum vorher behandelten Fall. Der Strom i_d steigt schließlich nicht mehr an, wenn in jedem Zyklus die positive Spannungszeitfläche an L_d ebenso groß ist wie die negative Spannungszeitfläche. Die negative Spannungszeitfläche vergrößert sich nämlich mit wachsender Überlappung. Ist dieser Zustand erreicht, hat der Strom i_d einen konstanten Mittelwert, um den er schwankt. Der im vorigen Abschnitt ermittelte Kurzschlußstrom wird nicht erreicht. Offenbar hat auch der widerstandslose Gleichrichter infolge der Überlappung ein Verhalten, als ob er Innenwiderstände hätte, und damit nicht nur einen endlichen Kurzschlußstrom sondern auch bei Vorhandensein von Gegenspannung einen endlichen Strom.

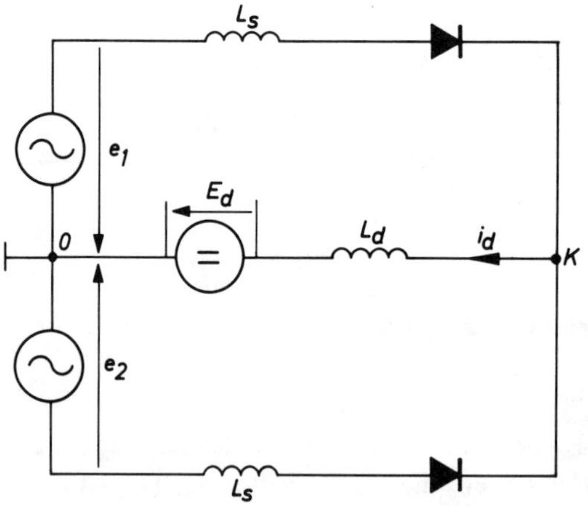

Bild 3.5

2-Phasen-Mittelpunktschaltung mit Gegenspannung, Schaltbild

Schließlich sei noch bemerkt, daß E_d so groß sein kann, daß i_1 schon wieder Null geworden ist, bevor eine neue Zündmöglichkeit für das Ventil 2 besteht. In diesem Falle ist für p_2 die Zündbedingung nicht in der Nähe von $\omega t = 180°$ gegeben, sondern erst dann, wenn e_2 den Wert von E_d überschreitet. Es ergibt sich ein lückenhafter Strom im Zweig K0. Auf diesen Fall kommen wir später (Kap. 10) zurück.

3.3. Vollkommen geglätteter Gleichstrom

Die Betrachtungen im vorhergehenden Abschnitt legen eine weitere Idealisierung nahe. Wir nehmen an, die Drossel L_d werde mehr und mehr vergrößert, so daß die Stromschwankung während der Alleinzeit gegen Null geht. Im Grenzfall ist der Strom i_d im Zweig K0 vollkommen glatt. (Natürlich ist das physikalisch nicht realisierbar, denn der Strom würde in diesem Falle ja überhaupt nicht auf einen endlichen Wert ansteigen.) Eine weitere nützliche Idealisierung besteht darin, daß wir auch L_s gegen Null gehen lassen. Damit geht der Scheitelwert des Kommutierungswechselstroms gegen unendlich. Das bedeutet aber, daß der Überlappungswinkel dem Wert Null zustrebt. Im stationären Zustand fließt dann also im Zweig K0 ein konstanter Strom I_d, ein wirklicher Gleichstrom, der je eine Halbwelle lang über das Ventil p_1 bzw. p_2 fließt, wie in Bild 3.6 angedeutet. Unter diesen Bedingungen wird der Strom auf der Primärseite des Transformators i_I ein Rechteck-Wechselstrom.

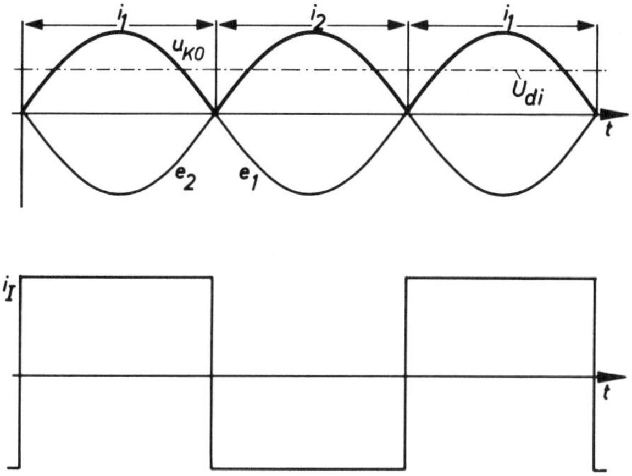

Bild 3.6

Idealisierung der 2-Phasen-Mittelpunktschaltung mit $L_d \to \infty$ und $L_s \to 0$

3.4. Ideelle Gleichspannung

Die beiden Annahmen bringen eine weitere Vereinfachung: Wir brauchen den Einfluß der Spannungsteilung zwischen L_s und L_d nicht mehr zu berücksichtigen. Der Punkt K ist vielmehr immer auf dem Potential e_1 oder e_2.

Damit wird es besonders leicht, den Mittelwert der Spannung u_{K0} zu berechnen. Er wird wegen der idealisierenden Voraussetzungen „ideelle Gleichspannung" genannt und mit dem Symbol U_{di} bezeichnet. Er ergibt sich aus dem Ansatz

$$U_{di}(t_2 - t_1) = \int_{t_1}^{t_2} u_{K0} \cdot d\tau \,, \tag{3.24}$$

wobei t_1 der Beginn, t_2 das Ende der Stromführungsdauer eines Ventils ist.

4. Mehrphasige Mittelpunktschaltungen

4.1. Die Drei-Phasen-Mittelpunkt-Schaltung

Bild 4.1 zeigt eine Stromrichterschaltung mit drei Ventilen, die aus einem Drehstromnetz gespeist wird, die „Drei-Phasen-Mittelpunkt-Schaltung". Wir nehmen auch hier an, daß es zulässig sei, die Streuinduktivität des Transformators für jeden Strang auf der Sekundärseite herauszuziehen. Die drei Strangspannungen sind in Bild 4.2 links im Liniendiagramm und rechts daneben im Zeigerdiagramm dargestellt. Wir wollen hier gleich annehmen, daß der Strom im Zweig K0 glatt, L_d also unendlich groß ist. Dann ist die Alleinzeit offenbar für jeden Strang ebenso zu behandeln wie im Abschnitt 3.1 beschrieben. Die Möglichkeit,

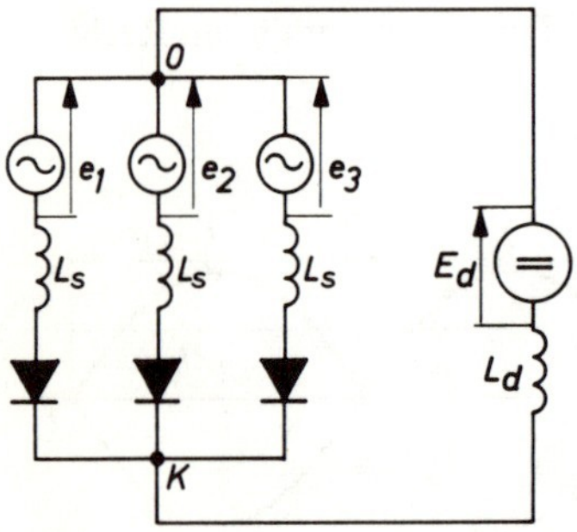

Bild 4.1. 3-Phasen-Mittelpunktschaltung, Schaltbild

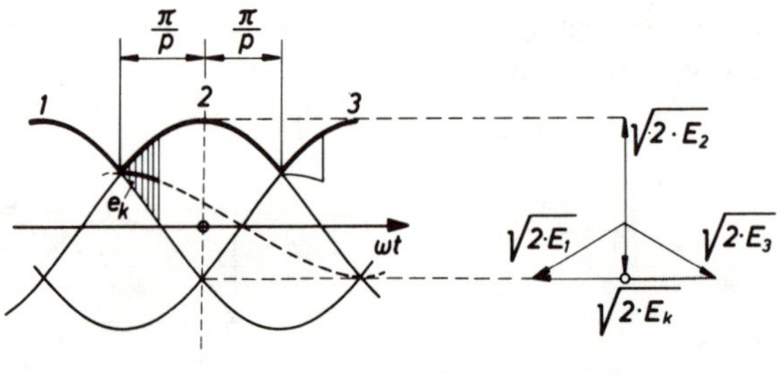

Bild 4.2
3-Phasen-Mittelpunktschaltung, Linien- und Zeigerdiagramm

das nächste Ventil zu zünden, ergibt sich jedoch früher, nämlich dann, wenn das Potential der Anode 2 positiver wird als das Potential von K. Für $L_d \gg L_s$ (bzw. $L_d \to \infty$) ist das im ersten Schnittpunkt der Strangspannungen 1 und 2 gegeben. Auch der folgende Kommutierungsvorgang kann analog der zweipulsigen Schaltung behandelt werden. Die Kommutierungsspannung ist die Differenz der beiden miteinander kommutierenden Phasenspannungen. Die Differenz von zwei Phasenspannungen ist im Drehstromsystem aber die Dreieckspannung, früher auch verkettete Spannung genannt. Während der Kommutierung wird also eine Dreieckspannung kurzgeschlossen. Wir beziehen wiederum alle Potentialangaben auf den Punkt 0. Dann ist während der Überlappung das Potential von K der Mittelwert zwischen den beiden Spannungen 1 und 2. Es folgt also einer Spannung, die im Zeigerdiagramm halb so groß und gegenphasig zu e_3 ist. Bei dieser Schaltung würde bei endlichem L_d während der Überlappung der Strom i_d im Zweig K0 nicht konstant sein. Die Annahme einer unendlich großen Drossel L_d, im folgenden Glättungsdrossel genannt, macht die Kommutierung von E_d und R_d unabhängig.

Beweis:

Die Gln. (3.1) bis (3.6) gelten auch hier. Für $(\mathbf{L})^{-1}$ erhält man:

$$(\mathbf{L})^{-1} = \frac{1}{L_s} \cdot \begin{Bmatrix} [(1 + L_s/L_d)/(2 + L_s/L_d)] & -1/(2 + L_s/L_d) \\ -1/(2 + L_s/L_d) & [(1 + L_s/L_d)/(2 + L_s/L_d)] \end{Bmatrix} \tag{4.1}$$

Für $L_d \gg L_s$, $L_s/L_d \to 0$, wird daraus:

$$(\mathbf{L})^{-1} \to \begin{Bmatrix} 1/(2L_s) & -1/(2L_s) \\ -1/(2L_s) & 1/(2L_s) \end{Bmatrix} \tag{4.2}$$

Für $R_s = 0$ wird

$$(\mathbf{R}) = \begin{Bmatrix} R_d & R_d \\ R_d & R_d \end{Bmatrix}$$

und:

$$(\mathbf{L})^{-1} \cdot (\mathbf{R}) = (0).$$

Damit bleibt von Gl. (3.5), bzw. Gl. (3.6):

$$\begin{aligned} \frac{di_1}{dt} &= \frac{1}{2L_s} [(e_1 - E_d) - (e_2 - E_d)]\,, \\ \frac{di_2}{dt} &= -\frac{1}{2L_s} [(e_1 - E_d) - (e_2 - E_d)]\,. \end{aligned} \tag{4.3}$$

Auch die E_d enthaltenden Glieder fallen heraus, und obwohl $R_d \neq 0$ ist, wird erhalten:

$$\frac{di_1}{dt} = -\frac{di_2}{dt} = \frac{e_k}{L_k}\,.$$

4.2. p-phasige-Mittelpunktschaltung

Ideelle Leerlaufspannung. Man kann die Phasenzahl bei Drehstromeinspeisung erhöhen, theoretisch auf eine beliebige Zahl, da man aus zwei Spannungen verschiedener Phasen eine Summenspannung jeder beliebigen Phasenlage herstellen kann. Gebräuchlich sind nur Vielfache von 3 und 2 als Phasenzahl p. Man geht in einer Schaltung im allgemeinen über p = 6 nicht hinaus. Bild 4.3a zeigt schematisch eine sechsphasige Mittelpunktschaltung. Das Zeigerdiagramm der Strangspannungen zu Bild 4.3a enthält sechs um je 60° versetzte Spannungen (Bild 4.3b).

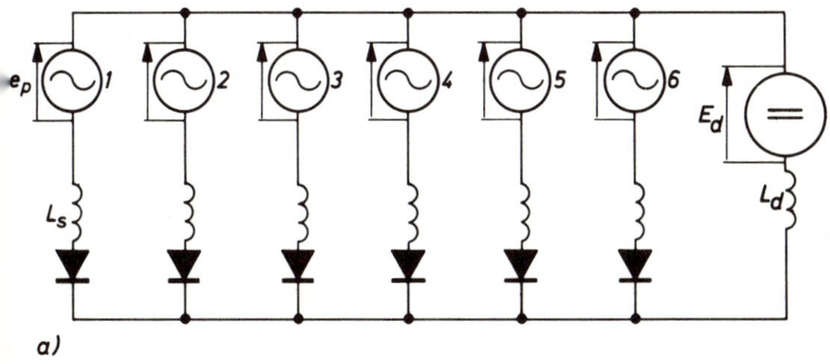

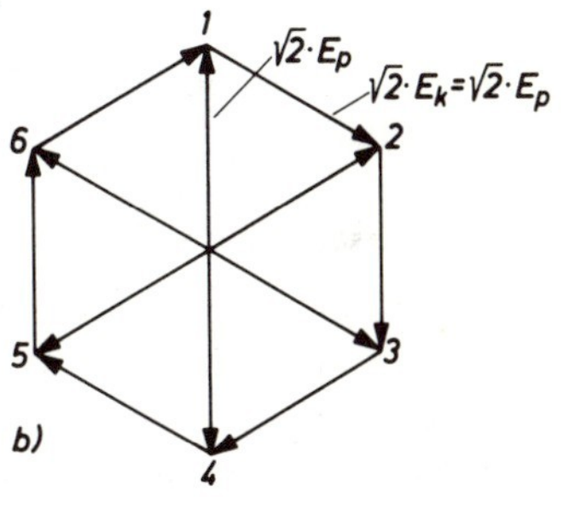

Bild 4.3. 6-Phasen-Mittelpunktschaltung

a) Schaltbild

b) Zeigerdiagramm

Eine p-phasige Mittelpunktschaltung hat zwischen zwei benachbarten Phasenspannungen eine Phasendifferenz von $2\pi/p$ im Bogenmaß bzw. $360°/p$ im Gradmaß. Unter den gleichen idealisierenden Voraussetzungen wie im Abschnitt 3.3 sind die Ventilströme der dreiphasigen Mittelpunktschaltung Stromblöcke von 120° Dauer, in der sechsphasigen Mittelpunktschaltung solche von 60° Dauer. Der Verlauf von u_{K0} ist eine Aneinanderreihung von Spannungskuppen (Bild 4.2); er wiederholt sich nach dem Intervall T/p, bzw. $2\pi/p$. Für die Mittelwertbildung gemäß Gl. (3.24) zur Berechnung der ideellen Gleichspannung U_{di} wählt man zweckmäßig den Nullpunkt der Zeitzählung im Maximum einer Strangspannung.

Dann entspricht für Gl. (3.24) der Zeitpunkt

$$t_1 = -\frac{1}{2}\frac{T}{p} \qquad t_2 = +\frac{1}{2}\frac{T}{p}$$

$$\omega t_1 = -\frac{1}{2}\frac{2\pi}{p} = -\frac{\pi}{p} \qquad \omega t_2 = \frac{\pi}{p}.$$

Für die p-phasige Mittelpunktschaltung erhalten wir also für die ideelle Leerlaufgleichspannung den allgemeinen Ansatz

$$U_{di} \cdot \frac{2\pi}{p} = \sqrt{2} \cdot E_p \int_{-\pi/p}^{+\pi/p} \cos x \cdot dx, \quad \text{mit} \quad x = \omega t \tag{4.4}$$

daraus:

$$U_{di} = \frac{p}{\pi} \cdot \sin\frac{\pi}{p} \cdot \sqrt{2}\, E_p\,. \tag{4.5}$$

Es ergibt sich also für

$$p = 2: \quad \frac{U_{di}}{E_p} = \frac{2}{\pi} \cdot \sqrt{2} = 0{,}9;$$

$$p = 3: \quad \frac{U_{di}}{E_p} = \frac{3}{\pi} \cdot \frac{\sqrt{3}}{2} \cdot \sqrt{2} = 1{,}17;$$

$$p = 6: \quad \frac{U_{di}}{E_p} = \frac{6}{\pi} \cdot \frac{1}{2} \cdot \sqrt{2} = 1{,}35.$$

Es genügt, sich die beiden Zahlenwerte 0,9 und 1,17 zu merken, der dritte Wert kommt nur selten vor.

4.3. Ersatz-Innenwiderstand für Spannungsabfall durch Kommutierung

Ziel dieses und der folgenden Abschnitte ist es, den Spannungsabfall durch die Kommutierung, der im Kap. 3.2 im Prinzip als vorhanden festgestellt wurde, zu berechnen. Dazu behalten wir die Annahme unendlich großer Glättungsdrossel und verschwindenden ohmschen Widerstandes zunächst bei. Wir gehen dabei von U_{di} als Leerlaufspannung aus.

Durch die Annahme über die Glättungsdrossel ($L_d \to \infty$) brauchen wir nur den Kommutierungskreis zu betrachten. Dann vereinfacht sich die Differentialgleichung für die Überlappungszeit zu:

$$-\frac{di_1}{dt} = +\frac{di_2}{dt} = \frac{e_k}{2L_s}; \tag{4.6}$$

daraus folgt:

$$2L_s \cdot \Delta i_2 = \int_{t_1}^{t_2} e_k \cdot dt.$$

Die Kommutierung ist beendet wenn $\Delta i_2 = I_d$, also

$$2 \cdot L_s \cdot I_d = \int_{t_1}^{t_2} e_k \cdot dt. \tag{4.7}$$

Das rechts stehende Integral stellt eine Spannungszeitfläche dar, die den schraffierten Flächen in den Bildern 4.2 und 4.4 entspricht. Es ist das Integral der Kommutierungsspannung über die Kommutierungsdauer. Da u_{K0} jeweils der Mittelwert der miteinander kommutierenden Spannungen ist, geht bei jeder Kommutierung die Hälfte dieser Spannungszeitflächen für die Bildung des Mittelwerts von u_{K0} verloren. Das wiederholt sich in einer Netzspannungs-Periode p mal. (Für die dreiphasige Schaltung, siehe Bild 4.2 für die zweiphasige siehe Bild 4.4.)

Für den Mittelwert dieses Spannungsverlusts D_x können wir also ansetzen:

$$D_x \cdot \frac{T}{p} = \frac{1}{2}\int_{t_1}^{t_2} e_k \cdot dt = L_s \cdot I_d. \tag{4.8}$$

Mit $T = 2\pi/\omega$ wird schließlich:

$$D_x = p\frac{\omega L_S}{2\pi} \cdot I_d = p\frac{X_S}{2\pi} \cdot I_d. \tag{4.9}$$

Weiter ist

$$U_{di} - D_x = U_d,$$

$$U_d - I_d \cdot R_d = E_d.$$

Für $R_d \to 0$ wird $U_d = E_d$.

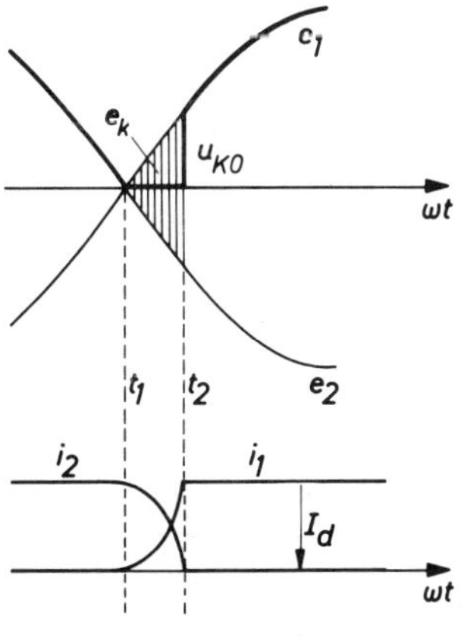

Bild 4.4

Spannungs- und Stromverläufe bei der 6-Phasen-Mittelpunktschaltung

Der Mittelwert des Spannungsabfalls ist also proportional dem Gleichstrom, der Streuinduktivität L_s und der Phasenzahl p. Da er dem Gleichstrom I_d proportional ist, liegt es nahe, daraus einen Innenwiderstand zu definieren:

$$R_{ix} = \frac{D_x}{I_d} = p \cdot \frac{X_s}{2\pi} \qquad (4.10)$$

Der Mittelwert von u_{K0} wird

$$U_d = U_{di} - R_{ix} \cdot I_d \, . \qquad (4.11)$$

(Die etwas eigenartige Wahl des Symbols D_x für den Mittelwert des Spannungsabfalls geht auf eine internationale Norm zurück. Der Index x erinnert an die Streuinduktivität X_s als Ursache des Spannungsabfalls.)

Unter den gemachten Voraussetzungen hat der Stromrichter in Mittelpunktschaltung also die Leerlaufspannung U_{di} nach Gl. (4.5) und einen Innenwiderstand R_{ix} nach Gl. (4.10)

Da D_x der Gleichspannungsmittelwert eines pulsierenden Spannungsabfalls ist, ist auch R_{ix} kein echter ohmscher Innenwiderstand. Häufig verlaufen aber Änderungen des Gleichstroms so langsam, daß die Schwankungen während der „Pulsperiode" $\frac{T}{p}$ keine Beachtung erfordern. Dann ist das Ersatzschaltbild des Stromrichters mit der inneren Spannung U_{di}, dem inneren Widerstand R_{ix} und der inneren Induktivität $(L_s + L_d)$ eine sehr willkommene und einfache Näherung, die später noch verbessert wird.

5. Der gesteuerte Betrieb der Mittelpunktschaltung

5.1. Alleinzeit und Kommutierungsvorgang bei Zündverzögerung

In den bisherigen Betrachtungen wurde stets angenommen, daß die Ventile hinsichtlich der Ventilspannung zum frühest möglichen Zeitpunkt gezündet werden, oder, was auf dasselbe hinausläuft, daß Dioden verwendet wurden. Anhand der Bilder 5.1 und 5.2 sei nun der Fall betrachtet, daß nicht zum frühest möglichen Zündzeitpunkt gezündet wird. Wir gehen wieder von der Zweiphasen-Mittelpunktschaltung als Beispielsfall aus und nehmen auch wieder an, daß alle Widerstände der Schaltung Null seien.

In den Bildern 5.2 ist eine konstante Gegenspannung E_d eingetragen. Zündung ist möglich, wenn die Spannung e_1 zum ersten Mal größer als E_d wird. Es wird jedoch erst in einem Abstand α (im Winkel- oder Bogenmaß) vom ersten Nulldurchgang von e_1 gezündet. Zu diesem Zeitpunkt ist $e_1 > E_d$. Es beginnt eine Alleinzeit des Ventils 1, in der zunächst die senkrecht schraffierte Spannungszeitfläche den Stromzuwachs bestimmt. Am Ende dieses ersten Intervalls wird der Strom, wenn wir uns eine zwar große, aber endliche Glättungsdrossel vorstellen, sein Maximum erreicht haben. Dann wird in dem folgenden Intervall die waagerecht schraffierte negative Spannungszeitfläche wirksam, der Strom

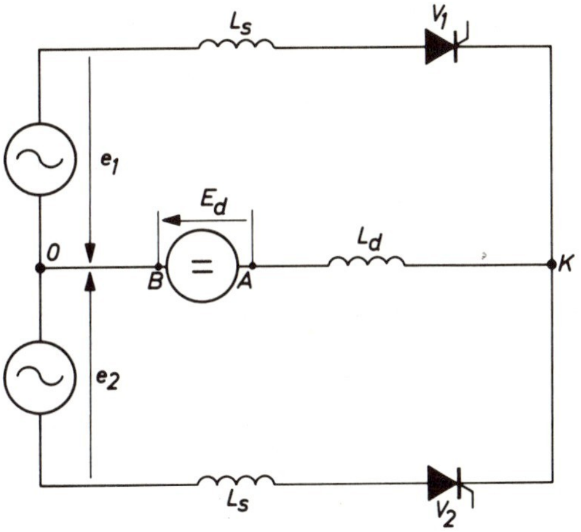

Bild 5.1

Gesteuerte 2-Phasen-Mittelpunktschaltung

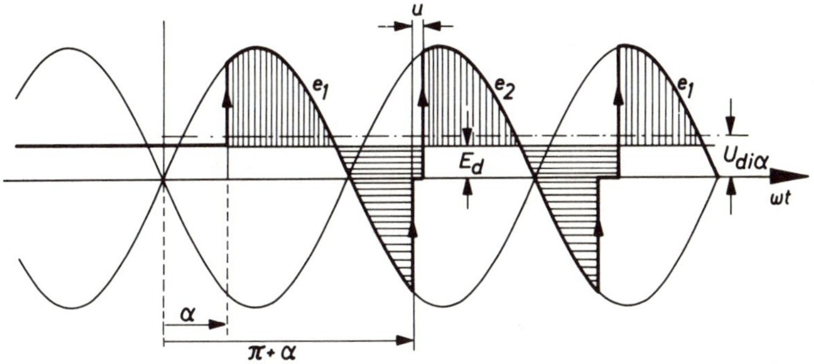

Bild 5.2. Treibende Spannung im gesteuerten Betrieb

nimmt wieder ab. Die Gegenspannung ist so gewählt, daß die positive Spannungszeitfläche größer als die negative ist, so daß 180° nach der Zündung von Ventil 1 noch positiver Strom vorhanden ist. Das Ventil 2 kann also gezündet werden, und es ist eine Kommutierungsspannung vorhanden, um den Strom auf das Ventil 2 zu überführen. Der Kommutierungsvorgang verläuft ähnlich wie in Kap. 3.1 beschrieben. Die Kommutierungsspannung $(e_2 - e_1)$ hat einen anderen Verlauf, und damit auch der Stromverlauf während der Kommutierung.

Der Stationärzustand für den Strom ist dann erreicht, wenn die in Bild 5.2 senkrecht und waagerecht schraffierten Spannungszeitflächen einander gleich geworden sind. Idealisieren wir diesen Fall wieder durch Annahme einer sehr großen Glättungsdrossel neben der verschwindenden Kommutierungsreaktanz, so erhalten wir Bild 5.3. Es unterscheidet sich von Bild 3.6 in zweierlei Hinsicht: Die Anodenstromblöcke sind in ihrer Phasenlage um den Winkel α nacheilend verschoben. Der Rechteckwechselstrom auf der Primärseite weist ebenfalls eine Phasenverschiebung α gegenüber dem ursprünglichen Fall auf. In Bild 5.3 ist dick ausgezogen, welche Werte die Spannung u_{K0} im Grenzfall (s.o.) in der widerstandsfreien Schaltung annimmt. In Bild 5.4a sind die Verhältnisse für die dreiphasige Mittelpunktschaltung dargestellt. Hier ist α von dem Zeitpunkt ab gezählt, indem die Phasenspannung 1 positiver wird als die ihr vorausgehende Phasenspannung 3. Diesen Punkt nennen wir den „natürlichen" Zündzeitpunkt. In diesem Bild ist die Kommutierung berücksichtigt, L_d jedoch unendlich groß angenommen. Der Verlauf von u_{K0} ist dick ausgezogen, die Kommutierungs-Spannungszeitfläche schraffiert, i_2 (t) skizziert. Diese Betrachtung ist offensichtlich leicht auf Schaltungen mit höherer Phasenzahl zu übertragen, wie Bild 5.4b für die 6-phasige Mittelpunktschaltung zeigt.

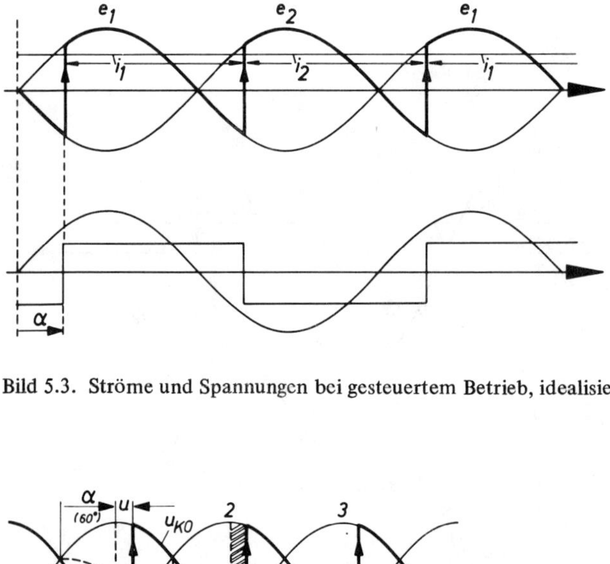

Bild 5.3. Ströme und Spannungen bei gesteuertem Betrieb, idealisiert

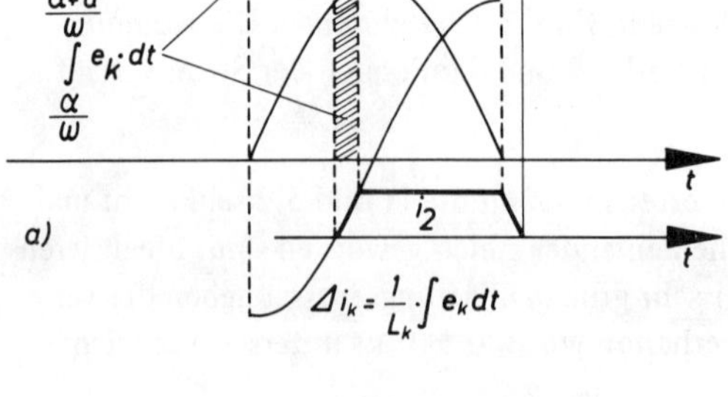

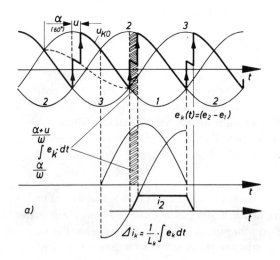

Bild 5.4

Gesteuerter Betrieb der Mittelpunktschaltung, Liniendiagramm

a) p = 3
b) p = 6

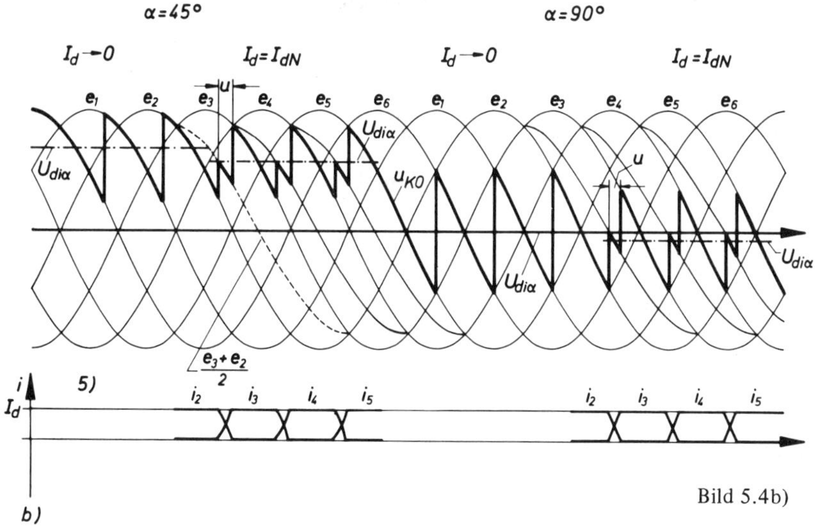

Bild 5.4b)

5.2. Ideelle Leerlaufspannung im gesteuerten Betrieb

Wir berechnen den Mittelwert der Spannung u_{K0} gemäß Bilder 5.3 und 5.4, (zunächst beide für $L_s \to 0$, $u \to 0$), bzw. allgemein für eine Mittelpunktschaltung mit der Phasenzahl p. Den Nullpunkt der Zeitzählung wählen wir wieder wie in Bild 4.2. Die Stromführungsdauer ist wiederum $T/p \mathrel{\hat{=}} 2\pi/p$. Sie beginnt und endet im Winkelmaß um α später. Wir haben also folgenden Ansatz für die Mittelwertberechnung zu machen:

$$U_{di\alpha} \cdot \frac{2\pi}{p} = \int_{-\frac{\pi}{p}+\alpha}^{+\frac{\pi}{p}+\alpha} \sqrt{2} \cdot E_p \cdot \cos x \cdot dx \quad \text{mit} \quad x = \omega t. \tag{5.1}$$

Nach Auswertung des Integrals auf der rechten Seite erhalten wir mit

$$\sin a - \sin b = 2 \cos \frac{a+b}{2} \cdot \sin \frac{a-b}{2}$$

$$U_{di\alpha} = \frac{p}{\pi} \cdot \sqrt{2} \cdot E_p \cdot \sin \frac{\pi}{p} \cdot \cos\alpha$$

und mit Gl. (4.5)

$$\frac{p}{\pi} \cdot \sqrt{2} \cdot E_p \cdot \sin \frac{\pi}{p} = U_{di} ;$$

schließlich:

$$U_{di\alpha} = U_{di} \cdot \cos\alpha . \tag{5.2}$$

5.3. Spannungsabfall durch Kommutierung im gesteuerten Betrieb

Wir betrachten nun den Spannungsabfall durch Überlappung im gesteuerten Betrieb. Bild 5.4a zeigt die Verhältnisse für p = 3. Die für die Kommutierung verbrauchte Spannungszeitfläche ist schraffiert. Die Differenz der Phasenspannungen 2 und 1 als Kommutierungsspannung $e_k = e_2 - e_1$ ist getrennt herausgezeichnet. Gemäß der Beziehung

$$\frac{di_2}{dt} = -\frac{di_1}{dt} = \frac{1}{2 \cdot L_s} \cdot e_k \quad \text{(s. Gl. (4.3))}$$

damit

$$\Delta i_2 = I_d = \frac{1}{2\,L_s} \int\limits_{t_1 = \alpha/\omega}^{t_2 = (\alpha + u)/\omega} e_k\,dt$$

wird für die Kommutierung eines bestimmten Gleichstroms I_d eine bestimmte Spannungszeitfläche verbraucht:

$$\int\limits_{t_1}^{t_2} e_k \cdot dt = 2\,L_s \cdot I_d \quad \text{(s. Gl. (4.7))}.$$

Da der Augenblickswert der Kommutierungsspannung höher ist als im ungesteuerten Betrieb – er hat sein Maximum in der Nähe von $\alpha = 90°$ – verläuft die Kommutierung steiler. Die Kommutierungsdauer verkürzt sich. Der zugehörige Kommutierungswechselstrom i_k ist bei Bild 5.4a ebenfalls eingezeichnet. Die Stromänderung während der Kommutierung ist jeweils ein Stück, das zwischen Beginn und Ende der Überlappung aus diesem Verlauf herausgeschnitten wird. Wir überzeugen uns ferner, daß auch hier die Hälfte der Kommutierungsspannungszeitfläche bei jeder Kommutierung für die Mittelwertbildung der Spannung u_{K0} verloren geht. Damit hat sich an den Bedingungen von Gl. (4.7) und Gl. (4.8) nichts geändert. *R_{ix} gemäß Gl. (4.10) ist auch im gesteuerten Betrieb gültig.*

Damit brauchen wir unser Ersatzschaltbild nur dahingehend zu ändern, daß wir die konstante Leerlaufspannung U_{di} ersetzen durch die über α steuerbare Leerlaufspannung

$$U_{di\alpha} = U_{di} \cdot \cos\alpha \quad \text{(s. Gl. (5.2))}.$$

5.4. Berechnung des Überlappungswinkels

Wir betrachten dazu die Bilder 5.4 und 5.5. In Bild 5.5 ist der Verlauf von u_{K0} mit dem Mittelwert $U_{m1} = U_{di\alpha} = U_{di} \cos\alpha$ eingetragen, ebenso ein zweiter Spannungsverlauf gestrichelt, der sich von dem ersten um die schraffierten Kommutierungsspannungszeitflächen F unterscheidet. Sein Mittelwert ist offenbar $U_{m2} = U_{di} \cdot \cos(\alpha + u)$. Der Mittelwert der Differenzspannung ist aber nach Kap. 4.3 und Kap. 5.3 $2\,D_x$, so daß gilt:

$$U_{m1} - U_{m2} = 2\,D_x \tag{5.3a}$$

$$U_{di} \cdot \cos\alpha - U_{di} \cdot \cos(\alpha + u) = 2\,I_d \cdot R_{ix}\,. \tag{5.3b}$$

Daraus folgt:

$$\cos(\alpha + u) = \cos\alpha - 2\,I_d \cdot R_{ix}/U_{di} \tag{5.4}$$

(s. auch Gl. (9.5a) in Kap. 9).

Diese Beziehung gestattet, den Überlappungswinkel zu berechnen, wenn α, U_{di} und L_s und damit bei gegebener Phasenzahl auch R_{ix}, bekannt sind. Man errechnet zunächst $(\alpha + u)$ und daraus u. Aus Bild 5.4 ist zu erkennen, daß die Beziehung auch für p = 3 und schließlich für alle p gilt.

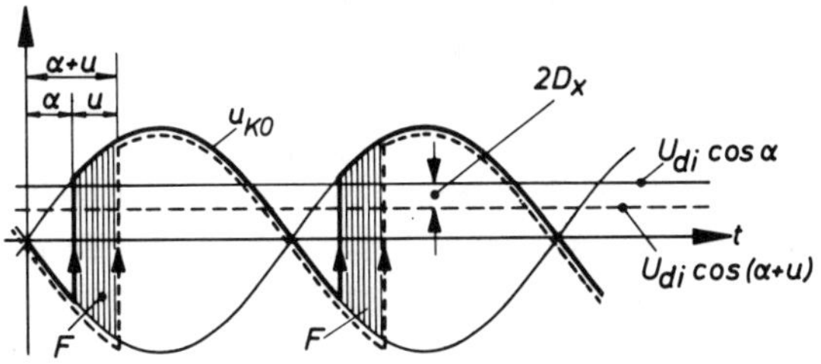

Bild 5.5

Zusammenhang zwischen α, D_x und u

5.5. Wechselrichter-Aussteuerung

Aus den Bildern 5.2, 5.3 und 5.4 und dem Abschnitt 5.1 wurde klar, daß bei Zündverzögerung der Mittelwert der Spannung u_{K0} zurückgeht und daß ein Strom I_d fließen kann, selbst wenn der Augenblickswert von u_{K0} zeitweise negativ wird. Macht man die Zündverzögerung gleich 90°, so wird mit $\cos\alpha = 0$ auch $U_{di\alpha} = 0$. Wird α größer als 90°, so wird $\cos\alpha$ negativ, also auch $U_{di\alpha}$ negativ. Am Liniendiagramm kann man das leicht bestätigen. Wir stellen dazu ein Ersatzschaltbild für den stationären Zustand (Bild 5.6) auf.

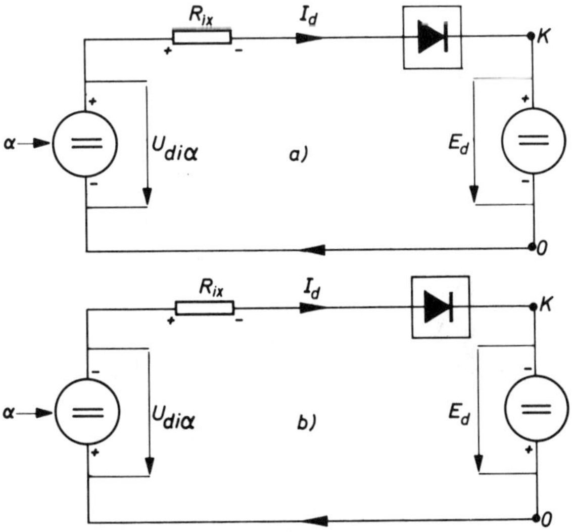

Bild 5.6

Gesteuerter Stromrichter, Ersatzschaltbild

a) Gleichrichterbetrieb

b) Wechselrichterbetrieb

Es enthält die gesteuerte Spannung $U_{di\alpha}$, den Innenwiderstand R_{ix} und die Gegenspannung E_d. Das Stromrichtersymbol in dem Kästchen soll daran erinnern, daß der Strom stets nur aus der Klemme K *herausfließen* kann. Für $\alpha < 90°$ gelten die Polaritäten von Bild 5.6a. Der Stromrichter gibt Leistung ab, die Gegenspannungsquelle nimmt Leistung auf, da der Strom in ihren positiven Pol hineinfließt. In Bild 5.6b ist $\alpha > 90°$, $U_{di\alpha}$ negativ geworden, was ebenfalls durch die angeschriebenen Vorzeichen angedeutet ist. Da I_d die gleiche Richtung haben muß wie vorher, fließt der Gleichstrom nun in die Plusklemme des Stromrichters hinein. Der Stromrichter muß daher Leistung aufnehmen. Nehmen wir den gleichen Strom I_d wie im Falle $\alpha < 90°$ an, so ist der Spannungsabfall an R_{ix} im stationären Zustand der gleiche und hat das gleiche Vorzeichen. Folglich ist es notwendig, daß auch die Gegenspannungsquelle E_d ihr Vorzeichen umkehrt, sie gibt Leistung ab („Wechselrichterbetrieb"). Das findet man auf der Wechselstromseite bestätigt (s. Bild 5.3), wo offenbar bei $\alpha = 90°$ der Mittelwert der Leistung, aus dem jeweiligen Produkt von Strom und Spannung berechnet, Null wird, und negativ, wenn der Rechteckwechselstrom um mehr als 90° phasenverschoben wird. Nach Bild 5.6b muß infolge des Spannungsabfalls an R_{ix} im Wechselrichterbetrieb, bei $\alpha > 90°$, E_d dem Betrage nach größer werden als $U_{di\alpha}$.

Wir überzeugen uns anhand von Bild 5.7 davon, daß unter den Umständen gemäß dem Ersatzschema Bild 5.6b, d.h. $\alpha > 90°$, $E_d < 0$, der Strom einsetzen kann und das Vorzeichen des Spannungsabfalls an R_{ix} sich nicht ändert. Es ist die zweiphasige Mittelpunktschaltung angenommen, und der Zündimpuls für Ventil 1 wird bei $\alpha = 157{,}5°$, d.h. 22,5° vor dem negativen Nulldurchgang, gegeben. Dies entspricht gemäß Gl. (5.2) einem Wert von $U_{di\alpha} = -0{,}924 \cdot U_{di}$, der negativ und strichpunktiert eingetragen ist. E_d ist dem Betrag nach größer als $U_{di\alpha}$ gewählt. Der Punkt A in Bild 5.1 hat also stärker negatives Potential als die Anode von Ventil 1; die senkrecht schraffierte Potentialdifferenz steht als treibende Spannung an der Reihenschaltung von L_S und L_d zur Verfügung. Der Ventilstrom i_1 als Zeitintegral dieser Spannung ist unten skizziert. Er erreicht sein Maximum, wo die treibende Spannung sich umkehrt und die Phasenspannung e_1 negativer wird als E_d, hat danach wieder ein Minimum, wo der Integrand Null ist. Kurz nach diesem Minimum erfolgt der Zündimpuls für das Ventil 2. Die Kommutierungsspannung

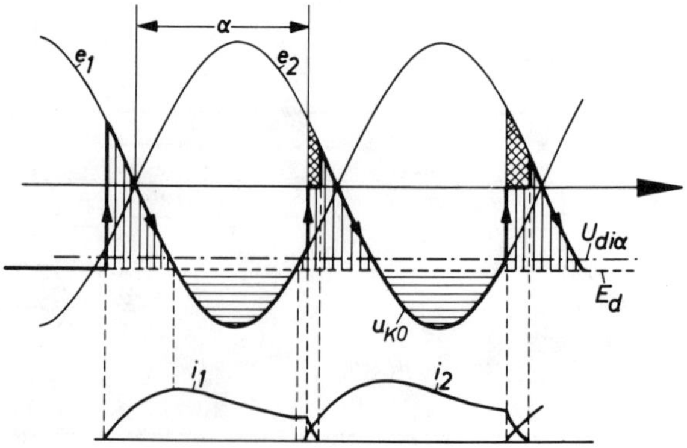

Bild 5.7
Aufbau des Stromes bei Wechselrichteraussteuerung

hat die richtige Polarität, so daß Ventil 2 übernehmen kann. Während der Kommutierungszeit ist die Spannung $u_{K0} \approx 0$, da $L_d \gg L_s$ angenommen wird. Die kreuzweise schraffierte Fläche geht für den Mittelwert von u_{K0} verloren. Nach Beendigung der Kommutierung springt u_{K0} auf den Wert der Phasenspannung 2 und der Strom verläuft weiter wie skizziert. Mit dem Anwachsen des Stroms wächst die Kommutierungsdauer und damit das verbrauchte Spannung-Zeit-Integral so lange, bis die senkrecht und waagerecht schraffierten Flächen gleich werden, d.h. an der Glättungsdrossel eine Spannung mit dem Mittelwert Null liegt. Dann ist der stationäre Zustand erreicht. Der Mittelwert von u_{K0} ist negativ. Die durch die Überlappung verlorenen gekreuzt schraffierten Flächen liegen in einem Bereich, wo der Augenblickswert positiv ist, was bewirkt, daß der Spannungsabfall durch die Überlappung den Mittelwert der Spannung noch negativer macht. Im Stationärzustand entspricht der Spannungsabfall durch die kreuzweise schraffierten Flächen der Differenz zwischen dem strichpunktiert eingezeichneten Wert $U_{di\alpha}$ und der Gleichspannung E_d. Wir finden also bestätigt, daß das Ersatzschema Bild 5.6 die Verhältnisse richtig wiedergibt und im Wechselrichterbetrieb der induktive Spannungsabfall den Betrag der Stromrichter-Gegenspannung vergrößert.

Man kann die Bilder 5.6a und b auch in folgender Weise betrachten: Gibt man $U_{di\alpha}$ und E_d vor, so ergibt sich der Strom im Stationärzustand einfach zu

$$I_d = \frac{U_{di\alpha} - E_d}{R_{ix}}. \tag{5.5}$$

Gibt man umgekehrt eine der beiden Spannungen und den Strom vor, z.B. E_d und I_d, so kann man das für diesen Strom benötigte $U_{di\alpha}$ berechnen. Die Differenz von gesteuerter Leerlaufspannung und Gegengleichspannung bestimmt zusammen mit R_{ix} den stationären Strom. Nach Gl. (5.2) liefert der Wechselrichter bei $\alpha = 180°$ die höchste Gegenspannung, nämlich $-U_{di}$. Man könnte vermuten, daß infolge des Spannungsabfalls an R_{ix} die Spannung E_d dem Betrage nach sogar größer als U_{di} werden könnte. Das ist im allgemeinen nicht der Fall. Es gibt eine Aussteuerungsgrenze. Man muß einen Respektabstand $\beta_{min} = 180° - \alpha_{max}$ einhalten und darf einen bestimmten Strom nicht überschreiten. Die Gründe werden unter „Kippung des Wechselrichters" (Abschnitt 5.7) besprochen.

5.6. Sperrspannungsverlauf und Sperrspannungskennwerte der Mittelpunktschaltungen

Im folgenden sei der Verlauf der Ventilspannung für den Grenzfall $L_s \to 0$ und $L_d \to \infty$ über die ganze Periode betrachtet (s. Bilder 5.3, 5.4 und 5.8). Die Spannung zwischen zwei Punkten ist die Differenz ihrer Potentiale, d.h. ihrer Spannungen gegen einen vereinbarten Bezugspunkt. Das Anodenpotential folgt der zugehörigen Phasenspannung derjenigen Anode, die gerade den Strom führt. In den Überlappungsintervallen resultiert das Kathodenpotential aus dem Mittelwert der beiden miteinander kommutierenden Phasenspannungen. In Bild 5.8 ist für die Zwei-Phasen-Mp-Schaltung das Kathodenpotential und der Verlauf der beiden Phasenspannungen eingezeichnet (oben), darunter ist die Differenz zwischen der Anodenspannung 1 und dem Kathodenpotential herausgezeichnet. Es ergibt sich ein Intervall mit positiver Sperrspannung vom natürlichen Zündzeitpunkt

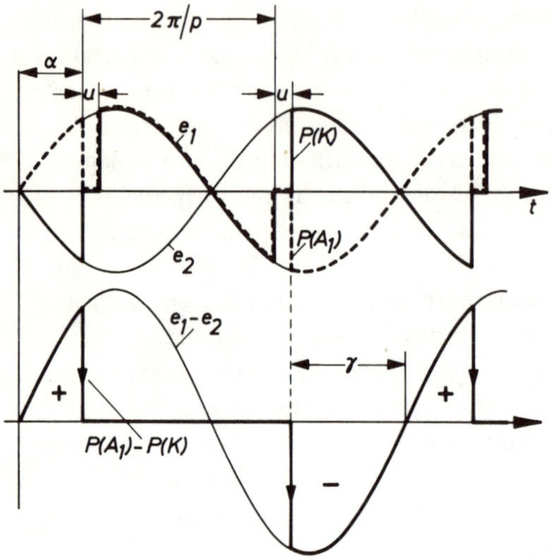

Bild 5.8

Spannungsverlauf in der Schaltung und am Ventil
Beispiel: 2p-Mp-Schaltung

bis zum Zeitpunkt $\omega t = \alpha$, dann folgt die Durchlaßphase, bestehend aus Überlappungszeit, Alleinzeit und einer erneuten Überlappung bei der Stromabgabe. In diesem Intervall ist die Ventilspannung (des idealen Ventils) Null. Beim Erlöschen von Ventil 1 erscheint die gesamte Kommutierungsspannung sprungartig als negative Sperrspannung am Ventil 1, um nach Ablauf einer Periode durch Null zu gehen, wonach die Sperrspannung wieder positiv wird. Die Dauer der Durchlaßphase beträgt $2\pi/p + u$ im dimensionslosen Zeitmaß. Die negative Sprungspannung ist der Augenblickswert der Kommutierungsspannung nach dem Stromnulldurchgang. Aus den Bildern 4.2, 4.3 und 5.8 ist zu ersehen, daß der Höchstwert der auftretenden Sperrspannung der Scheitelwert der größten Diagonalspannung des Mehrphasensystems ist, da das Kathodenpotential immer einer der Phasenspannungen entspricht. Nach Gl. (4.2) ist die ideelle Gleichspannung U_{di} der Phasenspannung proportional. Auch die größte Sperrspannung $\hat{u}_s$ läßt sich durch die Phasenspannung ausdrücken, und $\hat{u}_s/U_{di}$ ergibt eine für die Schaltung kennzeichnende Zahl gemäß folgender Tabelle:

Tabelle 5.1

p	$\hat{u}_s$	U_{di}	$\hat{u}_s/U_{di}$
2	$2\sqrt{2}\,E_p$	$\frac{2}{\pi}\sqrt{2}\,E_p$	$\pi = 3{,}14$
3	$\sqrt{3}\sqrt{2}\,E_p$	$\frac{3}{\pi}\sqrt{2}\,E_p \cdot \frac{1}{2}\sqrt{3}$	$\frac{2\pi}{3} = 2{,}09$
6	$2\sqrt{2}\,E_p$	$\frac{6}{\pi}\sqrt{2}\,E_p \cdot \frac{1}{2}$	$\frac{2\pi}{3} = 2{,}09$
$\to\infty$	$2\sqrt{2}\,E_p$	$\sqrt{2}\,E_p$	2

Das Verhältnis $\hat{u}_s/U_{di}$ wird also mit wachsender Phasenzahl kleiner und nähert sich offensichtlich für $p \to \infty$ dem Wert 2, weil dann $U_{di} \to \sqrt{2}\,E_p$ und $\hat{u}_s \to 2 \cdot \sqrt{2} \cdot E_p$. Die Zahlen in der Tabelle geben eine erste Auskunft darüber, welche ideelle Gleichspannung möglich ist, wenn die Ventile eine begrenzte Sperrspannung haben, oder umgekehrt, welche Ventilsperrspannung benötigt wird, um eine bestimmte ideelle Gleichspannung zu erreichen.

Wenn sich α vergrößert, wird nach Bild 5.8 auch der positive Sperrspannungszipfel immer größer, der negative immer kleiner. Für $\alpha \rightarrow 180°$ verschwindet der negative Sperrspannungszipfel, der jedoch, wie in Kap. 2 und Abschnitt 5.5 schon ausgeführt, vorhanden sein muß, damit das Ventil die in der nächsten positiven Sperrphase auftretende Spannung aufnehmen kann, also steuerfähig bleibt.

An Hand von Bild 5.9 stellen wir die folgende Betrachtung über den Mittelwert der Sperrspannung unter den aus dem Bild ersichtlichen vereinfachenden Annahmen (ideale Ventile, keine ohmschen Widerstände berücksichtigt, $L_s = 0$, $L_d \rightarrow \infty$) an: Mit den angegebenen Zählpfeilen gilt für das Ventil 1 (wegen der Symmetrie der Anordnung auch für alle anderen Ventilspannungen):

$$e_1 = u_{v1} + u_L + E_d \,. \qquad (5.6)$$

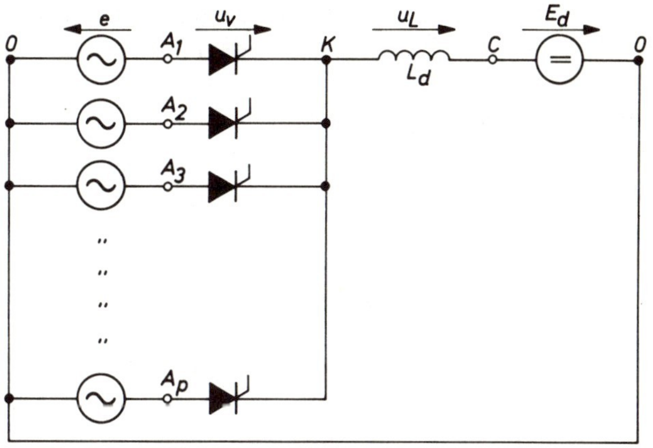

Bild 5.9

Vereinfachte Betrachtung zur Bestimmung des Mittelwerts der Ventilspannung

Diese für die Augenblickswerte aufgestellte Gleichung muß auch für die arithmetischen Mittelwerte gelten. Der Mittelwert der sinusförmigen Wechselspannung ist $\overline{e}_1 = 0$. Im stationären Zustand muß auch der Mittelwert der Spannung an der widerstandsfreien Drossel Null sein, $\overline{u}_L = 0$. E_d ist voraussetzungsgemäß eine reine Gleichspannung. Also bleibt für den Mittelwert der Ventilspannung:

$$\overline{u}_v = -E_d \,. \qquad (5.7)$$

Unter den vereinfachenden Voraussetzungen ist ferner $U_{di} \cdot \cos\alpha = E_d$, so daß auch gilt:

$$\overline{u}_v = -U_{di} \cdot \cos\alpha \,. \qquad (5.8)$$

Der Mittelwert der Ventilspannung über die Periode ist also im Gleichrichterbetrieb negativ und im Wechselrichterbetrieb positiv, was ein Blick auf die Bilder 5.7 und 5.8 bestätigt.

5.7. Löschwinkel; Kippung des Wechselrichters

Bei der Betrachtung des Wechselrichterbetriebs und der Sperrspannung wurde daran erinnert, daß für das Funktionieren des Ventils (Sperren der positiv werdenden Ventilspannung) eine vorhergehende negative Sperrspannung notwendig ist. In Bild 5.10 ist (für $p = 2$) die Spannung u_{K0} für einen Zündwinkel $90° < \alpha < 180°$ eingezeichnet. Im Zeitpunkt $\omega t = 180°$ geht die Kommutierungsspannung durch Null und kehrt sich um. Der Abstand, der nach Beendigung der Kommutierung von diesem kritischen Punkt noch vorhanden ist, wird „Löschwinkel" genannt und es gilt gemäß Bild 5.10

$$\gamma = 180° - (\alpha + u) . \tag{5.9}$$

(Auch in Bild 5.8 ist γ nachträglich eingetragen.)

Man kann wegen $\cos(180° - \delta) = -\cos\delta$ in Gl. (5.4) $\cos\gamma = -\cos(\alpha + u)$ einführen und erhält

$$\cos\alpha + \cos\gamma = \frac{2 \cdot I_d \cdot R_{ix}}{U_{di}} . \tag{5.10}$$

Diese Gleichung kann für die Berechnung von γ benutzt werden, wenn der Steuerwinkel α und die auf der rechten Seite stehenden Daten, ideelle Gleichspannung (d. h. also die Phasenspannung), die Streuinduktivität und der Gleichstrom, gegeben sind. Erhält man aus dieser Gleichung $\cos\gamma > 1$, so kann mit den gegebenen Werten die Kommutierung sicherlich nicht bewirkt werden.

Wir betrachten das im einzelnen anhand von Bild 5.11. Es sei für die Betrachtung angenommen, daß $L_d \gg L_s$, jedoch nicht unendlich groß sei. Dann gilt für den Kommutierungsstromverlauf nach wie vor Gl. (4.3), es liegen Bedingungen ähnlich den Bildern 3.4 und 3.5 in Kap. 3.2 vor. Im Punkt $\omega t = 180°$ kehrt sich die Kommutierungsspannung um, und damit (für $L_d \gg L_s$) di_1/dt und di_2/dt; i_1 durchläuft ein Minimum, i_2 ein Maximum. Da E_d nach den Betrachtungen in Abschnitt 5.5 negativ ist, nimmt im Überlappungsintervall i_d zu und nicht ab wie in Bild 3.4 (Abschnitt 3.2), hat also am Ende der Überlappung einen größeren Wert als vorher. Für die nächste Alleinzeit ist die treibende Spannung, die an der Reihenschaltung von L_d und L_s liegt, im Bild 5.11 schraffiert, und der Stromverlauf ergibt sich zu:

$$\Delta i = \frac{1}{L_s + L_d} \int_0^t (e_1 - E_d) \cdot dt . \tag{5.11}$$

Nach Abschnitt 3.2 (vgl. Bild 3.4) ergibt sich hier der Stromverlauf nach Bild 5.11. Ein neuer Zündimpuls für Ventil 1 zur Zeit t_{z1} hat keine Bedeutung, da Ventil 1 schon Strom führt, ein Zündimpuls für Ventil 2 zum Zeitpunkt t_{z2} führt zu einem erneuten „Kommutierungsversuch". Wie man erkennt, nimmt der Strom zwischen je zwei Kommutierungsversuchen laufend zu, der Wechselrichter „kippt", und der Stromkreis muß durch einen Schalter aufgetrennt werden. Nur über E_d, die Gegenspannung, wäre der Strom noch zu beeinflussen. Daß der hier beschriebene Fall eintreten wird, läßt sich mit Gl. (5.10) aus den gegebenen Daten voraussagen, wenn sich daraus ein Löschwinkel $\gamma < \gamma_{min} = \omega t_f$ ergibt, wobei t_f die „Freiwerdezeit" bezeichnet. Ein Thyristor benötigt eine Freiwerdezeit in der Größenordnung von $50 \cdot 10^{-6} \ldots 300 \cdot 10^{-6}$ s (ein Quecksilberdampfventil benötigte höhere Werte). Bei $f = 50$ Hz entspricht das 0,9°, bzw. 5,4° (Näheres s. Bd. II).

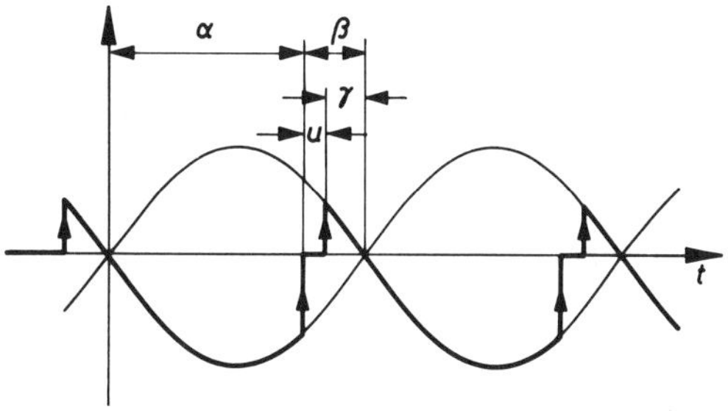

Bild 5.10

Beziehungen zwischen den Steuerwinkeln α und β, dem Überlappungswinkel u und dem Löschwinkel γ

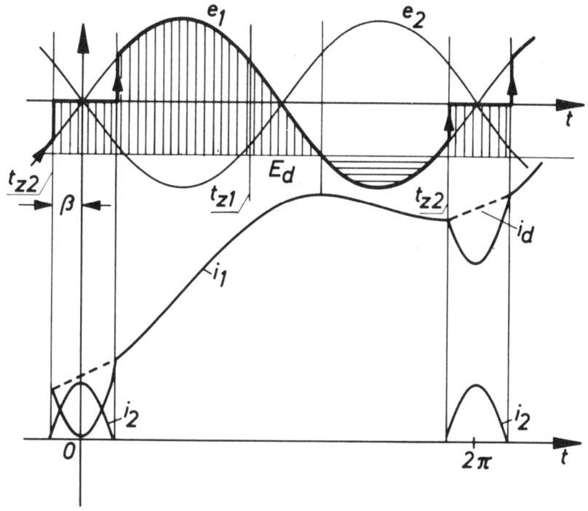

Bild 5.11. Kippung des Wechselrichters

5.8. Verhalten des Wechselrichters bei Steuerung oder Regelung auf konstanten Löschwinkel

Meist wird die Kippung dadurch vermieden, daß man den Steuerwinkel α so begrenzt, daß bei den zu erwartenden Werten für E_d und E_p und damit I_d, eine Kippung im Betrieb sehr selten wird. Da man mit Spannungseinbrüchen durch Netzstörungen rechnen muß, ist die Kippung nicht vollkommen vermeidbar, deshalb muß der Schutz der Anlage darauf abgestellt sein.

Wie in Kap. 11.1 (Blindleistung) erklärt wird, ist es manchmal wirtschaftlich notwendig, die vorhandene Reserve an Kommutierungsspannung möglichst gut auszunutzen, d.h. mit möglichst kleinem und konstantem Löschwinkel zu fahren. Das ist z.B. bei HGÜ-Anlagen der Fall. Dort muß man dazu übergehen, gemäß Gl. (5.10) den Zündwinkel α so nachzustellen, daß mit den jeweils auf der rechten Seite vorhandenen Werten (I_d; $U_{di} \sim E_p$) der gewünschte Wert für $\cos\gamma$ und damit γ erreicht wird. Diese Aufgabe wird heute meist mittels einer Regelung (s. Kap. 13) gelöst, indem man bei jeder Kommutierung den Winkel γ mißt und durch einen γ-Regler α so nachstellt, daß γ = const. bleibt und den gewünschten Wert hat. Für diesen Fall, d.h. γ = const., soll die Stromspannungskennlinie des Wechselrichters bestimmt werden. Dazu wird einmal Gl. (5.10) benutzt

$$U_{di} \cdot \cos\alpha + U_{di} \cdot \cos\gamma = 2 \cdot I_d \cdot R_{ix} .$$

Wie in den Abschnitten 5.2 und 5.5 ausgeführt, gilt für die Gleichspannung

$$E_d = U_{di} \cdot \cos\alpha - I_d \cdot R_{ix} \qquad \text{(s. Gl. (5.5))}.$$

Daraus folgt:

$$U_{di} \cdot \cos\alpha = E_d + I_d \cdot R_{ix} .$$

Damit läßt sich durch Einsetzen $U_{di} \cdot \cos\alpha$ eliminieren und man erhält:

$$\begin{aligned} E_d + I_d \cdot R_{ix} + U_{di} \cdot \cos\gamma &= 2 \cdot I_d \cdot R_{ix} \\ E_d &= - U_{di} \cdot \cos\gamma + I_d \cdot R_{ix} . \end{aligned} \tag{5.12}$$

Im Wechselrichterbetrieb ergibt Gl. (5.5) eine negative Leerlaufspannung und einen positiven Innenwiderstand R_{ix}, d.h. mit positivem Strom wird E_d weiter negativ gegenüber $U_{di\alpha}$.

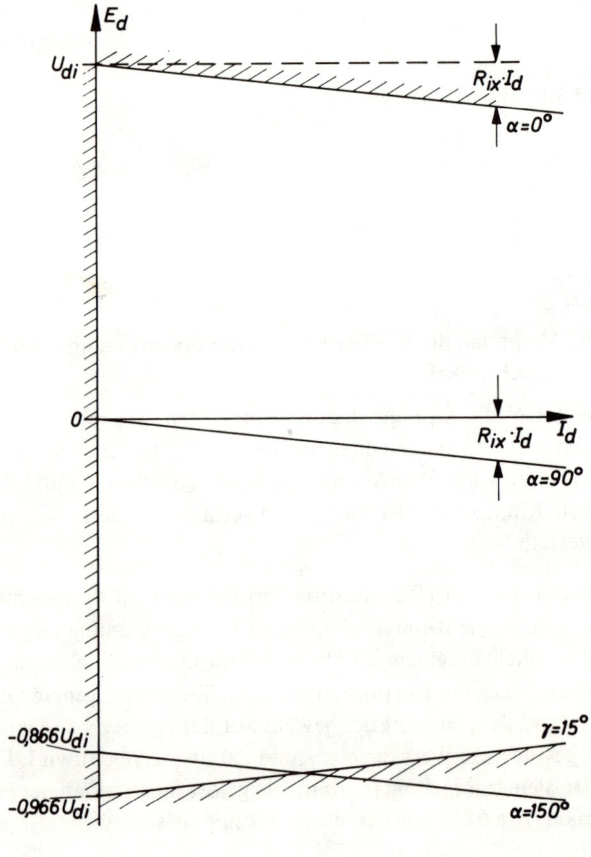

Bild 5.12

Kennlinienfeld des gesteuerten Stromrichters

Bei konstantem Löschwinkel γ ist der stromunabhängige Anteil ebenfalls negativ, der Term $I_d R_{ix}$ jedoch positiv. Faßt man den ersten Term als Leerlaufspannung auf, so ist der scheinbare Innenwiderstand negativ. Um den Löschwinkel γ einzuhalten, muß der Zündwinkel α so nachgestellt werden, daß mit wachsendem Gleichstrom die Wechselrichtergegenspannung dem Betrage nach zurück geht, also weniger negativ wird. Bild 5.12 zeigt diese Zusammenhänge nach Gl. (5.5) und Gl. (5.12). Es sind drei Kennlinien für konstanten Zündwinkel eingetragen, $\alpha = 0°$, $= 90°$ und $= 150°$. Sie haben alle die durch R_{ix} bestimmte Neigung. Die untere gefiederte Kennlinie gilt für γ = const., als Zahlenbeispiel: $\gamma = 15°$. Gleichströme und Spannungen unterhalb dieser Kennlinie sind nicht möglich, sie führen zur Kippung. Nach oben ist das Kennlinienfeld begrenzt durch die Kennlinie $\alpha = 0$, nach links durch $I_d \gtrsim 0$, nach rechts eventuell durch $I_d \leq I_{d\,gr}$. ($I_{d\,gr}$ bezeichnet den größten zulässigen Grenzstrom.)

6. Der Stromrichter als gesteuerte Spannungsquelle mit Innenwiderstand

6.1. Einfluß des ohmschen Widerstands

In den Kapiteln 2 und 3 wurde angedeutet, wie man durch Integration der Differentialgleichungen mit Einfluß der ohmschen Widerstände die Stromverläufe bestimmt, wodurch dann auch die Spannungen bestimmt sind und Mittelwerte gebildet werden können. Wir suchen im folgenden ein einfacheres Verfahren und benutzen dazu die schon bewährte Annahme $L_d \to \infty$. Damit ist zunächst sichergestellt, daß in der Alleinzeit an L_s kein Spannungsabfall auftritt; das Potential des Punktes K unterscheidet sich von der Phasenspannung e_1 um $I_d \cdot R_s$.

Weiterhin bewirkt diese Annahme, daß (bei jedem p) in der Überlappung $i_d = i_1 + i_2 =$ const. ist (s. Gl. (3.14) und Abschnitt 4.1), und für die Wechselstromlösung des Kommutierungsvorgangs der Gleichstromzweig außer Betracht bleiben kann. Ohmscher Widerstand und Gegenspannung im Gleichstromzweig spielen, wie schon in den Abschnitten 3.1 und 4.1 ausgeführt, dann für die Kommutierung keine Rolle. Durch die Absenkung des Kathodenpotentials durch den ohmschen Spannungsabfall wird die Übernahme durch die Folgeanode etwas früher möglich. Für die Überlappungszeit ergibt sich, daß die Spannung u_{K0} um den Wert $I_d \cdot R_s/2$ kleiner ist als der Mittelwert der kommutierenden Phasenspannungen. Es läge also nahe, einen Innenwiderstand R_{ir} einzuführen gemäß

$$R_{ir} = (1 - k) \cdot R_s + k \frac{R_s}{2}, \tag{6.1}$$

wobei k das Verhältnis von Überlappungszeit zu Alleinzeit darstellt. k (proportional u) hängt aber ebenfalls vom Strom ab. In diesem Wert für R_{ir} wäre aber der Spannungsabfall am ohmschen Widerstand der Glättungsdorssel noch nicht berücksichtigt. Interessieren wir uns für die Klemmenspannung E_d, so muß auch der Widerstand R_d berücksichtigt werden. (Wir unterscheiden also zwischen E_d und $U_d = E_d + I_d R_d$, s. Abschnitt 4.3.)

Ansatz über eine Leistungsbetrachtung. In den Widerständen R_d und R_s wird Leistung umgesetzt. Die Gleichstromleistung $E_d \cdot I_d$ muß also niedriger sein als im widerstandsfreien Fall. Wird I_d konstant gehalten, kann sich dieser Leistungsverlust nur durch eine Verminderung der *Gleichspannung* bemerkbar machen.

Ist E_{d2} die Gleichspannung mit ohmschen Widerständen, E_{d1} die Gleichspannung ohne ohmsche Widerstände, so gilt

$$E_{d1} \cdot I_d = E_{d2} \cdot I_d + P_r \,. \qquad (6.2)$$

Wird

$$E_{d1} = U_{di} \cdot \cos\alpha - I_d \cdot R_{ix} \qquad \text{(s. Gl. (5.5))},$$

eingesetzt, so kann man nach E_{d2} auflösen und erhält

$$E_{d2} = U_{di} \cdot \cos\alpha - R_{ix} \cdot I_d - \frac{P_r}{I_d} \,. \qquad (6.3)$$

Sicher ist es eine sehr gute Näherung, die Verluste in den ohmschen Widerständen proportional I_d^2 anzusetzen:

$$P_r = R_{ir} \cdot I_d^2 \,.$$

Damit wird auch der dritte Term in Gl. (6.3) I_d proportional und es gilt

$$E_{d2} = U_{di} \cdot \cos\alpha - I_d\,(R_{ix} + R_{ir}) \qquad (6.4)$$

mit $R_{ir} = P_r/I_d^2$. Die Indizes weisen darauf hin, daß der betreffende Anteil des Innenwiderstands R_i vom ohmschen Widerstand bzw. von den Streuinduktivitäten herrührt. Dabei sind in P_r die Verlustleistungen in allen zeitweise an der Stromführung beteiligten Wicklungen (z.B. auch der Transformator-Primärwicklung) einzusetzen. E_{d2} bezieht sich hier auf die Spannung zwischen Nullpunkt und Anschlußpunkt der (widerstandsbehafteten) Glättungsdrossel. Ihr Widerstand kann in R_{ir} einbezogen werden, s.o., oder in die Last.

6.2. Spannungsabfall und Verluste im Ventil

Bei den bisherigen Betrachtungen wurden ideale Ventile, d.h., die Ventilspannung in der Stromführungsphase ist gleich Null, angenommen. Alle gebräuchlichen Stromrichterventile haben eine Durchlaßkennlinie ähnlich der in Bild 6.1 dargestellten. Sie läßt sich annähernd durch eine stromunabhängige Gegenspannung D_v und einen linearen Ast darstellen. Für diesen wird ein Durchlaßwiderstand $R_{dv} = \Delta u_v/\Delta i$ definiert, so daß die Ventilspannung $u_v = D_v + i \cdot R_{dv}$ ist. Die Verluste im Ventil werden daher in der Durchlaßphase

$$P_v = i \cdot D_v + i^2 \cdot R_{dv} \,. \qquad (6.5)$$

Da die Ventile in der Schaltung periodisch Strom führen, ergibt sich für den Mittelwert der Verluste eines Ventils ein Anteil, der dem linearen Mittelwert proportional ist (gemäß dem 1. Summanden), und ein zweiter Anteil, der dem quadratischen Mittelwert oder Effektivwert proportional ist (entsprechend dem 2. Summanden). Im Betrieb sind beide Summanden von gleicher Größenordnung. Bei hohem Überstrom, z.B. in Fehlerfällen, überwiegt der 2. Term, und es ist notwendig den Augenblickswert des Ventilstromverlaufs durch Integration der Differentialgleichungen nach Kap. 3 und 21 zu ermitteln, um die thermische Beanspruchung des Ventils zu erhalten.

Für die Ermittlung des inneren Spannungsabfalls des Stromrichters kann R_{dv} offensichtlich R_s und damit R_{ir} zugeschlagen werden.

Der stromunabhängige Anteil der Ventilspannung ist als konstanter Spannungsabfall im Ventilzweig zu berücksichtigen. Für den stationären Zustand und langsame Ausgleichsvorgänge kann man sich D_v ebenso gut im Kathodenzweig denken.

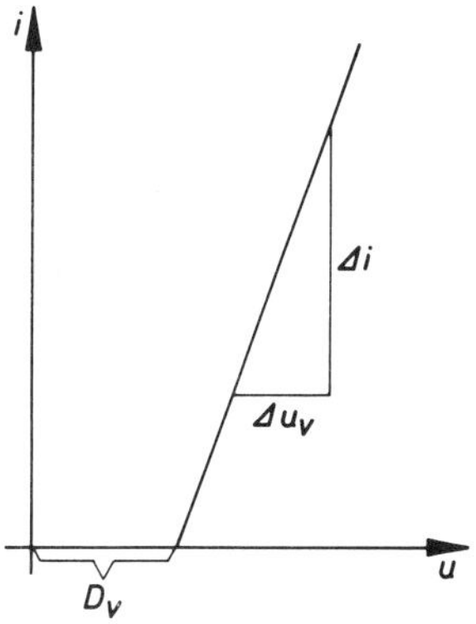

Bild 6.1. Vereinfachte Kennlinie des realen Ventils

Auch bei negativer Sperrspannung ist die Kennlinie des wirklichen Ventils nicht ideal. Der Sperrstrom ist jedoch so gering, daß die Sperrverluste vernachlässigbar sind (näheres s. Bd. II). Die Tabelle 6.1 zeigt Anhaltswerte für D_v, R_{dv} und den zulässigen Scheitelwert der Sperrspannung unter betriebsmäßigen Bedingungen. Mit den Werten in der letzten Spalte kann man etwa für die Ermittlung von U_{di} rechnen (näheres s. Bd. II). Sie bestimmen zusammen mit der gewählten Schaltung die erreichbare Gleichspannung. Die Summe der beiden Werte in der ersten und der zweiten Spalte geben den Spannungsabfall beim Nenngleichstrom an, sind also maßgebend für die Ventilverluste. Das Verhältnis von zulässiger Sperrspannung zu Durchlaßspannungsabfall ist ein Gütemaß, aus dem sich die auf $U_{di} \cdot I_d$ bezogenen Ventilverluste und damit der Ventilwirkungsgrad errechnen lassen. Es liegt für Silicium-Diode und Thyristor in der Größenordnung von 10^{+3}, woraus sich Ventil-Wirkungsgrade zwischen 99,5 % und 99,8 % ergeben! Für $\hat{u}_s$ sind dabei nicht die Höchstwerte oder Prüfspannungen, sondern im Betrieb heute einsetzbare Spannungen genannt.

6.3. Strom-Spannung-Kennlinien unter Berücksichtigung aller Spannungsabfälle

Bild 6.2 zeigt für eine zweiphasige Mittelpunktschaltung für $\alpha = 90°$ und $L_d \to \infty$ die Spannungsverläufe mit allen bisher behandelten Spannungsabfällen. Man erkennt, daß die Gln. (5.4) und (5.10), die α und γ bzw. α und u verknüpfen, auch mit den ohmschen und Ventilspannungsabfällen gilt, da sie zwei ideelle Spannungsverläufe miteinander vergleicht. Ferner wird ersichtlich, daß im Wechselrichterbetrieb für konstantes α der ohmsche Abfall, ebenso wie der Abfall an R_{ix}, das gleiche Vorzeichen hat wie im Gleichrichterbetrieb.

Tabelle 6.1

Ventil	D_v	R_{dv}	$\hat{u}_s$
	Mittelwerte des Streubereichs		im Betrieb
Si-Diode	0,8 V	0,1 V/I_{VN}	$900 \cdot \sqrt{2}$ V
Thyristor	1,0 V	0,25 V/I_{VN}	$900 \cdot \sqrt{2}$ V
Ge-Diode	0,4 V	0,1 V/I_{VN}	$120 \cdot \sqrt{2}$ V
Se-Diode	0,6 V	0,1 V/I_{VN}	$25 \cdot \sqrt{2}$ V
Hg-Ventile:	20 V	(3...10) V/I_{VN}	$2000 \cdot \sqrt{2}$ V
Thyratron			$10 \cdot \sqrt{2}$ kV
Hochsp.-Ventil	40 V	40 V/I_{VN}	$75 \cdot \sqrt{2}$ kV

I_{VN} **Ventilstrom bei Nenn-Gleichstrom**

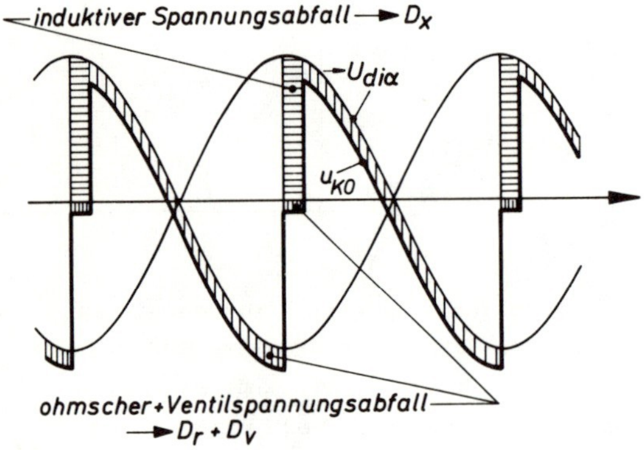

Bild 6.2

Liniendiagramm der 2-Phasen-Mittelpunkt-schaltung unter Berücksichtigung aller Spannungsabfälle, idealisiert

Für konstantes α ist die Strom-Spannung-Kennlinie also durch

$$E_d = U_{di} \cdot \cos\alpha - D_v - R_i \cdot I_d \tag{6.6}$$

gegeben, mit $R_i = R_{ix} + R_{ir}$. Um die Kennlinie für konstantes γ (Kippgrenzenkennlinie) zu erhalten, ist die obenstehende Gl. (6.6) nach $U_{di} \cdot \cos\alpha$ aufzulösen und in Gl. (5.10) einzusetzen. Man erhält damit

$$E_d + D_v + (R_{ir} + R_{ix}) \cdot I_d + U_{di} \cdot \cos\gamma = 2\, I_d \cdot R_{ix}$$

und daraus

$$E_d = - U_{di} \cdot \cos\gamma - D_v + (R_{ix} - R_{ir}) \cdot I_d\,. \tag{6.7}$$

Während sich für konstanten Zündwinkel eine Kennlinienneigung entsprechend $R_{ix} + R_{ir}$ ergibt und eine Parallelverschiebung ins Negative um D_v, hat für γ = const. die Kennlinie eine durch die Differenz von R_{ix} und R_{ir} gegebene meist positive Steigung, ist jedoch ebenfalls um D_v ins Negative verschoben. Unter der Annahme γ = const. kann sich also für den Fall $R_{ir} = R_{ix}$ eine genau horizontale Kennlinie ergeben. R_{ir} und D_v bewirken, daß die Gegenspannung, die der Stromrichter gegenüber E_d bietet, dem Betrage nach um $D_v + R_{ir} \cdot I_d$ größer ist als im widerstandsfreien Fall nach Gl. (5.12) und Bild 5.12.

6.4. Vollständiges Ersatzschaltbild des Stromrichters

Gl. (6.6) kann durch ein vervollständigtes Ersatzschaltbild ähnlich Bild 5.6 wiedergegeben werden, das zunächst nur für die Mp-Schaltungen hergeleitet wurde, jedoch allgemein gilt, wenn der Ausdruck für R_{ix} der jeweiligen Schaltung angepaßt wird (Kap. 7). Es ist auch für dynamische Vorgänge mit gewissen Einschränkungen brauchbar, wenn zum Innenwiderstand $R_i = R_{ir} + R_{ix}$ und der inneren Gegenspannung D_v noch die Induktivitäten L_s und L_d hinzugefügt werden (Bild 6.3). Da $L_d \gg L_s$ und die Überlappungszeit u, in der L_s nicht voll wirkt, klein gegen die Alleinzeit ist, ist diese Näherung zulässig. Die Einschränkung besteht darin, daß das Ersatzschaltbild nur für eine Zeitauflösung anwendbar ist, für die das Verhalten des Stroms *innerhalb einer Pulsperiode* des Stromrichters (T/p, z.B. 20/6 ms bei f = 50 Hz und p = 6) nicht in den Feinheiten interessiert. Das ist für die meisten regelungstechnischen Fragestellungen der Fall.

Bild 6.4 zeigt das zugehörige Kennlinienfeld für die stationären Beziehungen, in das die Grenzkennlinie für γ = const. ebenfalls eingetragen wurde.

Weiter sei hier ohne Ableitung vermerkt, daß man für dynamische Betrachtungen zwischen Steuerbefehl α und Ausgangsspannung $U_{di\alpha}$ näherungsweise eine (mittlere) Totzeit vom Betrag $T_t = T/(2p)$ einsetzen kann, (Linearisierung für *kleine* Änderungen) bzw. $T_t = 0{,}54 \cdot T/(2p)$ als mittleren Wert für *große* Änderungen von α. D. s. 0,9 ms bei p = 6 und T = 1/50 s.

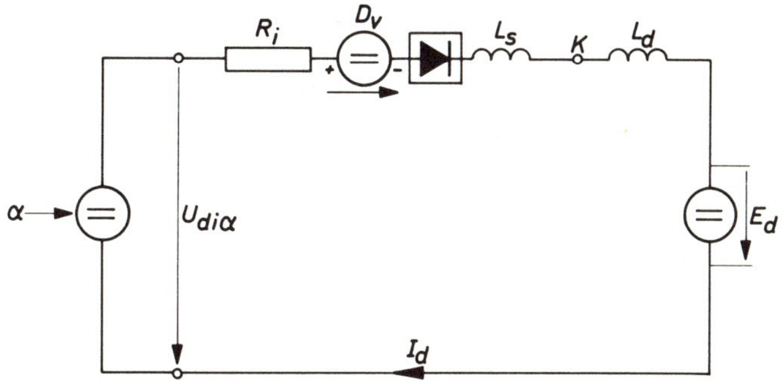

Bild 6.3
Ersatzschaltbild des Stromrichters mit allen Spannungsabfällen

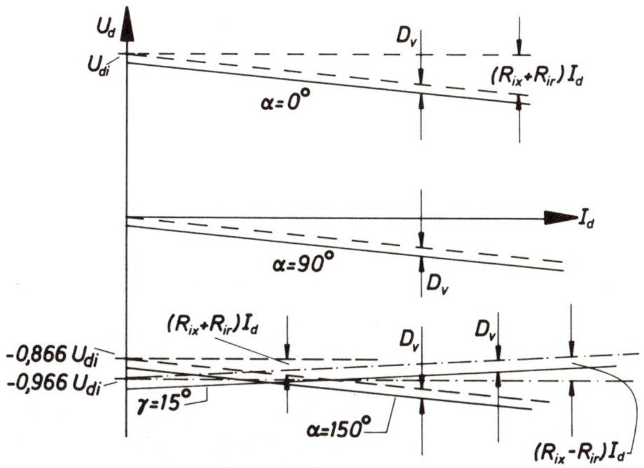

Bild 6.4
Kennlinienfeld des Stromrichters mit allen Spannungsabfällen

7. Weitere Schaltungen unter Verwendung der Mittelpunktschaltung als Grundelement

7.1. Komplementäre Mittelpunktschaltungen

Bisher wurden stets Mittelpunktschaltungen betrachtet, bei denen die Ventile mit dem anodenseitigen Anschluß an die Wechselspannung angeschlossen und mit den Kathoden auf einen Punkt (K) zusammengeführt sind. Gemäß Abschnitt 2.2 Bild 2.7 ist es ebensogut möglich, die Ventile mit ihrem kathodenseitigen Ende an die Wechselspannung anzuschließen und die anodenseitigen Enden in einem Punkt (A) zusammenzufassen. Wie aus Abschnitt 2.2 bekannt ist, hat diese Schaltung die Eigenschaft, die gegenüber dem Nullpunkt am meisten negative Spannung durchzuschalten, so lange auch der Strom negativ bleibt. Bild 7.1 zeigt die beiden Schaltungsmöglichkeiten für die zweiphasige Mittelpunktschaltung. Wir wollen im folgenden die bisherigen Schaltungen kurz „K-Schaltungen", die jetzt behandelte Schaltung „A-Schaltung" nennen. Bild 7.2 zeigt die Spannungsverläufe für eine A-Schaltung mit $L_d \gg L_s$, oben für den Fall $\alpha = 0°$ bzw. die Schaltung mit Dioden, unten für einen gesteuerten Stromrichter mit dem Zündverzögerungswinkel α. Die Schaltung verhält sich ganz analog der K-Schaltung, sie ist komplementär insofern, als der Strom I_d stets in den Punkt A hineinfließt und die Spannung u_{A0} im Gleichrichterbetrieb im Mittelwert negativ ist und erst im Wechselrichterbetrieb positiv wird. In Bild 7.1 sind diese Unterschiede in den Polaritäten und den Stromrichtungen angedeutet. Es ist leicht

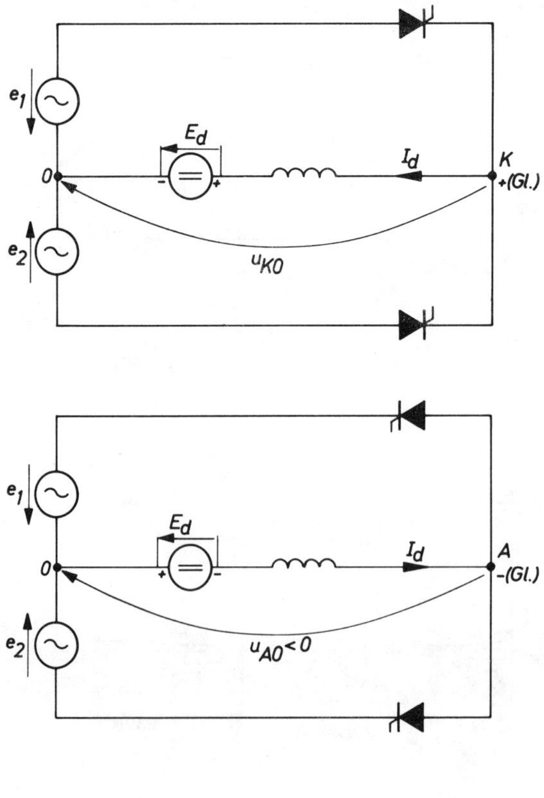

Bild 7.1

2-Phasen-Mittelpunktschaltung mit verbundenen Kathoden (K-Schaltung) und verbundenen Anoden (A-Schaltung)

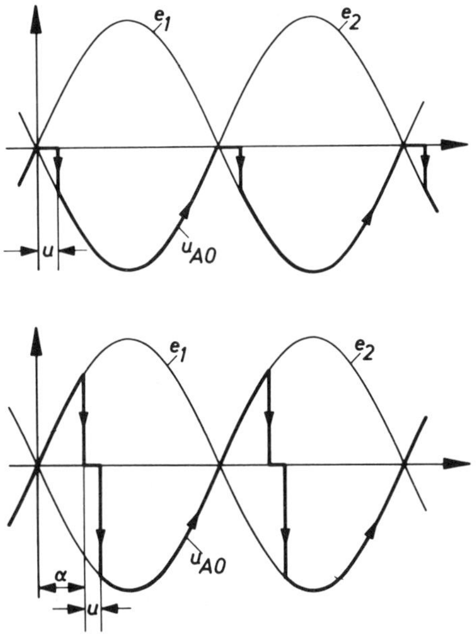

Bild 7.2
Liniendiagramme der 2-Phasen-Mittelpunkt-A-Schaltung, ungesteuert und gesteuert, mit Überlappung

einzusehen, daß alle in den Kapiteln 2 bis 6 für K-Schaltungen hergeleiteten Beziehungen für A-Schaltungen ebenso gelten. Man muß lediglich die umgekehrten Strom- und Spannungspolaritäten beachten. Wir wollen daher die A-Schaltung jeweils als die zur K-Schaltung komplementäre Schaltung bezeichnen, und umgekehrt.

Die ersten Quecksilberdampf-Stromrichterventile wurden – wegen des Aufwandes für die Kathode und ihr Zubehör – mit nur einer gemeinsamen Quecksilber-Kathode und mehreren Anoden ausgeführt. Die Schaltungslehre geht also nur aus historischen Gründen überwiegend von der K-Schaltung aus. Schaltungstechnisch ist die A-Schaltung aber völlig gleichwertig. Die Möglichkeiten, die sie zusammen mit der A-Schaltung bietet, und die Unterschiede der beiden Schaltungstypen seien nochmals anhand von Bild 7.3 betrachtet. Hier sind eine K-Schaltung und eine A-Schaltung parallel geschaltet. Offenbar kann nun der Verbraucherzweipol, bestehend aus E_d, L_a und R_a, z.B. eine Gleichstrommaschine, aus der K-Schaltung mit positivem Strom und aus der A-Schaltung mit negativem Strom versorgt werden.

In einem gemeinsamen Strom-Spannung-Kennlinienfeld (Bild 7.3b) seien die positiven Richtungen für U_d und I_d der K-Schaltung zugeordnet. Dann ist für Betriebspunkte des 1. und 4. Quadranten die K-Schaltung stromführend, $I_d = I_{dk}$, im 1. Quadranten mit Gleichrichteraussteuerung, im 4. Quadranten mit Wechselrichteraussteuerung. Im 2. und 3. Quadranten ist die A-Schaltung stromführend, $-I_d = I_{dA}$, im 2. Quadranten in Wechselrichteraussteuerung, im 3. Quadranten in Gleichrichteraussteuerung; denn, vgl. Bild 7.2, bei $\alpha = 0°$ ist der Mittelwert der Spannung u_{A0} negativ. Die aufgenommene Leistung des Verbraucherzweipols ist dann im 1. und 3. Quadranten positiv, im 2. und 4. Quadranten negativ. Auf diesen 4-Quadrantenbetrieb mit komplementären Stromrichtern kommen wir in Kap. 12 (Umkehr-Stromrichter) noch zurück.

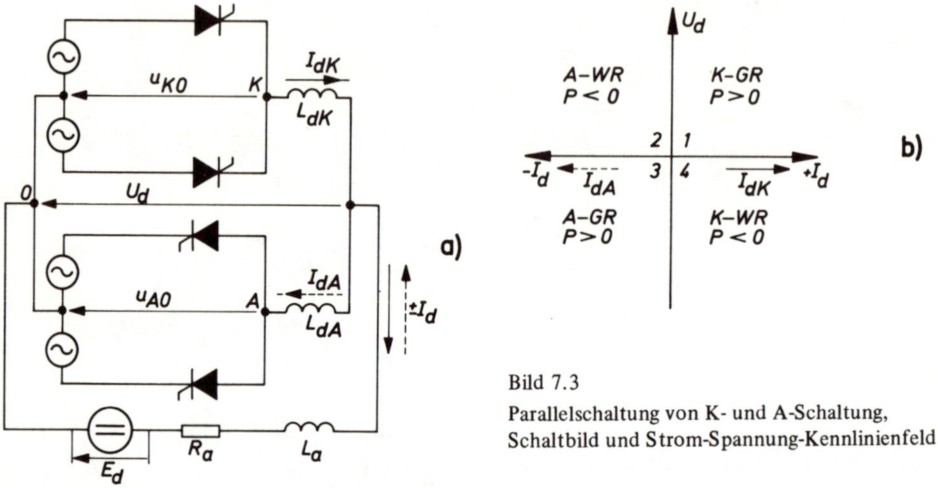

Bild 7.3
Parallelschaltung von K- und A-Schaltung, Schaltbild und Strom-Spannung-Kennlinienfeld

7.2. Die Brückenschaltung als Reihenschaltung von zwei komplementären Mittelpunktschaltungen

Man kann die beiden Typen von Mittelpunktschaltungen ausgangsseitig in Reihe schalten. Man wird auf eine neue Gruppe von Schaltungen geführt, wenn man komplementäre K- und A-Schaltungen in Reihe schaltet, wie in Bild 7.4a gezeigt, nämlich so, daß die Nullpunkte miteinander verbunden sind.

Der Gedanke liegt nahe, die gleiche Transformatorwicklung für die K-Schaltung wie für die A-Schaltung zu benutzen (Bild 7.4b), da in Bild 7.4a die Punkte $1'$ und $1''$ einerseits, $2'$ und $2''$ andererseits, potentialgleich sind. In Bild 7.4b fallen die beiden Nullpunkte zu einem zusammen, der nur noch als Potentialbezugspunkt dient. Solche Reihenschaltungen von komplementären Mittelpunktschaltungen unter Benutzung der gleichen Transformatorwicklung für die A-Seite und die K-Seite heißen „Brückenschaltungen". In der Wheatstone-Brücke sind die speisende Spannung und der Diagonalzweig topologisch gleichwertig, die entsprechende Umzeichnung ist in Bild 7.4c vorgenommen. Sie erklärt auch den Namen: Ist die Spannung e_{12} an der Wicklung positiv, so sind K_1 und A_2 in Durchlaßrichtung, A_1 und K_2 in Sperrichtung beansprucht, ist e_{12} negativ, so sind K_2 und A_1 in Durchlaßrichtung, K_1 und A_2 in Sperrichtung beansprucht. Denkt man sich anstelle der Ventile die entsprechenden Sperr- oder Durchlaßwiderstände, so ist der Name „Brückenschaltung" in Anlehnung an die Wheatstone-Brücke verständlich. (In der älteren Literatur heißt die einphasige Brückenschaltung auch *„Graetz'sche Schaltung"*.) Wir bevorzugen im folgenden die Darstellung nach Bild 7.4d und untersuchen die Schaltung, indem wir sie als Reihenschaltung von zwei Mittelpunktschaltungen betrachten.

In Bild 7.5 sind die Phasenspannungen e_1 und e_2 (gegen den Nullpunkt) eingetragen. Der Punkt K folgt nach den vorhergehenden Ausführungen bei $\alpha = 0°$ dem jeweils am meisten positiven Potential. Auf der A-Seite folgt der Punkt A dem jeweils am meisten negativen Potential. Die Spannung zwischen den Punkten K und A, die Ausgangsspannung

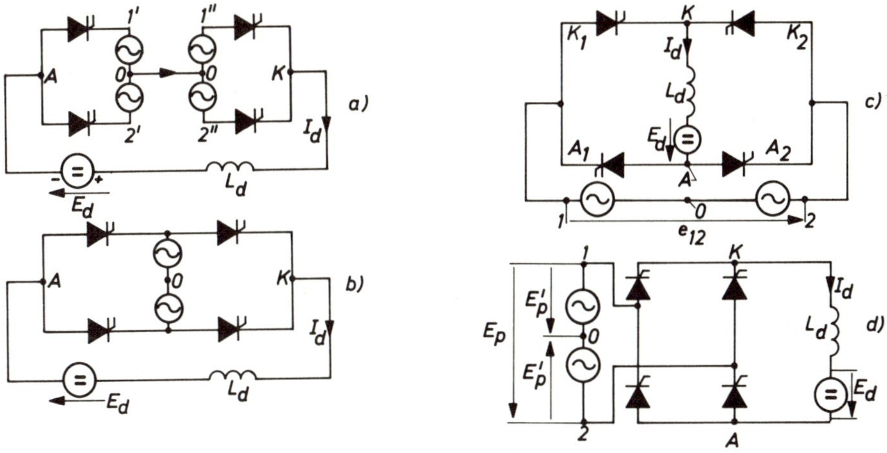

Bild 7.4. Reihenschaltung einer K- und einer A-Mittelpunktschaltung

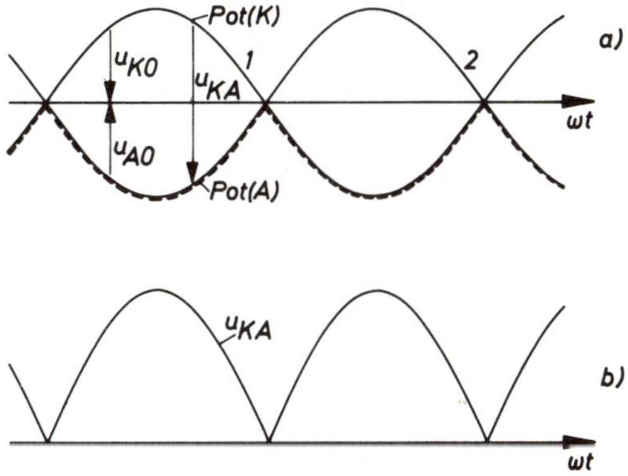

Bild 7.5
Verlauf von u_{KA} bei der
2-Phasen-Brückenschaltung

der Brücke, ist die Differenz der Potentiale K und A. Diese Differenz u_{KA} kann aus dem Liniendiagramm Bild 7.5a abgenommen werden; sie ist in Bild 7.5b herausgezeichnet. Offensichtlich ist die ideelle Gleichspannung, die wir ebenso wie bei der Mittelpunktschaltung definieren, die Summe der ideellen Gleichspannungen der K-Schaltung und der A-Schaltung. Die Kennzahl U_{di}/E_p' wird also doppelt so groß wie bei der Mittelpunktschaltung. Da der Nullpunkt bei dieser Schaltung als Anschlußpunkt nicht benötigt wird, liegt es nahe, für den Transformator nicht die Phasenspannung E_p' anzugeben sondern die ganze Wicklungsspannung, die bei p = 2 doppelt so groß ist.

$$U_{di} = 2 \cdot 0{,}9\, E_p' = 0{,}9\, E_p\,. \tag{7.1}$$

Man kann die Schaltung daher Einphasen- oder Zweiphasen-Brückenschaltung nennen. Die Stromflußdauer der Ventile beträgt 180°. Der Strom fließt in einer Halbwelle in die Klemme 2 hinein und aus der Klemme 1 heraus, in der anderen Halbwelle in die Klemme 1 hinein und aus der Klemme 2 heraus. Die beiden Mittelpunktschaltungen ergänzen sich also in der Stromführung so, daß für die Spannungsquelle ein reiner Wechselstrom herauskommt und nicht, wie bei der Mittelpunktschaltung, ein pulsierender Gleichstrom. Das bringt große Vorteile für den Transformator, wie in Kap. 8 gezeigt wird. Die natürlichen Zündzeitpunkte für die K-Seite und die A-Seite dieser Brückenschaltung sind gleich. (Damit die Stromverteilung bei der Kommutierung definiert ist, muß man eine kleine Induktivität in jedem Ventilzweig annehmen.) Wird die Brücke gesteuert, sind die Zündzeitpunkte für die K-Seite und die A-Seite gleich, und bei vollkommener Symmetrie findet die Kommutierung auf der K-Seite und der A-Seite zur gleichen Zeit statt. Man überzeugt sich (Bild 7.4c), daß bei einer Kommutierung der Strom in der Spannungsquelle (bzw. der Transformatorwicklung) umgekehrt werden muß; hier beträgt die Änderung $2I_d$, bei der Mittelpunktschaltung nur I_d.

7.3. 3-Phasen-Brückenschaltung oder Drehstrom-Brückenschaltung

In Bild 7.6 sind die Gedankengänge des vorigen Abschnittes auf die dreiphasige Schaltung übertragen. Auch hier gilt, daß die Ausgangsspannung u_{KA} die Differenz der Potentiale K und A, jeweils bezogen auf den Nullpunkt, ist. Bild 7.7a zeigt das Liniendiagramm der drei Phasenspannungen. Man erkennt zunächst, daß die natürlichen Zündzeitpunkte für die K-Ventilgruppe und für die A-Ventilgruppe um 60° gegeneinander verschoben sind. Daher kommutieren die K-Seite und die A-Seite in dieser Schaltung zu verschiedenen Zeiten. In Bild 7.7 ist eine Zündverzögerung α angenommen, die für die K- und die A-Seite gleich groß gewählt ist. Damit kann die durch senkrechte Schraffur hervorgehobene Spannung zwischen den Punkten K und A abgegriffen werden (Bild 7.7b). Man erkennt, daß die resultierende Spannung u_{KA} den gleichen Verlauf hat wie die Spannung u_{K0} bei der sechsphasigen Mittelpunktschaltung. Aus Bild 7.7a liest man auch die Stromführungszeiten der einzelnen Ventile auf der K-Seite und der A-Seite ab (s. auch Bild 7.9). Es führen niemals Ventile auf der K- und A-Seite, die mit dem gleichen Wicklungsanschluß verbunden sind, gleichzeitig Strom. In Bild 7.7c ist der Strom des 1. Stranges herausgezeichnet. Von Zündimpuls K_1 bis zu Zündimpuls K_2 führt auf der K-Seite das Ventil 1 Strom, der bzgl. des Zählpfeils des Strangstroms in Bild 7.6 positiv ist. (Während der ersten Hälfte dieses Intervalls führt auf der A-Seite Ventil 2, während der 2. Hälfte des Intervalls Ventil 3 den Strom.) Mit dem Zünden von K_2 übernimmt Ventil K_2 den Strom. Eine Stromführung

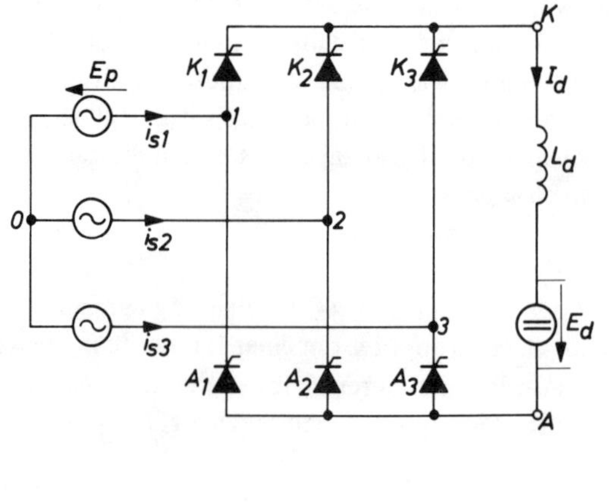

Bild 7.6
3-Phasen- oder Drehstrom-Brückenschaltung

des Stranges 1 beginnt erst wieder mit der Zündung von A_1 auf der A-Seite. Dieser Strom ist negativ, bezogen auf den gewählten Zählpfeil für i_{S1}. Er wird auf der K-Seite 60° lang vom Ventil 2, dann 60° lang vom Ventil 3 geführt. Die Wicklungsströme werden also wiederum reine Rechteck-Wechselströme von der Höhe I_d mit einer Stromflußdauer von jeweils 120°. Die Ströme im 2. und 3. Strang verlaufen analog, d.h. um + 120° bzw. − 120° phasenverschoben.

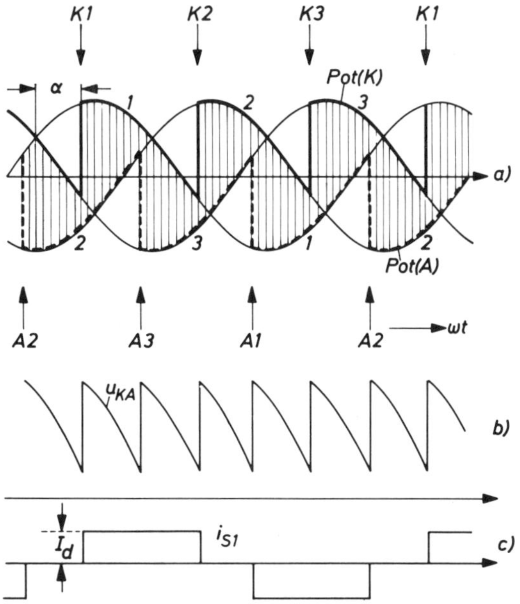

Bild 7.7
Liniendiagramme für die gesteuerte 3-Phasen-Brückenschaltung (idealisiert)

Die ideelle Gleichspannung ist offenbar

$$U_{di} = 2 \cdot 1{,}17\ E_p \tag{7.2}$$

nämlich gleich der Summe der ideellen Gleichspannungen der beiden Mittelpunktschaltungen.

Für die K-Ventilgruppe und die A-Ventilgruppe bleibt das Gesetz $U_{di\alpha} = U_{di} \cdot \cos\alpha$ (s. Gl. (5.2)) bei Ansteuerung erhalten, damit auch für die ganze Schaltung.

Speisung der Drehstrombrücke aus einer Dreieckschaltung

Da bei der Brückenschaltung der gemeinsame Nullpunkt der beiden Mittelpunktschaltungen, aus denen sie besteht, nicht benötigt wird, läßt sich die Drehstrombrücke auch aus einer Dreieckschaltung speisen, wie im Bild 7.8 dargestellt. Es ist dann trotzdem zweckmäßig, die Potentiale der Punkte 1, 2 und 3 gegenüber einem gedachten Nullpunkt anzugeben. Man kann ihn z.B. als durch einen symmetrischen dreiphasigen Spannungsteiler erzeugt denken, wie er im Bild 7.8 gestrichelt eingezeichnet ist. Aus der Dreieckspannung errechnet man die zugehörige Sternspannung. Wird diese mit E_p bezeichnet, so bleiben alle vorhergehenden Überlegungen erhalten. Eine neue Überlegung ist jedoch bzgl. der wirklichen Strangströme der Dreieckschaltung notwendig. Sie wird im Kap. 8 aufgegriffen.

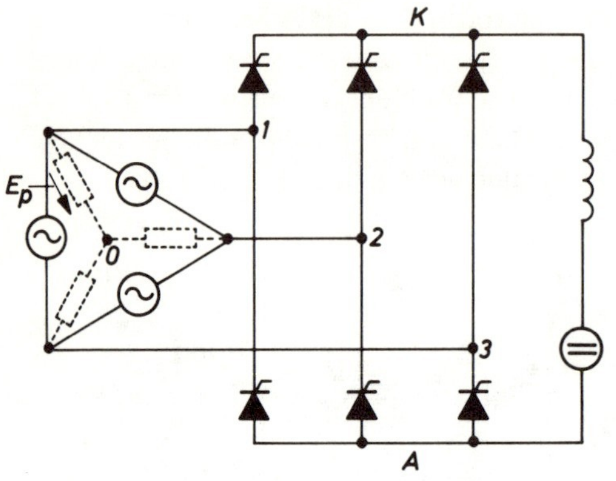

Bild 7.8
Schaltbild der aus einer Dreieckschaltung gespeisten Drehstrombrücke

Scheitelwert der Sperrspannung bei Brückenschaltungen

Der Scheitelwert der auf die ideelle Gleichspannung bezogenen Sperrspannung bleibt für die beiden Mittelpunktschaltungen, aus denen die Brückenschaltung besteht, erhalten. Bemerkenswert ist jedoch, daß man mit einer Drehspannungsquelle (d.h. im allgemeinem einem Transformator) gleicher Phasenspannung die doppelte Gleichspannung der Mp-Schaltung erreicht. Bezieht man den Scheitelwert der Sperrspannung auf die ideelle Gleichspannung der Brückenschaltung anstatt auf diejenige der Mittelpunktschaltung, so wird das Verhältnis $\hat{u}_s/U_{di}$ nur halb so groß. Bei gleichem Transformator erreicht man mit der Brückenschaltung mit der doppelten Anzahl von Ventilen die doppelte Gleichspannung!

Die Steuerung der Dreiphasen-Brückenschaltung

Bild 7.9 zeigt noch einmal schematisch die Stromführungszeiten der einzelnen Ventile auf der K- und A-Seite und die zugehörigen Zündimpulse. Wird aus dem stromlosen Zustand heraus mit dem Impuls K_1 begonnen, so müßte gleichzeitig das Ventil A_2 leitend sein oder ebenfalls zu diesem Zeitpunkt einen Impuls erhalten. Um die Brücke also überhaupt anfahren zu können, hat man nach Bild 7.9 jeweils zwei Ventilen, auf der K- und A-Seite gleichzeitig, einen Impuls zuzuführen, d.h. mit K_1 auch A_2, mit A_3 auch K_1, mit K_2 auch A_3 usw. zu zünden. Eine andere, seltener angewandte Maßnahme ist, die Impulse etwas mehr als 60° breit zu machen, so daß der Zündimpuls von A_2 noch vorhanden ist, wenn K_1 einen Zündimpuls erhält. Entsprechende Maßnahmen sind bei der Reihenschaltung von Brücken notwendig.

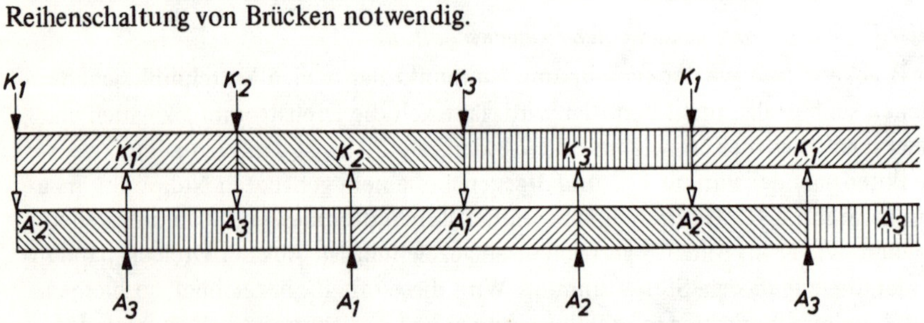

Bild 7.9. Impulsschema für die gesteuerte 3-Phasen-Brückenschaltung

Steuersatz

Die Impulse, die die Zündung auslösen, müssen mit der der Ventilschaltung zugeführten Wechsel- oder Drehspannung synchronisiert sein. Sie müssen außerdem durch ein Signal, im allgemeinen ein elektrisches Signal, in ihrer zeitlichen Lage (Phase) verschiebbar sein. Das Gerät, das dies ermöglicht, wird „Steuersatz" genannt. (Schema s. Bild 7.10, näheres dazu in Kap. 13).

Für eine Brückenschaltung benötigt man 6 Zündimpulse in der in Bild 7.9 dargestellten Reihenfolge.

Bild 7.10 zeigt, wie man schaltungstechnisch die oben genannte Impulszuführung bewerkstelligen kann und zwar für das Ventil K_1. Der Impuls K_1 wird aus dem Steuersatz z.B. der Reihenschaltung von zwei Übertragern zugeführt. Die Sekundärwicklung des ersten wird mit dem Ventil K_1 verbunden, die Sekundärwicklung des zweiten mit dem Ventil A_2. Nach dem Schema in Bild 7.9 muß K_1 aber auch dann einen Impuls erhalten, wenn A_3 gezündet wird. Die beiden Impulsübertrager für den Impuls A_3 sind ebenfalls dargestellt, hier geht die erste Wicklung zum Ventil A_3, die zweite Wicklung ist mit dem Ventil K_1 verbunden. Die Ventile in der Zuleitung zur Steuerelektrode dienen zur Entkopplung der Impulse, d.h. sie halten den vom Steuergerät kommenden Impuls K_1 von dem Impulsausgang A_3 des Steuergeräts fern. Die Impulszuordnung ist auch durch eine Logik-Schaltung im Steuersatz möglich.

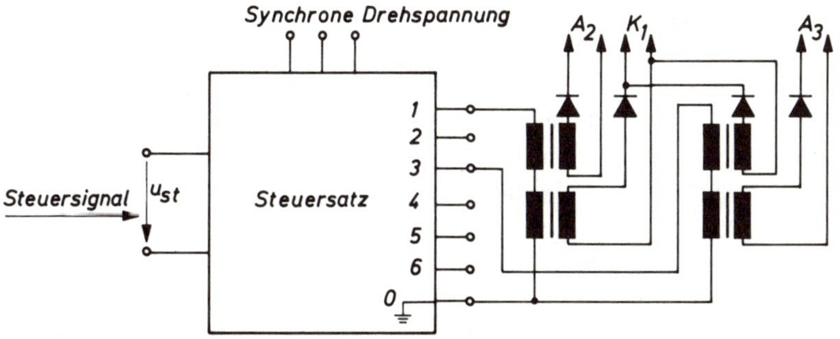

Bild 7.10. Möglichkeit für die Impulsverteilung bei der Drehstrom-Brückenschaltung

7.4. Strang- oder Phasenzahl und Pulszahl

Wir nennen im folgenden die Spannungen u_{K0}, u_{A0}, u_{KA} ,,ungeglättete Gleichspannung".

Bei der Drehstrombrückenschaltung gleicht der Verlauf der Spannung u_{KA} der Spannung u_{K0} bei einer 6-phasigen Mittelpunktschaltung, obwohl die Speisespannung (der Transformator) nur 3 Phasen hat. Daher wird von nun an zwischen Phasenzahl m und „Pulszahl" p unterschieden. Bei der Mittelpunktschaltung ist m = p.

Als Pulszahl einer Schaltung wird künftig die Phasenzahl der Mittelpunktschaltung, die den gleichen Verlauf der ungeglätteten Gleichspannung wie die vorgelegte Schaltung liefert, angegeben. Für die Drehstrom-Brückenschaltung ist $m = 3$, $p = 6$, für die Einphasen-Brückenschaltung $m_1 = m_2 = 1$, $p = 2$, für die Zweiphasen-Mittelpunktschaltung $m_1 = 1$, $m_2 = 2$, $p = 2$.

7.5. Vielphasige Brückenschaltungen

Ebenso wie bei den Mittelpunktschaltungen sind Brückenschaltungen mit beliebiger Phasenzahl der Spannungsquelle bzw. des Stromrichtertransformators mit Stern- oder Polygonschaltungen der Sekundärwicklungen des letzteren möglich. Sie sind jedoch aus Gründen, die in Kap. 8 und Kap. 9 behandelt werden, kaum gebräuchlich. Sie lassen sich stets analog dem Vorgehen bei $m = 2$ und $m = 3$ als Reihenschaltung von 2 Mittelpunktschaltungen behandeln. Man beachte, daß sich die im vorigen Abschnitt neu eingeführte Pulszahl nur dann beim Übergang von der Mittelpunktschaltung zur Brückenschaltung erhöht, wenn die natürlichen Zündzeitpunkte der A-Seite gegenüber den natürlichen Zündzeitpunkten der K-Seite symmetrisch phasenverschoben sind.

7.6. Innenwiderstand und Spannungsabfall der Brückenschaltung

Da in der Brückenschaltung stets zwei Ventile in Reihe stromführend sind, ist der Ventilspannungsabfall D_v zweimal einzusetzen. Die Überlegungen bezüglich der Berücksichtigung der ohmschen Widerstände bei den Mittelpunktschaltungen einschließlich R_{dv} sind auch auf die Brückenschaltung zu übertragen. Bei der Berechnung des durch die Kommutierung verursachten Spannungsabfalls und des diesen repräsentierenden Innenwiderstandsanteils R_{ix} ist ebenfalls die Betrachtung als Reihenschaltung von zwei Mittelpunktschaltungen naheliegend. Bei der Einphasen-Brückenschaltung erhält R_{ix} den doppelten Wert wie bei der Mittelpunktschaltung, weil sich der Strom in der Transformatorwicklung bei der Kommutierung von $+ I_d$ auf $- I_d$ ändern muß. Bei der Dreiphasen-Brückenschaltung erfolgt die Kommutierung der K-Seite und der A-Seite zu verschiedenen Zeitpunkten, so daß für die K- und die A-Seite jeweils der Wert von R_{ix} für die Mittelpunktschaltung, für die gesamte Schaltung also der doppelte Wert einzusetzen ist. Das gilt so lange, wie der Überlappungswinkel kleiner als 60° bleibt. In Bild 7.7 sind nach dem Zündimpuls von K_1 beispielsweise die Phasenspannungen 3 und 1 an der Kommutierung beteiligt, d.h. während des Überlappungsintervalls gegeneinander kurzgeschlossen. Das Potential des Punktes K bewegt sich auf dem Mittelwert der Phasenspannungen 1 und 3 (im Bild nicht dargestellt). Ist diese Kommutierung beendet, so verläuft nach der Zündung von A_3 die Kommutierung zwischen den Phasenspannungen 2 und 3 auf der A-Seite entsprechend. Ist die Kommutierung auf der K-Seite zum Zeitpunkt der Zündung von A_3 noch nicht beendet, so ergibt sich ein Zustand, bei dem die Ventile K_1 und K_3 auf der K-Seite und die Ventile A_2 und A_3 auf der A-Seite gleichzeitig leiten. Der Überlappungswinkel beträgt dann gerade 60°. Das tritt jedoch nur bei Strömen auf, die hoch über dem Nennstrom liegen (Größenordnung 6,25 I_{dN} bei $\alpha = 0°$ und normalen Werten für L_s (vgl. Kap. 5, Gl. (5.4) und Kap. 9). Die U_d-I_d-Kennlinie fällt beim Beginn der Überlappung der Kommutierungen auf der K- und A-Seite steiler und ist nicht mehr linear (siehe z.B. [1.8]). Die Kommutierungsvorgänge können wie in den Kapiteln 3, 4 und 21 beschrieben behandelt werden. Das ist bei so hohen Strömen, die nur in Störungsfällen auftreten, ohnehin notwendig (s. Bd. 2).

7.7. Die Saugdrosselschaltung als Parallelschaltung von zwei Mittelpunktschaltungen

Bild 7.11 zeigt zwei dreiphasige Mittelpunktschaltungen, deren speisende Drehspannungssysteme A und B um 60°, oder, was auf dasselbe hinausläuft, um 180° gegeneinander phasenverschoben sind. Es ist also der gleiche Spannungsstern (Bild 4.3b) wie bei der sechsphasigen Mittelpunktschaltung vorhanden. (Im Bild 7.11 sind die sekundären Wicklungsstränge des Transformators, statt wie bisher meist Wechselspannungsquellen, dargestellt.) Würde man auch die beiden Kathodenpunkte ebenso wie die Nullpunkte unmittelbar miteinander verbinden, so würde die Schaltung als Sechsphasen-Mittelpunktschaltung arbeiten. Daher werden die Kathodenpunkte K_1 und K_2 über eine Drossel verbunden, und der Gleichstrom wird einer Mittelanzapfung der Drossel entnommen (vgl. auch Abschnitt 18.1). Die Induktivität dieser „Saugdrossel" ist sehr groß gegen die Streuinduktivitäten des Transformators. Bild 7.12a zeigt für $\alpha = 0°$ und $L_s \ll L_d$ die Spannungen der Punkte K_1 und K_2 gegen den Nullpunkt ($u_{K_1 0}$ ausgezogen; $u_{K_2 0}$ gestrichelt).

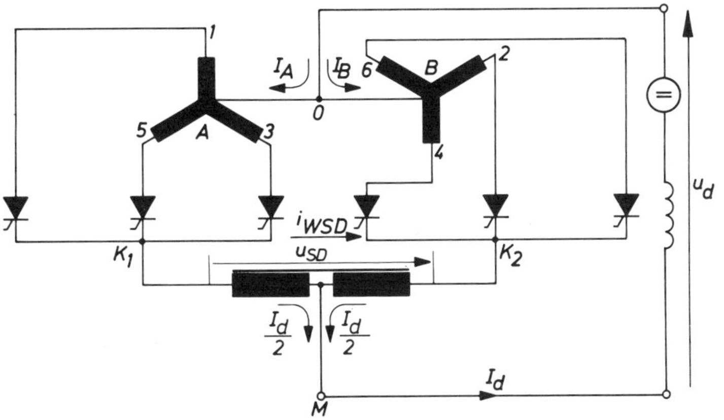

Bild 7.11. Parallelschaltung von zwei 3-Phasen-Mittelpunktschaltungen über die „Saugdrossel"

Die Saugdrossel verhindert nicht nur die Kommutierung von Ventilen, die verschiedenen Kommutierungssystemen (A, d.h. 1, 3, 5 bzw. B, d.h. 2, 4, 6) angehören, sondern wirkt auch als induktiver Spannungsteiler, so daß der Punkt M (Bild 7.11) den Mittelwert der Spannungen der beiden Dreiphasen-Mittelpunktschaltungen annimmt. Ideelle Gleichspannung U_{di} und induktiv bedingter Innenwiderstand R_{ix} sind also für jedes Teilsystem wie für die dreiphasige Mittelpunktschaltung zu berechnen, und es ist zu beachten, daß jedes Teilsystem nur den halben Gleichstrom führt.

In Bild 7.12a ist die Spannung an der Saugdrossel (Zählpfeil in Bild 7.11) durch Schraffur als Differenz hervorgehoben und die Spannung des Punktes M gegen den gemeinsamen Nullpunkt als Mittelwert der beiden Potentiale von K_1 und K_2 eingetragen. Man erkennt, daß dieser Schaltung ein Verlauf der ungeglätteten Gleichspannung eigentümlich ist, der der sechsphasigen Mittelpunktschaltung entspricht. Sie hat also die Pulszahl 6.

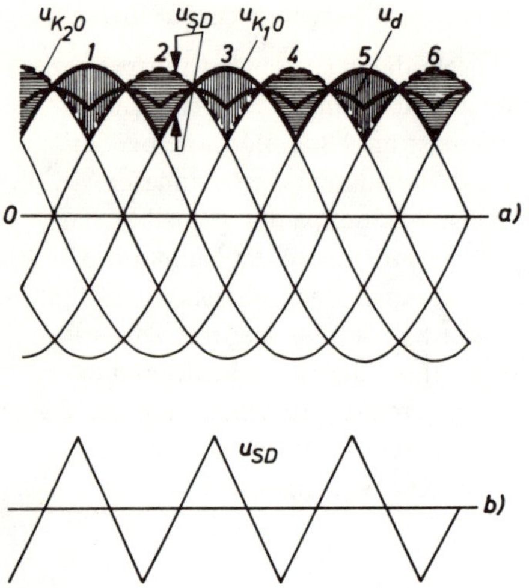

Bild 7.12
Liniendiagramme zur ungesteuerten Saugdrosselschaltung

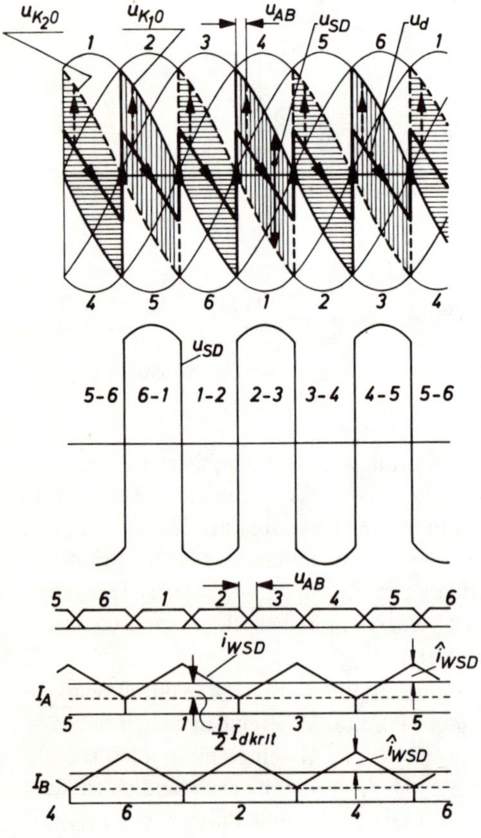

Bild 7.13
Liniendiagramme zur gesteuerten Saugdrosselschaltung

Der Mittelwert dieser Spannung ist jedoch, wie schon gesagt, gleich dem der beiden parallel geschalteten Dreiphasenschaltungen. Da jedes dreiphasige Teilsystem die Hälfte des gesamten Gleichstroms I_d liefert, stehen die beiden Teilströme vom Wert $\frac{I_d}{2}$ im Idealfall im Durchflutungsgleichgewicht für den magnetischen Kreis der Drossel. In Bild 7.12b ist im gleichen Maßstab wie in Bild 7.12a die an der Saugdrossel liegende Spannung herausgezeichnet. Werden die beiden Systeme mit dem gleichen Steuerwinkel „angesteuert", so ergeben sich für den Fall $\alpha = 90°$ die Verhältnisse gemäß Bild 7.13. Auch hier (Bild 7.13a) sind die Teilspannungen beider Systeme ausgezogen bzw. gestrichelt hervorgehoben. Die an der Saugdrossel liegende Differenzspannung ist wiederum durch Schraffur gekennzeichnet, und der Wert, der sich durch die Spannungsteilung an der Saugdrossel ergibt, ist in seinem zeitlichen Verlauf eingetragen. Er entspricht wie im ungesteuerten Fall dem Verlauf bei der sechsphasigen Mittelpunktschaltung. In Bild 7.13b ist wiederum die in Bild 7.13a schraffierte, an der Saugdrossel liegende Spannung herausgzeichnet. Sie ist im Scheitelwert und der Spannungszeitfläche einer Halbwelle größer als in Bild 7.12b. Auch die Kurvenform hat sich verändert. Die Frequenz ist in beiden Fällen gleich, und man zählt ab, daß die Periodendauer $\frac{1}{3}$ der Netzperiode, die Frequenz also die dreifache Netzfrequenz ist.

Die Saugdrosselspannung ist bei $\alpha = 90°$ am größten und nimmt bei Aussteuerung in den Wechselrichterbetrieb wieder ab. Eine Überlappung der Anodenströme in jedem System (bei $L_s > 0$) wirkt sich auf die Saugdrosselspannung aus. (Im Bild nicht dargestellt.) Es zeigt sich, daß sie bei $\alpha = 0°$ die Spannungszeitfläche an der Saugdrossel vergrößert, bei $\alpha = 90°$ die Spannungszeitfläche verkleinert. Für gesteuerten Betrieb ist also der ungünstigste Wert für $\alpha = 90°$, $u \rightarrow 0$ zugrundezulegen.

Die Kenntnis der an der Saugdrossel liegenden Spannung ist notwendig, um die Drossel auslegen bzw. ihre Baugröße abschätzen zu können (s. Abschnitt 10.7).

7.8. Das Verhalten der Saugdrosselschaltung bei sehr kleinen Gleichströmen

Wären die Teilströme der beiden Systeme wirklich in jedem Augenblick genau gleich groß, könnte man die Saugdrossel als luftspaltlose Drossel ausführen, da die Gleichstromdurchflutungen sich dann in jedem Augenblick aufheben würden. Durch Symmetriefehler in der Schaltung oder in der Ansteuerung der beiden Gruppen können die Teilströme jedoch geringe Unterschiede aufweisen. Aus diesem Grunde wird die Saugdrossel stets mit einem kleinen Luftspalt oder mit einer Stoßfuge ausgeführt. Dann kann man für sehr kleine Ströme die Drossel als „lineare" Drossel behandeln (vgl. auch Abschnitt 18.1).

Wir betrachten im folgenden die Verhältnisse bei sehr kleinem Gleichstrom bei $\alpha = 90°$. Die Zündimpulse werden in der Reihenfolge 1, 2, 3, 4, 5, 6 gegeben, also abwechselnd für ein Ventil des linken und ein Ventil des rechten Systems. Dadurch bestehen zwischen den beiden Systemen Kommutierungsstromkreise, in denen die Saugdrossel liegt. Wird die Saugdrosselinduktivität $L_{SD} \gg L_s$ angenommen, und ist der Strom sehr klein gemäß Bild 7.13c, so erhält man bei $\alpha = 90°$ eine nahezu zeitlineare Kommutierung zwischen den Ventilströmen, die abwechselnd von den beiden Teilsystemen geliefert werden. Die Schaltung verhält sich dann also wie eine sechsphasige Mittelpunktschaltung mit der Kommutierungsinduktivität L_{SD}, anstelle von $2L_s$. Die Spannung u_{M0} folgt in den

Alleinzeiten den Augenblickwerten der jeweiligen Phasenspannungen, die in Bild 7.13a angegeben sind. Nur während der Überlappung bleibt jetzt der Punkt M für die Zeit $\omega t = u_{AB}$ auf dem Mittelwert der Phasenspannungen, die verschiedenen Systemen (A, B) angehören, z.B. (6; 1), (1; 2) (2; 3) usw., und springt dann, wie gestrichelt angedeutet, auf die folgende Phasenspannung. Geht diese Überlappung über die Saugdrossel gegen Null, so ergibt sich für $\alpha = 90°$ als Spannungsverlauf die obere Begrenzung der in Bild 7.13a schraffierten Fläche.

Der Mittelwert wird offenbar

$$\overline{u_{M0}} = \frac{p}{\pi}\sqrt{2}\sin\frac{\pi}{p} E_p \cdot \cos 60° = 1{,}35\ E_p \cos 60°. \qquad (7.3)$$

Geht bei $\alpha = 0°$ der Gleichstrom gegen Null (bleibt aber lückenlos), muß sich die Gleichspannung dem Wert der ideellen Leerlaufspannung der sechsphasigen Mittelpunktschaltung nähern, wie die entsprechende Betrachtung an Bild 7.12 zeigt.

Ein Anstieg der Leerlaufspannung tritt bei allen Steuerwinkeln auf, er ist eine Eigentümlichkeit der Saugdrosselschaltung. Bei gesteuerten Anlagen spielt er kaum eine Rolle, da er durch die Regelung (s. Kap. 13) ausgeglichen wird.

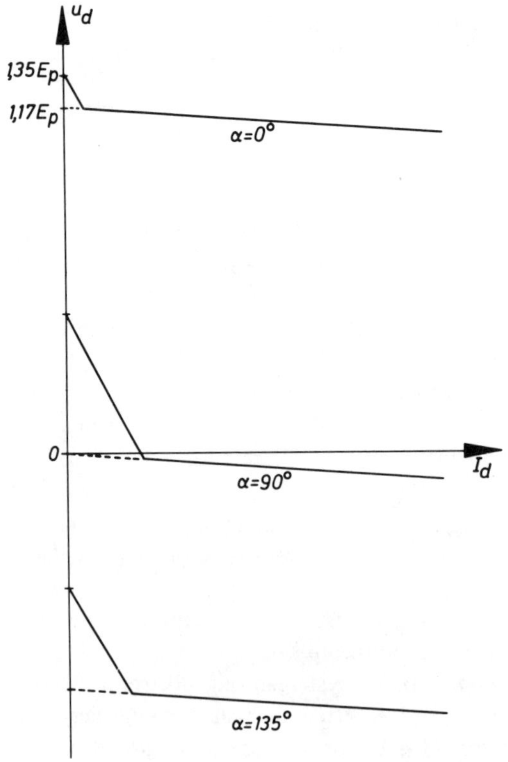

Bild 7.14
Kennlinienfeld der Saugdrosselschaltung

Bei ungesteuerten Anlagen (z.B. Fahrdrahtspeisung einer Straßenbahn oder Schnellbahn) erhöht sich die ideelle Leerlaufspannung im Verhältnis 1,35:1,17, also um 15,5 %, was sich nachteilig auswirken kann. Es kann sein, daß man beispielsweise für die Beleuchtung eine besondere Spannungsquelle vorsehen muß.

Mit wachsendem Gleichstrom vergrößert sich die Überlappungsdauer der jeweils über die Saugdrossel miteinander kommutierenden Ventilströme und erreicht schließlich den Wert 60°. Dann ist das Potential des Punktes M (von den Sprüngen abgesehen) dauernd auf dem Mittelwert der miteinander über die Saugdrossel kommutierenden Phasenspannungen. Sobald also ein Strom erreicht ist, bei dem die Überlappungsdauer 60° wird, ist der Punkt M dauernd auf dem Mittelwert der Potentiale der beiden Phasenspannungen der zwei Systeme; von diesem Augenblick an beginnt also die gewünschte (2 · 3)-phasige Betriebsweise der Saugdrosselschaltung. Die Bilder 7.13d und 7.13e zeigen die Ströme der Systeme A und B, die Beteiligung der Ventile in beiden Systemen und den überlagerten, annähernd dreieckförmigen Saugdrosselwechselstrom i_{WSD}. Bezüglich der Zählpfeile von I_A und I_B (Bild 7.11) ist er in den beiden Teilwicklungen gegenphasig. L_s ist zu Null angenommen. Der Gleichstrom bei dem dieser Grenzzustand (in den Bildern 7.13d und 7.13e durch die gestrichelte Null-Linie gekennzeichnet) eintritt, heißt „Kritischer Gleichstrom". Er ist dann erreicht, wenn der Gleichstromanteil eines Systems, also der halbe Gleichstrom, gleich dem Scheitelwert des Saugdrossel-Wechselstroms, $\hat{i}_{WSD}$, wird. Dieser Grenzfall ist in Bild 7.13d erreicht, wenn die gestrichelte Linie als Null-Linie genommen wird. Da der Saugdrosselwechselstrom von der Saugdrosselspannung, diese wiederum von der Aussteuerung abhängt, ist auch der kritische Strom eine Funktion der Aussteuerung. In Bild 7.14 sind die Kennlinienverläufe für die Steuerwinkel 0°, 90° und 135° mit dem „Saugdrosselknick" und der „Saugdrosselspitze" skizziert. Der kritische Strom kann auch aus der Beziehung

$$2\hat{i}_{WSD} = \Delta i = \frac{1}{L_{SD}} \int_{t}^{t+\frac{T}{6}} u_{SD} \cdot d\tau$$

bestimmt werden. Den Wert der Saugdrosselspitze für $\alpha = 135°$ findet man wie vorher den für $\alpha = 90°$. Die Saugdrossel wird stets so ausgelegt, daß der kritische Strom und damit der kritische Gleichstrom klein gegen den Nennwert des Gleichstroms ist (je nach Anwendung in der Größenordnung 1 % bis einige Prozent).

Bei Schaltungen mit gemeinsamer Kathode kann man die Saugdrossel auch gemäß Bild 7.15 zwischen die Nullpunkte der beiden Dreiphasensysteme schalten. (Dies war insbesondere bei sechsanodigen Quecksilberdampf-Ventilen notwendig. Die Wirkungsweise bleibt die gleiche wie oben besprochen. Die Analyse der Schaltung ist etwas umständlicher als nach Bild 7.11, weil man das gemeinsame Kathodenpotential als Bezugspunkt nehmen muß und die Differenz der Potentiale der beiden Sternpunkte durch die Saugdrossel geteilt wird. Die Ergebnisse sind aber vollkommen analog denen, die anhand von Bild 7.11 gewonnen wurden.)

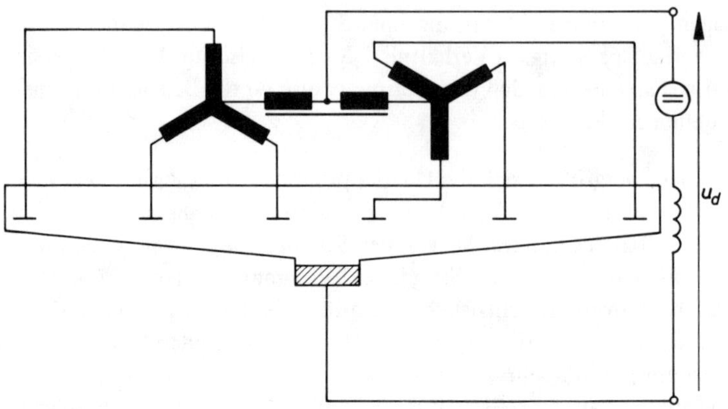

Bild 7.15. Saugdrossel zwischen den Nullpunkten von zwei Dreiphasensystemen

Weiterhin können selbstverständlich die Schaltungen nach Bild 7.11 und Bild 7.15 durch die komplementären Schaltungen ersetzt werden, d.h. mit gemeinsamen Anoden anstelle der gemeinsamen Kathoden (vgl. die Ausführungen in Abschnitt 7.1).

8. Der Stromrichter-Transformator

8.1. Betrachtungen an der einphasigen Einwegschaltung

In Abschnitt 2.3 wurde eine Schaltung mit idealer Wechselspannungsquelle und einem Ventil behandelt. Dieser Fall wird jetzt erneut aufgegriffen und die ideale Wechselspannungsquelle durch eine Einspeisung über einen Transformator ersetzt (Bild 8.1).

Der Transformator kann mit gewissen Idealisierungen bekanntlich durch folgende Gleichungen beschrieben werden:

$$e_1 : e_2 = w_1 : w_2 \quad \text{(Spannungsübersetzung)} \tag{8.1a}$$

$$i_1 \cdot w_1 = i_2 \cdot w_2 \quad \text{(Durchflutungsgleichgewicht, Stromübersetzung).} \tag{8.1b}$$

$$e_1 = w_1 \frac{d\Phi}{dt} \qquad e_2 = w_2 \frac{d\Phi}{dt}\,. \tag{8.1c}$$

Aus der letzten Gleichung folgt:

$$\Phi(t) = \frac{1}{w_1} \int_0^t e_1 \, d\tau\,. \tag{8.2}$$

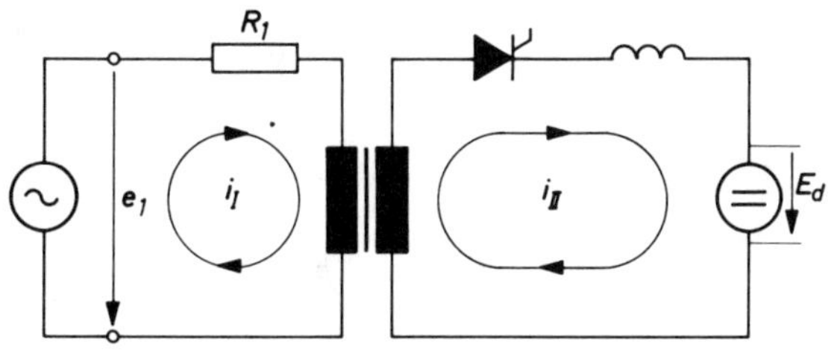

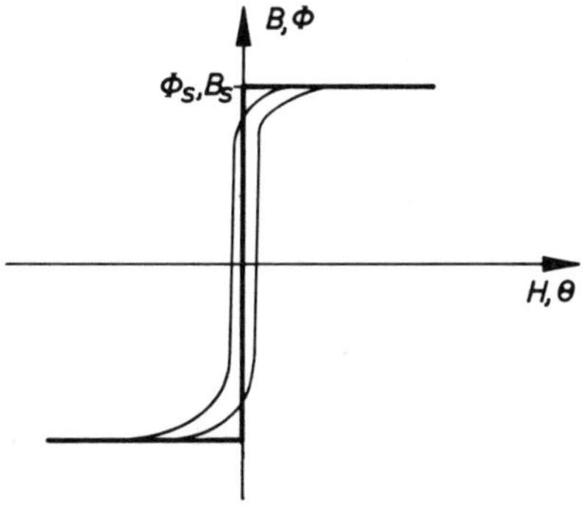

Bild 8.1
1-Phasen-Einweg-Schaltung mit Transformator und idealisierte magnetische Kennlinie

Die Magnetisierungskennlinie $B = f(H)$, $\Phi = f(\Theta)$ sei gemäß Bild 8.1 durch einen rechteckig gebrochenen Linienzug mit der Sättigungsinduktion B_S angenähert. Im stationären Betrieb bewegt sich der Arbeitspunkt auf dem senkrechten Ast der Kennlinie symmetrisch zum Nullpunkt. Die Näherung für die Kennlinie schließt auch ein, daß der Magnetisierungsstrom Null ist, womit Gl. (8.1b) exakt gilt. Wenn e_1 eine Kosinusfunktion der Zeit ist, so ist Φ_1 eine Sinusfunktion der Zeit und es gilt

$$\Phi(t) = \frac{1}{w_1}\frac{1}{\omega}\sqrt{2}\,E \sin\omega t + K \quad \text{mit} \quad \Phi_{max} = \frac{1}{\omega w_1}\sqrt{2}\,E. \tag{8.3}$$

Nun wird weiter neben der Sättigung im Flußverlauf auch der primäre Wicklungswiderstand R_1 berücksichtigt.

In Bild 8.2 ist die Gleichspannung E_d weniger als halb so groß wie der Scheitelwert der Wechselspannung, und es ist angenommen, daß das Ventil beim Scheitelwert der Wechselspannung gezündet wird. Daraus folgt, wie im Abschnitt 2.3 ausgeführt, der im Bild 8.2 skizzierte Stromverlauf. Wird der Transformator im Scheitelwert der Spannung mit $\Phi(0) = 0$ eingeschaltet, so hat bei gesperrtem Ventil der Fluß von Anfang an seinen stationären Verlauf, die Konstante K in Gl. (8.3) wird Null. Der Fluß verläuft sinusförmig symmetrisch zur Nullinie und ist 90° phasenverschoben zur Spannung bei dem stillschweigend mit der Gleichung $e_1 = w_1 \frac{d\Phi}{dt}$ festgelegtem Zählpfeil für den Fluß. Während der Stromführungsdauer ist die den Flußverlauf bestimmende Spannung um $R_1 \cdot i_I$ kleiner als die treibende Wechselspannung. Daher weicht der Flußverlauf während der Stromführungsdauer von der Sinusform ab. Mit jedem neuen Stromimpuls über das Ventil senkt sich die Flußkurve

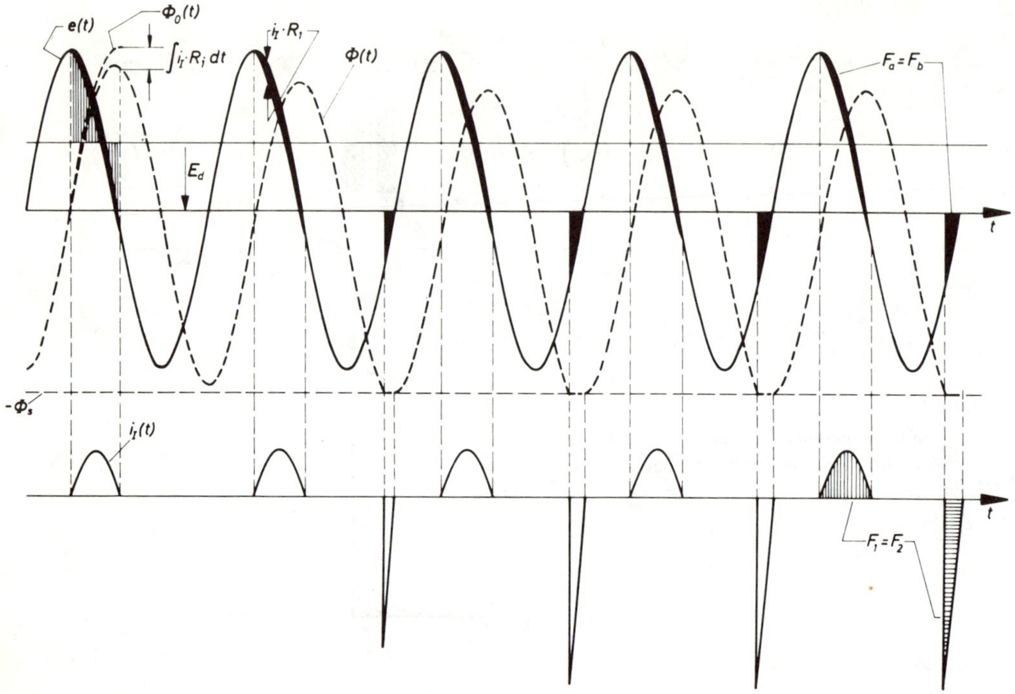

Bild 8.2. Einschwingvorgang des Primärstromes für $\Phi(0) = 0$

etwas weiter ab, und zwar jeweils proportional dem Integral $\int i \cdot R_1 \, dt$ über die Stromführungsdauer, bis schließlich der Fluß vor Erreichen seines negativen Maximums die negative Sättigung erreicht. Von diesem Augenblick an begrenzt nur noch der Widerstand R_1 den Strom im Primärkreis. Da die Wechselspannung in diesem Augenblick negativ ist, stellt sich sofort ein negativer Strom u_1/R_1 ein. Dies ist die negative Stromspitze in Bild 8.2. Im stationären Zustand muß die Flußänderung über eine Periode gerade Null sein. Nur mit einer reinen Wechselspannung an den („inneren") Transformatorklemmen wird dies erfüllt. Im vorliegenden Falle bleibt der Fluß so lange an der negativen Sättigungsgrenze, bis die Absenkung durch das vorhergehende Integral $\int i_I R_1 \cdot dt$ bei positivem Strom gerade durch ein negatives Integral $\int i_I R_1 \cdot dt$ bei negativem Strom aufgehoben wird. Das bedeutet aber, daß der Primärstrom in Bild 8.2 im eingeschwungenen Zustand ein reiner Wechselstrom ist, d.h. den zeitlichen Mittelwert

$$\frac{1}{T} \int_{t}^{t+T} i_I \cdot d\tau = 0$$

hat („Wechselstrom-Bedingung"). Die Flächen F_a, F_b, bzw. F_1, F_2 werden gleich.

Im Ventilzweig und damit über die Spannung E_d fließt ein pulsierender Strom mit einem positiven Mittelwert, d.h. einem Gleichstromanteil. Auf der Primärseite des Transformators kann dagegen nur ein reiner Wechselstrom fließen, weil unvermeidbar ohmscher

Widerstand vorhanden ist und im übrigen weder ein Ventil noch eine Gleichspannung, sondern nur eine reine Wechselspannung. Dieser Befund gilt offenbar ganz allgemein: Ein Transformator kann, weil der Flußverlauf periodisch sein muß und Sättigungsgrenzen vorhanden sind, und weil stets ein Wicklungswiderstand vorhanden ist, aus einer Wechselspannungsquelle primär nur einen reinen Wechselstrom aufnehmen.

Aus dem vorstehenden Abschnitt erkennt man, daß die einphasige Einwegschaltung schwieriger zu behandeln ist als die symmetrischen mehrphasigen Mittelpunktschaltungen, und daß sie die bei diesen angewendeten Idealisierungen zum größten Teil weder zuläßt noch nahelegt.

Es wird deutlich, daß i.a. nun solche Stromrichterschaltungen anzuwenden sind, bei denen die „Wechselstrombedingung" für den Primärstrom von vornherein erfüllt ist.

8.2. Primärströme bei mehrphasigen Mittelpunktschaltungen

Zwei- und dreiphasige Mittelpunktschaltung

Wir überprüfen einige der bisher behandelten Schaltungen daraufhin, wie sie die obenstehende Wechselstrom-Bedingung für den Primärstrom erfüllen.

Bei der zweiphasigen Mittelpunktschaltung fließt gemäß Bild 8.3 sekundär der Strom I_d jeweils über ein Zeitintervall T/2 über eine Teilwicklung, primär fließt $+I_d$ über ein Zeitintervall T/2, $-I_d$ über ein Zeitintervall T/2, also ein reiner Wechselstrom. Daher bleibt bei dieser Schaltung auch bei Belastung und Vorhandensein von ohmschem Widerstand die innere Spannung des Transformators eine reine Wechselspannung.

Dreiphasige Schaltungen, Dy *(Dreieck-Stern)*

Bei der dreiphasigen Mittelpunktschaltung wird, wie es beim Drehstromtransformator die Regel ist, ein Dreischenkelkern verwendet, und wir nehmen primär Dreieckschaltung an (Bild 8.4). Sekundär fließt in jedem Strang der Strom I_d über ein Zeitintervall T/3.

Nimmt man $w_1 = w_2$ an, so ergibt sich zunächst $i_{I1} = i_{II1} = I_d$, i_{I1} kann, wenn z.B. sekundär Strang 1 den Gleichstrom führt, über die Klemmen S und R zufließen. Die Null-Linie liegt bei 0'. Dieser Primärstrom erfüllt die Wechselstrombedingung offenbar nicht. Der primäre Wicklungswiderstand bewirkt daher, daß der Gleichstromanteil dieses Stromes so lange zurückgeht, bis der Wicklungsstrom ein reiner Wechselstrom ist, d.h. über die Periode genommen den Mittelwert Null hat und sich die Null-Linie 0 ergibt.

Damit wird stationär

$$\begin{aligned} i_{I1} &= \tfrac{2}{3}\, I_d \quad \text{über ein Zeitintervall } \tfrac{1}{3}\, T \\ i_{I1} &= -\tfrac{1}{3}\, I_d \quad \text{über ein Zeitintervall } \tfrac{2}{3}\, T. \end{aligned} \tag{8.4}$$

Der Netzstrom wird dann mit den Zählpfeilen von Bild 8.4 durch Differenzbildung von zwei benachbarten, 120° versetzten primären Strangströmen erhalten, gemäß

$$\begin{aligned} i_{N1} &= i_{I3} - i_{I1} \\ i_{N2} &= i_{I1} - i_{I2} \\ i_{N3} &= i_{I2} - i_{I3} \end{aligned} \tag{8.5}$$

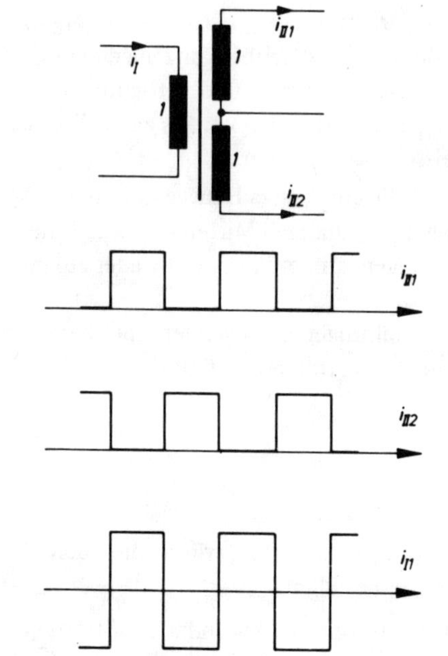

Bild 8.3
Wicklungsströme der 2-Phasen-Mittelpunktschaltung

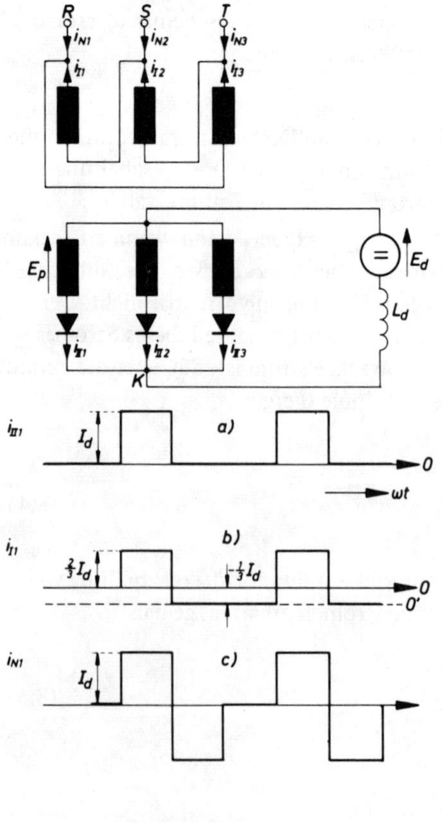

Bild 8.4
Sekundärer Wicklungsstrom, primärer Wicklungsstrom und Netzstrom der 3-Phasen-Mittelpunkt-schaltung (Schaltung Dy)

Der beschriebene Sachverhalt wird auch durch folgende Überlegung klar: Würde in jeder Wicklung auf der Primärseite das genaue Abbild des zugehörigen Ventilstroms der Sekundärseite fließen, so würde dies in jeder Wicklung die Summe eines Gleichstroms vom Betrage $(1/3)\,I_d$ und eines Rechteck-Wechselstroms sein. Dieser Gleichstrom würde in allen drei Primärsträngen, also als Kreisstrom in der Dreieckwicklung fließen. In einer Wicklung mit ohmschem Widerstand, die weder ein Ventil noch eine Gleichspannungsquelle enthält, kann aber stationär kein Gleichstrom fließen. Dieser Gleichstrom in der Dreieckwicklung klingt mit einer Zeitkonstanten ab, die durch den ohmschen Widerstand und den Joch-zu-Joch-Streufluß bestimmt ist. Aber auch nach Verschwinden des Gleichstroms bleibt bei dieser Schaltung eine Gleichstromdurchflutung entsprechend $(1/3)I_d$ übrig. Diese Gleichstromdurchflutung hat einen Joch-zu-Joch Gleichfluß zur Folge, der sich gegebenenfalls durch den Transformatorkessel, ansonsten durch die Luft schließt. Die drei Schenkel sind also vormagnetisiert, es fließt ein unsymmetrischer (gerade Harmonische enthaltender) Magnetisierungsstrom, und die Schaltung ist nur bei kleinsten Leistungen verwendbar.

Dreiphasen-Mittelpunktschaltung, Yy *(Stern-Stern)*

Bei primärer Sternschaltung werden die Ströme in der Primärwicklung wie folgt bestimmt: In der Stromführungsdauer von Ventil 1 ist der sekundäre Strangstrom gleich dem Gleichstrom. Für die primären Wicklungsströme gilt die Knotenpunktbedingung für den primären Sternpunkt. Außerdem muß die Summe der Durchflutungen für jede der drei magnetischen Maschen, die der Dreischenkelkern bildet, d.h. für jedes Fenster, gleich Null sein. Letzteres liefert zwei unabhängige Gleichungen. Man erhält also gemäß Bild 8.5a:

$$\begin{aligned} i_{I1} + i_{I2} + i_{I3} &= 0 && \text{(Sternpunkt)} \\ w_1 i_{I2} - w_1 i_{I3} &= 0 && \text{(rechtes Fenster)} \\ w_1 i_{I1} - w_1 i_{I2} &= w_2 I_d && \text{(linkes Fenster).} \end{aligned} \qquad (8.6)$$

Für $w_1 = w_2$ folgt daraus:

$$i_{I1} = \tfrac{2}{3}\,I_d \qquad\qquad i_{I2} = i_{I3} = -\tfrac{1}{3}\,I_d \qquad (8.7)$$

(Augenblicks-Stromverteilung $\frac{1}{3}$ Periode später, siehe Bild 8.5b.)

Auch hier bleibt also eine Durchflutung entsprechend $(1/3)I_d$ auf jedem Schenkel als Gleichdurchflutung erhalten. Diese Schaltung ist bei größeren Leistungen ebensowenig anwendbar wie die Dy-Schaltung.

Dreiphasige Zickzackschaltung, Yz

Bild 8.6 zeigt schematisch die Wicklungsanordnung und das Spannungszeigerdiagramm für diese Schaltung bei primärer Sternschaltung (Schaltung Yz). Die primäre Dreieckschaltung ist ebenfalls möglich. Durch Pfeile ist die Stromführung der Wicklungen während der Stromführungsdauer des Ventils 1 angedeutet. Man erkennt, daß auf jedem Schenkel Durchflutungsgleichgewicht möglich ist und primär die Wechselstrombedingung erfüllt wird, wenn man eine ganze Periode durchgeht. Bei großen Leistungen müßte man für die dreiphasige Mittelpunktschaltung stets nur diese Schaltung verwenden (oder die Dz-, Dreieck-Zickzack-Schaltung).

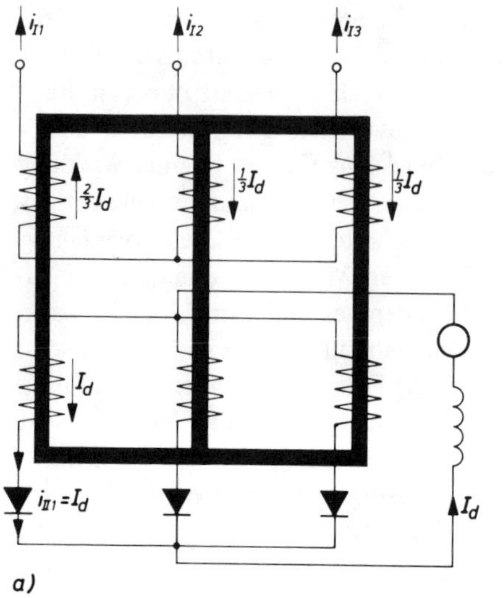

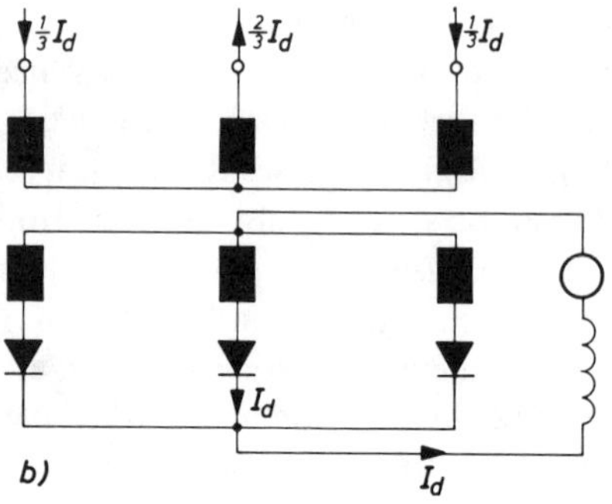

Bild 8.5
3-Phasen-Mittelpunktschaltung und Yy-Transformator

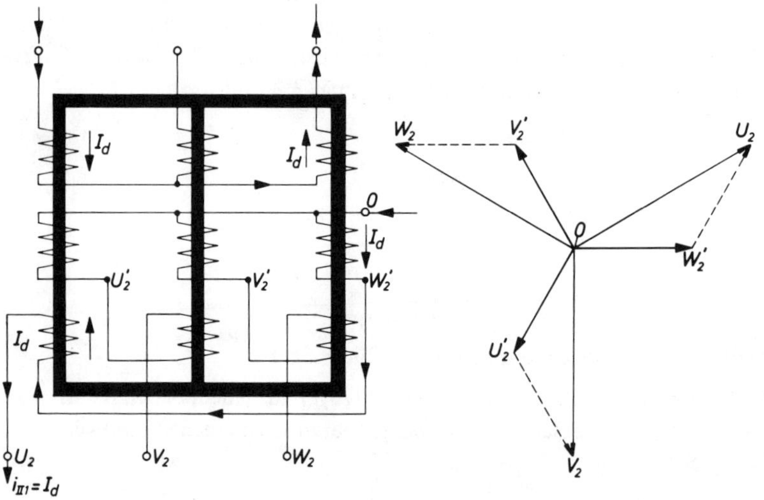

Bild 8.6. Yz-Schaltung, Trafoströme während der Leitphase von Ventil 1, Spannungszeigerbild

6-Phasen-Mittelpunktschaltung mit primärer Dreieckschaltung

Bild 8.7 zeigt diese Schaltung. Hier erfordert der Strom des Sekundärstranges 1 bei $w_1 = w_2$ einen primären Strangstrom $+I_d$, 180° später der Strom des Sekundärstranges 4 einen primären Strangstrom $-I_d$. Es tritt keine Restdurchflutung auf, und die Wechselstrombedingung ist erfüllt.

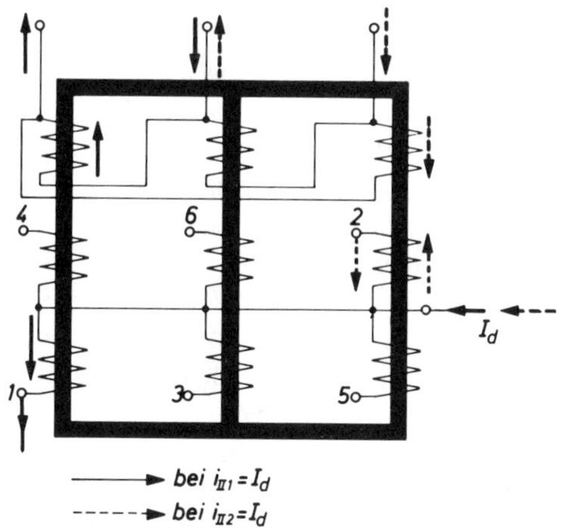

Bild 8.7
6-Phasen-Mittelpunktschaltung
mit primärer Dreieckschaltung

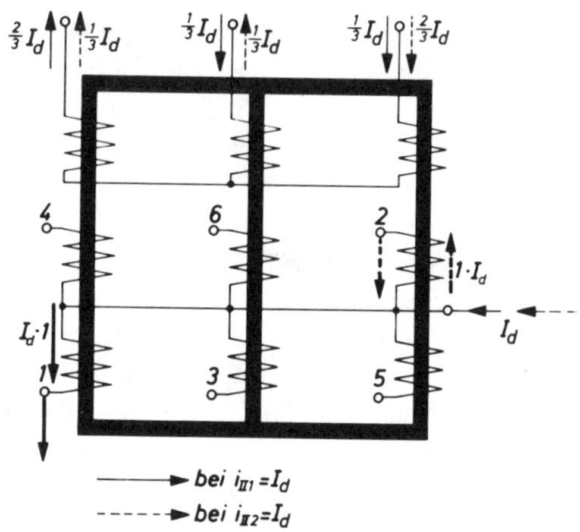

Bild 8.8
6-Phasen-Mittelpunktschaltung
mit primärer Sternschaltung

6-Phasen-Mittelpunktschaltung mit primärer Sternschaltung

Bei einer Schaltung wie in Bild 8.8 gelten für die Stromführung des Ventils 1 die gleichen Betrachtungen, die oben für die Dreiphasenschaltung angestellt wurden. Es ergibt sich eine Durchflutung auf allen drei Schenkeln vom Betrag (1/3) I_d, die im Bilde nach unten gerichtet ist, bei der Stromführung der Ventile 1, 3 und 5. Die gleiche Betrachtung führt für die Stromführung der Ventile 2, 4 und 6 zu einer resultierenden Durchflutung von (1/3) I_d auf jedem Schenkel, die nach oben gerichtet ist. Da Ventile aus den beiden Teilsystemen abwechselnd Strom führen, kehrt sich diese Durchflutung auf allen drei Schenkeln bei jeder Kommutierung um. Das hat zwei Folgen:

1. Der Joch-zu-Joch-Streufluß kehrt sich um, wird für die Kommutierungsreaktanz also mit wirksam. Das ist ein Nachteil dieser Schaltung.
2. Diese Wechseldurchflutung ist groß gegen die Magnetisierungsdurchflutung des Transformators. Ihre Frequenz macht das Dreifache der Netzfrequenz aus. Sie erzeugt einen gleichphasigen Wechselfluß in den drei Schenkeln, der sich durch die Luft und ggf. den Kessel schließen muß. Dieser zusätzliche Wechselfluß dreifacher Frequenz erzeugt zusätzliche Eisenverluste im Kern und im Kessel.

Aus den beiden unter 1. und 2. genannten Gründen wird diese Schaltung nicht angewandt.

Saugdrosselschaltung

Die Saugdrosselschaltung besteht, wie in Abschnitt 7.7 ausgeführt, sekundär aus zwei um 60° oder, was gleichbedeutend ist, um 180° versetzten Dreiphasenschaltungen. Die Primärwicklung muß die Gegendurchflutung für beide Sekundärwicklungen aufbringen. Dabei heben sich die Gleichstromdurchflutungen der beiden Dreiphasenschaltungen auf, und bei der Saugdrosselschaltung ist primär Sternschaltung oder Dreieckschaltung möglich. Bei primärer Dreieckschaltung werden die Netzströme ermittelt, wie dies bei der Dreiphasenschaltung erläutert wurde.

8.3. Drehstrom-Brückenschaltung Yy, Yd, Dy, Dd

Wie in Abschnitt 7.3 ausgeführt, fließt bei der Drehstrombrückenschaltung schon auf der Sekundärseite in der Wicklung ein reiner Wechselstrom, so daß die Schaltung Probleme der vorher besprochenen Art nicht bietet. Die Drehstrom-Brückenschaltung mit sekundärer Dreieckschaltung verdient jedoch eine besondere Betrachtung: Gemäß Bild 7.8 kann man davon ausgehen, daß an den Punkten 1, 2, 3 jeweils zwischen zwei Klemmen ein 120° breiter Rechteckblock in Höhe des Gleichstroms entnommen wird, dessen Phasenlage sich an der Spannung bzgl. des gedachten sekundären Nullpunkts orientiert. Wie sich dieser Strom auf die drei Stränge verteilt, ist zunächst unbestimmt. Da stets Wicklungswiderstand vorhanden ist, kann man ansetzen, daß die Summe der $(i \cdot R)$-Abfälle in der geschlossenen Dreieckwicklung im Mittel Null sein muß. Das ist dann der Fall, wenn in der unmittelbar an den Klemmen belasteten Wicklung 2/3 des entnommenen Stroms, in den beiden anderen Wicklungen, die über die im gleichen Augenblick unbelastete dritte Klemme miteinander verbunden sind, 1/3 des entnommenen Stroms fließt. So kann man über die ganze Periode hinweg die Stromverteilung auf die Wicklungen ermitteln. Man findet hier, daß die Stromkurvenform in der Dreieckwicklung eine andere ist als bei sekundärer Sternschaltung. Sie gleicht Bild 10.15b. Das wird jedoch bei der Betrachtung in Abschnitt 10.8 leicht verständlich, wo die Stromkurvenformen der einzelnen Wicklungen nochmals unter anderen Aspekten betrachtet werden.

8.4. Wicklungsleistungen und Transformator-Typengröße – Effektivwerte der Wicklungsströme

Der Augenblickswert der Verlustleistung in der Wicklung beträgt $i_w^2 R_w$. Für den Mittelwert der Verlustleistung und damit die Auslegung der Wicklung ist also der quadratische Mittelwert des Wicklungsstroms, auch Effektivwert genannt, maßgebend. Er ist definiert durch die Gleichung:

$$I_{eff}^2 \cdot T = \int_0^T i_w^2 \, d\tau . \tag{8.8}$$

Für den sekundären Strangstrom einer p-phasigen Mittelpunktschaltung kann dieser Ansatz sofort abgewandelt werden in

$$I_2^2 \cdot T = I_d^2 \cdot T \cdot \frac{1}{p} .$$

Daraus folgt für den Effektivwert:

$$I_2 = \frac{I_d}{\sqrt{p}} . \tag{8.9}$$

Auch für die primären Strangströme sind die Effektivwerte leicht zu berechnen, da unter den gemachten idealisierenden Annahmen das Integral zur Summe wird. Man erhält für die bisher behandelten Fälle (p = 2, p = 3, p = 6, die letzteren beiden mit primärer Dreieckschaltung) für $w_1 = w_2$ beispielsweise:

$$p=2 \qquad I_1^2 \cdot T = (+I_d)^2 \frac{T}{2} + (-I_d)^2 \frac{T}{2} \quad \Rightarrow \quad I_1 = I_d \tag{8.10}$$

$$p=3 \qquad I_1^2 \cdot T = (\tfrac{2}{3} I_d)^2 \frac{T}{3} + (-\tfrac{1}{3} I_d)^2 \tfrac{2}{3} T \quad \Rightarrow \quad I_1 = \frac{\sqrt{2}}{3} I_d \tag{8.11}$$

$$p=6 \qquad I_1^2 \cdot T = I_d^2 \frac{T}{6} + (-I_d)^2 \frac{T}{6} \quad \Rightarrow \quad I_1 = \frac{\sqrt{3}}{3} I_d . \tag{8.12}$$

Ganz analog werden die Effektivwerte der Wicklungsströme bei den übrigen Schaltungen bestimmt.

Aus der oben schon verwendeten Beziehung für den Transformator

$$\Phi_{max} = \frac{1}{\omega w_1} \sqrt{2}\, E_1 \qquad \text{(s. Gl. (8.3))}$$

folgt

$$E_1 = \frac{1}{\sqrt{2}} \omega w_1 \Phi_{max} .$$

Durch beiderseitige Multiplikation mit dem Effektivwert des Wicklungsstroms läßt sich für die Wicklungsleistung (bei Annahme sinusförmiger Ströme und Spannungen) schreiben:

$$\begin{aligned} S_1 &= E_1 \cdot I_1 = \frac{1}{\sqrt{2}} \omega (w_1 I_1) \Phi_{max} \\ S_2 &= E_2 \cdot I_2 = \frac{1}{\sqrt{2}} \omega (w_2 I_2) \Phi_{max} . \end{aligned} \tag{8.13}$$

In Bild 8.9 ist ein Zweiwicklungstransformator schematisch skizziert, wobei die Wicklungen geschnitten und Röhrenwicklungen angenommen sind. Man verteilt die Wicklungen auf beide Schenkel, um die Streuinduktivität klein zu halten. Es können z.B. die Wicklungen a und b zur Primärwicklung, c und d zur Sekundärwicklung gehören. Die Richtung der Durchflutung der einzelnen Wicklungen gemäß Gl. (8.1b) ist durch Kreuze und Punkte angedeutet. In dieser Gleichung ist Φ_{max} (bei gegebener Sättigungsinduktion) für den Eisenquerschnitt maßgebend, das Durchflutungsprodukt $(w \cdot I)$ gilt für den gesamten Wicklungsquerschnitt. Die beiden Wicklungsleistungen $E_1 I_1$ und $E_2 I_2$ sind einander gleich, ebenso gemäß Gl. (8.1) die Durchflutungsprodukte auf der rechten Seite. Soll der Transformator eine Scheinleistung S durchsetzen, so muß sowohl die Primärwicklung als auch die Sekundärwicklung diese Wicklungsleistung haben, ist das Durchflutungsprodukt zweimal im „Fenster" unterzubringen.

Setzt man $w_1 = w_2$, so wird auch $E_1 = E_2$ und $I_1 = I_2$, was zur Vereinfachung im folgenden stets angenommen sei.

Beim Stromrichtertransformator sind die Effektivwerte der Ströme in verschiedenen Wicklungen im allgemeinen nicht gleich. Ferner haben wir es häufig mit mehr als zwei Wicklungen je Schenkel zu tun. Wir stellen nun die Frage, welchen gewöhnlichen Zwei-

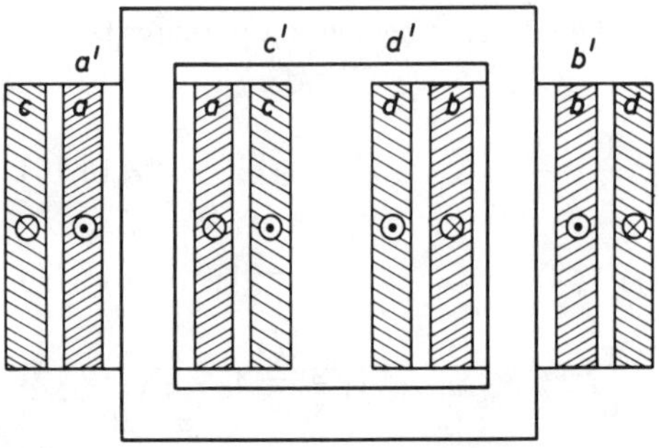

Bild 8.9
Zweiwicklungstransformator mit Röhrenwicklungen, schematisch

wicklungstransformator man mit dem gleichen Eisenkern und dem gleichen Fensterquerschnitt, d.h. auch gleichem Kupfer-Aufwand, bauen könnte, und nennen seine Leistung (Durchgangsleistung = Wicklungsleistung) die „Typengröße" des Mehrwicklers. Dabei hat man offenbar so vorzugehen, daß man alle Wicklungsleistungen des Mehrwicklers addiert und die Summe durch 2 dividiert, weil man beim Zweiwickler ja ebenfalls zweimal die Wicklungsleistung = Durchgangsleistung = Nennleistung unterbringen muß. Es wird also definiert:

$$S_T = \frac{1}{2}\,(E_1 I_1 + E_2 I_2 + \ldots) \tag{8.14}$$

Nun lassen sich nach Kapitel 4 die Strangspannungen durch die ideelle Gleichspannung und entsprechend dem vorhergehenden Abschnitt die Strangströme durch den Gleichstrom ausdrücken. Es kommen also sowohl die einzelnen Wicklungsleistungen als auch die „Typengröße" $S_T = \frac{1}{2} \sum_i S_i$ als Vielfache des Produkts

$$P_{di} = U_{di} \cdot I_d \quad \text{bzw.} \quad P_{diN} = U_{diN} \cdot I_{dN} \tag{8.15}$$

heraus. Dieses Produkt wird „ideelle Gleichstromleistung" genannt, weil es aus (Nenn-)-Gleichstrom und ideeller Gleichspannung (bei Nenn-Wechselspannung) hervorgeht. Das Verhältnis der so definierten Transformator-Typenleistung zur ideellen Gleichstromleistung ist stets größer als 1. Es ist eine für die Bewertung einer Schaltung nützliche Kennziffer. Man braucht eine Transformatorgröße, die um diesen Faktor größer ist als die ideelle Gleichstromleistung, und die Schaltung ist hinsichtlich der Transformatorausnutzung um so günstiger, je näher dieser Faktor dem Wert 1 kommt. In der Tabelle 9.1 ist diese Kennzahl für die bisher behandelten Mittelpunktschaltungen, für die Zweiphasen- und Dreiphasen-Brückenschaltungen sowie für die Saugdrosselschaltung ausgerechnet und zusammengestellt. Bei der Saugdrosselschaltung ist zu berücksichtigen, daß die Saugdrossel ja ebenfalls wie ein Transformator aufgebaut ist und daß der Aufwand dafür, zweckmäßig ebenfalls als Vielfaches der ideellen Gleichstromleistung ausgedrückt, noch hinzuzurechnen ist (s. Abschnitt 10.7).

8.5. Die Reaktanzen des Stromrichtertransformators

8.5.1. Vereinfachtes Schema für die Ermittlung von X_S

In Abschnitt 4.3 wurde angenommen, daß die für die Kommutierung maßgebende Reaktanz für jede Phase auf die Ventilseite (Sekundärseite) des Stromrichtertransformators herausgezogen werden kann. Das soll im folgenden begründet werden: Es liegt nahe, zur Ermittlung der Kommutierungsinduktivität eine Messung bei primärseitigem dreiphasigem Kurzschluß und sekundärseitiger Speisung zweier Phasen vorzunehmen. Man mißt so $Z_k = 2Z_S$ und damit $X_k = 2X_S$, die Werte, die für die Kommutierung maßgebend sind. Eine Mittelpunktschaltung ist in der Alleinzeit zwischen Phase und Mittelpunkt belastet, und man hat an diesen beiden Punkten bei primärseitigem Kurzschluß einzuspeisen, um die für die Alleinzeit maßgebende Impedanz, bzw. Reaktanz, zu erhalten. Die aus den beiden Messungen erhaltenen Werte sind gewöhnlich etwas verschieden voneinander. Dem kann man dadurch Rechnung tragen, daß man für L_S für Alleinzeit und Überlappungszeit diese verschiedenen Werte einsetzt. Tut man das nicht, so ist auch dieser Fehler praktisch ohne Belang, weil in der Alleinzeit die Summe $L_d + L_s$ wirksam ist, wobei $L_d \gg L_s$. Ein Fehler von 10 % in L_s ist also nicht schwerwiegend, und für den Fall $L_d \to \infty$ spielt er ohnehin keine Rolle. Man wird sich also in erster Linie für den Wert von X_S interessieren, der für die Kommutierung und damit den induktiven Spannungsabfall maßgebend ist und mit diesem Wert rechnen.

Bei großen Leistungen kann eine Messung mit Einspeisung von der Primärseite bequemer sein, insbesondere dann, wenn die Ventilseite die Seite mit niedriger Spannung und hohem Strom ist. In diesem Falle schließt man sekundär alle Stränge jeweils eines Kommutierungssystems (z.B. bei der Saugdrosselschaltung) gegeneinander kurz und mißt von der Primärseite aus Ströme, Spannungen und Leistung (Kurzschlußversuch am Transformator). Bei der Auswertung geht man von der Vorstellung aus, daß X_S für jeden Strang auf der Sekundärseite vorgeschaltet und dahinter erst kurzgeschlossen sei. Die Messungen auf der Primärseite werden als die durch den idealen Transformator übertragenen Strom- und Spannungswerte des X_S-Sterns betrachtet. Dazu zwei Beispiele:

Beispiel 1: Bei der zweiphasigen Mittelpunktschaltung nach Bild 8.10 wird, wenn man Gleichheit der Windungszahlen aller Teilwicklungen ansetzt, von der Primärseite aus gemessen

$$X'_K = ü^2 X''_K = \frac{1}{4} 2 X_S = \frac{X_S}{2}, \quad \text{d.h.} \quad X_S = 2 X'_K$$

(Bei Kurzschluß gegen den Nullpunkt mißt man unmittelbar das X_S des Ersatzschaltbildes, mit einer gewissen Abweichung, die unten näher begründet wird.)

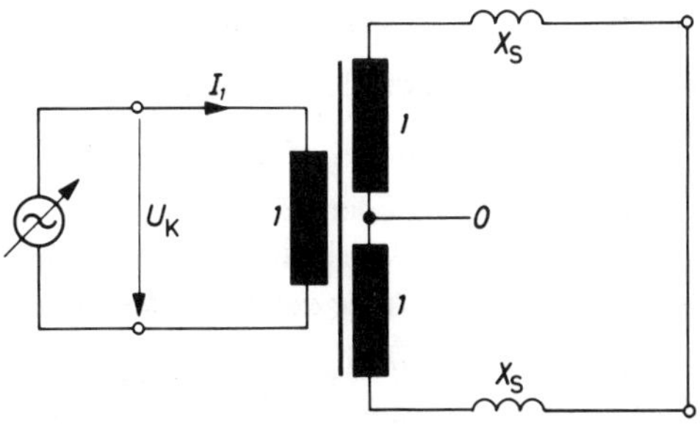

Bild 8.10
Kurzschlußversuch am Transformator für die 2-Phasen-Mittelpunktschaltung

Beispiel 2: Bild 8.11 zeigt die Wicklungsanordnung der dreiphasigen Zickzackschaltung (Dz). Das Verhältnis der Windungszahlen der Teilwicklungen auf jedem Schenkel sei $w_1 : w_2 : w_3 = 1:1:1$. Dann hat der Transformator, wie aus dem Zeigerdiagramm für Strö-

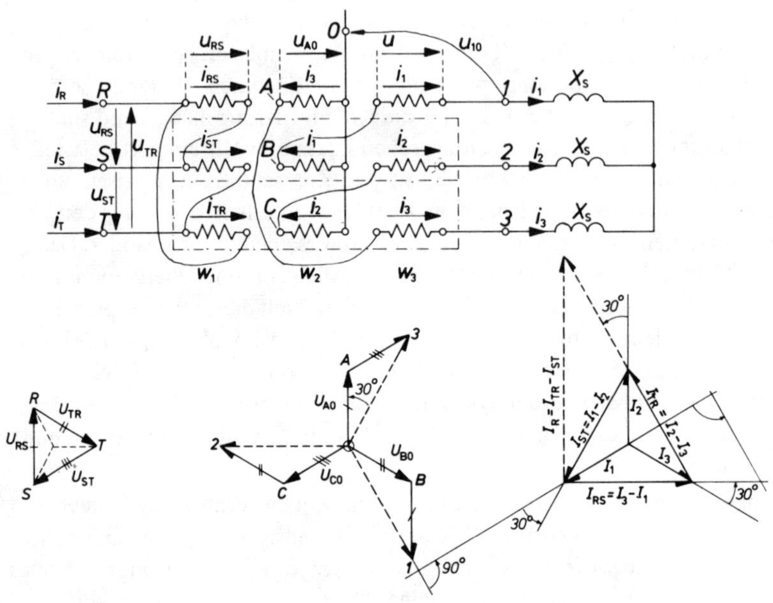

Bild 8.11. Schematische Wicklungsdarstellung und Zeigerdiagramme des Dz-Transformators

me und Spannungen leicht erkennbar ist, eine Übersetzung von 1 : 3 in der Spannungshöhe für die Sternspannungen und eine Stromübersetzung von 3 : 1 für die Leiterströme (Klemmenströme). Bei Messung von der Sekundärseite aus mißt man also je Strang unmittelbar X_S, bei Messung von der Primärseite aus $(U_S/3):(3 \cdot I_S)$.

Erklärung: Wir gehen von den Primärspannungen aus. Dann sind beim angenommenen Windungszahlenverhältnis nach Betrag und Phase jeweils gleich:

$$(\mathbf{U}_{RS},\ \mathbf{U}_{A0},\ \mathbf{U}_{B1}),$$

entsprechend auch $(\mathbf{U}_{ST},\ \mathbf{U}_{B0},\ \mathbf{U}_{C2})$,

und ebenso $(\mathbf{U}_{TR},\ \mathbf{U}_{C0},\ \mathbf{U}_{A3})$.

(Alle fettgedruckten Größen komplex.)

Damit besteht der sekundäre Spannungsstern aus

$$\mathbf{U}_{10} = -\mathbf{U}_{B1} + \mathbf{U}_{B0}\ ;\quad \mathbf{U}_{20} = -\mathbf{U}_{C2} + \mathbf{U}_{C0}\ ;\quad \mathbf{U}_{30} = -\mathbf{U}_{A3} + \mathbf{U}_{A0}\ .$$

Diese Spannungen sind dem Betrag nach $\sqrt{3}$ mal größer als die primären Strangspannungen und diese $\sqrt{3}$ mal größer als die primären (dort gestrichelt hinzugefügten) Sternspannungen. *Das Verhältnis der Beträge der Sternspannungen ist also* 1 : 3.

Die sekundären Klemmenströme $(\mathbf{I}_1, \mathbf{I}_2, \mathbf{I}_3)$ eilen ihren zugehörigen Sternspannungen jeweils 90° nach. Sie sind in Bild 8.11 ebenfalls phasenrichtig eingezeichnet. Die Gleichgewichtsbedingung für die Durchflutung für jeden Schenkel ergibt für die primären Strangströme:

$$\mathbf{I}_{RS} = \mathbf{I}_3 - \mathbf{I}_1\ ;\quad \mathbf{I}_{ST} = \mathbf{I}_1 - \mathbf{I}_2\ ;\quad \mathbf{I}_{TR} = \mathbf{I}_2 - \mathbf{I}_3\ .$$

Diese werden (s. Bild 8.11) dem Betrag nach um den Faktor $\sqrt{3}$ größer als die sekundären Klemmenströme. Die primären Klemmenströme ergeben sich zu

$$\mathbf{I}_R = \mathbf{I}_{RS} - \mathbf{I}_{TR} \ ; \quad \mathbf{I}_S = \mathbf{I}_{ST} - \mathbf{I}_{RS} \ ; \quad \mathbf{I}_T = \mathbf{I}_{TR} - \mathbf{I}_{ST}$$

aus der jeweiligen Knotenpunktbedingung, ihr Betrag ist jeweils nochmals um den Faktor $\sqrt{3}$ größer, wie im Bild rechts (nur für $\mathbf{I}_R$) verdeutlicht.
Wie zu erwarten, verhalten sich die Beträge der Klemmenströme wie 3 : 1, *also umgekehrt wie die Spannungen.*

Bei einem Kurzschlußversuch wird von der Primärseite aus also gemessen:

$$X'_K = \frac{1}{3}\, |\mathbf{U}_{10}| : (3 \cdot |\mathbf{I}_1|)$$

$$= \frac{1}{9}\, \frac{|\mathbf{U}_{10}|}{|\mathbf{I}_1|} = \frac{1}{9} X_S \ .$$

Wählt man dagegen das Verhältnis $w_1 : w_2 : w_3 = 3:1:1$, so werden offensichtlich die Übersetzungen für die Beträge der Sternspannungen und der Klemmenströme 1 : 1, und es wird beim Kurzschlußversuch von der Primärseite aus X_S gemessen.

Im folgenden Abschnitt wird genauer auf das Reaktanzenschema eingegangen, obwohl die vorstehenden Betrachtungen für die Berechnung der induktiven Spannungsabfälle ausreichend sind.

8.5.2. Der Stromrichtertransformator als Mehrwicklungstransformator (Reaktanzenschema, Ersatzschaltbild)

Im Abschnitt 8.4 wurde der Stromrichtertransformator hinsichtlich des Bauaufwandes wie ein Mehrwicklungstransformator behandelt. Diese Betrachtungsweise wird nun auch auf das Ersatzschaltbild angewendet. Die Annahme der Streureaktanzen nur auf der Sekundärseite kann damit fallen gelassen werden. Hat ein Transformator mehr als zwei Wicklungen, z.B. drei gemäß Bild 8.12a, so lassen sich die Wicklungswiderstände eindeutig den Wicklungen zuordnen. Man kann sie damit der jeweiligen Wicklung vorgeschaltet denken. Es bleibt ein Transformator mit widerstandsfreien, magnetisch verkoppelten Wicklungen übrig. Führt man „Spulenflüsse" oder „Verkettungsflüsse" $\Psi_i = w_i \Phi_i$ ein, so gilt für den magnetisch linearen Fall in vektorieller Schreibweise:

$$\boldsymbol{\Psi} = (\mathbf{L})\,\mathbf{i} \qquad \text{und} \qquad \dot{\boldsymbol{\Psi}} = \mathbf{e} = (\mathbf{L})\,\dot{\mathbf{i}} \ . \tag{8.16a}$$

Die Umkehrungen dieser Gleichungen sind:

$$\mathbf{i} = (\mathbf{K})\,\boldsymbol{\Psi} \qquad \text{und} \qquad \dot{\mathbf{i}} = (\mathbf{K})\,\mathbf{e} \tag{8.16b}$$

mit

$$(\mathbf{K}) = (\mathbf{L})^{-1} \ . \tag{8.17}$$

Die Matrizen (**L**) und (**K**), vgl. ihre Verwendung in Kap. 3, sind symmetrisch zur Hauptdiagonale, d.h. es gilt jeweils $L_{ik} = L_{ki}$ und $K_{ik} = K_{ki}$. Gl. (8.16b) erinnert an die Knoten-Admittanz-Form der Gleichungen für ein elektrisches Netz. Die Elemente von (**K**) haben die Dimension von reziproken Induktivitäten, und zu einer gegebenen symmetrischen Matrix (**K**) kann man eindeutig ein Schaltbild mit (reziproken) Induktivitäten gemäß

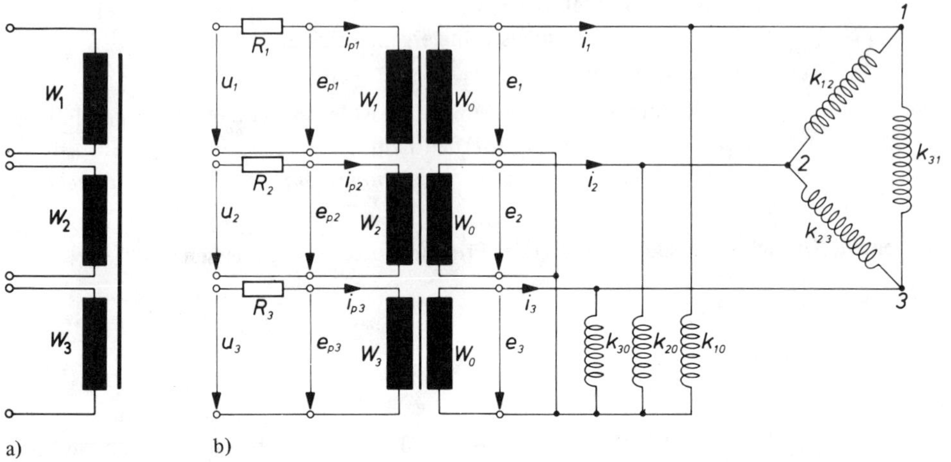

Bild 8.12. Dreiwicklungstransformator a) Schema b) Ersatzschaltbild

Bild 8.13a aufstellen. Sollen n (im Beispiel 3) Spannungen vorgebbar sein, so muß es (n + 1) (im Beispiel 4) Knoten geben. Der (n + 1)te Knoten dient als Spannungsbezugspunkt, und die Zahl der unabhängigen Knotenpunktsgleichungen ist (k − 1) = n. Für das Netz-Bild 8.13a gilt für den Strom in einem Zweig zwischen den Knoten i und k:

$$\dot{i}_{ik} = K_{ik}(e_i - e_k)\,,$$

und die unabhängigen Knotenpunktgleichungen liefern die Gleichungen:

$$\begin{aligned} K_{12}(e_1 - e_2) + K_{13}(e_1 - e_3) + K_{10}e_1 &= \dot{i}_1 \\ K_{12}(e_2 - e_1) + K_{23}(e_2 - e_3) + K_{20}e_2 &= \dot{i}_2 \\ K_{13}(e_3 - e_1) + K_{23}(e_3 - e_2) + K_{30}e_3 &= \dot{i}_3\,. \end{aligned}$$

Ordnen und Zusammenfassen ergibt ein Gleichungssystem der Form $(\mathbf{K})\mathbf{e} = \dot{\mathbf{i}}$ analog der Gl. (8.16b) ausführlich geschrieben:

$$\left\{\begin{matrix} K_{10} + K_{12} + K_{12} & -K_{12} & -K_{13} \\ -K_{12} & K_{20} + K_{23} + K_{12} & -K_{23} \\ -K_{13} & -K_{23} & K_{30} + K_{23} + K_{13} \end{matrix}\right\} \left\{\begin{matrix} e_1 \\ e_2 \\ e_3 \end{matrix}\right\} = \left\{\begin{matrix} \dot{i}_1 \\ \dot{i}_2 \\ \dot{i}_3 \end{matrix}\right\}. \tag{8.18}$$

Das Ersatzschaltbild 8.13a mit Gl. (8.18) ist unmittelbar brauchbar, wenn das Windungszahlenverhältnis 1:1:1 ist und die Klemmenpaare der Wicklungen frei, d.h. nicht in irgendeiner Form miteinander verbunden sind. Andernfalls muß man jeder Wicklung einen idealen Transformator (Übertrager) vorschalten, wie dies in Bild 8.12b geschehen ist. Hier ist w_0 die Windungszahl, auf welche alle Admittanzen (Reaktanzen) bezogen sind. Sie kann willkürlich gewählt werden, z.B. auch gleich einer der Windungszahlen w_1, w_2 oder w_3. Dann kann der entsprechende Übertrager fortgelassen werden. Die Primärspannungen und -ströme der Übertrager sind mit den Sekundärgrößen durch die Gleichungen $e_{pi} = \ddot{u}_i \cdot e_i$; $i_i = \ddot{u}_i \cdot i_{pi}$ verknüpft, in vektorieller Schreibweise

$$\mathbf{e}_p = (\ddot{\mathbf{U}})\mathbf{e} \qquad \mathbf{i} = (\ddot{\mathbf{U}})\mathbf{i}_p\,, \tag{8.19}$$

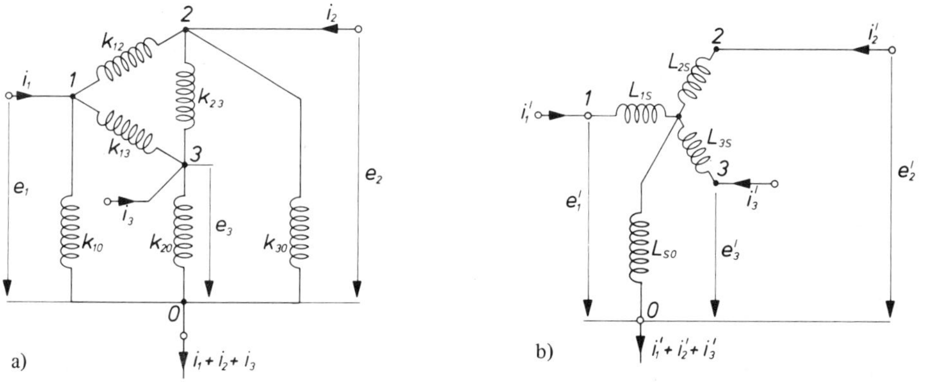

Bild 8.13. Ersatzschaltbild des Dreiwicklers
a) Admittanzen-Schema
b) Reaktanzen
Schema für die magnetischen Kopplungen eines Dreiwicklungstransformators

wobei $(\mathbf{\ddot{U}}) = \mathrm{diag}(\ddot{u}_1, \ddot{u}_2, \ddot{u}_3)$ eine Diagonalmatrix ist. Damit wird für $\mathbf{e}_p$ und $\mathbf{i}_p$ aus Gl. (8.18) erhalten:

$$(\mathbf{\ddot{U}})^{-1}(\mathbf{K})(\mathbf{\ddot{U}})^{-1} \cdot \mathbf{e}_p = \dot{\mathbf{i}}_p \tag{8.20}$$

und die linksstehende Matrix bleibt symmetrisch, weil auch $(\mathbf{\ddot{U}})^{-1}$ diagonal ist. Dies und die Erfahrung rechtfertigen den Ansatz (8.18). Die Elemente des Admittanzen-Netzes werden durch Kurzschlußversuche (Messungen mit Wechselstrom- und -spannung) bestimmt. Schließt man z.B. die Wicklungen 2 und 3 kurz und mißt E_1 und alle Ströme, so können K_{10}, K_{12} und K_{13} bestimmt werden. K_{12} und K_{13} entsprechen für diesen Fall (reziproken) Kurzschlußreaktanzen, K_{10}, K_{20}, K_{30} entsprechen (reziproken) Leerlaufreaktanzen. (Hinweise zur Messung und Vorausberechnung, insbesondere der K_{ik}, siehe [4.2]).

Bei Vernachlässigung der Leerlaufströme sind die $K_{i0} = 0$ zu setzen, die Elemente im Schaltbild fortzulassen. Die Vorgehensweise bei mehr als drei Wicklungen ist ganz analog der vorstehend beschriebenen. Bei nur drei Wicklungen kann das durch die K_{ik} gebildete Dreieck in einen Stern umgerechnet werden. Kann man dann für die K_{i0} eine einzige Leerlaufinduktivität L_{S0}, also das Ersatzschaltbild 8.13b erhalten? Für Bild 8.13b erhält man durch drei Maschenumläufe

$$(\mathbf{L}_S)\,\dot{\mathbf{i}} = \mathbf{e}'$$

mit

$$(\mathbf{L}_S) = \begin{Bmatrix} L_{S0} + L_{1S} & L_{S0} & L_{S0} \\ L_{S0} & L_{S0} + L_{2S} & L_{S0} \\ L_{S0} & L_{S0} & L_{S0} + L_{3S} \end{Bmatrix}. \tag{8.21}$$

Hier sind alle Elemente außerhalb der Hauptdiagonale gleich L_{S0}. In der Matrix $(\mathbf{K})$ gemäß Gl. (8.18) sind zwar alle Elemente außerhalb der Hauptdiagonale symmetrisch zu dieser, im übrigen aber im allgemeinen verschieden. Sechs verschiedenen Elementen in Gl. (8.18) stehen nur vier verschiedene Elemente in Gl. (8.21) gegenüber. Also kann nicht zugleich $\mathbf{i} = \mathbf{i}'$, $\mathbf{e} = \mathbf{e}'$ und $(\mathbf{L}) = (\mathbf{K})^{-1} = (\mathbf{L}_S)$ sein.

Eine Angleichung gelingt (nach *G. Hosemann*) durch Hinzufügen von zwei idealen Übertragern zu Bild 8.13b. Damit wird eingeführt:

$$\mathbf{i} = (\dot{\mathbf{U}})\,\mathbf{i}' \qquad \mathbf{e}' = (\dot{\mathbf{U}})\,\mathbf{e}, \quad \text{hier mit } (\dot{\mathbf{U}}) = \mathrm{diag}(1, \ddot{u}_2, \ddot{u}_3)\,. \tag{8.22}$$

Aus $(\mathbf{L})\,\dot{\mathbf{i}} = (\mathbf{K})^{-1}\,\dot{\mathbf{i}} = \mathbf{e}$ wird mit Gl. (8.22) erhalten:

$$(\dot{\mathbf{U}})\,(\mathbf{L})\,(\dot{\mathbf{U}})\,\dot{\mathbf{i}}' = \mathbf{e}' \tag{8.23}$$

und man kann fordern:

$$(\dot{\mathbf{U}})(\mathbf{L})(\dot{\mathbf{U}}) = (\mathbf{L}_S)\,. \tag{8.24}$$

Die beiden Parameter $\ddot{u}_2$ und $\ddot{u}_3$ werden so bestimmt, daß in $(\mathbf{L}_S)$ alle Elemente außerhalb der Hauptdiagonale einander gleich werden. Dies liefert:

$$\ddot{u}_2 = \frac{L_{13}}{L_{23}}\,; \quad \ddot{u}_3 = \frac{L_{12}}{L_{23}}$$

und

$$L_{S0} = \ddot{u}_2 L_{12} = \ddot{u}_3 L_{13} = \ddot{u}_2 \ddot{u}_3 L_{23}\,. \tag{8.25}$$

Dann können auch L_{S1}, L_{S2}, L_{S3} durch Vergleich der Hauptdiagonal-Elemente bestimmt werden. Beim Vorgehen nach Bild 8.12b können die Zusatzübertrager mit den dort vorhandenen zusammengefaßt werden. Es sei nochmals darauf hingewiesen, daß dieser etwas aufwendige, nur beim Dreiwickler gangbare Weg nicht notwendig ist, wenn der Leerlaufstrom vernachlässigt wird.

Leerlaufverluste können durch ohmsche Parallel-Leitwerte zu den K_{i0}, bzw. L_{S0}, angenähert berücksichtigt werden. Magnetische Sättigung des Transformators äußert sich darin, daß die K_{i0} nicht konstant sind, sondern mit den i_{i0} nichtlineare Funktionen der $\Psi_i = \int e_i \mathrm{d}t$.

Für die Berechnung von Schalt- und Ausgleichsvorgängen sind die in Kap. 21 beschriebenen Methoden auf das Ersatzschaltbild, z.B. Bild 8.12b oder eine geeignete Näherung (z.B. mit Vernachlässigung der Magnetisierungsströme) anzuwenden.

Die Notwendigkeit, ideale Übertrager in gewissen Fällen beizubehalten, obwohl auf ein Übersetzungsverhältnis 1:1:1 umgerechnet ist und die $K_{i0} = 0$ gesetzt worden sind, zeigt das einfache Beispiel für den Transformator der Zweiphasen-Mittelpunktschaltung in Bild 8.14, mit dem Ersatzschaltbild nach Bild 8.13a sowie nach Umwandlung des Reaktanzendreiecks in einen Stern in Bild 8.13b. Der Spartransformator in diesem Bild ist nur eine andere Darstellung des idealen Übertragers mit der Übersetzung 1:1, die Schaltung ist in Bild 8.14 angedeutet.

Bemerkenswert ist, daß meist K_{23}, und damit nach Dreieck-Stern-Umwandlung L_{S1}, negativ wird. (Eine physikalische Erklärung liefert die Betrachtung der angezapften Drossel in Abschnitt 18.1.) Aus Bild 8.14 läßt sich ablesen, wie die Parameter K_{ik} bzw. L_{Sj}, in der

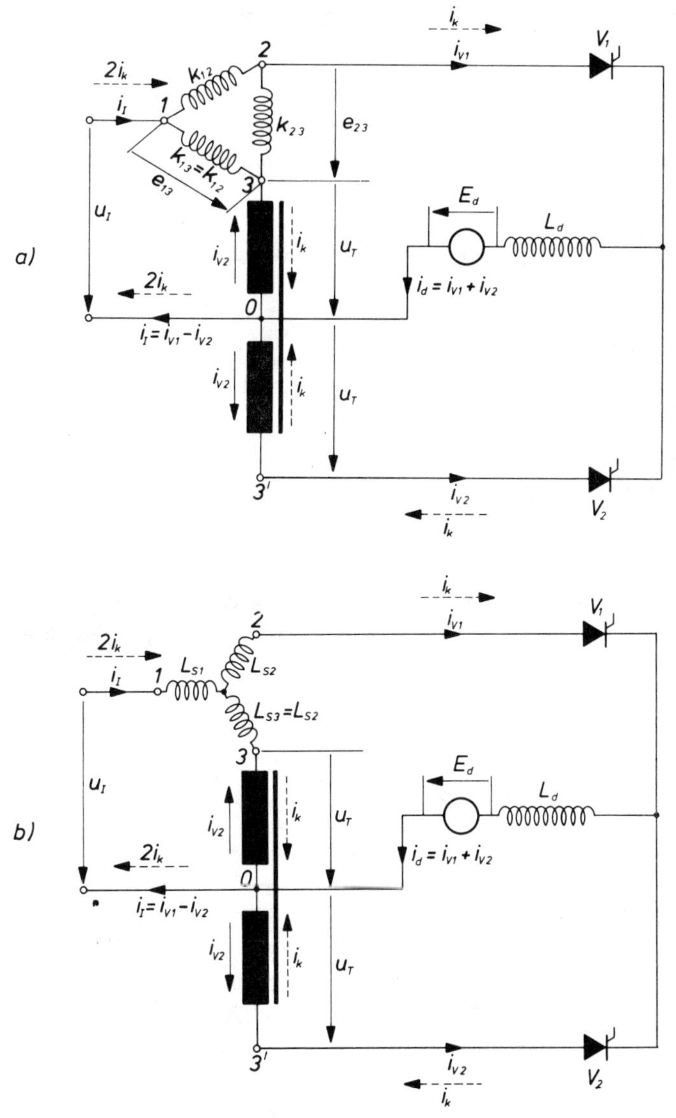

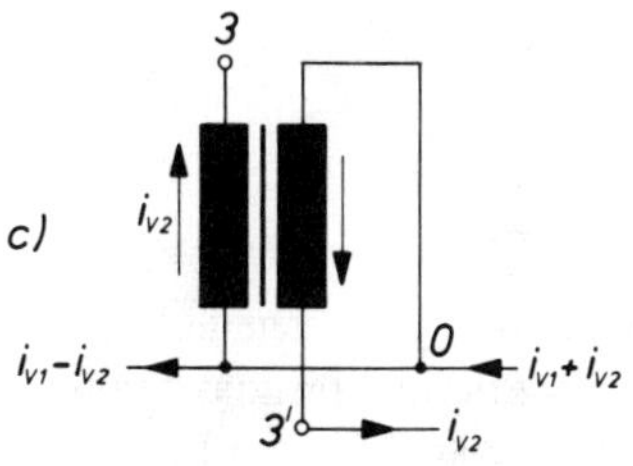

Bild 8.14. Ersatzbild der 2-Phasen-Mittelpunktschaltung

a) mit Admittanzenschema

b) mit Reaktanzschema

c) ursprüngliche Darstellung des notwendigen idealen Überträgers. (Alles auf Windungszahlenverhältnis 1:1:1 umgerechnet)

Alleinzeit und bei der Überlappung in die beschreibenden Dgl. eingehen. Dazu sind die Ausführungen in den Kap. 18.1 und 21 zu beachten.

Für die Kommutierung nimmt man $di_{v1} = -di_{v2} = di_k$ an (gestrichelte Zählpfeile in Bild 18.14), ferner zwei gleiche Transformatorspannungen u_T. Nach Bild 18.14b liefern zwei Maschenumlaufgleichungen die Möglichkeit, u_T zu eliminieren. Es wird erhalten:

$$2u_I = (4L_{S1} + L_{S2} + L_{S3}) \cdot \dot{i}_k \,. \tag{8.26}$$

Bei dem Ersatzschaltbild 8.14a löst man zunächst

$$(\mathbf{K}) \cdot \begin{Bmatrix} e_{13} \\ e_{23} \end{Bmatrix} = \begin{Bmatrix} 2\dot{i}_k \\ -\dot{i}_k \end{Bmatrix} \quad \text{nach} \quad \begin{Bmatrix} e_{13} \\ e_{23} \end{Bmatrix}$$

auf und kann dann ebenfalls mit Hilfe von zwei Maschenumläufen u_T eliminieren.

Ergebnis:

$$2u_I = \frac{K_{12} + K_{13} + 4K_{23}}{K_{12}K_{13} + K_{13}K_{23} + K_{12}K_{23}} \cdot \dot{i}_k \,. \tag{8.27}$$

In den Gln. (8.26) und (8.27) ist $2u_I$ die Kommutierungsspannung, der Faktor bei $\dot{i}_k$ auf der rechten Seite die Kommutierungsinduktivität. Führt man beide Rechnungen durch, so ist die zu Gl. (8.27) führende umständlicher. Es lohnt sich daher, auf die Ersatz-Sternschaltung umzurechnen.

9. Das Rechnen mit bezogenen Größen in der Stromrichtertechnik

9.1. Bezogener Innenwiderstand

Wie häufig in der Energietechnik, so ist es auch in der Stromrichtertechnik nützlich, mit „bezogenen" Größen zu rechnen. Man bezieht z.B. die Spannung auf die Nennspannung, den Strom auf den Nennstrom, Widerstand oder Impedanz auf die „Nennimpedanz", die durch das Verhältnis Nennspannung zu Nennstrom definiert ist. Man schreibt also z.B.:

$$z = \frac{Z}{(U_N/I_N)} = \frac{I_N Z}{U_N} \quad \text{und} \quad Z = z \cdot \frac{U_N}{I_N} \tag{9.1}$$

und statt $U = I \cdot Z$

$$(U/U_N) = (I/I_N) \frac{I_N \cdot Z}{U_N} \qquad \text{d.h.: } u = i \cdot z \,. \tag{9.2}$$

Der Hauptvorteil dieser Betrachtungsweise ist, daß der Ausdruck für die bezogene Impedanz von der Spannungsebene unabhängig ist, wenn man ein Netz betrachtet, das Transformatoren enthält, und daß sie der Größenordnung nach meist bekannt ist. Löst man die Definitionsgleichung für z nach Z auf und führt die Nennscheinleistung $S_N = U_N \cdot I_N$ ein, so erhält man

$$Z = z\,\frac{U_N^2}{S_N}\,. \tag{9.3}$$

Man erkennt, daß bei bekanntem z (z.B. 0,1 oder 10 %) sich Z mit dem Quadrat der Spannung und umgekehrt proportional mit der Nennscheinleistung ändert. Da sich sowohl Nennscheinleistung als auch Nennspannung um viele Größenordnungen ändern können, ist es häufig bequemer, mit z zu rechnen, statt mit dem um viele Größenordnungen veränderlichen Z.

Meist hat man es in der Energietechnik mit 3-Phasen-Systemen zu tun. Dann bliebe Gl. (9.1) richtig, wenn man eine Ersatzsternschaltung voraussetzte und für U_N die Sternspannung einsetzen würde. Zur Vermeidung von Mißverständnissen und weil man bei Drehstrom im allgemeinen den Leiterstrom und die Leiterspannung (oder Dreieckspannung) angibt, schreibt man bei Drehstrom besser:

$$Z = z\,\frac{U_N/\sqrt{3}}{I_N} = z\,\frac{U_N^2}{U_N \cdot I_N \cdot \sqrt{3}} = z\,\frac{U_N^2}{S_N}\,. \tag{9.4}$$

Bei dieser Bezeichnungsweise gilt Gl. (9.3) also für Drehstrom und für Wechselstrom. Ebenso wie z definiert man die bezogene Reaktanz x und den bezogenen Widerstand r. (In Deutschland ist für z auch die Bezeichnung „relative Kurzschlußspannung", insbesondere für den Transformator, eingeführt, Symbol u_k, mit den Komponenten u_x und u_r.)

In der Stromrichtertechnik bietet sich als Bezugsgröße für den Strom der Nenngleichstrom an, als Bezugsgröße der Spannung die ideelle Gleichspannung bei Nennwechselspannung, die mit U_{diN} bezeichnet wird. Damit lassen sich die Innenwiderstände R_{ix}, R_{ir} und $R_{i\,ges}$ wie folgt als bezogene Größen angeben:

$$d_x = \frac{R_{ix}}{(U_{diN}/I_{dN})} = \frac{R_{ix} \cdot I_{dN}}{U_{diN}} \tag{9.5}$$

$$d_r = \frac{R_{ir}}{(U_{diN}/I_{dN})} = \frac{R_{ir} \cdot I_{dN}}{U_{diN}} \tag{9.6}$$

$$d = \frac{R_{i\,ges}}{(U_{diN}/I_{dN})} = \frac{R_{i\,ges} \cdot I_{dN}}{U_{diN}} \tag{9.7}$$

Daß man diese Buchstabensymbole gewählt und genormt hat, erklärt sich daraus, daß d, d_x und d_r, die auf die ideelle Gleichspannung U_{diN} bezogenen Spannungsabfälle bei Nennstrom sind und für die internationale Normung das bei uns früher übliche g durch d (Direct voltage drop) ersetzt wurde. Aus Gl. (5.4) wird damit:

$$\cos\alpha - \cos(\alpha + u) = 2 \cdot dx\,\frac{I_d}{I_{dN}} \cdot \frac{U_{WN}}{U_W}\,. \tag{9.5a}$$

U_W: Wechselspannung

U_{WN}: Nennwert der Wechselspannung

9.2. Stromrichterkennlinien, durch bezogene Größen ausgedrückt

Wir können nun die in Kap. 6 entwickelten Ausdrücke für die Kennlinien für α = const. und γ = const. in bezogenen Größen ausdrücken. Damit diese auch den Einfluß der Wechselspannung U_W, Nennwert U_{WN}, enthalten, wird gesetzt

$$U_{di} = U_{diN} \cdot \frac{U_W}{U_{WN}}.$$

Die entsprechenden Formeln lauten dann:

$$\frac{U_d}{U_{diN}} = \frac{U_W}{U_{WN}} \cos\alpha - (d_x + d_r) \cdot \frac{I_d}{I_{dN}} - \frac{D_v}{U_{diN}} \tag{9.8}$$

$$\frac{U_d}{U_{diN}} = -\left[\frac{U_W}{U_{WN}} \cos\gamma + (d_r - d_x) \frac{I_d}{I_{dN}} + \frac{D_v}{U_{diN}}\right] \tag{9.9}$$

9.3. Die Beziehung zwischen bezogenem Innenwiderstand und bezogener Impedanz (Kurzschlußspannung) des Transformators

Für einen Einphasen-Transformator oder einen Drehstromtransformator kann man die bezogene Impedanz gemäß Gl. (9.1), d.h. durch Kommutierungsreaktanz, Nennstrom und Nennspannung bzw. Nennspannung und Nennscheinleistung, ausdrücken.

$$x = \frac{X}{U_N / I_N} = f(X_S, U_{diN}, I_{dN}). \tag{9.10}$$

Beim Stromrichtertransformator hat nun jede Wicklung ihre eigene Scheinleistung und ihren eigenen Nennstrom. Um eindeutige Verhältnisse zu schaffen, wird vereinbart, daß die Kurzschlußspannung oder die bezogene Kurzschlußreaktanz der Wert sein soll, der sich bei Kurzschluß eines Kommutierungssystems bezogen auf den *primären Nennstrom* ergibt. Dabei dürfen wir annehmen, daß X_S auf der Sekundärseite erscheint und für alle beteiligten Phasen gleich groß ist. Ferner ist zu beachten, daß in manchen Fällen bei Annahme eines Windungszahlenverhältnisses 1:1:1 für alle beteiligten Teilwicklungen ein von 1 verschiedenes Übersetzungsverhältnis für die Beträge der Spannungen und Ströme herauskommen kann (s. Bilder 8.10 und 8.11).

Beispiel a): Zweiphasige Mittelpunktschaltung. Hier ergibt sich von der Primärseite aus gemessen entsprechend Abschnitt 8.5.1 $X' = X_S/2$, und man erhält nach Definition eine bezogene Reaktanz:

$$x = \frac{I_{lN} \cdot X'}{U_N} = \frac{I_{dN} \cdot X_S/2}{U_N} = \frac{I_{dN} \cdot X_S/2}{U_{diN}\, \pi/(2 \cdot \sqrt{2})}.$$

Der primäre Nennstrom läßt sich für jede Schaltung bei angenommenem Windungszahlenverhältnis durch den Nenngleichstrom ausdrücken. Im Beispielsfall ist er gleich dem Nenngleichstrom.

Sowohl der bezogene Innenwiderstand d_x als auch die bezogene Transformatorreaktanz x sind also der Größe X_S proportional. Die Proportionalitätsfaktoren hängen von der Schaltung ab. Beide Größen müssen also auch einander proportional sein. Im Beispielsfalle:

$$d_x = \frac{I_{dN} \cdot R_{ix}}{U_{diN}} = \frac{I_{dN} \cdot X_S}{\pi\, U_{diN}} .$$

Damit wird das Verhältnis

$$z_e = \frac{d_x}{x} = \frac{1}{\sqrt{2}} \qquad \text{(für 2-p-Mp-Schaltung)} \tag{9.11}$$

Dieses Verhältnis z_e ist ein Kennwert der jeweiligen Schaltung.
Wir rechnen es für ein weiteres Beispiel aus.

Beispiel b): Dreiphasige Zickzackschaltung Dz (vgl. Bild 8.11).
Hier gilt:

$$d_x = \frac{I_{dN} \cdot R_{ix}}{U_{diN}} = \frac{I_{dN} \cdot p \cdot X_S/2\pi}{\frac{p}{\pi} \cdot \sqrt{2}\, E_{pN} \cdot \sin\frac{\pi}{p}} . \quad \text{mit } p = 3 .$$

Der primäre Wicklungsstrom ergibt sich, wenn die Windungszahlen aller Teilwicklungen als gleich angenommen werden, gemäß Bild 8.6 aus der Bedingung des Durchflutungsgleichgewichts. Er hat den Effektivwert $I_{1N} = \sqrt{\frac{2}{3}}\, I_{dN}$. Dieser Wert ist für die Bestimmung von x als Nennstrom einzusetzen. Ihm entspricht sekundär (bei sinusförmigem Strom!) ein $\frac{1}{\sqrt{3}}$ mal so großer Strom $(I_{1N})''$. [1]). Dieser erzeugt am Stern der X_S, die wir sekundär herausgezogen denken, einen Spannungsabfall

$$U_x = (I_{1N})'' \cdot X_S = \frac{1}{\sqrt{3}} I_{1N} \cdot X_S = \frac{\sqrt{2}}{3} I_{dN} \cdot X_S .$$

Dieser Wert ist auf die sekundäre Nennphasenspannung E_{pN} zu beziehen. (Die Rückrechnung auf die Primärspannung kann man sich sparen.)

$$x = \frac{\sqrt{2}}{3} I_{dN} \cdot X_S / E_{pN} .$$

Das Verhältnis wird

$$z_e = \frac{d_x}{x} = \frac{\sqrt{3}}{2} \qquad \text{(für Dz-Schaltung).} \tag{9.12}$$

---

[1]) Man beachte, daß hier I_{1N} der Wicklungsstrom ist, der $(1/\sqrt{3})$ mal kleiner als der Klemmenstrom ist, s. Bild 8.11.

9.4. Ventilaufwand

In Abschnitt 8.4 wurde der Transformatoraufwand ausgedrückt als Transformatorbauleistung, bezogen auf die ideelle Gleichstromleistung. Die Frage liegt nahe, ob eine ähnliche Betrachtung für den Ventilaufwand sinnvoll ist. In Abschnitt 5.6 wurden die Sperrspannungsverläufe, in 6.2 die Durchlaßkennlinien der Ventile behandelt. Es ist sinnvoll, als Bewertungsgröße für ein Ventil die größte Sperrspannung und den Strom, den es führen kann, anzunehmen bzw. das Produkt aus diesen beiden Größen. Die größte in der Periode vorkommende Sperrspannung ist eine Eigenschaft der Schaltung. Sie läßt sich als Vielfaches von U_{diN} ausdrücken. Über den zulässigen Strom wollen wir hier annehmen, daß er durch die Erwärmung, d.h. durch die Ventilverlustleistung bestimmt sei. (Von der Auslegung im Hinblick auf Störungsfälle sei hier abgesehen.) Im allgemeinen überwiegt der stromunabhängige Anteil des Ventilspannungsabfalls D_v. Wird der stromabhängige Anteil völlig vernachlässigt, oder statt dessen ein größeres D_v eingeführt, so wird die Betrachtung besonders einfach. Dann ist für die Verlustleistung im Ventil der arithmetische Mittelwert des Ventilstroms maßgebend. Für eine p-phasige Mittelpunktschaltung oder eine Kommutierungsgruppe benötigen wir p Ventile, und jedes Ventil führt den Strommittelwert I_{dN}/p. Definieren wir als Ventilaufwand das Produkt aus Zahl der Ventile N mal Sperrspannung $\hat{u}_s$ mal Ventilstrommittelwert $\bar{i}_v$, und beziehen es auf P_{diN}, so ergibt sich für eine p-phasige Mittelpunktschaltung:

$$A_v = p \cdot \hat{u}_s \frac{I_{dN}}{p} / (U_{diN} \cdot I_{dN}) \tag{9.13}$$

$$A_v = K_S \quad \text{mit} \quad K_S = \frac{\hat{u}_s}{U_{diN}}. \tag{9.14}$$

Für Mittelpunktschaltung ist also die oben definierte Ventilaufwandszahl die gleiche wie die Kennziffer K_S, d.h. das Verhältnis $\hat{u}_s/U_{diN}$.

Die Brückenschaltungen und die Saugdrosselschaltung wurden als Reihen- bzw. Parallelschaltung von Mittelpunktschaltungen betrachtet. Sie verdoppeln beide die Zahl der Ventile und die Leistung, einmal durch Verdoppelung der Spannung, zum anderen durch Verdoppelung des Gleichstroms. Damit hängt die Aufwandzahl nur noch von der Zahl der in einer Kommutierungsgruppe kommutierenden Ventile und dem Wert von K_S für die zugehörige Mittelpunktschaltung ab.

Bei dieser vereinfachten Betrachtungsweise sind Schaltungen, die aus zweiphasigen Grundschaltungen aufgebaut sind, im Verhältnis $\pi : \frac{2}{3}\pi = 3 : 2$ ungünstiger als Schaltungen, die aus drei- und höherphasigen Kommutierungsgruppen aufgebaut sind. Erst wenn der stromabhängige Ventilspannungsabfall mitberücksichtigt wird, tritt zwischen 3- und 6-phasigen Schaltungen ein Unterschied hervor.

Man erhält dann nämlich:

$$P_v = D_v \cdot \bar{i}_v + R_{dv} \cdot I^2_{v\,eff}. \tag{9.15}$$

9.5. Tabelle mit Kenngrößen der wichtigsten Schaltungen

Die folgende Tabelle enthält die Kennzahlen der wichtigsten und gebräuchlichsten Schaltungen. Der Vorteil der DSB-Schaltung hinsichtlich des Transformatoraufwandes ist auffallend, die Pulszahl 6 bei einfachstem Transformatoraufbau ein weiterer Vorteil dieser Schaltung. Sie liefert mit gegebenen Ventilen als Reihenschaltung von zwei Mittelpunktschaltungen die doppelte Gleichspannung einer Mittelpunktschaltung.

Die Saugdrosselschaltung, ebenfalls mit der Pulszahl 6, verdoppelt den Strom. Sie hat höheren Transformatorenaufwand und den Zusatzaufwand für die Saugdrossel. Sie kommt für Anlagen mit hohem Strom infrage, wenn die ideelle Gleichspannung der Mittelpunktschaltung ausreicht. Transformatoraufwand, Ventilaufwand und Verluste sind dabei nach der Kostenlage gegeneinander abzuwägen.

Tabelle 9.1

Schaltung		p	S_T/P_{diN}	$\frac{d_x}{x}$	$\frac{\hat{u}_s}{U_{di}}$	$N \cdot \hat{u}_s \cdot \bar{I}_v/P_{diN}$
2-Ph-Mp		2	1,34	$1/\sqrt{2}$	$\pi = 3{,}14$	3,14
3-Ph-Mp	y	3	1,35	$\sqrt{3}/2$	$\frac{2}{3}\pi = 2{,}09$	2,09
	z	3	1,46	$\sqrt{3}/2$	2,09	2,09
6-Ph-Mp		6	1,55	3/2	2,09	2,09
Saugdrossel		6	1,26 + 0,20 = 1,46	1/2	2,09	2,09
2-Ph-Br.		2	1,11	$1/\sqrt{2}$	$\frac{\pi}{2} = 1{,}57$	3,14
3-Ph-Br.		6	1,05	1/2	$\frac{\pi}{3} = 1{,}05$	2,09
6-Ph-Br.		6	1,11	1/2	$\frac{\pi}{3} = 1{,}05$	2,09

Kennzahlen der wichtigsten Stromrichterschaltungen

S_T/P_{diN} bezogene Transformator-Typengröße

$\hat{u}_s/U_{di}$ bezogene max. Sperrspannung

$N \cdot \hat{u}_s \cdot \bar{I}_v/P_{diN}$ bezogener Ventilaufwand, mit N = Anzahl der Ventile

10. Oberschwingungsprobleme

10.1. Zerlegung periodischer Ströme und Spannungen in ihre harmonischen Komponenten

Im (quasi)stationären Zustand sind Ströme und Spannungen des Stromrichters periodische Funktionen der Zeit t. Wir benutzen wiederum das dimensionslose Zeitmaß $x = \omega t$, wobei ω die Kreisfrequenz der treibenden Netzwechselspannung ist. Der zu betrachtende periodische Strom- oder Spannungsverlauf ist dann als periodische Funktion F(x) gegeben. Sie hat in x die Periode 2π, in t die Periodendauer T, die sich aus

$$\omega T = 2\pi, \quad \text{zu} \quad T = \frac{2\pi}{\omega} \tag{10.1}$$

ergibt. Im allgemeinen enthält F(x) ein Gleichstrom- oder Gleichspannungsglied a_0. Dieses ist der Mittelwert von F(x) über eine Periode, der aus

$$\int_0^{2\pi} F(x)\,dx = a_0 \cdot 2\pi \quad \text{zu} \quad a_0 = \frac{1}{2\pi} \int_0^{2\pi} F(x)\,dx \tag{10.2}$$

folgt. Dann ist $F(x) = a_0 + f(x)$, und f(x) ist eine reine Wechselspannung oder ein reiner Wechselstrom, d.h. eine periodische Funktion mit dem zeitlichen Mittelwert Null. Eine solche Funktion kann (in allen praktisch wichtigen Fällen) in Form einer unendlichen Summe von Kosinus- und Sinusfunktionen geschrieben werden:

$$\begin{aligned} f(x) &= a_1 \cos x + a_2 \cos 2x + \ldots + a_n \cos nx + \ldots + \\ &\quad + b_1 \sin x + b_2 \sin 2x + \ldots + b_n \sin nx + \ldots . \end{aligned} \tag{10.3}$$

Die Kosinus- und Sinusglieder auf der rechten Seite enthalten als Kreisfrequenzen die ganzzahligen Vielfachen der Grundfrequenz: $nx = n\omega t$. Die Koeffizienten der Kosinusglieder $a_1, a_2 \ldots a_n$ usw. und der Sinusglieder $b_1, b_2 \ldots b_n$ usw. sind durch folgende Beziehungen aus f(x) zu erhalten:

$$\begin{aligned} a_n &= \frac{1}{\pi} \int_0^{2\pi} f(x) \cdot \cos(nx)\,dx \\ b_n &= \frac{1}{\pi} \int_0^{2\pi} f(x) \cdot \sin(nx)\,dx . \end{aligned} \tag{10.4}$$

Die geometrische Summe von a_n und b_n ist die Amplitude der n-ten Oberschwingung, weil

$$a_n \cos nx + b_n \sin nx = c_n \sin(nx + \varphi) \tag{10.5}$$

mit

$$c_n^2 = a_n^2 + b_n^2 \quad \text{und} \quad \varphi = \arctan \frac{a_n}{b_n} .$$

Die Ausdrücke für a_n und b_n lassen sich folgendermaßen veranschaulichen: Unter dem Integral in Gl. (10.4) stehen die Produkte $f(x) \cdot \cos(nx)$ bzw. $f(x) \cdot \sin(nx)$. Das Integral ist zu über eine Periode erstrecken. Würde der Vorfaktor $\frac{1}{2\pi}$ lauten, so wäre der Integralausdruck einschließlich Vorfaktor der Mittelwert des Produkts über eine Periode. Man kann also die Größen a_n und b_n sehr leicht bildlich abschätzen, indem man f(x) mit cos(nx) bzw. sin(nx) multipliziert und den Mittelwert dieses Produkts über die Periode bildet. a_n bzw. b_n ist dann jeweils der doppelte Mittelwert dieses Produkts. Hierauf beruhen die numerischen, graphischen und instrumentellen Verfahren zur harmonischen Analyse (Beispiele zur Veranschaulichung s.u. Bild 10.17).

Die Wahl des Nullpunkts für die Zeitzählung ist häufig frei. Das kann man benutzen, um die Auswertung zu vereinfachen, wenn gewisse Symmetrien vorhanden sind.

Kann man den Nullpunkt für die Zeitzählung so wählen, daß f(x) symmetrisch zur y-Achse verläuft, d.h. $f(x) = f(-x)$ ist, so verschwinden für diese Zeitzählung alle Sinusglieder: alle $b_n = 0$. Eine solche Funktion f(x) heißt eine „gerade" Funktion.

Kann man den Nullpunkt der Zeitzählung so legen, daß der Graph von f(x) punktsymmetrisch zum Nullpunkt ist, d.h. $f(x) = -f(-x)$ so verschwinden alle Kosinusglieder: alle $a_n = 0$. Eine solche Funktion heißt „ungerade".

Ebenso ergibt sich eine Vereinfachung, wenn die Periode sich in zwei Hälften aufteilen läßt, die spiegelbildlich gleich sind, wenn man eine von den beiden Hälften um eine halbe Periode verschiebt. Mit anderen Worten, wenn gilt:

$$f(x + \pi) = -f(x).$$

Eine Funktion mit dieser Symmetrieeigenschaft heißt „wechselsymmetrisch". Dann können zwar im allgemeinen Kosinusglieder und Sinusglieder vorhanden sein, jedoch nur solche mit ungerader Ordnungszahl n. Alle a_{2n} und alle b_{2n} werden Null.

In den Formeln für a_n und b_n könnte statt f(x) ebenso F(x) stehen. Die Symmetrieregeln gelten dagegen für f(x). In den drei genannten Symmetriefällen werden die Anteile beider Halbperioden für das Integral gleich, was die Rechnung oder graphische Auswertung vereinfacht.

10.2. Oberschwingungen in der Gleichspannung

Bild 10.1 zeigt die Spannungsverläufe der ungeglätteten Gleichspannung für p = 2, 3, 6 und 12, oben für $\alpha = 0°$, unten für $\alpha = 90°$. Es ist jeweils der Gleichspannungsmittelwert eingezeichnet. Wie man sieht, nimmt mit wachsender Pulszahl die Spannungszeitfläche, d.h. die „Größe" der überlagerten Wechselspannung ab. Sie nimmt beim Übergang von

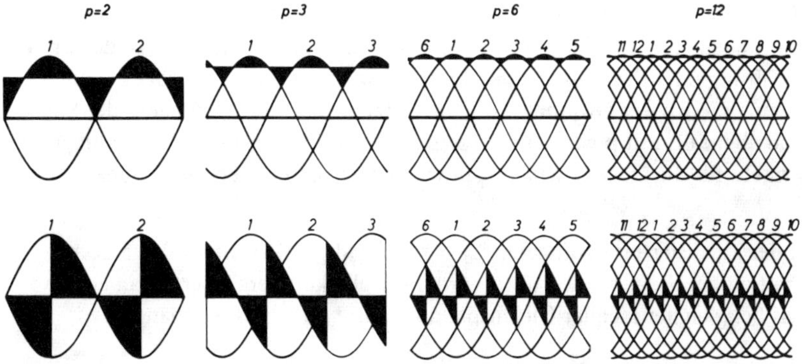

Bild 10.1. Ungeglättete Gleichspannungsverläufe für verschiedene Pulszahlen mit $\alpha = 0°$ und $\alpha = 90°$

$\alpha = 0°$ auf $90°$ zu. In dem idealisierten Fall ($L_d \to \infty$, $L_s \to 0$) ist die im Abschnitt 10.1 beschriebene Fourier-Analyse leicht möglich. a_0 ist die Gleichspannungskomponente, die im Abschnitt 4.2 berechnet wurde. Man erkennt leicht, daß die ungeglättete Gleichspannung einer p-phasigen Mittelpunktschaltung als niedrigste Frequenz das p-fache der Netzfrequenz enthält. Bezieht man die Ordnungszahl der Oberschwingungen auf die Netzfrequenz, so gilt also das Gesetz

$$n = g \cdot p \qquad g = 1, 2, 3, \dots \quad (10.6)$$

Die resultierenden Amplituden, die sich jeweils aus a_n und b_n ergeben, sind noch durch den Faktor $\sqrt{2}$ zu dividieren, um die Effektivwerte der Oberschwingungen zu erhalten. Man findet, daß unabhängig von p der Effektivwert der Oberschwingung, bezogen auf die ideelle Gleichspannung U_{di}, allein von der Ordnung n der jeweils vorhandenen Oberschwingungen abhängt. Aus Bild 10.1 erkennt man auch, daß die Größe der Spannungs-Oberschwingungen vom Steuerwinkel α abhängt.

Für $\alpha = 0°$ und $d_x \to 0$ gilt:

$$U_{n\,eff} = \frac{\sqrt{2}}{n^2 - 1} U_{di} \,. \quad (10.7)$$

Tabelle 10.1: Zahlenwerte für $\alpha = 0°$ und $u = 0°$ ($U_n \equiv U_{n\,eff}$)

p	n	U_n
2	2	0,471 U_{di}
2	4	0,094 U_{di}
2	6	0,0405 U_{di}
3	3	0,177 U_{di}
3	6	0,0405 U_{di}
6	6	0,0405 U_{di}

Die sechste Oberschwingung ist also z.B. bei gleichem U_{di} für p = 2, 3 und 6 gleich groß und beträgt 4,05 % der ideellen Gleichspannung.

Im Abschnitt 7.4 wurde die Pulszahl schon eingeführt. Bei Schaltungen, die als Parallel- oder Reihenschaltungen von Mittelpunktschaltungen aufzufassen sind, wie z.B. die Drehstrombrückenschaltung oder die Saugdrosselschaltung, wird das Verhältnis der Frequenz der Oberschwingung niedrigster Ordnungszahl zur Netzfrequenz die „Pulszahl" der Schaltung genannt und ebenfalls mit p bezeichnet (zweite Definition der Pulszahl). Dann gelten die gleichen Formeln für die Oberschwingungen wie bei der p-phasigen Mittelpunktschaltung.

Bleiben wir bei der idealisierten Bedingung $L_d \to \infty$ und $d_x \to 0$, steuern den Stromrichter jedoch mit einem Steuerwinkel α, so wird die Welligkeit vergrößert. Man erhält ein Ergebnis, das bei gleicher ideeller Gleichspannung nur von α und n abhängt.

$$U_{n\,eff} = \frac{n}{n^2 - 1} \sqrt{1 - \frac{n^2 - 1}{n^2} \cos^2\alpha} \; \sqrt{2}\, U_{di} \,. \quad (10.8)$$

Für $\alpha = 90°$ ergibt sich ein Maximum für die Größe der Oberschwingungen

$$U_{n_{eff}} = \frac{n}{n^2 - 1} \sqrt{2}\, U_{di}\,.$$

Man stellt fest, daß gemäß Gleichung (10.7) und (10.8) für hohe Ordnungszahlen bei $\alpha = 0°$ der Effektivwert annähernd proportional $1/n^2$ abnimmt, während er bei Ansteuerung mit $\alpha = 90°$ für große n annähernd mit $1/n$ abnimmt.

Tabelle 10.2: Zahlenbeispiele für $\alpha = 90°$ und $u = 0°$ ($U_n \equiv U_{n_{eff}}$)

n	U_n
2	0,943 U_{di}
3	0,531 U_{di}
6	0,242 U_{di}

Im Prinzip ebenso leicht ist die Analyse für den Fall $L_d \to \infty$, jedoch $d_x \neq 0$ durchzuführen. Der Effektivwert der Oberschwingung läßt sich für jede Ordnungszahl in universell verwendbaren Kurvenblättern darstellen (diese sind im Normblatt VDE 0555 veröffentlicht). Bild 10.2 zeigt den für die Praxis wichtigen Fall mit $p = 6$.

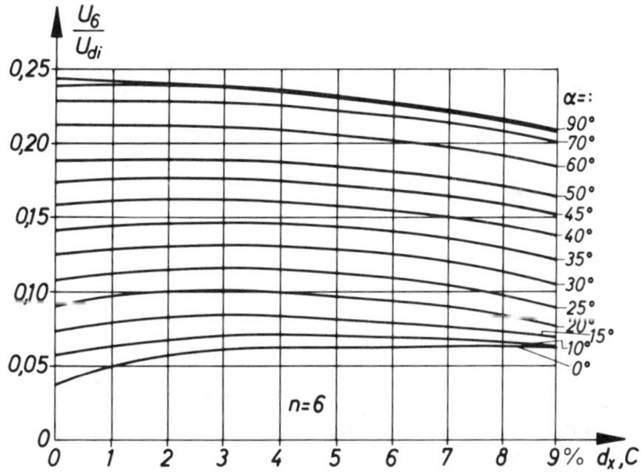

Bild 10.2
Effektivwert der Oberschwingung in der Gleichspannung für p = 6 bei Überlappung

10.3. Glättung des Gleichstroms

Man kommt in vielen Fällen den Verhältnissen gemäß Bild 10.3 in der Wirklichkeit nahe. Zwischen dem Kathodenpunkt und dem Nullpunkt bei der Mittelpunktschaltung, bzw. zwischen den beiden Brückenpolen, besteht der Gleichstromzweig im allgemeinen aus einer Induktivität, einer Gegenspannung, z. B. einer Gleichstrommaschine oder einer Batterie, der Induktivität der Glättungsdrossel und des Verbrauchers, z. B. der Gleichstrommaschine, sowie dem unvermeidlichen ohmschen Widerstand des Verbraucherzweiges. In solchen Fällen ist $R_d \ll \omega L_d$. Bei dieser Betrachtung ist E_d voraussetzungsgemäß eine glatte Gleichspannung. Die Spannung am Gleichstromzweig (u_{KO}, bzw. u_{KA}) ist gegeben.

Die Differenz liegt an der Glättungsdrossel. Ihre Größe bestimmt die Größe eines dem Gleichstrom I_d überlagerten Wechselstroms. Für den Grenzfall $d_x \to 0$ sind die in den Bildern 10.1 und 10.3 schraffierten Spannungszeitflächen für diesen überlagerten Wechselstrom maßgebend. Bei Vernachlässigung der ohmschen Abfälle gilt:

$$\frac{di_d}{dt} = \frac{1}{L_d}\,(u_{KO} - E_d)\,.$$

Die Stromänderung

$$\Delta i_d = \frac{1}{L_d}\int_{t_1}^{t_3} (u_{KO} - E_d)\,dt \tag{10.9}$$

muß über eine Periode der Oberschwingungs-Spannung ($t_3 - t_1 = T/p$) Null sein. Die Größe der Schwankung Δi_d gegenüber dem Gleichstrommittelwert I_d erhält man, wenn man die Spannungszeitfläche eines Vorzeichens, d.h. von t_1 bis t_2 in Bild 10.3 integriert.

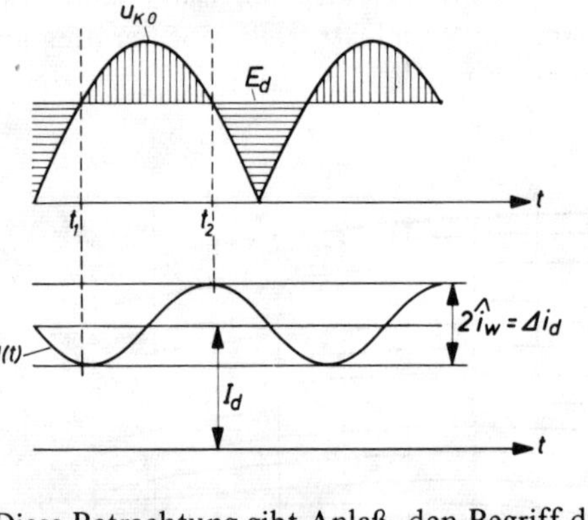

Bild 10.3
Stromschwankungen bei Betrieb mit konstanter Gegenspannung

Diese Betrachtung gibt Anlaß, den Begriff der „Ersatz-Sinusspannung" einzuführen. Man bezeichnet damit eine Sinusspannung, zunächst gleicher Frequenz, die je Halbwelle das gleiche Spannungszeitintegral aufweist, wie die betrachtete Spannung, mit dieser also durch die Gleichung

$$\int_0^{\pi/\omega} \sqrt{2}\,U_{ers} \cdot \sin\omega t \cdot dt = \int_{t_1}^{t_2} u\,dt \tag{10.10}$$

verknüpft ist. Da die Spannungszeitfläche bei gegebener Amplitude mit

$$F = \frac{2}{\pi}\sqrt{2}\,U_{ers} \cdot \frac{T}{2}$$

proportional der Halbperiodendauer ist, kann man die Ersatzsinusspannung von der einen auf eine andere Frequenz, z.B. auf die Netzfrequenz, umrechnen, wobei sich die Amplituden umgekehrt wie die Frequenzen verhalten (Bild 10.4).

In der Tabelle 10.3 sind für die wichtigsten vorkommenden Pulszahlen 2, 3 und 6 der Effektivwert U_n der größten Oberschwingung, die Ersatzsinusspannung der Pulsfrequenz und die auf die Netzfrequenz umgerechnete Ersatzsinusspannung, bezogen auf die ideelle Gleichspannung, angegeben.

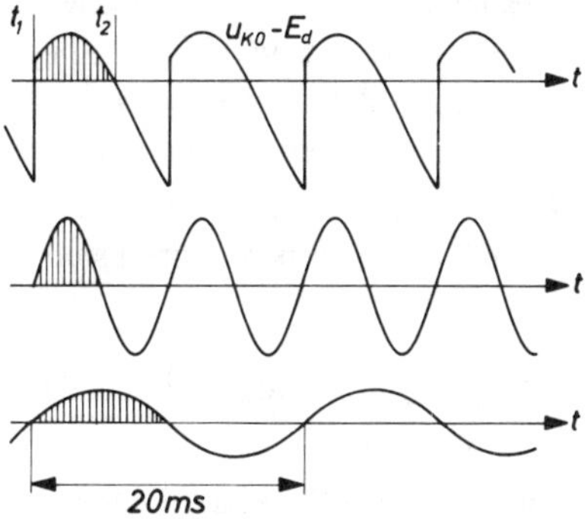

Bild 10.4
Liniendiagramm von u_{K0} bei einer zweipulsigen Schaltung sowie die zugehörigen Ersatzsinusspannungen

Tabelle 10.3:

p	2		3		6	
α	0°	90°	0°	90°	0°	90°
U_n/U_{di}	0,471	0,943	0,177	0,531	0,041	0,242
U_{ers}/U_{di}	0,468	1,11	0,180	0,642	0,042	0,30
$U_{ers}/p \cdot U_{di}$	0,234	0,555	0,060	0,214	0,007	0,050

Vernachlässigt man die ohmschen Widerstände, kann man mit Hilfe der Ersatz-Sinusspannung die Stromschwankung und damit die Stromwelligkeit berechnen.

Eine häufig angewendete näherungsweise Berechnungsweise ist folgende: Es wird nur die Haupt-Oberschwingung der Ordnungszahl n = p betrachtet. Dann gilt für die Stromschwankung offenbar:

$$\Delta i_d \approx 2 \cdot \sqrt{2}\, \frac{U_{n\,eff}}{n \cdot X_d}\,,$$

mit (10.11)

$$n = p \quad \text{und} \quad X_d = \omega L_d$$

Zur Kennzeichnung der Welligkeit des Gleichstroms sind folgende Definitionen gebräuchlich:

bezogene Effektivwelligkeit $$k_w = \frac{I_{w\,eff}}{I_d} \approx \frac{1}{2\sqrt{2}}\,\frac{\Delta i_d}{I_d} \qquad (10.12)$$

bezogene Amplitudenwelligkeit $$a_w = \frac{\hat{i}_w}{I_d} \qquad (10.13)$$

Damit ist der Effektivwert des welligen Gleichstromes $$I_{eff} = \sqrt{I_d^2 + I_{w\,eff}^2} = I_d\sqrt{1 + k_w^2} \qquad (10.14)$$

und der Formfaktor $$k_f = \frac{I_{eff}}{I_d} > 1 \qquad (10.15)$$

Berücksichtigung der Überlappung

Die Rechnung mit dem Effektivwert der niedrigsten Oberschwingung ist deshalb besonders bequem, weil in VDE 0555 (s. Bild 10.2) die Größe der einzelnen Oberschwingungen, also auch die der Haupt-Oberschwingung, in Abhängigkeit von α und d_x zur Verfügung steht. Man kann daher Gl. (10.11) benutzen, um die Stromwelligkeit zu berechnen, wenn man sich mit den Abweichungen zwischen Ersatz-Sinusspannung und Haupt-Oberschwingung, deren Größenordnung aus Tabelle 10.3 hervorgeht, zufrieden gibt.

(Nähere Betrachtungen zur Stromwelligkeit insbesondere Berücksichtigung der Nichtlinearität der Glättungsdrossel siehe Abschnitt 10.7.)

10.4. Betrieb mit lückenhaftem Gleichstrom

In den Kapiteln 4 und 5 und dem vorhergehenden Abschnitt 10.3 wurde stets angenommen, daß E_d sich von der Leerlaufspannung $U_{di} \cdot \cos\alpha$ so viel unterscheidet, daß lückenloser Gleichstrom fließt, wobei meist die Stromschwankung des Gleichstroms mit der Annahme $L_d \to \infty$ vernachlässigt wurde. Jetzt soll der Fall betrachtet werden, daß der Strom eines Ventils durch Null geht, bevor die Zündbedingung für das Folgeventil gegeben ist. In Bild 10.5 sind die Verhältnisse am Beispiel der zweiphasigen Mittelpunktschaltung verdeutlicht. Bei der angenommenen Größe der Gleichspannung E_d stehen die schraffierten Spannungszeitflächen als treibende Spannungen zur Verfügung, woraus gemäß der Grundgleichung

$$L\,\frac{di}{dt} = u \qquad \Delta i = \frac{1}{L}\int_{t_1}^{t_2} u\,dt \qquad \text{(s. Gl. (10.9))}$$

der skizzierte Stromverlauf folgt. Bei Vernachlässigung der ohmschen Spannungsabfälle stellt sich eine Stromflußdauer ein, die gemäß Gl. (10.9) dadurch gekennzeichnet ist, daß das Integral der treibenden Spannung über die Stromführungsdauer Null ist. Während des Stromführungsintervalls folgt die Spannung u_{KO} bei $L_s \ll L_d$ der jeweiligen Phasenspannung. Nach dem Erlöschen des Stroms ist kein Spannungsabfall an der Glättungsdrossel vorhanden, und der Punkt K nimmt das Potential des Punktes D an. Man erkennt, daß bei Verlassen der Voraussetzung $L_d \to \infty$ ein pulsierender, lückenhafter Strom im Gleichstromzweig fließen kann, der einen von Null verschiedenen positiven Mittelwert, also eine Gleichstromkomponente enthält. Ist die Gleichspannung E_d z. B. die Gegenspannung einer Gleichstrommaschine, so kann der Mittelwert dieses Stroms u. U. größer sein als der Leerlaufstrom, den die Maschine bei der gegebenen Drehzahl braucht. Die Maschine wird dann so lange beschleunigt, der Mittelwert des Stroms kleiner, bis Gleichgewicht zwischen antreibendem Moment und Verlust- und Reibungsmoment besteht. Die Spannung kann also über U_{di} hinaus ansteigen. Bei der verlustfreien Maschine würde bei $\alpha = 0°$ der positive Maximalwert der ungeglätteten Gleichspannung erreicht werden müssen, damit i_d verschwindet. Im gesteuerten Betrieb kann maximal der größte Augenblickswert der angesteuerten Spannung erreicht werden. Man erkennt leicht, in welcher Weise die größtmögliche Spannung bei Lückbetrieb von der Pulszahl abhängt. Es gilt $E_{d\,max} = \sqrt{2}\,E_p$ (für Mittelpunktschaltungen). Da andererseits auch die ideelle Gleichspannung der Phasenspannung proportional ist, läßt sich die maximale Gleichspannung im Verhältnis zu U_{di} angeben:

Tabelle 10.4:

p	$E_{d\,max}$
2	1,58 U_{di}
3	1,21 U_{di}
6	1,05 U_{di}

Die Kennlinie im Lückbereich läßt sich leicht berechnen, indem man E_d vorgibt und dazu i_d und die Mittelwerte von Spannung und Strom nach Bild 10.5 berechnet und einander zuordnet. In Bild 10.6 sind typische Kennlinien dieser Art dargestellt. Sie haben einen Knick an der Stelle, wo der Strom beginnt lückenhaft zu werden. (Die Lückgrenze ist in den Bildern übertrieben groß dargestellt).

Man kann die Lückgrenze durch die Überlegung abschätzen, daß der Scheitelwert des dem Gleichstrom überlagerten Wechselstroms gerade den Mittelwert erreicht. Diese Abschätzung wird vereinfacht, wenn man nur die niedrigste Oberschwingung der ungeglätteten Gleichspannung in Rechnung stellt.

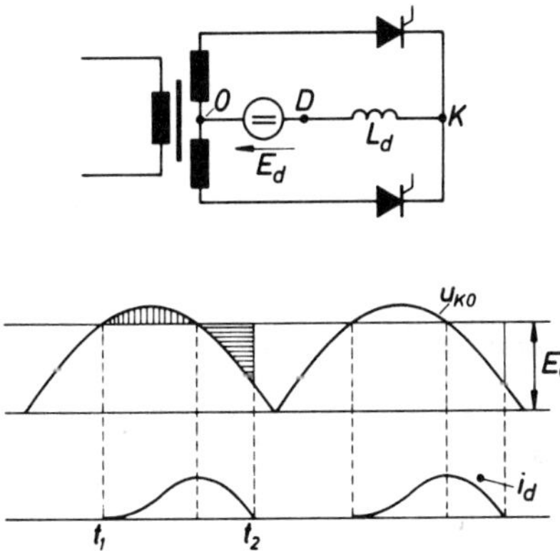

Bild 10.5
Lückenhafter Gleichstrom bei konstanter Gegenspannung

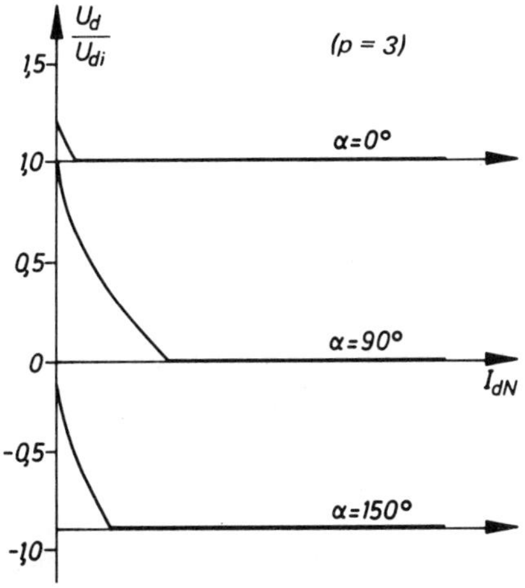

Bild 10.6
Typische Kennlinien

Andere Betriebsfälle mit lückenhaftem Gleichstrom

Oben wurde der Fall einer Gleichstrommaschine als Belastung betrachtet. Es gibt andere Betriebsfälle, bei denen lückenhafter Gleichstrom eintreten kann, z. B. in dem (praktisch sehr seltenen) Fall der Belastung des Stromrichters durch einen ohmschen Widerstand. Dann sind die unter der Voraussetzung glatten Gleichstroms berechneten Kennwerte für Effektivströme, Transformatortypenleistung usw. nicht mehr anwendbar. Die praktische Bedeutung dieses Falls ist gering, die Berechnung im Einzelfalle einfach.

(Auf den Fall kapazitiver Last wird später noch eingegangen).

10.5. Idealer Gleichstrommotor als Kondensator

Ein Gleichstrommotor, der keinen ohmschen Widerstand und keine Induktivität im Ankerkreis hat, sei „idealer Gleichstrommotor" genannt. (Der wirkliche Gleichstrommotor ist dann als ein idealer Gleichstrommotor darstellbar, dem eine Induktivität, nämlich seine Ankerinduktivität und ein ohmscher Widerstand, der Ankerwiderstand, vorgeschaltet sind.) Der Ideale Gleichstrommotor wird durch die drei Gleichungen beschrieben:

$$e = \psi \cdot \Omega \tag{10.16}$$

$$m_i = \psi \cdot i_A \tag{10.17}$$

$$m_i = \Theta \frac{d\Omega}{dt}, \tag{10.18}$$

(e EMK, ψ Flußkonstante, i_A Ankerstrom, Θ Trägheitsmoment, m_i inneres Moment, Ω Winkelgeschwindigkeit).

Setzt man die Gl. (10.16) und (10.17) in Gl. (10.18) ein, so erhält man

$$\frac{\Theta}{\psi^2}\frac{de}{dt} = i_A \qquad e = \frac{\psi^2}{\Theta}\int_0^t i_A\, dt. \tag{10.19}$$

Vergleicht man dies mit der Strom-Spannung-Beziehung für den Kondensator

$$i = C\,\frac{du_C}{dt} \qquad u_C = \frac{1}{C}\int_0^t i\, dt, \tag{10.20}$$

so wird deutlich: Der ideale Gleichstrommotor verhält sich als elektrischer Zweipol wie ein Kondensator von der Größe

$$C = \frac{\Theta}{\psi^2}. \tag{10.21}$$

Die oben gemachte Annahme e = const. bedeutet also: $C \to \infty$. Dies ist angesichts der Größe der Ersatzkapazität einer Gleichstrommaschine (ganze Farad) und der Kleinheit der betrachteten Zeitintervalle und Ströme angemessen.

10.6. Glättung der Gleichspannung

Im Abschnitt 10.2 wurde schon von der Vorstellung Gebrauch gemacht, daß die Stromrichterspannung die Summe einer Gleichspannung und einer überlagerten Wechselspannung ist. Dabei wurde vereinfachend nur die Grundschwingung der überlagerten Wechselspannung betrachtet. Besteht der Verbraucher aus einer idealen Gleichspannung mit dem Innenwiderstand Null, so hat die Frage nach einer Spannungsglättung keinen Sinn. Eine Gleichstrommaschine verhält sich wie eine Gegenspannung mit induktivem und ohmschem Innenwiderstand. In diesem Falle kommt es im wesentlichen auf die Stromglättung an. Die Spannung an den Verbraucherklemmen ergibt sich durch Betrachtung der Aufteilung der Oberschwingungs-Spannung an den Innenwiderständen des Stromrichters einerseits und an der Glättungsdrossel und am Verbraucher andererseits.

Ein elektronisches Gerät kann als Verbraucher beispielsweise durch einen ohmschen Widerstand, durch einen ohmschen Widerstand mit Gegenspannung oder durch einen ohmschen Widerstand mit einer in Reihe geschalteten Wechselspannung aufgefaßt werden, je nach Schaltung und Funktion. In diesen Fällen hat die Frage nach der Glättung der Spannung an den Stromrichterklemmen einen Sinn. Entsprechendes gilt auch für die Speisung des Fahrdrahtnetzes einer elektrischen Bahnanlage, oder z. B. für die Speisung einer Hochspannungs-Gleichstrom-Energieübertragung (HGÜ).

In diesem Falle erweitert man die Glättungsdrossel um einen Kondensator zu einem Tiefpaß für die Spannungs-Oberschwingungen, wobei näherungsweise nur diejenige mit der niedrigsten Ordnungszahl berücksichtigt zu werden braucht. Man schaltet dem jeweiligen Verbraucher einen Glättungskondensator parallel (Bild 10.7). Das Verhältnis, in dem sich die Oberschwingungsspannung auf den Verbraucher und den ohmsch-induktiven Innenwiderstand aufteilt, kann man sofort angeben, wenn man die Ersatzschaltung des ersteren kennt. Die Oberschwingungs-Spannung sei im Folgenden als fest gegeben angesehen, der Verbraucher bleibt zunächst unberücksichtigt.

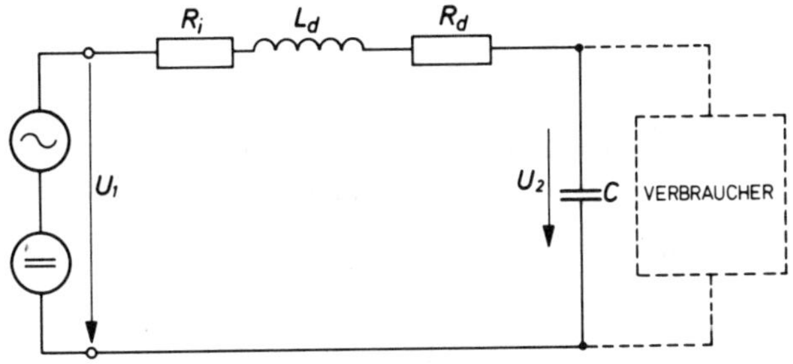

Bild 10.7
Spannungsglättung durch Drossel und Kondensator

Mit der Abkürzung p = jω ergibt sich

$$\frac{U_2}{U_1} = \frac{\frac{1}{pC}}{pL + R + \frac{1}{pC}} = \frac{1}{p^2 LC + pRC + 1} . \tag{10.22}$$

Das ist die Normalform des Frequenzganges eines quadratischen Verzögerungsgliedes

$$F = \frac{1}{a_2 p^2 + a_1 p + 1} = \frac{1}{p^2/\omega_0^2 + 2dp/\omega_0 + 1}$$

mit

$$\omega_0 = \frac{1}{\sqrt{LC}} \qquad d = \frac{1}{2}\frac{a_1}{\sqrt{a_2}} = \frac{1}{2} R\sqrt{C/L} \tag{10.23}$$

Der Betrag dieser Übertragungsfunktion ergibt im Bode-Diagramm, d. h. in doppel-logarithmischer Auftragung dargestellt, einen Verlauf gemäß Bild 10.8 mit der Asymptote für große Frequenzen

$$|F| \to \left|\frac{1}{p^2 LC}\right| \quad \text{für} \quad \omega \to \infty. \tag{10.24}$$

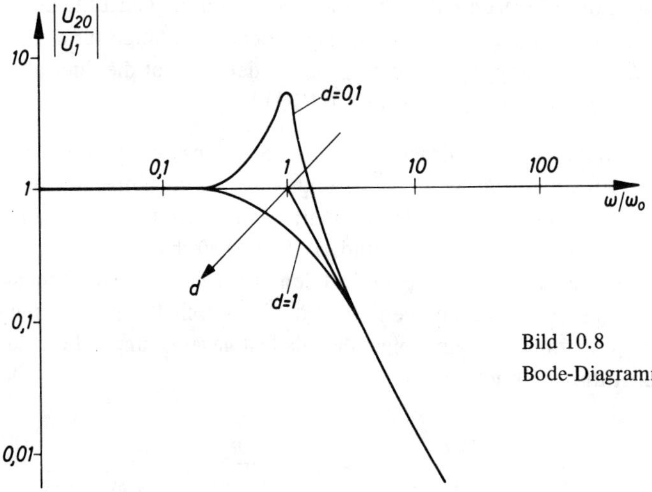

Bild 10.8
Bode-Diagramm zu Bild 10.6

Die Schaltung wird nun stets so ausgelegt, daß die niedrigste Oberschwingungsfrequenz $\gg \omega_0$ ist, so daß man die einfache Formel für die Asymptote benutzen kann.

Führt man die gleiche Rechnung mit einem Belastungswiderstand (R_B parallel zu C) aus, so erhält man mit $K = R_B/(R + R_B)$

$$F = \frac{K}{1 + p\,K(L/R_B + CR) + p^2\,K \cdot LC}\,. \tag{10.25}$$

Die Asymptote für diesen Ausdruck

$$\frac{K}{p^2\,K \cdot LC} = \frac{1}{p^2 LC}$$

ist die gleiche wie oben. Man kann also vereinfachend für $\omega \gg \omega_0$ setzen

$$\frac{U_2}{U_1} \approx \left(\frac{\omega_0}{\omega}\right)^2 \tag{10.26}$$

Zu beachten ist bei dieser Schaltung, daß im Einschaltaugenblick die volle Eingangsspannung an der Drossel liegt und ein Ladestromstoß auftreten kann, für den als obere Abschätzung gilt

$$i < \frac{U_{di}}{\sqrt{L/C}}\,. \tag{10.27}$$

Bei Leerlauf schwingt die Kondensatorspannung über, wobei die Abschätzung gilt

$$\hat{u}_C < 2 \cdot U_{di}. \tag{10.28}$$

Für HGÜ-Anlagen sind anstelle des Glättungskondensators auch auf die Oberschwingung kleinster Ordnungszahl abgestimmte Serienresonanzkreise üblich, ebenso in vereinzelten Fällen in der Antriebstechnik zur Geräuschminderung (Bild 10.9). In diesem Fall der Stromglättung legt man nach dem Übertragungsleitwert I_2/U_1 aus, der ebenso wie das Spannungsverhältnis U_2/U_1 für die Resonanzfrequenz des Filterkreises ein Minimum hat.

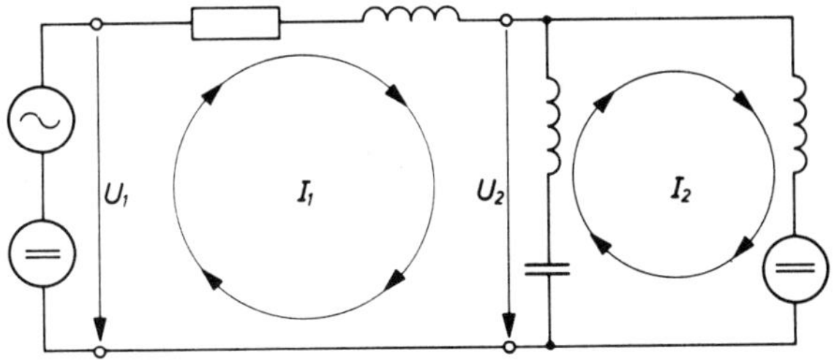

Bild 10.9
Schaltung mit Serienresonanzkreis für Oberschwingung niedrigster Ordnungszahl

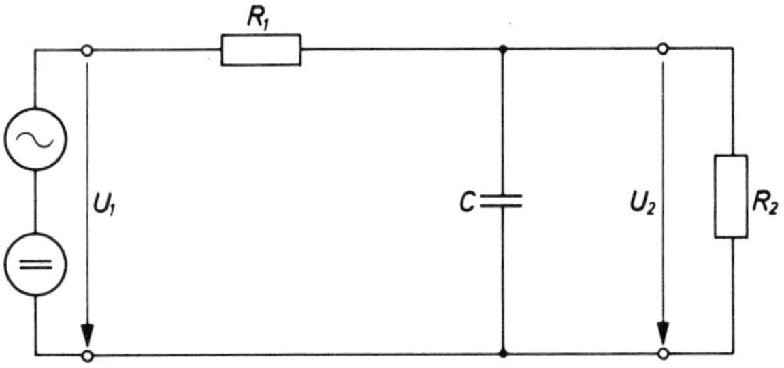

Bild 10.10
Glättungsschaltung für kleinste Leistungen

Nur bei allerkleinsten Leistungen (Stromversorgung von Geräten) kommt eine RC-Glättung nach (Bild 10.10) in Betracht. Für diese gilt:

$$\frac{U_2}{U_1} = \frac{R_2}{R_1 + R_2} \cdot \frac{1}{1 + p R_p C} \quad \text{mit} \quad \frac{1}{R_p} = \frac{1}{R_1} + \frac{1}{R_2}. \tag{10.29}$$

Mit $\omega_0 = 1/R_p \cdot C$ wird die Asymptote für $\omega \gg \omega_0$

$$\frac{U_2}{U_1} \approx \frac{R_2}{R_1 + R_2} \cdot \frac{1}{p R_p C} = \left(\frac{\omega_0}{\omega}\right) \cdot \frac{R_2}{R_1 + R_2}. \tag{10.30}$$

Hier tritt bei Verminderung der Belastung sehr früh lückender Strom und Aufladung des Kondensators auf den Scheitelwert der treibenden Spannung auf. Die Zeitkonstante für den Ausgleichsvorgang bei der Aufladung ist dabei $T = R_p C$, während die Zeitkonstante für den Ausgleichsvorgang bei der Entladung beim Lücken des vom Stromrichter gelieferten Stroms $T_2 = R_2 \cdot C$ ist. (Bemerkung: Auf Schaltungen, die mit Spitzenaufladung eines Kondensators und im Lückbetrieb arbeiten, wird in Abschnitt 16.2 eingegangen).

10.7. Bewertung des Aufwandes für eine eisengeschlossene Drossel

Lineare und nichtlineare Drossel

Für eine Drossel mit linearer magnetischer Kennlinie gilt bekanntlich: $\Phi = \Lambda \cdot \Theta$ (ohmsches Gesetz des magnetischen Kreises) und

$$e = w \frac{d\Phi}{dt} = w \Lambda \frac{d\Theta}{dt} = w^2 \Lambda \frac{di}{dt} \quad \text{(Induktionsgesetz)}$$

also:

$$w \frac{d\Phi}{dt} = L \frac{di}{dt}. \tag{10.31}$$

Daraus folgt weiter:

$$w \, d\Phi = L \, di \quad \text{und} \quad L = w \frac{d\Phi}{di} = w^2 \frac{d\Phi}{d\Theta}. \tag{10.32}$$

Hängen Φ und Θ, und damit Φ und i, linear voneinander ab, so ist auch

$$w\Phi = Li$$

und damit

$$L = w \frac{\Phi}{i} = w^2 \frac{\Phi}{\Theta} = \text{const.} \tag{10.33}$$

Die Differentialgleichung zwischen e und i ist linear:

$$\frac{di}{dt} = \frac{1}{L} e \quad \text{(vgl. Gl. 10.9)).}$$

Nur für diesen Fall ist zunächst der Koeffizient der Selbstinduktion definiert.

Eine Drossel mit Eisenkern hat meist einen Luftspalt. Zwischen Fluß und erregender Durchflutung besteht eine nichtlineare Beziehung (Kennlinie) gemäß Bild 10.11. Das Verhalten der Drossel im Stromkreis ist jetzt folgendermaßen zu beschreiben:

$$e = w \frac{d\Phi}{dt} \quad \text{mit} \quad \Phi = f(\Theta) \tag{10.34}$$

$$\frac{d\Phi}{dt} = \frac{d\Phi}{d\Theta} \cdot \frac{d\Theta}{dt} = w \cdot \frac{d\Phi}{d\Theta} \cdot \frac{di}{dt}$$

$$e = w^2 \frac{d\Phi}{d\Theta} \cdot \frac{di}{dt}. \tag{10.35}$$

Jetzt ist $\frac{d\Phi}{d\Theta} = g(\Theta)$ eine nichtlineare Funktion von Θ.

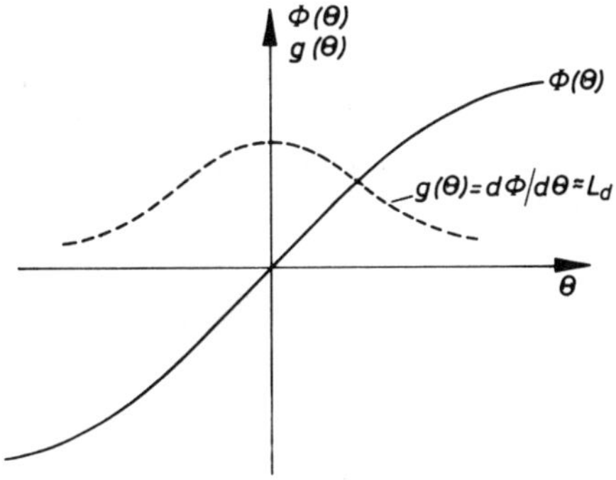

Bild 10.11
Nichtlineare Drossel, Kennlinie und Parameter

Gl. 10.35 legt nahe, den Ausdruck $w^2 \frac{d\Phi}{d\Theta}$ als „differentielle Induktivität" (L_d) zu bezeichnen, die für den linearen Fall konstant und gleich L wird. Die Differentialgleichung zwischen e und i wird nichtlinear:

$$\frac{di}{dt} = \frac{1}{L_d(i)} e = K(i) \cdot e.$$

Man erhält also

$$e = w^2 g(\Theta) \frac{di}{dt} = L_d(i) \frac{di}{dt}, \tag{10.36}$$

wobei $L_d(i)$ eine nichtlineare Funktion von i, K(i) ihr Kehrwert ist.

Nach dieser Überlegung ist klar, daß wir in Abschnitt 10.3 bei nichtlinearer Drossel für L den Wert L_d einsetzen können, um die Rechnung durch Linearisierung zu vereinfachen.

Beispiele für Differentialgleichungen mit linearer und nichtlinearer Drossel

Wir betrachten im folgenden einen Stromkreis, der eine treibende Spannung u, einen ohmschen Widerstand R und eine lineare oder nichtlineare Drossel enthält. In der Tabelle 10.5 steht in der zweiten Spalte die Differentialgleichung für den linearen und nichtlinearen Fall, zunächst als Differentialgleichung in i geschrieben, mit der Störfunktion u(t) auf der rechten Seite. Für die numerische oder Analogrechner-Lösung ist die Schreibweise

$$\frac{di}{dt} = f(u, i)$$

zweckmäßig.

Bei der nichtlinearen Drossel empfiehlt es sich, Φ als Variable zu wählen. Dies ist in der dritten Zeile der vierten Spalte der Tabelle geschehen. Bild 10.12 zeigt das Analogschema für den Fall der linearen Drossel, sowie die beiden Möglichkeiten für die nichtlineare Drossel. Man erkennt, daß man bei der Wahl von Φ als Integrator-Ausgangs-Variable mit einem einzigen nichtlinearen Kennlinienglied auskommt, während man bei der Wahl von i eine nichtlineare Kennlinie und einen Multiplizierer benötigt. Die hier empfohlene Schreibweise ist auch bei Systemen von Differentialgleichungen zweckmäßig. Man schreibt sie als System von Differentialgleichungen erster Ordnung, wobei auf der rechten Seite Funktionen aller Variablen stehen, ferner die Störfunktionen (s. Kap. 21).

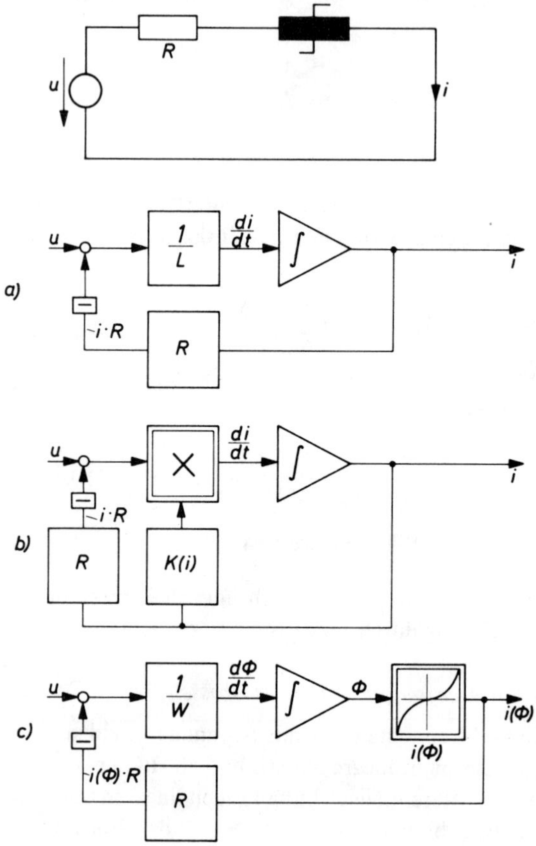

Bild 10.12
Analogschema der Dgl. des R-L-Kreises
a) mit linearer Drossel
b) mit nichtlinearer Drossel und i als Zustandsgröße
c) mit nichtlinearer Drossel und Φ als Zustandsgröße

Tabelle 10.5

Drossel	Spannungsumlauf	$\frac{di}{dt} = f(u, i)$	Dgl. zur Analogrechner-Lösung
linear	$R \cdot i + L \frac{di}{dt} = u$	$\frac{di}{dt} = \frac{1}{L}(u - i \cdot R)$	$\frac{di}{dt} = \frac{1}{L}(u - i \cdot R)$
nichtlinear	$R \cdot i + L_d(i) \frac{di}{dt} = u$	$\frac{di}{dt} = \frac{1}{L_d(i)}(u - i \cdot R)$	$\frac{di}{dt} = K(i)(u - i \cdot R)$ $\frac{d\Phi}{dt} = \frac{1}{w}(u - i(\phi) \cdot R)$

Bauaufwand von eisengeschlossenen Drosseln (Typengröße)

Da eine eisengeschlossene Drossel wie ein Transformator aufgebaut ist, liegt es nahe, eine Typengröße oder einen Bauaufwand der Drossel ebenso zu definieren, wie wir die Typengröße des Stromrichtertransformators definiert haben, nämlich durch Angabe der Scheinleistung des Zweiwicklungs-Transformators für Netzfrequenz, den man mit dem gleichen Wicklungs- und Eisenaufwand bauen könnte. Dazu haben wir in die Gl. (8.13), bzw. in die Aufwandsformel für den Mehrwickler (Gl. (8.14)) die Netzfrequenz und die bei Netzfrequenz zulässige Maximalinduktion $B_{max\,N}$ einzusetzen. Welche Induktion hier zu verwenden ist, muß besonders überlegt werden, wenn die Drossel nicht mit Netzfrequenz betrieben wird, $B_{max\,B}$ (im Betrieb) also $\neq B_{max\,N}$ ist.

Statt die Maximalinduktion bei Netzfrequenz einzuführen, können wir auch Windungszahl, Kernquerschnitt, Maximalinduktion und Frequenz zu der bei Netzfrequenz zulässigen Spannung zusammenfassen und die Typengröße in der Form schreiben

$$S_T = \frac{1}{2} \sum_{i=1}^{n} U_i I_i \quad \text{(vgl. Gl. (8.14))}$$

Beispiel: Wechselstromdrossel bei Netzfrequenz

Dieser Fall ist besonders einfach. Da die Drossel mit Netzfrequenz ummagnetisiert wird, ist offenbar $B_{max\,B} = B_{max\,N}$. Da nur eine Wicklung vorhanden ist, ist die Typengröße

$$S_T = \frac{1}{2} E\, I. \tag{10.37}$$

Umrechnung der Maximalinduktion bei abweichender Frequenz

Bei von der Netzfrequenz, für die die zulässige Maximalinduktion bekannt ist, abweichender Frequenz erscheint es naheliegend, die Maximalinduktion so zu ändern, daß gleiche Verluste pro Volumen- oder Gewichtseinheit des Kerns herauskommen. Da die Eisenverluste dem Quadrat der Induktion, in ihrem Wirbelstromanteil proportional dem Quadrat der Frequenz, in ihrem Hystereseanteil proportional der Frequenz sind, gilt für die im Betrieb zulässige Induktion $B_{max\,B}$ (bei f_2) und die bei Netzfrequenz zulässige Induktion $B_{max\,N}$ (bei f_1):

$$(K_w f_1^2 + K_h f_1) B_{max N}^2 = (K_w \cdot f_2^2 + K_h \cdot f_2) B_{max\,B}^2 \tag{10.38}$$

Die Werte für K_w und K hängen von der Legierung des Blechs, sowie seiner Dicke ab. *Richter* [Kleines Lehrbuch Elektrischer Maschinen, 1949, S. 79/80] gibt Werte für die Wirbelstromkonstante und die Hysteresekonstante für verschiedene Blechsorten in einer Tabelle an. Die in der Tabelle 10.6 angegebenen Werte beziehen sich auf folgende Schreibweise der Gleichung für die Verluste je Masseneinheit:

$$V = \left\{ \epsilon \frac{f}{100\,\text{Hz}} + \sigma \left(\frac{f}{100\,\text{Hz}} \right)^2 \right\} \left(\frac{B}{10^4\,\text{G}} \right)^2 \left[\frac{\text{W}}{\text{kg}} \right] = K_f \left(\frac{B}{10^4\,\text{G}} \right)^2 \left[\frac{\text{W}}{\text{kg}} \right] \tag{10.39}$$

In dieser Gleichung ist also die Frequenz auf 100 Hz bezogen, die Induktion auf 10 kGauß = 1 Tesla.

Tabelle 10.6

Blechsorte	Dicke in mm	ϵ	σ	K_{50}
Gewöhnliches Dynamoblech	1 0,5 0,35	4,4 4,4 4,7	22,4 5,6 3,2	7,8 3,6 3,15
Mittellegiertes Blech	0,5 0,35	3,0 2,4	1,2 0,6	1,8 1,35
Hochlegiertes Blech	0,35	2,0	0,4	1,1

Wir wollen mit dieser Tabelle die Frage beantworten, welche Induktion bei einem Transformator bei 150 Hz zulässig ist, wenn bei 50 Hz $B_{max\,N} = 15$ kG zulässig ist, und zwar unter der Voraussetzung gleicher Verluste je Gewichtseinheit. Wir entnehmen für gewöhnliches Dynamoblech 0,35 mm:

$$(2{,}35 + 0{,}8)\left(\frac{15}{10}\right)^2 = (7{,}05 + 7{,}2)\left(\frac{X}{10}\right)^2 \quad \text{nach Gln. (10.38) und (10.39)}$$

Ergebnis: $X = B_{max\,B} = 7{,}05$ kG (bei $f = 150$ Hz).

Die Induktion muß also bei 150 Hz im Vergleich zu 50 Hz im Verhältnis

$$7{,}05 : 15 = 0{,}47 : 1$$

reduziert werden.

(Trotzdem hat der Transformator bei gleicher Baugröße eine im Verhältnis $3 \cdot 0{,}47 = 1{,}41 : 1$ größere Leistung als der 50 Hz-Transformator, weil die Leistung der Frequenz direkt proportional ist!)

Beispiel: Saugdrossel. Wir benutzen die ermittelten Zahlenwerte, um die Typengröße der Saugdrossel zu berechnen und durch die ideelle Gleichstromleistung auszudrücken.

Die größte Saugdrosselspannung tritt (s. Abschnitt 7.7) bei $\alpha = 90°$ auf. Um die Spannungszeitfläche der Ersatzsinusspannung der Saugdrosselspannung zu erhalten, hat man zu berechnen (s. Bild 7.13).

$$F_+ = \int_{\omega t = \frac{\pi}{6}}^{\omega t = \frac{\pi}{2}} u_{SD}\, dt \qquad u_{SD} = E_p \cdot \sqrt{2}\,[\cos \omega t - \cos(\omega t + 60°)] = E_p \sqrt{2} \cos(\omega t - 60°).$$

Ergebnis: $F_+ = \dfrac{E_p \cdot T}{\pi \cdot \sqrt{2}}$ $\quad (T = 2\pi/\omega)$

Daraus folgt:

Ersatzsinusspannung:

$$E_{150}\sqrt{2}\cdot\frac{2}{\pi}\cdot\frac{T}{6} = F_+$$

$$E_{150} = \frac{3}{2}E_p\,.$$

Umrechnung auf 50 Hz:

$$E_{50} = \frac{1}{3}E_{150} = \frac{1}{2}E_p\,.$$

Wäre die gleiche Maximalinduktion wie bei Netzfrequenz zulässig, so wäre die Typenleistung:

$$S_T' = \frac{1}{2}\cdot 2\left(\frac{I_{dN}}{2}\cdot\frac{E_{50}}{2}\right) = \frac{1}{8}I_{dN}\,E_p = \frac{1}{8}\cdot\frac{1}{1{,}17}P_{diN}\,.$$

Nach dem obenstehenden muß bei der dreifachen Netzfrequenz die Maximalinduktion um den Faktor 0,47 reduziert werden. Das bedeutet, daß die äquivalente Typengröße um den Faktor 1/0,47 größer wird. Für die Typenleistung der Saugdrossel ergibt sich also

$$S_T = \frac{S_T'}{0{,}47} = 0{,}23\,P_{diN} \tag{10.40}$$

(Der Einfluß der Spannungskurven*form,* d. h. die Erhöhung der Eisenverluste durch die Oberschwingungen der Saugdrosselspannung, ist hierbei unberücksichtigt geblieben!)

Typengröße der Glättungsdrossel

Wird eine Glättungsdrossel eingesetzt, ist sie oft so bemessen, daß die Stromschwankung Δi_d klein gegen den Nennstrom I_{dN} bleibt. Damit ist mit Gl. (10.14) der Effektivstrom $I_{eff\,N} = I_{dN}\sqrt{1+k_{w2}}$, mit $k_w \ll 1$ also annähernd gleich dem Mittelwert I_{dN}. Ferner ist die Fluß- und Induktionsschwankung $\Delta\Phi$ bzw. ΔB, klein gegen den jeweiligen Mittelwert (Φ_0, B_0). Damit werden die Eisenverluste gering und spielen für die Bemessung der im Betrieb angewendeten Induktion $B_{max\,B}$ keine Rolle. Nach Abschnitt 10.7.1 ist für die Berechnung der Glättungswirkung die „differentielle" Induktivität $L_d = w^2\cdot d\Phi/d\Theta$ heranzuziehen. Diese beginnt für eine eisengeschlossene Drossel bei kleinen Strömen bei sehr hohen Anfangswerten L_{d0} und fällt dann sehr schnell auf einen geringen Bruchteil bei Nennstrom ab (s. Bild 10.11). Versieht man die Drossel im magnetischen Kreis mit einem Luftspalt, so wird L_{d0} verkleinert und der Verlauf von L_d als Funktion von I_d vergleichmäßigt, d. h. der Wert bei Nennstrom I_{dN} zunächst vergrößert. Die Nichtlinearität der Magnetisierungskennlinie, die Größe des Luftspalts als zusätzlicher Parameter und das Fehlen einer einfachen Bemessungsvorschrift für die Betriebsinduktion $B_{max\,B}$ im Verhältnis zu der bei Netzfrequenz im Transformatorbetrieb zulässigen Induktion $B_{max\,N}$ erschweren die Aufstellung einer Abschätzungsformel für die Typengröße.

Wir gehen daher im folgenden davon aus, daß ein Kern für eine Transformator-Typenleistung S_T für die Netzfrequenz f_N, bzw. die Kreisfrequenz ω_N, und die Induktion $B_{max\,N}$ vorliegt.

Der Wicklungsstrom sei

$$I_{effN} = I_{dN} \cdot \sqrt{1 + k_{w2}} \approx I_{dN} \,.$$

Dann folgt unter Beachtung von

$$E_{eff} = \frac{w \cdot \omega_N \, \Phi_{max}}{\sqrt{2}} = \frac{E_{max}}{\sqrt{2}} \quad \text{(s. Gl. (8.13))}$$

$$S_T = \frac{1}{2} \, w \cdot I_{effN} \cdot \omega_N \cdot B_{max\,N} \cdot A_{fe} \cdot \frac{1}{\sqrt{2}} \quad \text{(s. Gl. (10.37))}$$

wobei A_{fe} den wirksamen Eisenquerschnitt (mit Eisen-Füllfaktor) bezeichnet. Dann kann man für gegebene Werte von S_T, $B_{max\,N}$ usw. die effektive Nenndurchflutung angeben:

$$\Theta_{eff\,N} = I_{eff\,N} \cdot w = \frac{2 \cdot \sqrt{2} \cdot S_T}{\omega_N \cdot B_{max\,N} \cdot A_{fe}} \,. \tag{10.41}$$

Für jeden angenommenen Luftspalt δ läßt sich nun in einfacher Weise

$$L_d = w^2 \cdot \frac{d\Phi}{d\Theta} = w^2 \cdot A_{fe} \cdot \frac{dB}{d\Theta} = f(\Theta; \delta)$$

ermitteln. (Zeichnung der Magnetisierungskennlinie, ausgehend von der Luftspaltgeraden, mit nachträglicher Berücksichtigung der auf den Eisenweg entfallenden Durchflutung). Bezeichnet l die Länge des Eisenweges der Feldlinien, so wird

$$L_d = f(\Theta, \delta / l, \text{Kerntyp}).$$

Für einen bestimmten Kern bleiben also immer noch zwei Variable für die Bestimmung von L_d, nämlich Θ und δ / l. Wir führen $X_d = \omega_N \cdot L_d$ ein, nehmen Θ (Θ_N, $\Theta_N/2$, $\Theta_N/4$ usw.) als Parameter und δ / l als Variable. Dann hat $I_{dN}^2 \cdot X_d$ ebenso wie S_T die Dimension einer Leistung. Dieser Ausdruck wird für einen bestimmten Kern ins Verhältnis gesetzt zu S_T und mit Θ als Parameter über δ / l aufgetragen. Diese Art der Normierung wird durch die Verhältnisse bei der linearen Wechselstromdrossel nahegelegt, wo

$$S_T = \tfrac{1}{2} \cdot E_{eff} \cdot I_{eff} = \tfrac{1}{2} \cdot I_{eff}^2 \cdot X$$

erhalten wurde. Dort galt also:

$$\frac{I_{eff}^2 \cdot X}{S_T} = 2,$$

während wir

$$\frac{I_{dN}^2 \cdot X_d}{S_T} = K$$

auftragen, wobei

$$K = f(\Theta, \delta/l, \text{ Kerntyp}) \quad \text{und} \quad S_T = \frac{I_{dN}^2 \cdot X_d}{K}. \qquad (10.42)$$

Für jeden Wert, der (auf die Nenndurchflutung bezogen anzugebenden) Durchflutung ergibt sich für einen bestimmten Kern ein Maximum bei einem bestimmten Luftspalt-Eisenweg-Verhältnis (s. die Beispiele Tabelle 10.7).

Das für Nenndurchflutung optimale Verhältnis $(\delta/l)_{opt}$ hängt noch von der für die Bestimmung von S_T rechnerisch zugrundegelegten Nenn-Induktion $B_{max\,N}$ ab. (Dies ist eine reine Rechnungsgröße, nicht die wirkliche Maximalinduktion der Glättungsdrossel!) Z. B. wurde für 3 verschiedene Kerngrößen gefunden:

Tabelle 10.7: Optimales Luftspalt-Verhältnis für Nenndurchflutung

S_T	$B_{max\,N}$ =				
	15	14	13	12	kG
	$(\delta/l)_{opt}$ für Θ_N Einheit: 10^{-2}				
2 kVA	1,05	1,08	1,11	1,15	
70 kVA	1,75	1,90	2,00	2,20	
850 kVA	3,10	3,33	3,80	4,90	

Für die gleichen Kerne ergaben sich dann die folgenden Werte für K bei dem jeweils optimalen Verhältnis $(\delta/l)_{opt}$ für Nenndurchflutung aus Tabelle 10.7.

Tabelle 10.8: $(\omega_N \cdot L_{dN}) \cdot I_{dN}^2/S_T$ bei $(\delta/l)_{opt}$

S_T	$B_{max\,N}$ =				
	15	14	13	12	kG
	K bei $(\delta/l)_{opt}$ für Θ_N				
2 kVA	2,07	2,22	2,39	2,60	
70 kVA	2,16	2,42	2,69	2,78	
850 kVA	2,01	2,12	2,32	2,46	

Man erkennt aus der Tabelle: Die Typengröße der Glättungsdrossel liegt in der Größenordnung von $(1/2) \cdot X_d \cdot I_{dN}^2$, wenn das Luftspalt-Eisenweg-Verhältnis δ/l jeweils so gewählt wird, daß die differentielle Induktivität bei Nenndurchflutung am größten wird. Bei Berücksichtigung von K wird die Typengröße im Verhältnis (2/K) kleiner als die der linearen Wechselstromdrossel, z. B. für den 70-kVA-Kern bei einer Vergleichs-Nenninduktion $B_{max\,N}$ = 14 kG im Verhältnis 2,00/2,42 = 0,825/1,00.

Offensichtlich ist angesichts der erreichbaren Genauigkeit der Abschätzung die Vernachlässigung der Erhöhung des Effektivwerts gegenüber dem Gleichstrommittelwert infolge des überlagerten Wechselstroms gerechtfertigt.

Die Nachrechnung der durch den Induktionshub verursachten Eisenverluste ergibt, daß der entsprechende Parallel-Ersatzwiderstand, der etwa um den Faktor 10^3 größer als der Blindwiderstand ist, wegen der geometrischen Addition der Leitwerte ebenfalls vernachlässigt werden kann.

Bemessung von X_d für vom Nennstrom abweichende Stromstärken

Mit der Wahl des Verhältnisses (δ/l) liegt der Verlauf von X_d für alle Durchflutungen fest. Man kann X_d also nur für einen bestimmten Strom vorschreiben. Zweckmäßig trägt man $I_{dN}^2 \cdot X_d/S_T = K$ mit der Durchflutung als Parameter über (δ/l) auf, um den Einfluß der gewählten Parameter auf die Typengröße und den X_d-Verlauf bei Teillast und Überlast leicht erkennen zu können.

Da es meist um die Auswahl eines Kerns aus einer Typenreihe geht, empfiehlt sich eine Abschätzung nach der oben beschriebenen Methode, die notwendigenfalls nach Auswahl des Kerns durch eine Nachrechnung zu ergänzen ist.

Abschätzung über die mittlere Induktivität

Für die Wechselstromdrossel galt:

$$S_D = \frac{1}{2} E \cdot I = \frac{1}{2} \cdot \frac{1}{\sqrt{2}} \omega_1 \cdot w\, \Phi_{max} \cdot I. \qquad (10.42a)$$

Setzt man für die Glättungsdrossel zunächst Φ_d statt Φ_{max}, ferner $w \cdot \Phi_d = L_m \cdot I_d$ („mittlere Induktivität") so folgt:

$$S_D' = \frac{1}{2} \omega_1 \cdot L_m \cdot I_d^2 \frac{1}{\sqrt{2}}.$$

Meist ist jedoch L_d vorgegeben, und wegen der Eisensättigung ist $L_d < L_m$. Ferner ist zu berücksichtigen, daß (s. o.) $B_{max\,B} > B_{max\,N}$ zulässig ist. Also gilt:

$$S_D \approx \frac{1}{2} X_d I_d^2 \cdot \frac{1}{\sqrt{2}} \left(\frac{B_{max\,N}}{B_{max\,B}}\right)\left(\frac{L_m}{L_d}\right) \qquad (10.42b)$$

mit $X_d = \omega_1 \cdot L_d$, ω_1 Netz-Kreisfrequenz. Der Vergleich mit Gl. (10.42) zeigt, daß das dort verwendete K auch durch

$$K \approx 2\sqrt{2} \left(\frac{B_{max\,B}}{B_{max\,N}}\right)\left(\frac{L_d}{L_m}\right) \qquad (10.42c)$$

ausgedrückt werden kann.

Weder $B_{max\,B}/B_{max\,N}$ noch (L_d/L_m) sind von vornherein bekannt.

10.8. Oberschwingungen auf der Wechselstrom- bzw. Drehstromseite

Wir betrachten zunächst den ideellen Fall (vollkommen glatter Gleichstrom, keine Überlappung).

Die Bilder 10.13 bis 10.15 zeigen Primärstromverläufe für den ideellen Fall bei zwei-, drei- und sechspulsigen Schaltungen. Der Nullpunkt der Zeitzählung ist so gewählt, daß bei der harmonischen Analyse entweder nur Sinusschwingungen oder nur Kosinusschwingungen erhalten werden. Für die zweipulsige Schaltung ist die harmonische Analyse gemäß Gl. (10.4) sehr einfach und hat das bekannte Ergebnis:

$$f(x) = \frac{4}{\pi} (\sin x + \tfrac{1}{3} \sin 3x + \tfrac{1}{5} \sin 5x + \dots).$$

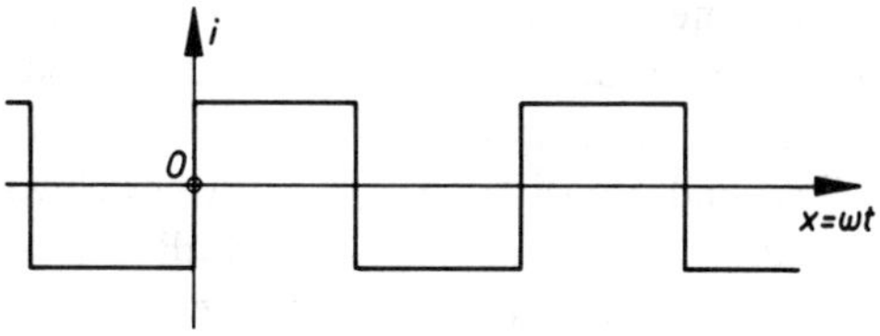

Bild 10.13
Primärstromverlauf einer zweipulsigen Schaltung

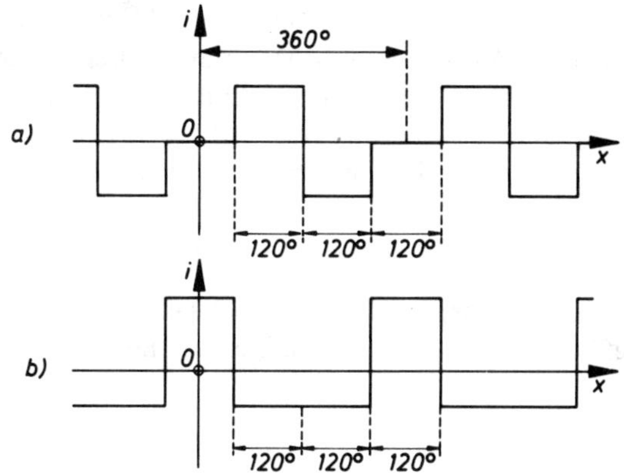

Bild 10.14
Primärstromverläufe von dreipulsigen Schaltungen

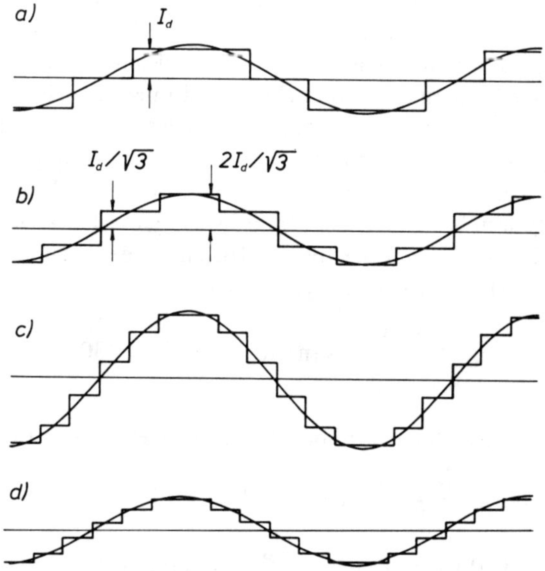

Bild 10.15
a), b) Primärstromverläufe von sechspulsigen Schaltungen
c) Summenstrom von a) und b)
d) halber Summenstrom, zwölfpulsige Schaltung

Infolge der zweiten Symmetriebedingung sind nur ungerade Harmonische vorhanden. Im Spektrum sind die durch zwei teilbaren Ordnungszahlen zu streichen, die verbleibenden Harmonischen haben, bezogen auf die Grundschwingung, die Größe $\frac{b_n}{b_1} = \frac{1}{n}$. Bei der dreipulsigen Schaltung bleibt der Strom jeweils über ein Intervall von 120° konstant. Das ist aber für die dritte Harmonische und alle durch drei teilbaren Ordnungszahlen eine ganze Periode, bzw. ein Vielfaches davon. Da der Mittelwert einer Sinus- oder Kosinusfunktion über eine ganze Periode Null ist, verschwindet bei Anwendung von Gl. (10.4) das Integral, und wir können im Spektrum alle Ordnungszahlen, die durch drei teilbar sind, streichen. Es sind nur Oberschwingungen mit den Ordnungszahlen $n = 3 \cdot g \pm 1$ vorhanden. Bei den beiden Stromverläufen der sechspulsigen Schaltung gemäß Bild 10.15 können wir wegen der Symmetriebedingung $f(x + \pi) = -f(x)$ wiederum sämtliche geradzahligen Harmonischen streichen. Hier bleiben die Ströme über Intervalle von mindestens 60° jeweils konstant; damit entfallen alle Harmonischen, deren Ordnungszahl durch 6 teilbar ist. Auch Harmonische mit durch drei teilbaren Ordnungszahlen sind nicht vorhanden. Man überzeugt sich leicht davon, indem man die Funktion $f(x) \cdot 3 \sin x$ ähnlich wie in Bild 10.17 aufträgt. Der Mittelwert dieses Produkts über die Periode ist Null. Hier bleiben also nur Harmonische mit Ordnungszahlen übrig, für die gilt:

$$n = 6g \pm 1 .$$

Die Ausrechnung des Integrals nach Gl. 10.4 für die von Null verschiedenen Harmonischen liefert wiederum für das Verhältnis der Beträge

$$\frac{|b_n|}{b_1} = \frac{1}{n}. \tag{10.43}$$

Bei den bisherigen Beispielen war also das Oberschwingungsspektrum allein durch die Pulszahl der Schaltung bestimmt. Die Bilder 10.14 a, b und 10.15 a, b beziehen sich jeweils auf Schaltungen gleicher Pulszahl. Trotz gleicher Pulszahl unterscheiden sich die Kurvenformen a und b, wenn die Stromrichtertransformatoren eine unterschiedliche Phasendrehung aufweisen. Da wir jeweils nur Sinusglieder, bzw. bei Bild 10.14b nur Kosinusglieder haben und die Spektren für die Beträge der Oberschwingungen bei gleicher Pulszahl übereinstimmen, sind die Unterschiede in den Vorzeichen der Koeffizienten bestimmter Oberschwingungen begründet. Bei den sechspulsigen Schaltungen ergibt z.B. der Stromverlauf gemäß Bild 10.17b nur positive Koeffizienten, bei dem Stromverlauf nach Bild 10.17a liefert die Durchführung der Integration nach Gl. (10.4)

$$b_n = \frac{2}{\pi} \cdot \frac{1}{n} [\cos(n \cdot 30°) - \cos(n \cdot 5 \cdot 30°)] .$$

Für ungerade n wird daraus nach einigen kleinen Umformungen:

$$b_n = \frac{1}{n} \cdot \frac{4}{\pi} \cdot \cos(n \cdot 30°) .$$

Bild 10.16 zeigt $\cos(n \cdot 30°)$ am Einheitskreis.

Es ergibt sich $b_n \neq 0$ für

$$n = 1, 5, 7, 9, 11, 13, \ldots \quad = g \cdot 6 \pm 1$$

$$\frac{b_n}{b_1} = -\frac{1}{n} \quad \text{für ungerade g} \quad n = 5, 7, 17, 19, \ldots$$

$$\frac{b_n}{b_1} = +\frac{1}{n} \quad \text{für gerade g} \quad n = 1, 11, 13, 23, 25 \ldots.$$

Man kann auch dies, ohne das Integral formelmäßig auszurechnen, sich veranschaulichen, indem man die Funktion $f(x) \cdot \sin 5x$ aufträgt. Aus Bild 10.17 ist klar ersichtlich, daß das Integral von $f(x) \cdot \sin 5x\, dx$ über die ganze Periode genommen, und damit der Koeffizient der fünften Harmonischen, im Fall a) negativ, im Fall b) positiv ausfällt.

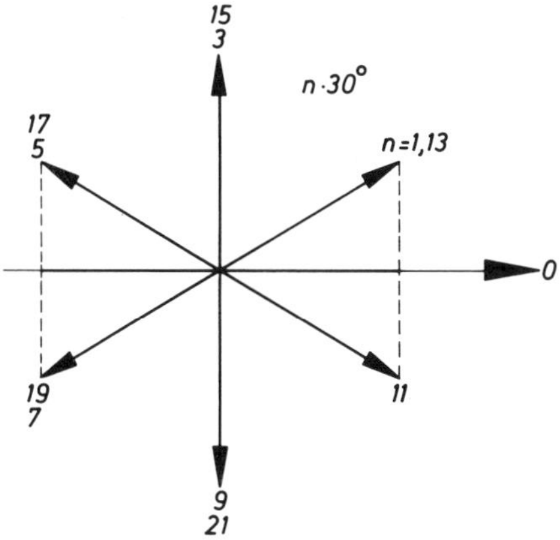

Bild 10.16. cos(n · 30°) für ungerade n

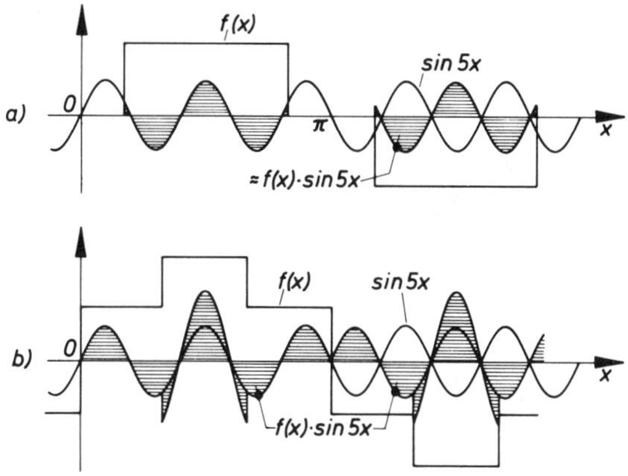

Bild 10.17
Graphische Abschätzung des Vorzeichens der 5. Oberschwingung bei 6-pulsigen Schaltungen

Man kann sich diesen Sachverhalt leicht merken, ohne die Skizze nach Bild 10.17 anfertigen zu müssen. (Das ist nützlich, weil 6-pulsige Schaltungen als Grundschaltungen sehr häufig vorkommen):

Der Stromverlauf nach Bild 10.17a beginnt im Nullpunkt mit waagerechter Tangente. Die dem Betrag nach größten Harmonischen sind negativ.

In Bild 10.17b beginnt der Stromverlauf im Nullpunkt mit senkrechter Tangente. Die dem Betrag nach größten Harmonischen haben positives Vorzeichen.

Berechnung der Grundschwingung des Primärstroms und des Gesamteffektivwertes aus der ideellen Gleichstromleistung

Wir nehmen wiederum den ideellen Fall an und beachten, daß die Primärspannung rein sinusförmig mit dem Innenwiderstand Null vorausgesetzt ist. Dann ist die mittlere

Leistung auf der Gleichstromseite

$$P_d = U_{di} \cdot I_d . \tag{10.44}$$

Die mittlere Leistung auf der Wechsel- bzw. Drehstromseite ist:

$$\overline{P}_I = m_I \cdot U_{I1} \cdot I_{I1} \cdot \cos \varphi_{I1} \tag{10.45}$$

Es bedeuten: m_I die primäre Strang- oder Phasenzahl, I die Primärseite, 1 die Ordnungszahl. Aus den Grundlagen ist nämlich bekannt, daß ein Wechselstrom nur mit einer Spannung gleicher Frequenz im Mittel Leistung umsetzt. (Mathematisch heißt dies: Das Integral über das Produkt von zwei Sinusschwingungen mit ganzzahligem Frequenzverhältnis wird nur dann ungleich Null, wenn die Frequenzen gleich sind und die Phasendifferenz nicht gerade 90° beträgt). Ferner ist, da bisher nur der Fall $\alpha = 0$ betrachtet wurde, die Grundwelle des Primärstroms mit der Primärspannung in Phase. Es folgt also mit $\cos \varphi_{I1} = \cos \alpha = 1$ und $\overline{P}_I = P_d$:

$$I_{I1} = \frac{1}{m_I} \cdot \frac{U_{di}}{U_{I1}} \cdot I_d . \tag{10.46}$$

Wird $U_{di}/U_{I1} = K_u$ genannt (Werte für K_u s. Abschnitt 4.2), so folgt:

$$I_{I1} = \frac{K_u}{m_I} \cdot I_d \tag{10.46a}$$

und mit

$$\frac{I_d}{I_{I1}} = K_i \qquad I_d = K_i \cdot I_{I1} \qquad \text{folgt:}$$

$$K_u \cdot K_i = m_I \qquad K_i = \frac{m_I}{K_u} . \tag{10.47}$$

Zwei Schaltungen mit gleicher ideeller Gleichstromleistung und gleicher primärer Strang- oder Phasenzahl und gleicher Primärspannung haben demnach den gleichen primären Grundschwingungsstrom. Für die Mittelpunktsschaltung gilt für K_u Gl. (4.5) also $K_i = m_I \cdot \pi/(p \cdot \sqrt{2} \cdot \sin \frac{\pi}{p})$.

Da bei gleicher Pulszahl auch das Oberschwingungsspektrum gleich ist, muß wegen der ebenfalls aus den Grundlagen bekannten Beziehung

$$I_{I\,eff}^2 = I_{I1}^2 + I_{I3}^2 + \ldots$$

auch der Gesamteffektivwert des Primärstromes gleich sein, falls primäre Phasenzahl, primäre Spannung, Pulszahl, ideelle Gleichspannung und Gleichstromleistung übereinstimmen. Unter dieser Voraussetzung sind also z. B. die Effektivwerte der beiden Ströme in Bild 10.15 a und b gleich. (Sie sind in einem diesen Voraussetzungen entsprechenden Maßstab gezeichnet.) Man braucht die Werte der Tabelle 10.9 also jeweils nur einmal für jede Pulszahl zu ermitteln. Auch die Werte für $p = 12$ wurden errechnet, obgleich Schaltungen dieser Pulszahl erst weiter unten eingeführt werden. Der „Grundschwingungsgehalt" des Primärstroms, $I_{I1}/I_{I\,eff}$ hat für $p = 3$ den schlechtesten Wert und strebt dann mit wachsendem p dem Wert 1 zu.

Tabelle 10.9:

p	2	3	6	12	∞
$K_u = U_{di}/U_p$	0,9	1,17	1,35	1,395	$\sqrt{2}$
$K_i = I_d/I_{I1}$	1/0,9	3/1,17	3/1,35	3/1,395	$3/\sqrt{2}$
I_d/I_{Ieff}	1	1,77	2,12	2,13	$3/\sqrt{2}$
I_{I1}/I_{Ieff}	0,9	0,689	0,955	0,989	1

Im ideellen Fall ist die an der Glättungsdrossel umgesetzte Augenblicksleistung reine Oberschwingungsleistung, d. h. genau die Leistung, die primär die Oberschwingungsströme mit der (Grundwellen)-Spannung umsetzen. Eine Ausnahme stellt der Fall $m = 1$ (einphasiger Fall) dar, bei dem auch bei einwelliger Sinusform der Ströme und Spannungen die Augenblicksleistung mit doppelter Netzfrequenz pulsiert und nicht konstant ist. Daß bei dieser Schaltung die Drosselleistung mit der gleichen Frequenz pulsiert wie die Grundschwingungsleistung, ist der physikalische Grund dafür, daß bei der zweipulsigen Schaltung der Grundschwingungsgehalt günstiger ist als bei der dreiphasigen Mittelpunktschaltung.

Oberschwingungsspektrum der Primärströme aus der Betrachtung der Augenblicksleistung

Für den ideellen Fall müssen nicht nur die Mittelwerte, sondern auch die Augenblickswerte der Leistungen übereinstimmen, wenn man einmal die Summe der primären Klemmenleistungen, zum anderen die Augenblicksleistung an den Stromrichterausgangsklemmen vor der Glättungsdrossel betrachtet. Wenn der ausgangsseitige Strom konstant angenommen wird, bestimmt der Verlauf der (ideellen) Stromrichterausgangsspannung den zeitlichen Verlauf der Leistung. Legt man den Nullpunkt der Zeitzählung in ein Maximum der Phasenspannung, so kann man ansetzen:

$$P_{II}(t) = u_d(t) \cdot I_d = I_d \left[U_{di} + \sum_{\nu=1}^{\infty} \sqrt{2}\, U_\nu \cos(\nu \omega t) \right] \tag{10.48}$$

mit

$$\nu = g \cdot p .$$

Für Primärspannung, Strom und Leistung kann man also schreiben:

$$u_{I1} = \sqrt{2}\, U_{I1} \cos \omega t$$

$$i_I = \sqrt{2} \sum_{n=1}^{\infty} I_{In} \cdot \cos(n \cdot \omega t)$$

$$P_I = 2\, U_{I1} \sum_{n=1}^{\infty} I_{In} \cos(n \cdot \omega t) \cdot \cos \omega t , \tag{10.49}$$

wenn man vorerst nur einen Strang bzw. nur eine Phase betrachtet.

Das Additionstheorem liefert:

$$\cos(n \cdot \omega t) \cdot \cos \omega t = \tfrac{1}{2} \cos[(n+1)\,\omega t] + \tfrac{1}{2} \cos[(n-1)\,\omega t] .$$

Wir setzen dies ein und zerlegen die Summe (Gl. (10.49)) in einen Summanden für $n = 1$ und eine Summe, die die Terme mit $n > 1$ enthält.

$$P_{I1} = U_{I1} \cdot I_{I1}(\cos 2\omega t + 1) + U_{I1} \sum_{n=2}^{\infty} I_{In}(\cos[(n+1)\omega t] + \cos[(n-1)\omega t] \quad (10.50)$$

Der erste Summand enthält nur die zur Grundschwingung gehörenden Anteile, die bekanntermaßen aus einem konstanten Mittelwert und einem schwingenden Anteil mit der doppelten Netzfrequenz bestehen. Der zweite Term enthält die schwingenden Anteile, die von den Oberschwingungsanteilen des Primärstroms herrühren. In den letztgenannten Anteilen sind Leistungsschwingungen mit den Frequenzen $(n+1)\omega$ und $(n-1)\omega$ enthalten.

In der sekundären Leistung sind die Frequenzen $\nu \cdot \omega = g \cdot p \cdot \omega$ enthalten. Also treten für den Strom, von der Grundwelle abgesehen, nur Ordnungszahlen auf, die die Bedingungen

$$g \cdot p \cdot \omega = (n \pm 1)\omega$$

erfüllen. Daraus folgt das oben schon vermutete Oberschwingungsgesetz:

$$n = g \cdot p \pm 1 . \quad (10.51)$$

Unter Verwendung von Gl. (10.7) für die Größe der Oberschwingungen auf der Gleichstromseite läßt sich auch das Gesetz $|I_{In}/I_{I1}| = 1/n$ aus dieser Leistungsbetrachtung herleiten.

Bei einer primären Strang- oder Phasenzahl $m_I = 3$ ergänzen sich die Grundschwingungsleistungen zu einem konstanten Mittelwert, der also gleich dem Mittelwert der Gleichstromleistung, nämlich gleich $P_{di} = U_{di} \cdot I_d$ sein muß. Da der zweite Term in Gl. (10.50) nur schwingende Leistungsanteile enthält, wird bestätigt, daß die Oberschwingungen im Strom im Mittel keine Leistungen übertragen. Das wird später bei den Betrachtungen zum Leistungsfaktor zu berücksichtigen sein. Aus Symmetriegründen müssen die Oberschwingungsströme in allen drei Phasen gleich groß sein und gleiche Phasenlage bezüglich der Grundschwingung haben.

Betrachtung der Oberschwingungsströme als Drehstromsysteme

Bei aus dreiphasigen Grundschaltungen aufgebauten Stromrichterschaltungen, d. h. bei nahezu allen angewendeten primär dreiphasigen Schaltungen, ist die Pulszahl ein ganzzahliges Vielfaches von 3, $p = 3 \cdot K$. Infolgedessen kommen nur Oberschwingungen vor, deren Ordnungszahlen der Bedingung genügen

$$n = 3 \cdot K \pm 1 .$$

Die Oberschwingungsströme dieser Ordnungszahlen bilden wiederum Drehstromsysteme, die teils mit, teils gegen das Grundschwingungssystem drehen. Hat das Grundschwingungssystem die Phasenfolge $0°$, $-120°$, $-240°$, so ist die Phasenfolge für eine Oberschwingung mit der Ordnungszahl

$$3K+1:\ 0^\circ,\quad -120^\circ\cdot(3K+1),\quad -240^\circ\cdot(3K+1)$$

d. h.

$$0^\circ;\ -120^\circ;\ -240^\circ,$$

da $3K\cdot 120^\circ = K\cdot 360^\circ$ ist. Der Drehsinn ist der gleiche wie beim Grundschwingungssystem.

Für $n = (3K-1)$ ergibt sich die Phasenfolge

$$0^\circ,\quad -120^\circ(3K-1),\quad -240^\circ(3K-1),$$

d. h.

$$0^\circ,\quad +120^\circ,\quad +240^\circ,$$

das ist der entgegengesetzte Drehsinn, verglichen mit dem Grundschwingungssystem. Für eine sechspulsige Schaltung liefert also die fünfte Harmonische ein System entgegengesetzten Drehsinns, die siebente Harmonische ein System gleichen Drehsinns wie die Grundschwingung. Oberschwingungen, die „Null-Systeme" bilden, d. h. in den drei Strängen gleichphasig sind, kommen nicht vor.

Oberschwingungsspektrum für den ideellen Fall bei Ansteuerung

Aus den Betrachtungen in Abschnitt 5.2 ist bekannt, daß für den ideellen Fall beim gesteuerten Stromrichter sich der Strom in seiner Kurvenform nicht verändert, sondern nur um den Winkel α in der Phasenlage gegenüber der treibenden Spannung verschiebt. Infolgedessen hat für den ideellen Fall die Ansteuerung keinen Einfluß auf das Oberschwingungsspektrum. Auf die Konsequenzen für den Leistungsumsatz kommen wir im Kapitel 11 noch zurück.

10.9. Erhöhung der Pulszahl zur Verbesserung des primären Oberschwingungsspektrums

Nach den vorstehenden Ausführungen ist verständlich, daß ein Verbraucher, der neben dem Grundwellenstrom Oberschwingungsströme aufnimmt, Nachteile für das ihn speisende Drehstromsystem bringt. Ferner wird erkennbar, daß man dem Idealfall oberschwingungsfreien Primärstroms um so näher kommt, je höher die Pulszahl ist. Aufgrund der Ableitung über die Leistungsbetrachtung ist einleuchtend, daß für den ideellen Fall mit der Erhöhung der Pulszahl der ideellen Gleichspannung auch das Oberschwingungsspektrum auf der Drehstromseite verbessert wird.

Pulszahl-Vielfachung durch Reihenschaltung

Die der ideellen Gleichspannung überlagerte Wechselspannung hat bezogen auf die Grundwelle bei $p = 3$ eine Periode von 120°, bei $p = 6$ eine Periode von 60°. Die Hälfte dieses Wertes bedeutet jeweils Phasenopposition für die Oberschwingung niedrigster Ordnungszahl in der Gleichspannung. Schaltet man also zwei um 60° im Grundwellenzeitmaß gegeneinander verschobene dreiphasige Mittelpunktschaltungen in Reihe, so hebt sich in der Summenspannung die dritte Harmonische heraus, es wird 6-pulsige Welligkeit erhalten. Die Drehstrombrückenschaltung stellt, wie in Abschnitt 7.3 ausgeführt, eine Reihenschaltung von zwei um 60° gegeneinander versetzten Dreiphasenschaltungen dar, weil die natürlichen Zündzeitpunkte auf der A-Seite und der K-Seite der Brücke um 60° gegeneinander versetzt sind.

Die Einphasenbrückenschaltung besteht jedoch aus der Reihenschaltung von zwei gleichphasigen Einphasenbrückenschaltungen, weil hier die natürlichen Zündzeitpunkte für A-Seite und K-Seite zusammenfallen, die Teilsysteme also nicht gegeneinander in der Phase verschoben sind. Die 6-pulsigen Schaltungen, die den Bildern 10.17a und b entsprechen, haben Gleichspannungsverläufe, die im Grundschwingungsmaß gegeneinander um $\Delta\varphi = 30°$ verschoben sind. Die sechsten Harmonischen in der ideellen Spannung der beiden Schaltungen sind also in Phasenopposition, da die Periodendauer für die sechste Harmonische im Grundschwingungsmaß 60° beträgt. Die Reihenschaltung von zwei solchen Schaltungen mit gleicher ideeller Gleichspannung liefert also zwölfpulsige Welligkeit für die resultierende Gleichspannung.

Werden die Primärwicklungen der beiden Transformatoren parallel geschaltet, was meistens der Fall ist, so addieren sich dort die Ströme. Dabei tilgen sich die Oberschwingungen der Ordnung $n = 6g \pm 1$ für ungerade Werte von g, da sie gegenphasig sind. Das resultierende Oberschwingungsspektrum des Primärstroms der Schaltung entspricht der resultierenden Pulszahl 12 auf der Gleichstromseite (Bild 10.15c bzw. d).

Von dieser Phasenvervielfachung durch Reihenschaltung macht man vorzugsweise dann Gebrauch, wenn hohe Gleichspannungen benötigt werden, z. B. bei der Hochspannungs-Gleichstromübertragung.

Pulszahl-Vielfachung durch Parallelschaltung

Die Saugdrosselschaltung war ein Beispiel dafür, daß eine Erhöhung der Pulszahl auf der Gleichspannungsseite auch durch Parallelschaltung von Teilstromrichtern erreicht werden kann. Hier ergab sich eine Spannung mit 6-pulsiger Welligkeit durch Bildung des Mittelwerts (Spannungsteilung) der Augenblickswerte der Gleichspannungen zweier um 60° versetzter Dreiphasensysteme. Da sich auf der Primärseite die Ströme der beiden Teilsysteme überlagern, tilgen sich die für $p = 3$ kennzeichnenden Harmonischen. Diese sind bekanntlich wegen der Größe und der dichten Besetzung des Spektrums, ferner wegen der Geradzahligkeit besonders unangenehm.

Eine ähnliche Wirkung wird erzielt, wenn man die 6-pulsigen Schaltungen nach den Bildern 10.15a und b parallel schaltet und den Augenblickswert der Spannungen induktiv teilt, z. B. durch einzelne Glättungsdrosseln oder eine mittelangezapfte Glättungsdrossel (12-pulsige Welligkeit).

Schwenktransformatoren

In den Bildern 10.15a und b ist der Primärstrom eines Transformators ohne Phasenschwenkung dem Primärstrom eines Transformators mit 30° Phasenschwenkung gegenübergestellt. Aus der Leistungsbetrachtung folgt (s. o.), daß die Grundschwingungen auf der Primärseite gleichphasig sein müssen. Bei $\Delta\varphi = 30°$ sind die sechsten Harmonischen auf der Gleichspannungsseite in Phasenopposition. Daher müssen auf der Drehstromseite die ihnen zugeordneten Harmonischen der Ordnungszahl $6g \pm 1$ für ungerade Zahlen g ebenfalls gegenphasig sein. Man kann das gleiche offensichtlich erreichen, auch wenn man Transformatoren der gleichen Schaltungsgruppe verwendet, indem man die Aufgabe der Phasendrehung einem vorgeschalteten eigenen Transformator (vorzugsweise in Sparschaltung) überträgt („Schwenktransformator").

Man kann, wenn man die Gleichspannungen parallel oder in Reihe, die Primärwicklungen parallel schaltet, nicht nur die resultierende Pulszahl 2p, wie im Beispiel, sondern jedes ganzzahlige Vielfache Kp durch passende Phasenschwenkungen erreichen. Der Winkel zwischen zwei benachbarten Strangspannungen des gleichen Systems sei $\delta = 360°/p$ genannt. Dann sind die benötigten Schwenkwinkel

$$\Delta\varphi = 0°, \frac{\delta}{K}, 2\frac{\delta}{K}, \ldots, (K-1)\frac{\delta}{K}. \tag{10.52}$$

Ein Schwenktransformator ist in der Lage, die Stromkurvenform zu verändern, z. B. bei Belastung nach Bild 10.15a einen Primärstrom nach Bild 10.15b zu erzeugen. Bild 10.18 zeigt die Schaltungsanordnung zunächst an einem vereinfachten Prinzip, Bild 10.19 die

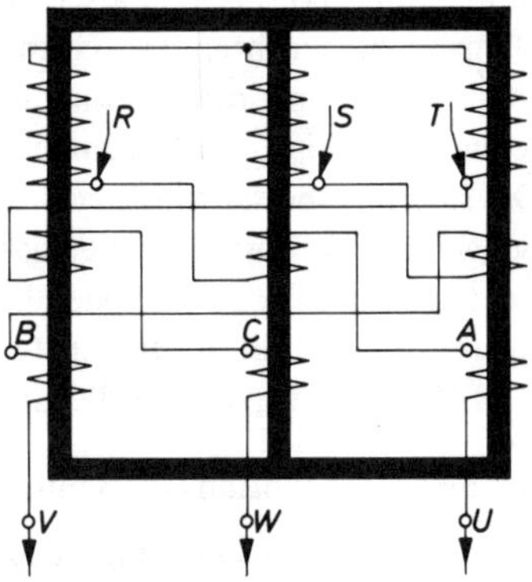

Bild 10.18. Schwenktransformator in Zickzack-Sparschaltung

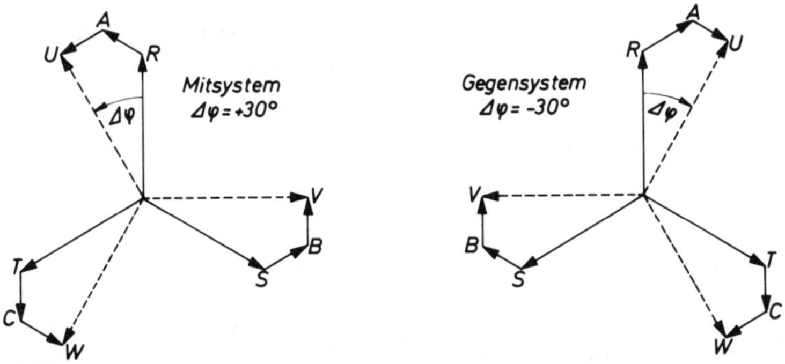

Bild 10.19. Zeigerdiagramm der Zickzack-Schaltung

zugehörigen Zeigerdiagramme. Man erkennt, daß ein Schwenktransformator, der für das Mitsystem um einen Winkel $\Delta\varphi$ vordreht, für das Gegensystem um einen Winkel $\Delta\varphi$ zurückdreht. (Die Buchstaben im Potentialdiagramm sind den Bezugspunkten in der Schaltungsskizze zugeordnet). Wie aus dem Zeigerdiagramm ersichtlich ist, hat der als Beispiel gezeigte Schwenktransformator ein von 1 verschiedenes Übersetzungsverhältnis der Spannungsbeträge. Gebraucht werden für die Anlagentechnik aber bevorzugt Schwenktransformatoren, die nur die Phase drehen, ohne die Höhe der Spannung zu verändern. Das leisten z. B. Schaltungen nach Bild 10.20. (Man überlege sich für diesen Fall die Wicklungsanordnung und Schaltung analog zu Bild 10.18.) Auf Schwenktransformatoren dieser Art wird unten näher eingegangen.

Man kann nun die Übertragung von Augenblickswerten wie auch die Übertragung einzelner Harmonischer über den Schwenktransformator betrachten. Wir wollen das letztgenannte zuerst anhand von Bild 10.21 durchführen. Die beiden Haupttransformatoren mögen gleiche Schaltgruppe haben, z. B. gemäß Bild 10.15a. Da der Gruppe B ein Primärspannungssystem angeboten wird, das durch den Schwenktransformator um $\Delta\varphi = 30^\circ$ vorgedreht ist, entspricht der Strom i_B''' völlig dem Strom i_A'' und ist lediglich 30° in der Phasenlage voreilend. Entsprechendes gilt zwischen i_B'' und i_A. Für den Übergang von i_B'' (Ausgangsseite des Schwenktransformators) zu i_B (Eingangsstrom des Schwenktransformators) sind Grundschwingung und Oberschwingungen mit ihrem jeweiligen Drehsinn zu beachten. Der Grundschwingungsanteil von i_B eilt i_B'' um $\Delta\varphi = 30^\circ$ nach, ist also mit dem Grundschwingungsanteil von i_A in Phase. Der Anteil der fünften Oberschwingung von i_B'' eilt gegenüber i_A im Grundschwingungsmaß ebenfalls um 30° vor. Das sind im Oberschwingungsmaß jedoch $5 \cdot 30^\circ = 150^\circ$ Voreilung. Das Vorzeichen des Schwenkwinkels ist, wie oben gezeigt, umgekehrt wie für die Grundwelle, weil das System der 5. Harmonischen ein gegendrehendes System ist (s. Bild 10.22). Beim Übergang von i_B'' nach i_B kommt für die fünfte Oberschwingung also noch eine Phasendrehung von $+30^\circ$ (statt -30°, wie für die Grundwelle,) hinzu.

Ergebnis: Die fünften Oberschwingungen in i_A und i_B haben eine Phasendifferenz von 180°.

Die siebte Oberschwingung in i_B'' eilt ebenfalls im Grundschwingungsmaß gegenüber der siebten Oberschwingung in i_A um 30° vor. Im Gradmaß der siebten Oberschwingung sind das $7 \cdot 30^\circ = 210^\circ$. Die siebte Oberschwingung erfährt, wie oben gezeigt, als Mitsystem die gleiche Phasendrehung wie die Grundschwingung, beim Übergang von i_B'' zu i_B also um -30°. Die siebte Oberschwingung in i_B ist also zu der siebten Oberschwingung in i_A um $210^\circ - 30^\circ = 180^\circ$ phasenverschoben.

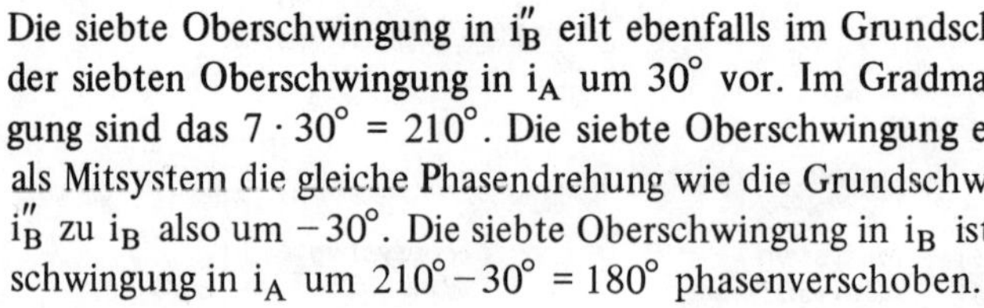

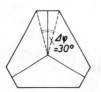

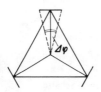

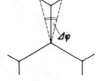

Bild 10.20
Schaltungen von Schwenktransformatoren mit $|U_1| / |U_2| = 1$

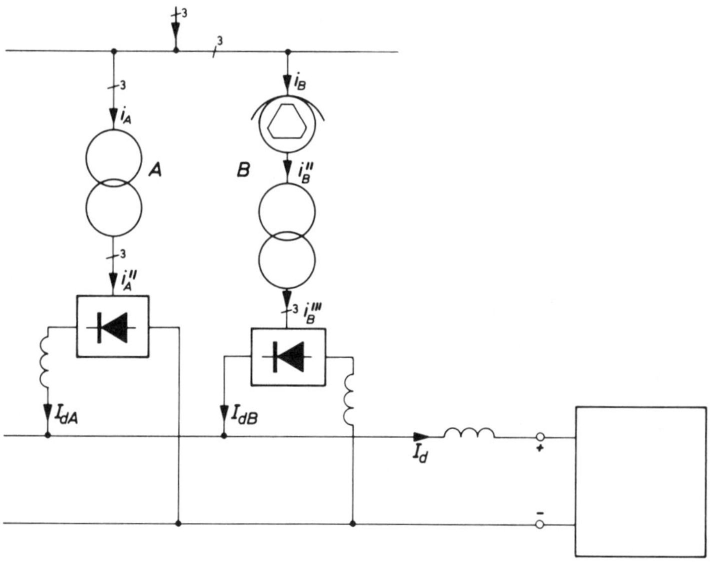

Bild 10.21. Schaltanordnung mit Schwenktransformator zur Erhöhung der Pulszahl

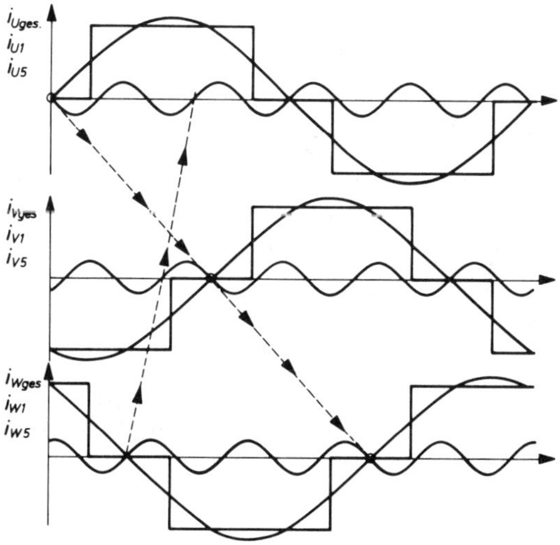

Bild 10.22
Liniediagramme der Grundschwingung und der 5. Oberschwingung

Betrachtung der Augenblickswerte; Berechnung der Typenleistung

Bild 10.23 zeigt die Wicklungsanordnung und das Spannungspolygon eines Schwenktransformators in Polygonschaltung. Auch hier wird die Typenleistung als halbe Summe der Wicklungsleistungen erhalten. Dazu müssen die Spannungen und die Effektivwerte der Ströme aller Teilwicklungen, bzw. wegen der Symmetrie von zwei Teilwicklungen,

z. B. RU und VT ermittelt werden. Aus der Geometrie folgt, wenn $\Delta\varphi$ den Schwenkwinkel und U_p die Sternspannung des Drehspannungssystems bedeutet:

$$U_{RU} = 2\,U_p \sin\frac{\Delta\varphi}{2} \qquad U_{VT} = 2U_p \sin\left(60° - \frac{\Delta\varphi}{2}\right). \tag{10.53}$$

Damit sind die Spannungen an den Teilwicklungen bekannt.

Für die Berechnung der Wicklungsströme und des Primärstroms wird von den Sekundärströmen ausgegangen. (i_{IIa}, i_{IIb}, i_{IIc}). Man stelle sich darunter z.B. Ströme wie in den Bildern 10.17a oder b vor. Dann kann man für die Knotenpunkte U, V, W die Knotenpunktgleichungen angeben:

$$i_{RU} - i_{US} = i_{IIa}$$
$$i_{SV} - i_{VT} = i_{IIb}$$
$$i_{TW} - i_{WR} = i_{IIc}$$

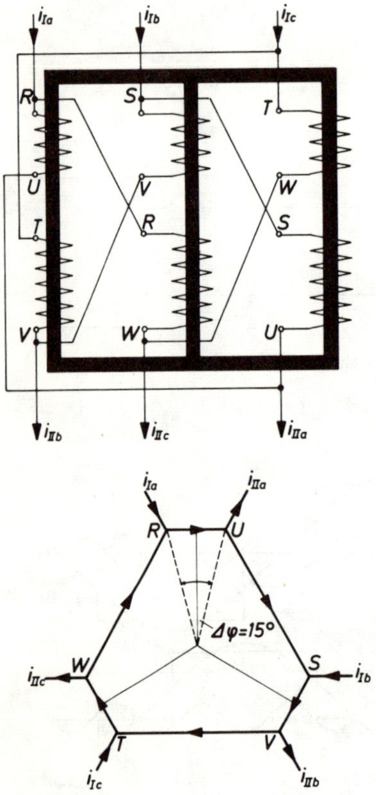

Bild 10.23
Schwenktransformator in Polygonschaltung

Ferner muß auf jedem Schenkel Durchflutungsgleichgewicht bestehen. Das liefert die Gleichungen:

$$i_{RU} - \frac{1}{ü}\, i_{VT} = 0$$

$$i_{SV} - \frac{1}{ü}\, i_{WR} = 0$$

$$i_{TW} - \frac{1}{ü}\, i_{US} = 0.$$

mit $ü = U_{RU}/U_{VT}$ (s. Gl. (10.53)).

Durch paarweises Zusammenfassen erhält man drei Gleichungen mit nur noch drei unbekannten Strömen:

$$-i_{US} + \frac{1}{ü} i_{VT} = i_{IIa}$$

$$-i_{VT} + \frac{1}{ü} i_{WR} = i_{IIb}$$

$$-i_{WR} + \frac{1}{ü} i_{US} = i_{IIc}$$

Da die Determinante dieses Gleichungssystems

$$D = \begin{vmatrix} -1 & 1/ü & 0 \\ 0 & -1 & 1/ü \\ 1/ü & 0 & -1 \end{vmatrix} = \frac{1}{ü^3} - 1 = \frac{-(ü^3 - 1)}{ü^3}$$

nicht verschwindet, lassen sich die Wicklungsströme als Linearkombinationen der Sekundärströme mit Hilfe der Kramerschen Regel schreiben:

$$i_{US} = \frac{1}{D}\left(i_{IIa} + \frac{1}{ü} i_{IIb} + \frac{1}{ü^2} i_{IIc}\right). \tag{10.54}$$

Die Ausdrücke für i_{VT} und i_{WR} lauten wegen der Symmetrie ganz entsprechend

$$i_{VT} = \frac{1}{D}\left(i_{IIb} + \frac{1}{ü} i_{IIc} + \frac{1}{ü^2} i_{IIa}\right)$$

$$i_{WR} = \frac{1}{D}\left(i_{IIc} + \frac{1}{ü} i_{IIa} + \frac{1}{ü^2} i_{IIb}\right).$$

Für die drei verbleibenden Wicklungsströme folgt aus dem Übersetzungsverhältnis:

$$i_{RU} = \frac{1}{ü} i_{VT}$$

$$i_{SV} = \frac{1}{ü} i_{WR} \tag{10.55}$$

$$i_{TW} = \frac{1}{ü} i_{US}.$$

Bei bekanntem Verlauf der Sekundärströme können also die Wicklungsströme, damit deren Effektivwerte und die Wicklungsleistungen und damit die Typenleistung des Schwenktransformators bestimmt werden. Ferner können die Primärströme nun aus den Wicklungsströmen mit Hilfe der Knotenpunktsgleichungen für die Punkte R, S, T dargestellt werden.

Für den ideellen Fall werden für die Wicklungsströme wie für die Primärströme abgestufte Rechteckströme erhalten. Wie eingangs des Abschnitts vermutet, ändert sich die Primärstrom-Kurvenform eines Stromrichters bei Übertragung über einen Schwenktransformator.

Erwartungsgemäß findet man, daß die Typenleistung eines Schwenktransformators mit dem Schwenkwinkel wächst, und zwar in erster Annäherung proportional:

Tabelle 10.10:

$\Delta\varphi$	0°	7,5°	15°	30°
$\dfrac{S_T}{S_d}$	0	0,133	0,235	0,418

S_T Typenleistung des Schwenktransformators
S_d Drehstrom-Durchgangs-Scheinleistung

Will man bei einer Anlage großer Leistung also zu einer Erhöhung der Pulszahl kommen, wird man versuchen, mit möglichst wenig verschiedenen Stromrichtertransformator-Typen und mit möglichst nur einem Schwenktransformatorentyp für einen möglichst kleinen Schwenkwinkel auszukommen. Da bei $\Delta\varphi = 30°$ die Typengröße schon 42 % der Durchgangsleistung beträgt, wird eine 30°-Schwenkung stets durch Verwendung von Haupttransformatoren unterschiedlicher Schaltgruppe (z. B. Dy neben Yy bei Brückenschaltung) bewerkstelligt. Bei Zusammenbau von zwei Transformatoren dieser Art auf einem Kern gemäß Bild 10.24 wird eine Ersparnis an Eisen erzielt, weil der Fluß in dem mittleren Querschenkel als Differenz zweier 30° gegeneinander phasenverschobener Wechselflüsse etwa die Hälfte des Schenkelflusses beträgt. Von dieser Möglichkeit wird bei Anlagen mit nicht zu hoher Gleichspannung und Leistung Gebrauch gemacht. Neben den unmittelbaren Investitionskosten ist auch die Frage der Reservehaltung für die Transformatoren zu beachten.

$\Phi_3 = \Phi_1 - \Phi_2$
$\Phi_{3max} = 2 \cdot \sin 15° \cdot \Phi_{1max}$
$\Phi_{3max} = 0{,}52 \cdot \Phi_{1max}$

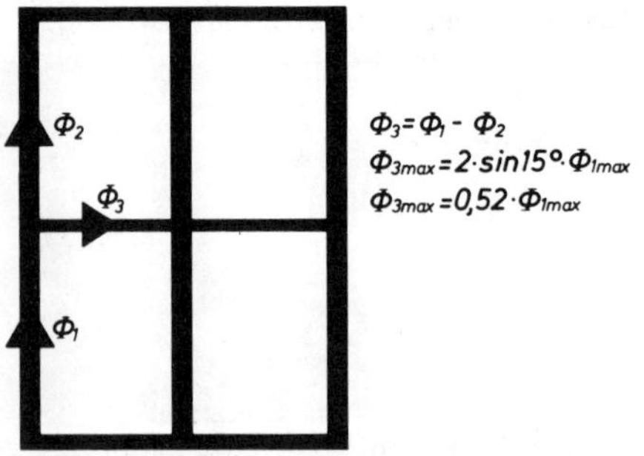

Bild 10.24
Eisenersparnis durch Zusammenbau zweier Haupttransformatoren verschiedener Schaltgruppen

Für Spartransformatoren ist die Kurzschlußfestigkeit für einen Kurzschluß unmittelbar hinter dem Spartransformator sehr schwierig zu beherrschen. Bei Brückenschaltungen wird diese Schwierigkeit vermindert, wenn man den Schwenktransformator hinter dem Stromrichtertransformator, bei Hochstrom-Anlagen also auf der Niederspannungsseite anordnet. Prinzipiell können auch die Primärwicklungen der Stromrichtertransformatoren selbst für eine Phasenschwenkung gemäß Bild 10.20 ausgeführt werden.

10.10. Oberschwingungen im Netzstrom bei Vorhandensein von Überlappung

Nun soll die Annahme vollkommen glatten Gleichstroms beibehalten, jedoch für den Fall $\alpha = 0^\circ$ die Überlappung berücksichtigt werden. In den Kapiteln 3 bis 5 wurde gezeigt, daß in der Überlappungsdauer der Einfluß des ohmschen Widerstandes vernachlässigt werden kann und der Stromverlauf Ausschnitten aus Sinuskurven entspricht. Die Symmetrien, die für das Oberschwingungsspektrum bei jeder Pulszahl maßgebend waren, bleiben erhalten; außer den für den ideellen Fall charakteristischen Oberschwingungen treten keine zusätzlichen auf. Es ändert sich jedoch die Phasenlage der Grundschwingung gegenüber dem ideellen Fall, d. h., wenn die Periode der Primärspannung als Basis gewählt wird, tritt bei der harmonischen Analyse eine Sinus- und eine Kosinuskomponente auf.

Bei Steuerung des Stromrichters mit einem Zündverzögerungswinkel α verschieben sich (vgl. Kapitel 5.) die Ventilstromblöcke im ideellen Fall sämtlich um den Winkel α. Im übrigen bleibt aber die Kurvenform erhalten. Im ideellen Fall hat die Ansteuerung also auf das Oberschwingungsspektrum keinen Einfluß. Der Verlauf des Stroms während der Kommutierung hängt jedoch von α ab.

Für vollkommen glatten Gleichstrom, jedoch mit Überlappung, wurden die Oberschwingungsspektren in Abhängigkeit von den Parametern α und d_x für Nenngleichstrom und Nennwechselspannung berechnet und zu den Werten für den ideellen Fall ins Verhältnis gesetzt:

$$f_n = \frac{|I_n|/I_I}{1/n} = f(\alpha; d_x).$$

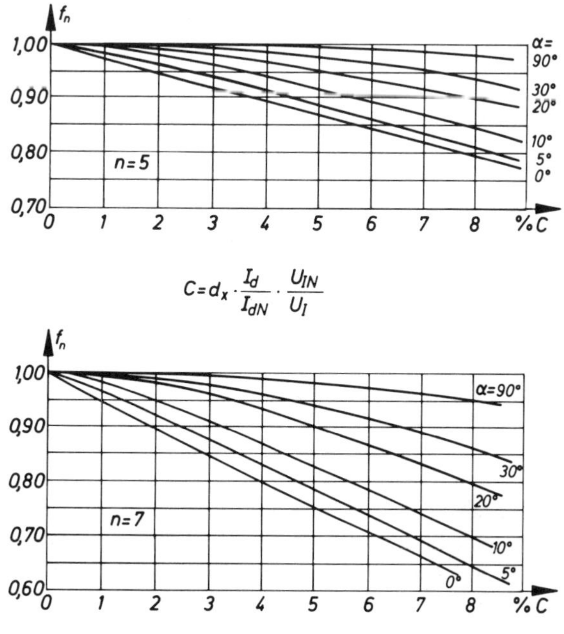

Bild 10.25
Oberschwingungen im Netzstrom mit Überlappung

Bei abweichenden Werten von Gleichstrom und Nennwechselspannung kann man die gleiche Funktion benutzen, wenn man statt d_x die Größe

$$C = d_x \cdot \frac{I_d}{I_{dN}} \cdot \frac{U_{IN}}{U_I} \tag{10.56}$$

einführt. Es ist daher auch

$$f_n = f(\alpha; C)\,. \tag{10.57}$$

In VDE 0555 § 70 (1972) sind die charakteristischen Oberschwingungen in Abhängigkeit von α und d_x bezogen auf die Werte für den ideellen Fall aufgetragen.

Bild 10.25 zeigt beispielsweise f_n für $n = 5$ und $n = 7$. (In dem genannten Normblatt wird die Ordnungszahl mit ν bezeichnet.)

11. Leistungsfaktor und Blindleistung

11.1. Leistungsfaktor bei sinusförmiger Spannung und nicht sinusförmigem Strom

Der Leistungsfaktor ist ursprünglich nur für einwellige Größen, nämlich sinusförmigen Strom und sinusförmige Spannung an einem Klemmenpaar, definiert. Er ist das Verhältnis des Mittelwertes der übertragenen Leistung zu der mit den vorliegenden Effektivwerten von Strom und Spannung maximal übertragbaren Leistung. Dieses Verhältnis hat bekanntlich den Wert $\cos\varphi$, wobei φ die Phasendifferenz zwischen Strom und Spannung ist. Man brauchte damit für den Leistungsfaktor kein eigenes Buchstabensymbol einzuführen. Zerlegt man den Strom in eine Komponente, die mit der Spannung in Phase ist und eine zweite Komponente, die 90° außer Phase ist, so nennt man diese beiden Komponenten

Wirkstrom $I_W = I \cdot \cos\varphi$

und

Blindstrom $I_B = I \sin\varphi$,

weil nur die erstgenannte Komponente im Mittel mit der Spannung Leistung umsetzt. Weiter nennt man

Blindleistung $U \cdot I_B = Q$,

und

Scheinleistung $U \cdot I = S$,

so daß der Leistungsfaktor auch als das Verhältnis von (mittlerer) Leistung P zur Scheinleistung definiert werden kann. Beim Dreiphasensystem setzt man die Summe der mittleren Leistungen der drei Stränge zur Summe der Scheinleistungen der drei Stränge ins Verhältnis.

Die Begriffe Leistungsfaktor, Wirkleistung, Blindleistung und Scheinleistung müssen nun für den Fall nicht sinusförmiger Ströme sinnvoll erweitert werden.

Dazu geht man, wie schon im vorigen Kapitel, von einer rein sinusförmigen Spannung ohne Innenwiderstand auf der Primärseite aus! Ferner beschränkt man sich darauf, den Leistungsfaktor als einen Ausdruck für die Minderausnutzung von Leitungen und Wicklungen von Maschinen und Transformatoren allein hinsichtlich des fließenden Effektivstroms anzusetzen.

Die Indizes haben im folgenden die in Kap. 10 eingeführte Bedeutung.

Bei der Annahme einer sinusförmigen Spannung, ist die größte übertragbare Leistung

$$P_S = U_{I1} \cdot I_{Ieff} = S$$

und zwar dann, wenn $I_{Ieff} = I_{I1}$ sinusförmig und in Phase mit der Spannung U_{I1} ist. Die tatsächlich übertragene Leistung ist aber für $\alpha = 0°$

$$P = U_{I1} \cdot I_{I1} .$$

Für den ideellen Fall erhalten wir also bei $\alpha = 0$ für den Leistungsfaktor λ

$$\lambda = \frac{P}{P_S} = \frac{P}{S} = \frac{I_{I1}}{I_{Ieff}} \tag{11.1}$$

Im ideellen Fall bei $\alpha = 0$ ist der Leistungsfaktor gleich dem Grundschwingungsgehalt des Primärstroms, der allein von der Pulszahl abhängt (s. Tabelle 10.9).

Obwohl die Grundschwingung des Stroms mit der Spannung in Phase ist, ist der Leistungsfaktor kleiner als 1, weil der Effektivwert des Stroms durch die im Mittel keine Leistung übertragenden Oberschwingungen erhöht ist. Zwischen dem Effektivwert der Grundschwingung, dem Gesamteffektivwert und den Effektivwerten der Oberschwingungen besteht die Beziehung:

$$I_{Ieff}^2 = I_{I1}^2 + \sum_{n=2}^{\infty} I_{In}^2 \tag{11.2}$$

$$I_{Ieff}^2 = I_{I1}^2 + I_{OS}^2$$

wobei I_{OS} der Effektivwert der Summe aller Oberschwingungsströme ist.

Oberschwingungsstrom und Grundschwingungsstrom addieren sich also ebenso wie Wirk- und Blindstrom geometrisch. Zweckmäßig definieren wir, wie oben, $U_{I1} \cdot I_{Ieff}$ als primäre Scheinleistung. Dann ist die Wirkleistung gleich der Grundschwingungsleistung, und Wirkleistung und Oberschwingungsscheinleistung können ebenso geometrisch addiert werden wie Grundwellenstrom und Oberschwingungsstrom:

$$S^2 = P^2 + S_{OS}^2 \quad \text{für} \quad \alpha = 0° \quad \text{und} \quad d_x = 0 \tag{11.3}$$

Leistungsfaktor im allgemeinen Fall (s. Bild 11.1)

Wir betrachten den allgemeinen Fall, wobei der Stromrichter um den Winkel α zündverzögert angesteuert sei. Ferner sei Überlappung vorhanden. Der Gleichstrom braucht auch nicht vollkommen glatt zu sein (gestrichelter Stromverlauf in Bild 11.1, Beispiel p = 2). Wir analysieren nun diesen Strom nach *Fourier* mit der Periode der sinusförmigen Primärspannung als Basis.

Die Koeffizienten der Kosinuskomponente und der Sinuskomponente der Grundschwingung seien a_1 und b_1; dann gilt für die Phasenverschiebung φ der Grundschwingung:

$$\varphi = \arc\tan \frac{a_1}{b_1}.$$

(Hier und im folgenden ist $\varphi \equiv \varphi_{I1}$ zu verstehen.)

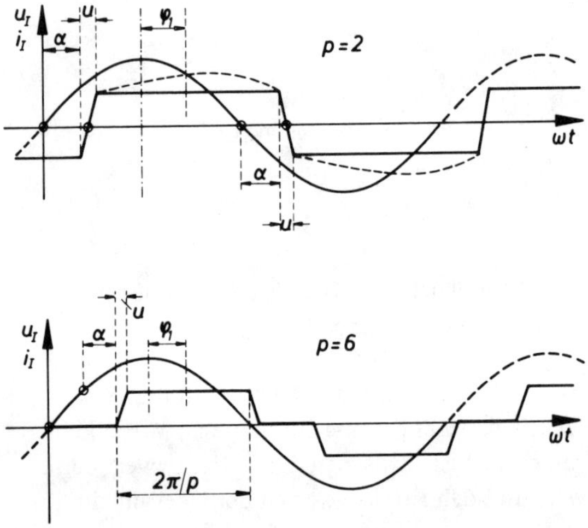

Bild 11.1
Primärstrom bei Steuerung, mit Überlappung (p = 2, p = 6)

Bei nacheilendem Strom werden a_1 und damit φ negativ! $-a_1/\sqrt{2}$ ist der Effektivwert der Blindkomponente der Grundwelle $I_{I1} \cdot \sin\varphi = I_B$. $b_1/\sqrt{2}$ ist der Effektivwert der Wirkkomponente der Grundwelle $I_{I1} \cdot \cos\varphi = I_W$. Der Grundschwingungsstrom ist

$$I_{I1} = \frac{1}{\sqrt{2}} \sqrt{a_1^2 + b_1^2} = \sqrt{I_W^2 + I_B^2}.$$

Damit ist der Mittelwert der umgesetzten Leistung

$$P = U_{I1} \cdot I_{I1} \cdot \cos\varphi.$$

Setzt man die umgesetzte Leistung wieder ins Verhältnis zur Scheinleistung, so erhält man als Leistungsfaktor:

$$\lambda = \frac{P}{S} = \frac{I_{I1}}{I_{eff}} \cdot \cos\varphi \qquad (11.4)$$

d. h., das Produkt aus Grundschwingungsgehalt des Primärstroms mit dem Grundschwingungsleistungsfaktor. Es wird auch „totaler Leistungsfaktor“ genannt.

Da für die Grundschwingung gilt

$$I_{I1}^2 = I_W^2 + I_B^2 = I_{I1}^2 (\cos^2\varphi + \sin^2\varphi)$$

und (11.5)

$$I_{eff}^2 = I_{I1}^2 + I_{OS}^2 = I_W^2 + I_B^2 + I_{OS}^2 ,$$

ist der Gesamteffektivwert auch darstellbar als (dreidimensionale) geometrische Summe der Effektivwerte von (Grundschwingungs)-Wirkstrom, (Grundschwingungs)-Blindstrom und dem Effektivwert des Oberschwingungsstroms. Offenbar gilt auch zwischen Scheinleistung, Wirkleistung, Grundschwingungsblindleistung und Oberschwingungsscheinleistung die folgende Beziehung:

$$(U_{I1} \cdot I_{Ieff})^2 = (U_{I1} \cdot I_W)^2 + (U_{I1} \cdot I_B)^2 + (U_{I1} \cdot I_{OS})^2 \quad (11.6)$$
$$S^2 = P^2 + Q^2 + S_{OS}^2 .$$

Es sei nochmals betont, daß die erweiterte Leistungsfaktor- und Blindleistungsdefinition stets auf eine rein sinusförmige, innenwiderstandsfreie Primärspannung bezogen sind. Wie vorzugehen ist, wenn diese nicht zugänglich ist, wird später noch behandelt. (Für die *meßtechnische* Ermittlung ist es eine erhebliche Schwierigkeit, daß die sinusförmige unverzerrte Primärspannung oft nicht zugänglich ist).

Bei starker Welligkeit des Gleichstroms, die insbesondere bei niedrigen Pulszahlen vorkommt (z. B. Stromrichterlokomotive), muß man wie oben beschrieben vorgehen; es stehen keine geschlossenen Ausdrücke zur Verfügung. Man erkennt aus Bild 11.1 oben, daß bei $p = 2$ und kleinen α-Werten unvollkommene Glättung zusätzlichen Grundschwingungs-Blindstrom verursacht. Das gilt in geringerem Maße auch bei $p = 6$. Jede Veränderung, die den Schwerpunkt der Strom-Zeit-Fläche nacheilend verschiebt, erzeugt eine Nacheilung der Grundschwingung.

Im folgenden sollen, vom idealisierten Fall ausgehend, Näherungsformeln für den Leistungsfaktor gesucht werden.

Gesteuerter Betrieb, Leistungsfaktor, ideeller Fall bei $\alpha > 0$ ohne Überlappung

In diesem Fall ist, wie in Kapitel 5 und in Abschnitt 10.8 schon erwähnt, I_{I1}/I_{Ieff} unverändert und $\varphi = \alpha$. Damit ist mit $\cos\varphi = \cos\alpha$ auch $\lambda = \cos\varphi (I_{I1}/I_{Ieff})$ bekannt.

Ermittlung des Leistungsfaktors aus Leistungsbetrachtungen, gesteuerter Betrieb mit Überlappung

Für eine gegebene Schaltung sind die Verhältnisse $U_{di}/U_{I1} = K_u$ und $I_d/I_{I1i} = K_i$ für den ideellen Fall bekannt (s. Abschnitt 10.8). Aus der Gleichsetzung der Leistungen für den ideellen Fall bei $\alpha = 0$ folgte: $K_u \cdot K_i = m_I$ (primäre Phasenzahl, s. Gl. (10.47)).

Bei vollkommener Glättung, jedoch mit Überlappung, zunächst ohne ohmsche Widerstände, muß gelten:

$$U_d \cdot I_d = m_I \cdot U_{I1} \cdot I_{I1} \cdot \cos\varphi$$

$$(U_{di}\cos\alpha - R_{ix} I_d)\, I_d = m_I \cdot U_{I1} \cdot I_{I1} \cdot \cos\varphi\,. \qquad (11.7)$$

Die ideelle Gleichspannung ist von α unabhängig und hängt nur von der Wechselspannung ab. $U_{di} = K_u \cdot U_{I1}$ Dividieren und rechts einsetzen liefert:

$$\left(\cos\alpha - \frac{R_{ix}\, I_d}{U_{di}}\right) I_d = \frac{m_I\, U_{I1} \cdot I_{I1} \cdot \cos\varphi}{U_{I1} \cdot K_u}$$

$$\cos\alpha - \frac{R_{ix}\, I_d}{U_{di}} = \frac{m_I\, I_{I1}}{K_u \cdot I_d} \cdot \cos\varphi\,. \qquad (11.8)$$

Für den Fall ohne Überlappung war $I_d / I_{I1i} = K_i$ eingeführt worden, und es galt $m_I/(K_u \cdot K_i) = 1$.

Das Verhältnis I_d / I_{I1} *mit Überlappung* bei vollkommen glattem Gleichstrom sei zur Unterscheidung mit K_i' bezeichnet.

Damit gilt:

$$\cos\alpha - \frac{I_d\, R_{ix}}{U_{di}} = \frac{m_I}{K_u \cdot K_i'} \cdot \cos\varphi.$$

Rechts mit K_i erweitern und nach $\cos\varphi$ auflösen liefert unter Beachtung von $m_I/(K_u \cdot K_i) = 1$:

$$\cos\varphi = \left(\cos\alpha - \frac{I_d\, R_{ix}}{U_{di}}\right) \frac{K_i'}{K_i} \qquad (11.9)$$

Der Faktor $K_i'/K_i = (I_{I1i}/I_{I1}) \approx 1$ ist als Korrekturfaktor zum Klammerausdruck aufzufassen. Mit bezogenen Werten und der Abkürzung

$$d_x \frac{I_d}{I_{dN}} \cdot \frac{U_{IN}}{U_I} = C \qquad \text{(s. Gln. (10.57), (9.5a), (5.4))}$$

wird also:

$$\cos = (\cos\alpha - C)\, \frac{K_i'}{K_i} \approx \cos\alpha - C\,. \qquad (11.10)$$

Der Korrekturfaktor hängt von α und C ab:

$$\frac{K_i'}{K_i} = \frac{I_{I1i}}{I_{I1}} = f(\alpha; C)\,. \qquad (11.11)$$

Diese Funktion ist von der Pulszahl unabhängig und ist in Bild 11.2 dargestellt [1]). Bei $x = 0{,}1$, $d_x = 0{,}05$ (z.B. Drehstrom-Brückenschaltung), $I_d = 2 \cdot I_{dN}$, $U_I = U_{IN}$ ist

[1]) Genauer: Sie gilt für $p = 2$ und $p = 6$ mit $\Delta\varphi = 0$, vgl. Tabelle 11.1!

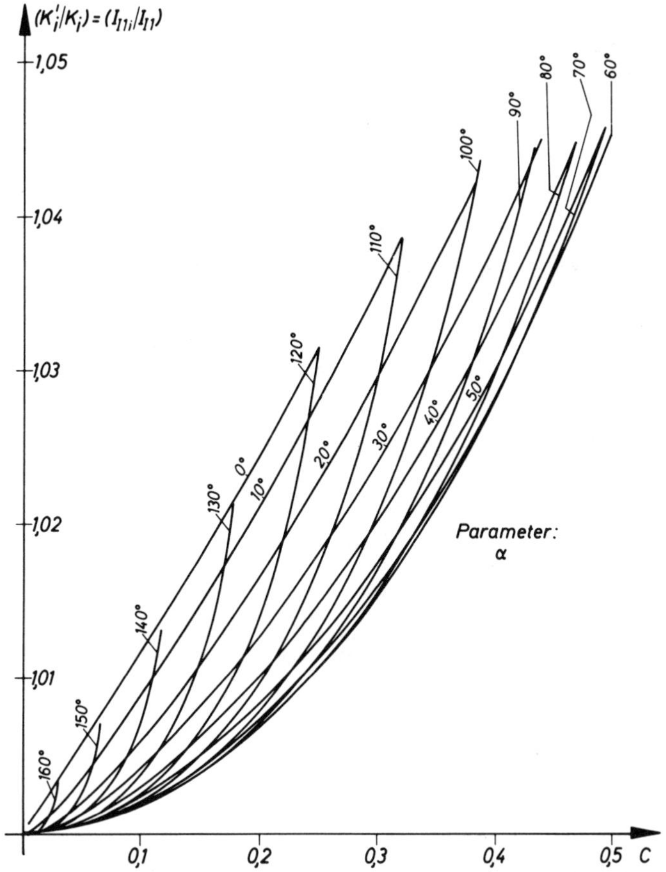

Bild 11.2
$\frac{K_i'}{K_i} = f(\alpha; C)$
Korrekturfaktor für $\cos\varphi$ gemäß Gl. (11.10)

C = 0,1. Die Korrekturfunktion ändert sich dabei mit α zwischen den Werten $\approx 1{,}002$ und $\approx 1{,}012$. Sie ist stets > 1 und gilt nur, solange keine Mehrfachüberlappung stattfindet und setzt glatten Gleichstrom voraus. Von Vorteil ist bei dieser Darstellung, daß der Überlappungswinkel nicht ausgerechnet zu werden braucht.

Mit dem Wert für $\cos\varphi$ gemäß Gl. (11.9), und Gl. (11.10) ist $\sin\varphi$, und damit Wirkleistung, Grundschwingungsblindleistung und Grundschwingungsscheinleistung bekannt.

Der totale Leistungsfaktor ist

$$\lambda = \frac{I_{I1}}{I_{I\,eff}} \cdot \cos\varphi \qquad \text{(s. Gl. (11.4))}$$

$$\lambda = \frac{I_{I1}}{I_{I\,eff}} (\cos\alpha - C)\left(\frac{K_i'}{K_i}\right)$$

bzw.

$$\lambda = \frac{I_{I1}}{I_{I\,eff}} \left(\cos\alpha - \frac{I_d \cdot R_{ix}}{U_{di}}\right)\left(\frac{K_i'}{K_i}\right). \qquad \text{wobei } (K_i'/K_i) > 1 \text{ und } (I_{I1}/I_{I\,eff}) < 1.$$

Grundschwingungs-Leistungsfaktor bei konstantem Löschwinkel γ (Löschwinkelregelung, z.B. bei HGÜ)

Aus den bekannten Beziehungen

$$\cos\alpha - \cos(\alpha + u) = \frac{2 R_{ix} I_d}{U_{di}} \qquad \text{(s. Gl. (5.4)).}$$

bzw. in „bezogenen" Größen:

$$\cos\alpha - \cos(\alpha + u) = 2C$$

und

$$\alpha + u = 180^\circ - \gamma \qquad \text{(s. Gl. (5.9))}$$

folgt:

$$\cos\alpha = -\cos\gamma + \frac{2 I_d \cdot R_{ix}}{U_{di}} \qquad \text{(s. Gl. (5.10))}$$

bzw.

$$\cos\alpha = -\cos\gamma + 2C$$

Einsetzen in Gl. (11.9) ergibt

$$\cos\varphi = -\left(\cos\gamma - \frac{I_d R_{ix}}{U_{di}}\right)\left(\frac{K_i'}{K_i}\right) \tag{11.9a}$$

bzw.

$$\cos\varphi = -(\cos\gamma - C)\left(\frac{K_i'}{K_i}\right) \tag{11.9b}$$

Einfluß von ohmschen Spannungsabfällen und Ventilspannungsabfällen

Nun seien der ohmsche Widerstand, der sich in R_{ir} ausdrückt, und der Ventilspannungsabfall mit berücksichtigt. Für die Gleichspannung gilt jetzt:

$$U_d = U_{di}\cos\alpha - I_d(R_{ix} + R_{ir}) - D_v. \qquad \text{(s. Gl. (6.6))}$$

Für die Gleichstromleistung gilt:

$$P_d = U_d \cdot I_d$$

Die Primärleistung ist jedoch jetzt größer als die Gleichstromleistung, im Gegensatz zum vorher behandelten verlustfreien Fall. Jetzt gilt:

$$P_I = P_d + P_v$$

wobei

$$P_v = I_d \cdot D_v + I_d^2 R_{ir}$$

zu setzen ist.

Also kommt:

$$m_I U_{I1} \cdot I_{I1} \cdot \cos\varphi = I_d (U_{di} \cos\alpha - I_d R_{ix} - I_d R_{ir} - D_v) + I_d \cdot D_v + I_d^2 R_{ir}$$

$$m_I \cdot U_{I1} \cdot I_{I1} \cdot \cos\varphi = U_{di} \cdot I_d \cdot \cos\alpha - I_d^2 \cdot R_{ix} \,.$$

Wir werden nach Zusammenfassung auf den gleichen Ansatz geführt, wie im verlustfreien Fall (s. Gl. (11.7); für die $\cos\varphi$-Berechnung können R_{ir} und D_v außer Betracht bleiben, es gelten die Gln. (11.9) und (11.10), ebenso Gl. (11.16).

Aus Kapitel 2 und Abschnitt 3.1 ist bekannt, daß der Einfluß des ohmschen Widerstandes auf den Stromverlauf während der Kommutierung für $R \ll X$ vernachlässigbar ist. Es darf also auch der gleiche Korrekturfaktor $(K_i'/K_i) = (I_{I1i}/I_{I1})$ wie im verlustfreien Fall verwendet werden.

Totaler Leistungsfaktor mit Überlappung

Der Grundschwingungsgehalt $v = I_{I1}/I_{I\,eff}$ hängt im ideellen Fall (ohne Überlappung) von der Pulszahl p ab (s. Tabelle 10.9), mit Überlappung auch noch von α und C. Führt man auch hier einen Korrekturfaktor K_v zum ideellen Fall $(v = K_v \cdot v_i)$ ein, so wird

$$\lambda = (K_v \cdot v_i)(\cos\alpha - C) \cdot \left(\frac{K_i'}{K_i}\right). \qquad (11.12)$$

Mit

$$\frac{K_i'}{K_i} = \frac{I_{I1i}}{I_{I1}} \quad \text{und} \quad K_v \cdot v_i = \frac{I_{I1}}{I_{I\,eff}} \; ; \quad v_i = \frac{I_{I1i}}{I_{I\,eff\,i}}$$

wird auch

$$\lambda = (\cos\alpha - C) \cdot \frac{I_{I1i}}{I_{I1}} \cdot \frac{I_{I1}}{I_{I\,eff}}$$

$$\lambda = (\cos\alpha - C)(I_{I1i}/I_{I\,eff}) \,.$$

Erweitern mit $I_{I\,eff\,i}$ ergibt:

$$\boxed{\lambda = v_i (\cos\alpha - C) \frac{I_{I\,eff\,i}}{I_{I\,eff}}} \qquad (11.13)$$

Die Funktionen $(I_{I\,eff\,i}/I_{I\,eff}) = g(\alpha, C, p)$ und $(I_{I1i}/I_{I1}) = (K_i'/K_i) = f(\alpha, C)$, bzw. $I_{I\,eff}$ und I_{I1} können übrigens auch punktweise aus den Kurvenblättern VDE 0555 (vgl. Bild 10.25) näherungsweise errechnet werden. Die quadrierten Oberschwingungsanteile nehmen im Verhältnis zur Grundschwingung so schnell ab, daß die Quadratsumme recht schnell konvergiert.

Zur Berechnung von $f(\alpha, C)$ und $g(\alpha, C, p)$ ist folgendes zu bemerken: In den dazu notwendigen Ansätzen erscheint der Überlappungswinkel u, und man erhält Funktionen von (α, u) und (α, u, p). Ersetzt man u durch C, so werden die Formeln noch unübersichtlicher, deshalb empfiehlt es sich, nach Gl. (5.4) aus den bekannten Daten u zu bestimmen und dann diesen Wert in die untenstehenden Formeln einzusetzen.

Zur Gewinnung von $f(\alpha, C)$ hat man den Stromverlauf für den ideellen Fall und mit dem Überlappungswinkel u zu analysieren und gewinnt so K_i und K_i'. Setzt man die erhaltenen Werte ins Verhältnis zueinander, so heben sich schaltungsabhängige Konstanten heraus, und man erhält z. B. für $p = 2$ und $p = 6$ [1]) den gleichen Ausdruck für K_i/K_i':

$$\frac{I_{I1}}{I_{I1i}} = \frac{K_i}{K_i'} = \frac{1}{2}\sqrt{F} \tag{11.14}$$

mit

$$F = \left[\frac{(1/2)\sin(2\alpha + 2u) - (1/2)\sin 2\alpha - u}{\cos\alpha - \cos(\alpha + u)}\right]^2 + [\cos\alpha + \cos(\alpha + u)]^2$$

(Benötigt wird der Kehrwert K_i'/K_i!)

Eine Funktion $\kappa(\alpha, u, p)$ wurde zunächst als Korrekturfaktor für den Effektivwert des Ventilstroms, verglichen mit dem ideellen Fall, berechnet. Dieser Faktor, mit dem der Effektivwert des Ventilstroms, damit auch des sekundären Transformator-Wicklungsstroms bei der Mittelpunktschaltung, (ohne Überlappung) zu multiplizieren ist, um den Wert mit Überlappung zu erhalten, ist

$$\kappa = \sqrt{1 - p \cdot \psi(\alpha, u)} \tag{11.15}$$

Es ist also $\kappa < 1$. Das rührt daher, daß sich durch die Überlappung der Mittelwert nicht ändert, jedoch der Strom nur im Intervall $(2\pi/p - u)$, statt $2\pi/p$, den vollen Wert hat. Dabei ist die Funktion

$$\psi(\alpha, u) = \frac{[2 + \cos(2\alpha + u)]\sin u - u\,[1 + 2\cos\alpha \cdot \cos(\alpha + u)]}{2\pi\,[\cos\alpha - \cos(\alpha + u)]^2} \tag{11.16}$$

Für den Effektivwert des Primärstroms, verglichen mit dem Wert $I_{I\,eff\,i}$ für den ideellen Fall, wird der Korrekturfaktor K gemäß

$$I_{I\,eff} = K \cdot I_{I\,eff\,i} \tag{11.16a}$$

erhalten zu

$$K = \sqrt{1 - k \cdot \psi(\alpha, u)} \tag{11.16b}$$

k nimmt die Zahlenwerte $k = 4, 3, 2$ nach der folgenden Tabelle 11.1 für die wichtigsten Pulszahlen $p = 2$ und $p = 6$ an und hängt außerdem für $p = 6$ von der Phasendrehung $\Delta\varphi$ des Stromrichtertransformators ab. Dabei ist selbstverständlich jeweils ein solches Übersetzungsverhältnis angenommen, daß für $\Delta\varphi = 0°$ und $\Delta\varphi = 30°$ bei gleicher Primärspannung die gleichen Werte für U_{di} und I_{dN} erhalten werden (vgl. Kapitel 10).

---

[1]) s. Fußnote S. 122

Tabelle 11.1

$p = 2$	$p = 6$	$p = 6$
–	$\Delta\varphi = 0^\circ$	$\Delta\varphi = 30^\circ$
Bild 10.13	Bild 10.15a	Bild 10.15b
$k = 4$	$k = 3$	$k = 2$

(Allgemein läßt sich für k angeben

$$k = \frac{1}{2} \sum_s \frac{(\Delta i_s)^2}{I_{I\,eff\,i}^2}. \tag{11.17}$$

Hierin bedeutet Δi_s den s-ten Stromsprung im ideellen Verlauf in der Periode, und die Summe ist über alle Sprünge in der Periode zu nehmen.) Damit wird aus Gl. (11.13)

$$\lambda = (\cos\alpha - C) \cdot \frac{v_i}{K} \tag{11.18}$$

mit

$$K = \sqrt{1 - k\,\psi(\alpha, u)} < 1, \qquad \text{d.h.} \quad \frac{I_{eff\,i}}{I_{I\,eff}} > 1$$

(s. Gl. (11.13).

Damit können nun alle wichtigen Primärgrößen, Gesamteffektivwert und Grundschwingung des Stroms, und damit Grundschwingungsgehalt, Grundschwingungs-Leistungsfaktor und totaler Leistungsfaktor, auch mit Überlappung angegeben werden, wenn man vollkommen geglätteten Gleichstrom voraussetzt.

In der Funktion $\psi(\alpha, u)$ ist der Einfluß von u stärker als der von α. Bei $\alpha = 0^\circ$ ist für $u \leqslant 60^\circ$

$$\psi(\alpha = 0^\circ; u) \approx 4{,}44 \cdot 10^{-2} \cdot \frac{u}{60^\circ} \tag{11.19a}$$

und bei $\alpha = 90^\circ$

$$\psi(\alpha = 90^\circ; u) \approx 5{,}44 \cdot 10^{-2} \frac{u}{60^\circ}. \tag{11.19b}$$

Für $p = 6$, $k = 3$, $u = 60^\circ$ (d. i. bei der Drehstrom-Brückenschaltung schon der Grenzfall zur mehrfachen Anodenbeteiligung) erhält man beispielsweise bei $\alpha = 90^\circ$ für $K = 0{,}968$, was einen Unterschied von 3,2 % zum ideellen Wert ausmacht. Es wird $1/K = 1{,}03$.

Bei Nennbetrieb erhält man einen Wert für u von $5{,}75^\circ$ bei $\alpha = 90^\circ$, $25{,}8^\circ$ bei $\alpha = 0^\circ$, beides bei $d_x = 0{,}05$. Für die beiden Fälle wird $K = (1 - 0{,}0078)$, bzw. $K = (1 - 0{,}028)$ und $1/K = 1{,}0078$, bzw. 1,028. Man erkennt aus diesen Beispielen, daß die Korrektur in einer Größenordnung liegt, die angesichts der niemals vollkommenen Glättung des Gleichstroms fast vernachlässigbar ist.

Der Ausdruck ($\cos\alpha - C$) erweist sich überraschenderweise nicht nur als untere Abschätzung für den Grundschwingungsleistungsfaktor, der um den Faktor $K_i'/K_i = (I_{I1i}/I_{I1}) > 1$ (s. Bild 11.2) größer ist, sondern auch für den totalen Leistungsfaktor, der um den Faktor $1/K = 1/\sqrt{1 - k \cdot \psi(\alpha, u)} \approx 1 + k\,(u/120°) \cdot l$ größer als ($\cos\alpha - C$) ist, mit $l = 4{,}44 \cdot 10^{-2}$ bis $5{,}44 \cdot 10^{-2} \approx 5 \cdot 10^{-2}$

$$\boxed{\lambda \approx (\cos\alpha - C)\left(1 + k\,\frac{u}{24°} \cdot 10^{-2}\right) \cdot v_i} \qquad (11.20)$$

ist eine sehr einfache, angesichts der niemals vollkommenen Glättung des Gleichstroms schon zu genaue Näherung!

Hat man sich die Mühe gemacht, den Überlappungswinkel auszurechnen, so sind die folgenden Gleichungen für Wirk- und Blindstrom anwendbar:

$$\frac{I_W}{I_{I1i}} = \frac{\cos\alpha + \cos(\alpha + u)}{2} \qquad (11.21a)$$

$$\frac{I_B}{I_{I1i}} = \frac{2u + \sin 2\alpha - \sin(2\alpha + 2u)}{4\,[\cos\alpha - \cos(\alpha + u)]} \qquad (11.21b)$$

und daraus hat man auch

$$I_{I1}^2 = I_W^2 + I_B^2 \qquad (11.19c)$$

Zur Unterscheidung wurde der primäre Grundschwingungsstrom für den ideellen Fall in Gl. (11.21) wie vorher auch mit dem Zusatz i im Index versehen.

Ideelle Gleichstromleistung als Bezugsgröße für die Blindleistung und die Oberschwingungs-Scheinleistung

Die Proportionalität zwischen U_{I1} und U_{di} sowie im ideellen Fall auch zwischen I_{I1} und I_d legt es nahe, für die Leistungen die ideelle Gleichstromleistung $U_{di} \cdot I_d$ als Bezugsgröße zu wählen. Schon sehr früh (1933, 1935) wurde gezeigt, daß Wirkleistung und Blindleistung, Verzerrungsleistung und Grundschwingungsgehalt, wenn sie auf die ideelle Gleichstromleistung bezogen werden, für alle Schaltungen einheitliche Funktionen des Steuerwinkels und der Überlappung sind. Leider wurde in diesen Arbeiten neben α der Überlappungswinkel u als unabhängige Variable gewählt, was unpraktisch ist, weil man diese vor der Benutzung der Kurvenblätter jeweils ermitteln müßte, z. B. nach Gl. (5.4). Die dort angegebenen Funktionen von α und u können ebensogut als Funktionen von α und C dargestellt werden, wobei C der oben eingeführte Kommutierungsparameter ist. Das Ergebnis dieser Umrechnung für die bezogene Blindleistung zeigt Bild 11.3. Man erhält zwei sich schneidende Kurvenscharen, weil im Gleich- und Wechselrichterbetrieb eine Symmetrie der Beziehungen bezüglich u, α und γ besteht.

Ablesebeispiel in Bild 11.3: Es sei $d_x = 5\,\%$, $I_d = I_{dN}$, die Wechselspannung ebenfalls auf dem Nennwert. $\alpha = 30°$ (Punkt P_1). Die Grundschwingungs-Blindleistung beträgt 57,5 % der ideellen Gleichstromleistung. Der Punkt liegt gleichzeitig auf der Kurve mit

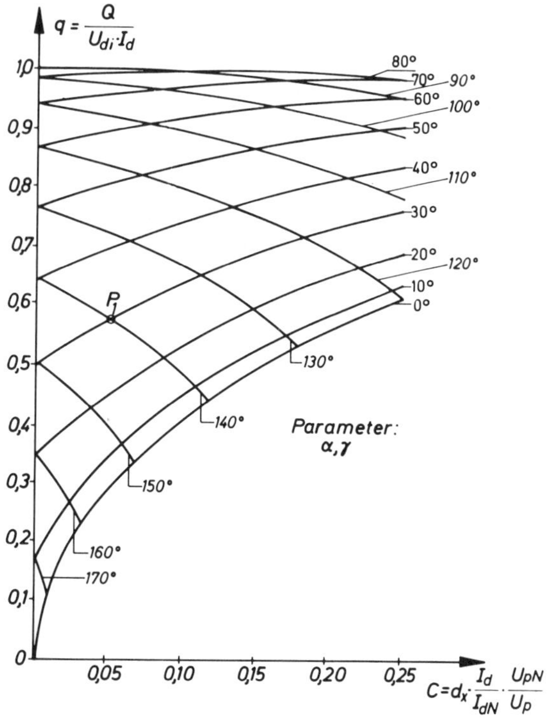

Bild 11.3
Bezogene Grundwellenblindleistung in Abhängigkeit von C und α

dem Parameter 140°, d. h. $\gamma = 140°$. Aus $\alpha + u + \gamma = 180°$ folgt der Überlappungswinkel $u = 10°$. Nun sei $\alpha = 140°$ dann liefert die Ablesung die gleiche Blindleistung wie vorher, dazu einen Löschwinkel von $\gamma = 30°$ und ebenfalls einen Überlappungswinkel von 10°. Wegen der Notwendigkeit zu interpolieren, ist die Benutzung von Gl. (11.9) mit der Korrekturfunktion (K_i'/K_i) genauer und praktischer, doch gibt Bild 11.3 einen schnellen Überblick über die Größe der Blindleistung.

Blindleistung als Funktion der Wirkleistung

Besonders übersichtlich ist die Darstellung der Ortskurve des primären Grundschwingungsstroms in Abhängigkeit von den verschiedenen Parametern, oder, was auf dasselbe hinausläuft, der Blindleistung über der Wirkleistung. In Bild 11.4 sind die der primären Spannungsquelle entnommene Wirkleistung und die entnommene induktive Blindleistung (d. h. nacheilend aufgenommener Blindstrom) positiv aufgetragen. (Als Stromortskurve für Verbraucher-Zählpfeile müßte das Bild an der Abszissenachse gespiegelt werden.)

Für den ideellen Fall ist $\varphi = \alpha$, die Wirkleistung wird $U_{di} \cdot I_d \cdot \cos\alpha$, die Blindleistung $U_{di} \cdot I_d \cdot \sin\alpha$, die Ortskurve also ein Halbkreis (Bild 11.4, Fall $C = 0$). Bei $\alpha = 90°$ tritt, wie zu erwarten, die volle Grundschwingungs-Scheinleistung als Blindleistung auf. Vergleichsweise ist in den gestrichelten Kurvenabschnitten für $d_x \neq 0$ α bzw. γ konstant und $C \sim d_x$ variiert. Man liest daraus beispielsweise ab, daß bei $C = 0{,}05$ (z. B. $d_x = 5\,\%$, Nennstrom, Nennspannung) die Blindleistung schon 30 % der ideellen Gleichstromleistung beträgt. Bei dem gleichen d_x wird bei Belastung mit doppeltem Nennstrom (C = 0,1) eine Wirkleistung $0{,}9 \cdot U_{di} \cdot I_d = 2 \cdot 0{,}9 \cdot U_{di} \cdot I_{dN}$ erreicht, die Blindleistung beträgt 40 % der ideellen Gleichstromleistung, d. h. $0{,}40 \cdot 2 \cdot U_{di} \cdot I_{dN}$ wegen $I_d = 2 I_{dN}$. Im mittleren Teil der Kurve ist ein unrealistisch großer Wert von C = 0,25 angenommen und α als Parameter an die Kurve geschrieben. Er entspräche z. B. $d_x = 12{,}5$ % und doppeltem Nennstrom oder Nennspannung und $d_x = 0{,}25$ also x = 0,50 bei Drehstrom-Brückenschaltung. Man erkennt, daß mit Überlappung die Grundschwingungs-Scheinleistung (Strahl vom Nullpunkt an die Kurve) stets kleiner als ohne Überlappung ist (Radius des Halbkreises).

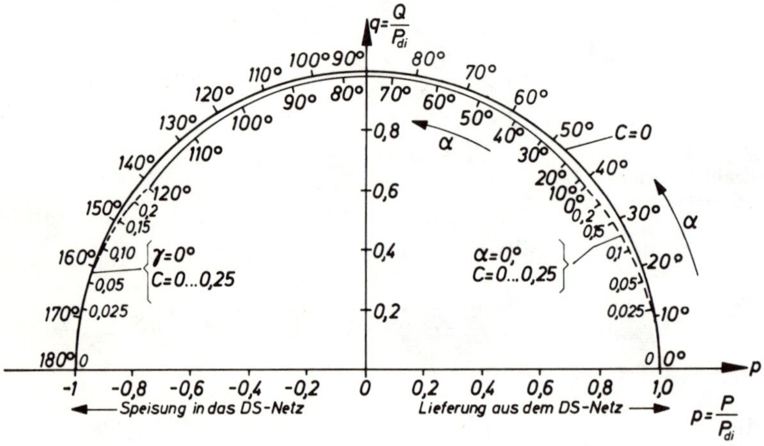

Bild 11.4. Wirk-Blindleistungsdiagramm (Grundschwingung) unter Berücksichtigung der Überlappung

Umrechnung der Blindleistung für den Fall, daß die Primärspannungsquelle induktiven Innenwiderstand hat

In diesem Fall muß zunächst die Phasenverschiebung der Grundwelle bezüglich der primärseitigen Urspannung bestimmt werden. Ist der induktive Innenwiderstand bekannt, und der Grundschwingungsstrom nach Größe und Phase ermittelt, so kann die Größe und Phasenlage der Grundschwingung der wirklichen Klemmenspannung berechnet und damit Phasenverschiebung und Leistungsfaktor auf diese Spannung als Bezugsspannung umgerechnet werden.

11.2. Das Blindleistungsproblem des netzgeführten Stromrichters

Der Blindleistungsbedarf ist ein wesentlicher Nachteil des gesteuerten Stromrichters. Wegen der schnellen Regel- und Steuerfähigkeit des Stromrichters tritt die Blindleistung häufig stoßweise auf. Die Blindleistungsänderungen erzeugen an einem induktiven Netzinnenwiderstand Spannungsänderungen. Für die Abschätzung ihrer Größe ist die folgende vereinfachte Betrachtung nützlich: In Bild 11.5 ist, weil die Spannungsabfälle $I \cdot X$ und $I \cdot R$ klein gegen die Spannungen $|U_0|$ und $|U_1|$ sind, im Zeigerdiagramm vereinfachend die Phasendifferenz zwischen U_0 und U_1 vernachlässigt, die Zeiger sind also (fälschlich) parallel gezeichnet („Kopfdiagramm“). Unter Hinnahme dieser Vereinfachung ändert sich, wie aus der Skizze ersichtlich, der Betrag der Spannung U_1 um

$$\Delta |U_1| \approx I \cdot R \cdot \cos\varphi + I \cdot X \sin\varphi \tag{11.22}$$

gegenüber dem Wert für $I = 0$.

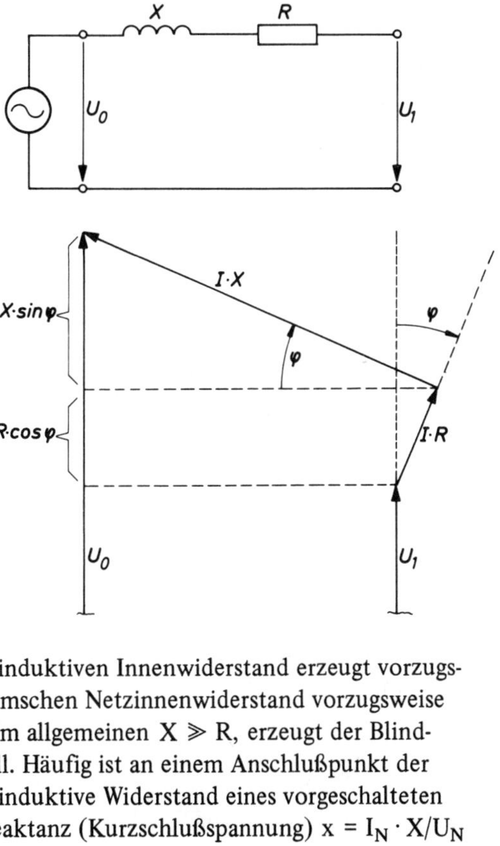

Bild 11.5. Zeiger-„Kopfdiagramm‘

Man kann diese Gleichung so deuten: Am induktiven Innenwiderstand erzeugt vorzugsweise der (nacheilende) Blindstrom, am ohmschen Netzinnenwiderstand vorzugsweise der Wirkstrom einen Spannungsabfall. Da im allgemeinen $X \gg R$, erzeugt der Blindleistungsstoß den größeren Spannungsabfall. Häufig ist an einem Anschlußpunkt der Netzinnenwiderstand im wesentlichen der induktive Widerstand eines vorgeschalteten Transformators, durch dessen bezogene Reaktanz (Kurzschlußspannung) $x = I_N \cdot X/U_N$ (X und U_N als Werte je Phase) dargestellt. Hat er die Nennscheinleistung S_N, so wird:

$$\frac{\Delta |U_1|}{|U_N|} \approx \frac{\Delta Q}{S_N} \cdot x. \tag{11.23}$$

Kann man die Spannungen auf der Primärseite des Transformators in Gl. (11.23) als starr ansehen, so ergibt sich die Kurzschlußleistung zu $S_K = S_N/x$ damit wird aus Gl. (11.23)

$$\frac{\Delta |U_1|}{|U_N|} \approx \frac{\Delta Q}{S_K}. \tag{11.24}$$

Damit sich die stoßweise auftretende Blindleistung nicht als Spannungsabfall störender Größe bemerkbar macht, muß die Netzkurzschlußleistung hinreichend groß sein. Besonders unerwünscht sind solche plötzlichen Spannungsschwankungen für Wohnraum- oder Bürobeleuchtung. Hier dürften etwa 0,5 % als obere Grenze des Zulässigen gelten. Sie können auch für Industrienetze unangenehm sein.

Aus dem obigen folgt, daß man zunächst einmal bestrebt sein muß, Stromrichteranlagen großer Leistung an Punkte geringen Netzinnenwiderstandes, d. h. hoher Kurzschlußleistung, anzuschließen. Ist keine schnelle Änderung der ausgesteuerten Spannung notwendig, wie bei der Stromversorgung einer Elektrolyseanlage, so wird eine Grobverstellung durch Transformatoranzapfungen vorgenommen. Die Feineinstellung geschieht dann auch heute noch vielfach durch Transduktoren (s. Kap. 15) jeweils im Bereich zwischen zwei Transformatoranzapfungen. Bei diesem Verfahren kann man ungesteuerte Ventile verwenden. Beim Einsatz gesteuerter Ventile bedeutet die Feineinstellung der Spannung die Änderung des Steuerwinkels im Bereich nahe bei $\alpha = 0°$. Die mittlere Blindleistung und die stoßweise auftretende Blindleistung bleibt gering.

In der Antriebstechnik sind jedoch schnelle und große Änderungen der angesteuerten Gleichspannung notwendig, und der Steuerwinkel muß in weiten Grenzen verändert werden. Der Spitzenstrom kann dabei z. B. im Stillstand der Gleichstrommaschine Werte vom zwei- bis dreifachen Wert des Nennstroms erreichen. Entsprechend hoch sind die auftretenden Blindleistungsstöße (vgl. die Beispiele des vorigen Abschnitts). Hierauf ist bei der Netzgestaltung zu achten. Z. B. wird man für Verbraucher dieser Art eigene Netzteile vorsehen, an die keine spannungsempfindlichen Verbraucher angeschlossen werden, und sie erst an Punkten hoher Kurzschlußleistung mit dem übrigen Netz zusammenfassen.

Liegt ein Kraftwerk in der Nähe des Erzeugers der Blindleistungsstöße, so kann die Spannungshaltung durch Stromrichtererregung der Generatoren, bzw. einer Blindleistungsmaschine, sehr schnell ausgeregelt werden. Spannungseinbrüche von 10 % (ungeregelt) können auf Werte kleiner als 1 % herabgesetzt werden. Eine weitere Verbesserung kann erzielt werden, wenn man der Blindleistungsmaschine (bzw. der Generatorengruppe) eine Blindstromregelung gibt und deren Sollwert durch die Sollwertgabe für den Antrieb auf entsprechenden Blindstrom „vorsteuert", d.h. mit der Sollwertgabe für den Gleichstromantrieb den Blindstromsollwert vorgibt, der dem entsprechenden Strom und der Aussteuerung entspricht (zur Regelung s. Kap. 13).

Eine weitere Möglichkeit zur Verminderung der Blindleistungsstöße stellt die Verwendung „blindleistungssparender Stromrichterschaltungen" dar, die im folgenden behandelt werden.

11.3. Blindleistungssparende Steuerverfahren und Schaltungen

„Blindleistungssparende Schaltungen" vermindern die Blindleistungsstöße auf 50 ... 60 % der Größe, die bei den normalen Schaltungen auftritt.

Zu- und Gegenschaltung (Folgeschaltung, Folgesteuerung)

In Bild 11.6 sind zwei Stromrichter mit untereinander gleichen ideellen Gleichspannungen in Reihe geschaltet. Wir betrachten den ideellen Fall (Gleichstrom glatt, keine Überlappung). Dann tritt die größte Blindleistung auf, wenn beide Steuerwinkel 90° und $U_{di\alpha 1} = U_{di\alpha 2} = 0$ sind. Sie hat den Wert

$$Q = P_{di} = U_{di} \cdot I_d = (U_{di1} + U_{di2})\, I_d \;.$$

Dabei addieren sich auf der Primärseite die Ströme i_{I1} und i_{I2} gleichphasig zum Summenstrom i_{Iges}, und für die Grundschwingungen gilt

$$I_{I1,1} + I_{I1,2} = I_{I1ges} \;.$$

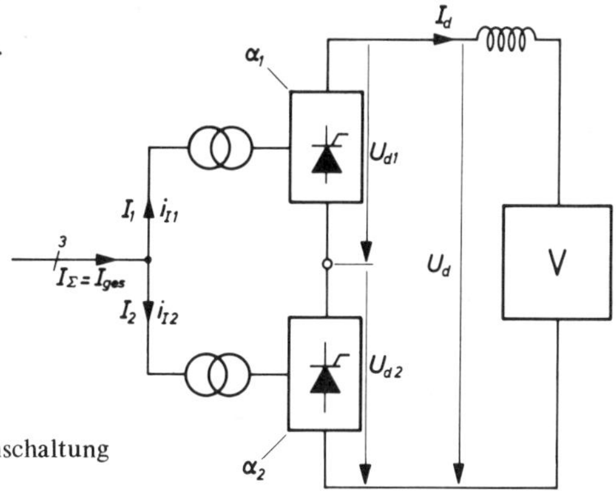

Bild 11.6. Zu- und Gegenschaltung

Erreicht man dagegen die Gleichspannung Null in der Weise, daß Stromrichter 1 mit $\alpha_1 = 0°$, Stromrichter 2 mit $\alpha_2 = 180°$ gesteuert wird, so werden die beiden Spannungen entgegengesetzt gleich und in der Summe ebenfalls Null. Auf der Primärseite ist der Stromblock des Stromrichters 1 mit der Primärspannung in Phase, während der des

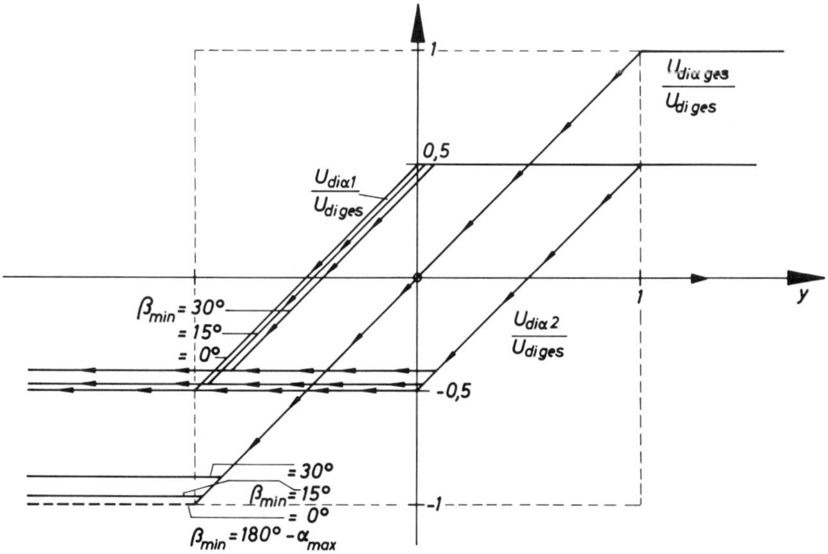

Bild 11.7. Zu- und Gegenschaltung, Steuerschema

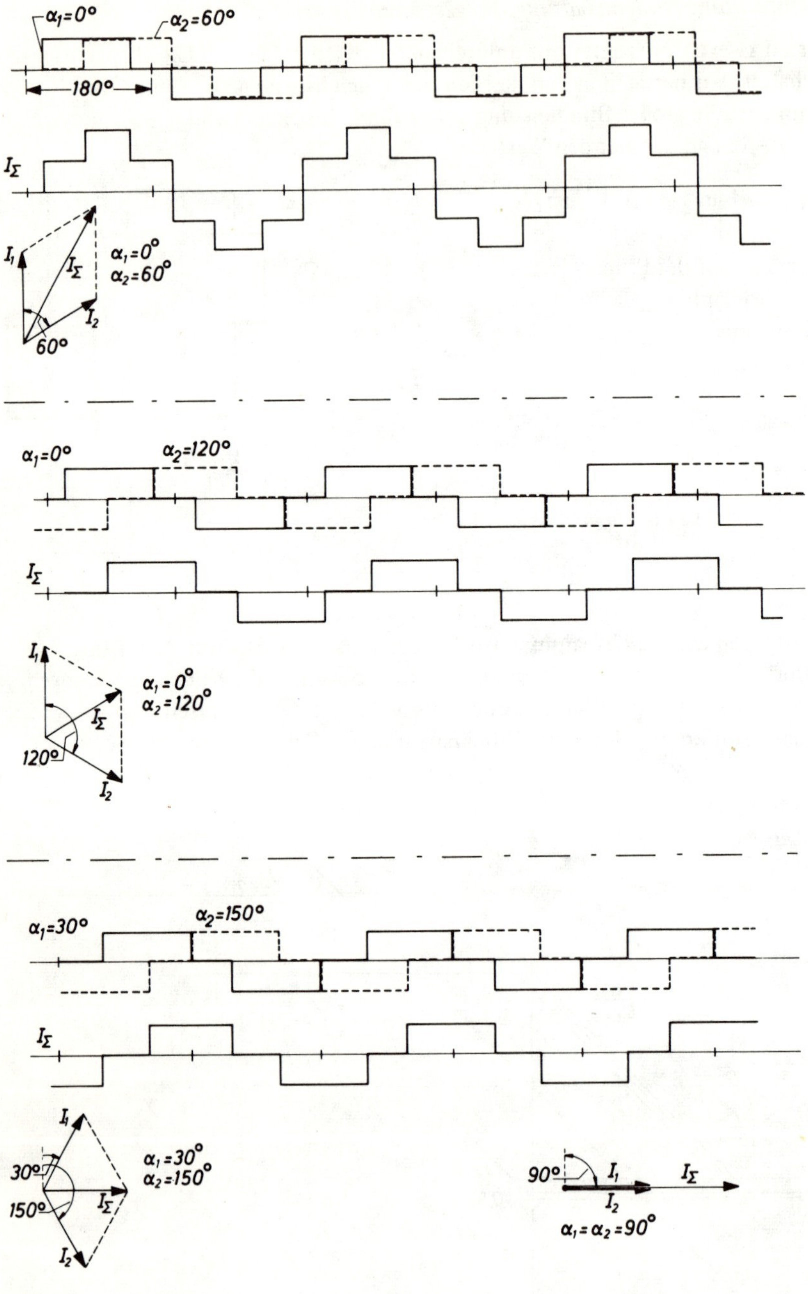

Bild 11.8. Primärströme bei einer 6-pulsigen Zu- und Gegenschaltung

Stromrichters 2 um einen Winkel $\varphi = \alpha_2 = 180^\circ$ phasenverschoben ist. Die Ströme addieren sich jetzt in der Primärzuleitung gegenphasig. Die Blindleistung wird, wie die Scheinleistung, in dem betrachteten Idealfall Null!

Wegen der Notwendigkeit einer Schonzeit für das Ventil, d. h. eines Mindest-Löschwinkels γ im Wechselrichterbetrieb, ist $\alpha_2 = 180^\circ$ nicht zu erreichen. Mit Berücksichtigung der Überlappung ist außerdem in beiden Teilstromrichtern Kommutierungsblindleistung zu berücksichtigen. Dadurch wird bei Gleichspannung Null die Blindleistung nicht wie im ideellen Fall Null, aber doch gegenüber dem bei normaler Schaltung zu erwartenden Höchstwert wesentlich vermindert.

Die beiden Teilstromrichter werden nach den in Bild 11.7 dargestellten Kennlinien ausgesteuert. Dazu müssen zwischen das Signal für den Steuerbefehl (vgl. Kap. 13) und die Steuersätze entsprechende Kennlinienglieder geschaltet werden. Dargestellt sind die ideellen Spannungen $U_{di\alpha 1}$ und $U_{di\alpha 2}$, jeweils bezogen auf die Summenspannung. Bild 11.8 veranschaulicht die Augenblickswerte der Stromverläufe für 6-pulsige Stromrichter ohne Überlappung, dazu sind die Zeigerdiagramme für die Grundschwingungen der Ströme angegeben.[1])

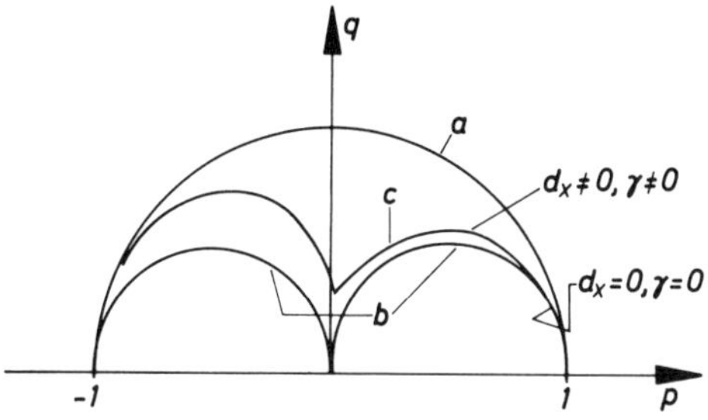

Bild 11.9
Blindleistung über Wirkleistung, Fall a, b, c

Die Blindleistung der beiden Teilstromrichter kann man gemäß den in Abschnitt 11.1 ermittelten Abhängigkeiten bestimmen und addieren. Die größte Blindleistung tritt bei diesem Steuerverfahren im ideellen Fall dann auf, wenn einer der beiden Stromrichter auf Gleichspannung Null ausgesteuert ist, d. h. nach dem Steuerschema aus Bild 11.7 etwa bei halber Gleichspannung. Den Verlauf mit Überlappung erhält man, wenn man Wirk- und Blindleistung der beiden Teilstromrichter nach Abschnitt 11.1 (vgl. Bild 11.3) ermittelt und addiert. In Bild 11.9 sind die drei Fälle dargestellt:

a) normale Steuerung, $d_x = 0$, $\gamma = 0$
b) Folgesteuerung, $d_x = 0$, $\gamma = 0$
c) Folgesteuerung, $d_x = 0{,}1$, $\gamma = 15^\circ$.

---

[1]) Daß in Bild 11.8 in allen Fällen Ströme wie bei normalen, 6-pulsigen Schaltungen herauskommen, ist zufällig! (s.u.)

Jeder der beiden Teilstromrichter behält sein Oberschwingungsspektrum. Mit der Phasenverschiebung des Stromblocks durch die Steuerung ändert sich auch die Phasenlage der Oberschwingungsströme der Teilstromrichter gegeneinander. Bei Annäherung an die Summenspannung Null verkleinert sich mit der Stromflußdauer der Gesamteffektivwert und der Grundschwingungsgehalt.

Symmetrische Halb- und Doppelsteuerung von Brückenschaltungen

Die Zu- und Gegenschaltung wird im allgemeinen wegen der Reihenschaltung zweier Stromrichter eine zu hohe Gleichspannung liefern und daher im Ventilaufwand nicht wirtschaftlich sein. Es liegt aber nahe, das Prinzip dort anzuwenden, wo man es ohnehin mit der Reihenschaltung von Teilstromrichtern zu tun hat. Das ist, wie in Abschnitt 7.2 erläutert wurde, bei den Brückenschaltungen der Fall. Steuert man bei der zweiphasigen Brückenschaltung die K-seitige Ventilgruppe mit den Steuerwinkel α_1, die A-seitige Ventilgruppe mit dem Steuerwinkel α_2, so wird hinsichtlich des Steuergesetzes und der Blindleistung die gleiche Wirkung wie bei der Zu- und Gegenschaltung zweier vollständiger Stromrichter erzielt. Man kann die beiden Mittelpunktschaltungen, aus denen die Brückenschaltung besteht, einzeln betrachten und die Primärströme überlagern. Das Steuerprogramm gleicht dem in Bild 11.7. Es tritt jedoch noch ein weiterer Vorteil auf: Die Überlagerung der Wechselströme der beiden Teilstromrichter tritt schon auf der Sekundärseite des Transformators auf, die Verminderung des Gesamteffektivwertes des Primärstromes bei $\alpha_2 \neq \alpha_1$ kommt auch dem Transformator zugute. Sind die Ventilströme bekannt, so ergeben sich die Wicklungsströme aus den Knotenpunktsgleichungen für die Klemmen 1 und 2 (s. Bild 11.10). Der Wicklungsstrom wird Null, wenn A1 und K1 zugleich oder A2 und K2 zugleich leitend sind. Der Gleichstrom fließt dann „im Freilauf" am Transformator vorbei. Im Bild 11.10 ist dies für einige Steuerwinkelkombinationen veranschaulicht. Hinsichtlich der Blindleistung, der Wirkleistung sowie der Oberschwingungen können die beiden Teilstromrichter einzeln nach Abschnitt 11.1 betrachtet werden. Das gilt auch für die angenäherte Berechnung des Leistungsfaktors der Grundschwingung über die abgegebene Gleichstromleistung.

Besonders einfach werden die Verhältnisse für den ideellen Fall. Hier gilt:

$$U_{di\alpha ges} = \tfrac{1}{2}\, U_{di} \cos\alpha_1 + \tfrac{1}{2}\, U_{di} \cos\alpha_2 \tag{11.25}$$

Die Stromflußdauer für den Wicklungsstrom beginnt in jeder Halbwelle bei $\omega t_1 = \alpha_1$ und endet bei $\omega t_2 = \pi + \alpha_2$. Der effektive Wicklungsstrom folgt also aus

$$I_{eff}^2 \cdot \pi = I_d^2 \left[(\pi + \alpha_2) - \alpha_1\right]$$

zu

$$I_{eff} = I_d \sqrt{\frac{\alpha_2 - \alpha_1 + \pi}{\pi}}$$

$$I_{eff} = I_d \sqrt{1 + \frac{\alpha_2 - \alpha_1}{\pi}}\,. \tag{11.26}$$

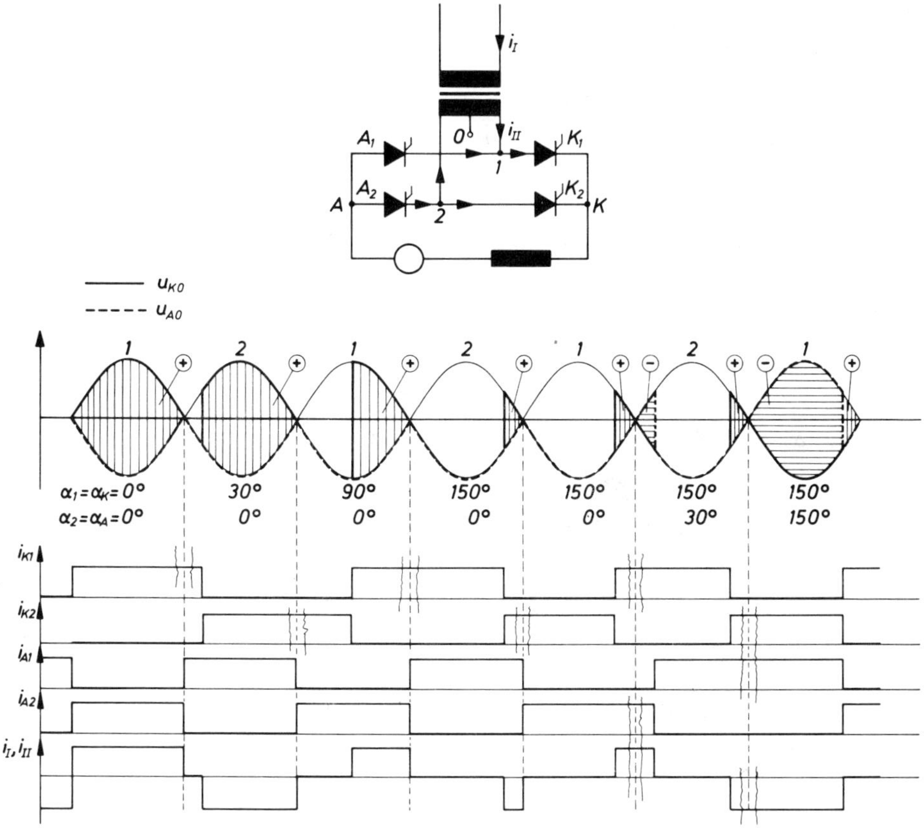

Bild 11.10. Verhalten der (symmetrisch) doppeltgesteuerten 2-p-Brückenschaltung

Für $\alpha_2 = 0$ und $\alpha_1 \to \pi$ gilt

$$U_{di\alpha\,ges} \to 0 \qquad \text{und} \qquad I_{eff} \to 0.$$

Für $\alpha_1 \to \pi$ und $\alpha_2 \to \pi$ wird

$$U_{diges} \to -U_{di} \qquad \text{und} \qquad I_{eff} \to I_d,$$

nimmt also im Grenzfall wieder den gleichen Wert an wie bei $\alpha_1 = \alpha_2 = 0$. Für die harmonische Analyse wird der Zeit-Nullpunkt in die Mitte des Stromblocks gelegt, $\omega t_0 = \frac{1}{2}(\alpha_1 + \pi + \alpha_2)$. Dann liegt der Scheitelwert der Grundschwingung an dieser Stelle, so daß

$$\varphi_{I1} = \frac{1}{2}(\alpha_1 + \alpha_2 + \pi) - \frac{\pi}{2} = \frac{1}{2}(\alpha_1 + \alpha_2) \tag{11.27a}$$

$$\cos\varphi_{I1} = \cos\left\{\frac{1}{2}(\alpha_1 + \alpha_2)\right\}. \tag{11.27b}$$

Die Grundschwingung des Stroms folgt aus Gl. (10.4) zu:

$$I_{I1} = \frac{1}{\sqrt{2}}\left\{2 \cdot \frac{1}{\pi} \int_{-x_1}^{x_1} I_d \cdot \cos x \, dx\right\}$$

mit

$$x_1 = \frac{1}{2}(\pi + \alpha_2 - \alpha_1) \quad \text{(Halbe Stromflußdauer pro Halbwelle)}$$

Ergebnis:

$$I_{I1} = \frac{1}{\sqrt{2}} \cdot \frac{4}{\pi} I_d \cos\frac{\alpha_2 - \alpha_1}{2} \qquad \text{(Effektivwert)} \tag{11.28}$$

Mit $\alpha_2 = 0$, $\alpha_1 \to \pi$ geht mit $I_{I\,eff}$ auch $I_{I1} \to 0$.

Der Grundschwingungsgehalt wird

$$\frac{I_{I1}}{I_{I\,eff}} = \frac{1}{\sqrt{2}} \cdot \frac{4}{\pi} \frac{\cos\{\frac{1}{2}(\alpha_2 - \alpha_1)\}}{\sqrt{1 + \frac{\alpha_2 - \alpha_1}{\pi}}} \tag{11.29}$$

Für $\alpha_2 = 0$, $\alpha_1 \to \pi$ geht

$$\frac{I_{I1}}{I_{I\,eff}} \to \frac{1}{\sqrt{2}} \frac{4}{\pi} \left[\frac{\sin\frac{\Delta\alpha}{2}}{\sqrt{\frac{\Delta\alpha}{\pi}}}\right]_{\Delta\alpha \to 0} = 0$$

mit $(\alpha_2 - \alpha_1) = \Delta\alpha$.

Die gleichen Ergebnisse kann man auch mittels einer Leistungsbetrachtung für die beiden Hälften der Brückenschaltung und an Hand des Zeigerdiagramms der um $(\alpha_2 - \alpha_1)$ gegeneinander phasenverschobenen Grundschwingungen erhalten. Für die Grundschwingungs-Blindleistung ergibt sich:

$$Q = U_I \cdot I_{I1} \cdot \sin\varphi \qquad (\varphi \equiv \varphi_{I1})$$

$$Q = \frac{\pi}{2 \cdot \sqrt{2}} U_{di} \frac{1}{\sqrt{2}} \frac{4}{\pi} I_d \cos\frac{\alpha_2 - \alpha_1}{2} \sin\frac{\alpha_1 + \alpha_2}{2}$$

$$Q = U_{di} I_d \cos\frac{\alpha_2 - \alpha_1}{2} \cdot \sin\frac{\alpha_1 + \alpha_2}{2}$$

$$Q = \frac{U_{di} I_d}{2} (\sin\alpha_1 + \sin\alpha_2) \tag{11.30}$$

$$P = \frac{U_{di} I_d}{2} (\cos\alpha_1 + \cos\alpha_2). \tag{11.31}$$

Q und P ergeben sich erwartungsgemäß als Summenwerte der Werte, die sich für die Brückenhälften ergäben.

Für den Bereich

$$\left.\begin{array}{l}\alpha_2 = 0 \\ 0 < \alpha_1 < \pi\end{array}\right\} \text{Gleichrichterbetrieb}$$

gilt:

$$Q = U_{di} \cdot I_d \cdot \tfrac{1}{2} \sin \alpha_1$$
$$P = U_{di} \cdot I_d \cdot \tfrac{1}{2} (1 + \cos \alpha_1).$$

Damit läßt sich Q über P darstellen:

$$\sin \alpha_1 = 2 \frac{Q}{U_{di} \cdot I_d}$$

$$\cos \alpha_1 = 2 \frac{P}{U_{di} \cdot I_d} - 1.$$

mit $Q/(U_{di} \cdot I_d) = q$ und $P/(U_{di} \cdot I_d) = p$ gilt:

$$(2q)^2 + (2p - 1)^2 = 1$$
$$q^2 + (p - \tfrac{1}{2})^2 = (\tfrac{1}{2})^2. \tag{11.32}$$

Das ist ein Kreis mit dem Radius $\frac{1}{2}$ und dem Mittelpunkt (s. Bild 11.9): $(+\frac{1}{2}; 0)$. Die maximale Blindleistung im Gleichrichterbetrieb geht also auf 50 % zurück, denn für normale Steuerung gilt der Vollkreis $p^2 + q^2 = 1$ (vgl. Bild 11.4). Für den Wechselrichter-Aussteuerungsbereich, $\alpha_1 = \pi$, $0 < \alpha_2 < \pi$ (im ideellen Fall) gilt:

$$\left.\begin{array}{l} Q = \dfrac{U_{di} \cdot I_d}{2} \sin \alpha_2 \\[2ex] P = \dfrac{U_{di} \cdot I_d}{2} (\cos \alpha_2 - 1) \end{array}\right. \tag{11.33}$$

und eine entsprechende Rechnung liefert:

$$q^2 + (p + \tfrac{1}{2})^2 = (\tfrac{1}{2})^2 \tag{11.34}$$

Das ist ein Kreis mit dem Radius $\frac{1}{2}$ und dem Mittelpunkt $(-\frac{1}{2}; 0)$. Werden die α-Werte auf $\alpha_{max} = \pi - \beta_{min}$ begrenzt z. B. $\hat{=} 180° - 30°$, so werden die Verhältnisse bei der Spannung und Leistung Null sowie im Wechselrichterbetrieb ungünstiger. Auch in diesem Fall ergeben sich für $q = q(p)$ Kreisdiagramme (s. Bild 11.11).

Die Dreiphasenbrückenschaltung

Die Dreiphasenbrückenschaltung ist nach Bild 11.12 ebenso zu behandeln und es gelten die gleichen Gesetze. Bezüglich des Oberschwingungsverhaltens bei Doppelsteuerung (d. h. im allgemeinen $\alpha_1 \neq \alpha_2$) unterscheidet sie sich vom Verhalten der Einphasenbrücke aus

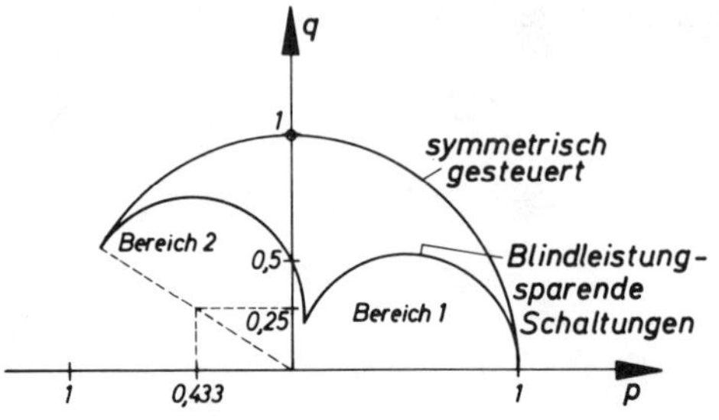

Bild 11.11
Blindleistung über Wirkleistung, mit induktivem Spannungsabfall

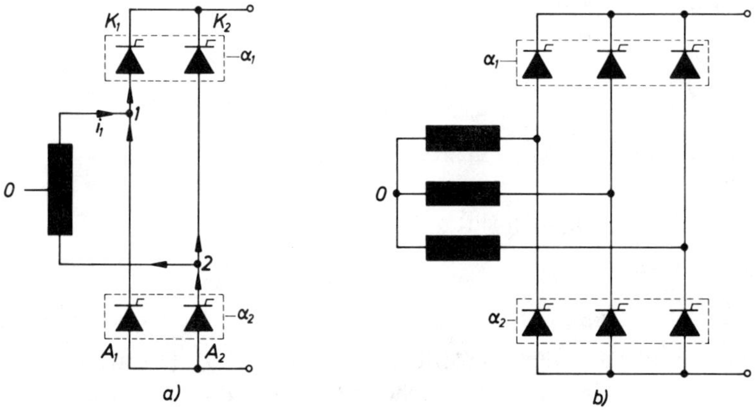

Bild 11.12. Symmetrische Doppelsteuerung bei Brückenschaltungen

folgendem Grund: Wie in Abschnitt 10.8 schon dargelegt, verschwinden bei der normal gesteuerten Drehstrombrückenschaltung die für die Pulszahl 3 charakteristischen Harmonischen, weil die natürlichen Zündzeitpunkte auf der K- und der A-Seite 60° gegeneinander versetzt liegen und sich dadurch die für p = 3 charakteristischen Harmonischen der Ordnungszahlen $g \cdot 3 \pm 1$ herausheben. Werden die beiden Mittelpunktschaltungen, aus denen die Brücke besteht, jedoch mit ungleichen Zündwinkeln gesteuert, so tritt diese Aufhebung im allgemeinen nicht auf, und auf der Primärseite erscheinen die sehr unerwünschten, für p = 3 charakteristischen Harmonischen mit gerader Ordnungszahl ($\underline{2}$, $\underline{4}$, 5, 7, $\underline{8}$, $\underline{10}$). Bei der Einphasenbrückenschaltung tritt das nicht auf, weil hier schon bei gleicher Steuerung der beiden Hälften keine Auslöschung eintritt. Beide Teilstromrichter behalten also ihre charakteristischen Harmonischen, die durch die ungleiche Aussteuerung lediglich in der Phase gegeneinander gedreht werden, was in bestimmten Steuerungszuständen zur Auslöschung führen kann, jedoch nicht zur Entstehung von zusätzlichen Harmonischen.

Läßt man dagegen z.B. zwei Drehstrombrücken mit um 60° gegeneinander versetzten Phasenspannungen symmetrisch doppelt gesteuert über Saugdrosseln oder Spannungsteilerdrosseln parallelarbeiten, so bleibt die Pulszahl 6 erhalten (vgl. Kap. 7).

Eine Reihenschaltung von drei doppelt gesteuerten Einphasenbrücken oder ihre Parallelschaltung über Entkopplungsdrosseln, Saugdrosseln oder Einzeldrosseln liefern die Pulszahl 6 und das geschilderte günstige Blindleistungsverhalten, jedoch einen um den Faktor 3/2 schlechteren Ventilaufwand (s. Abschnitt 9.4).

Symmetrische Halbsteuerung von Brückenschaltungen

Wird keine Spannungsumkehr benötigt, so kann man eine der beiden Halbbrücken mit Dioden und damit billiger ausführen. Da auf der gesteuerten Seite der Brücke im Hinblick auf die Wechselrichterkippung $\alpha = 180^\circ$ nicht erreichbar ist, ist so die Spannung 0 nicht zu erreichen sondern nur die kleinste Spannung

$$U_{di} \cdot \tfrac{1}{2} [\cos(\alpha_{1max}) + 1] = U_{di} \cdot \tfrac{1}{2} (1 - \cos\beta_{1min}) \qquad (11.35)$$

mit $\beta = 180^\circ - \alpha$

Soll die Spannung 0 erreichbar sein, so müssen die gesteuerten Ventile an eine höhere Phasenspannung, d. h. an eine Wicklungsverlängerung (Sparschaltung) angeschlossen werden.

Unsymmetrische Steuerung von Brückenschaltungen

Werden zwei Ventile einer Kommutierungsgruppe, d. h. einer Teil-Mittelpunktschaltung, mit ungleichen Steuerwinkeln gesteuert, so heißt dies „unsymmetrischen Steuerung" (s. u.). Für die Brückenschaltung bedeutet dies, daß gemäß Bild 11.13 die beiden jeweils an die gleiche Transformatorklemme angeschlossenen Ventile bezüglich ihres natürlichen Zündzeitpunktes mit jeweils dem gleichen Steuerwinkel gesteuert werden. Diese Schaltung ist vorzugsweise als unsymmetrische Halbsteuerung interessant, wobei z. B. $\alpha_2 = 0$, d. h. an dieser Stelle Dioden eingesetzt sind. Hierbei vermindert sich die Stromflußdauer in den gesteuerten Ventilen, in den ungesteuerten nimmt sie mit wachsender Herabsteuerung zu. Die Stromflußdauer im Transformator nimmt wie bei den symmetrischen Halb- bzw. Doppelsteuerungen ab. Bild 11.14 zeigt Spannungsbildung und Verlauf des Primärstroms für den ideellen Fall. Der Verlauf der gesteuerten Spannung und der Primärstromverlauf entsprechen dem bei der symmetrischen Halb- und Doppelsteuerung, so daß sich die gleichen Verläufe q = q(p) ergeben.

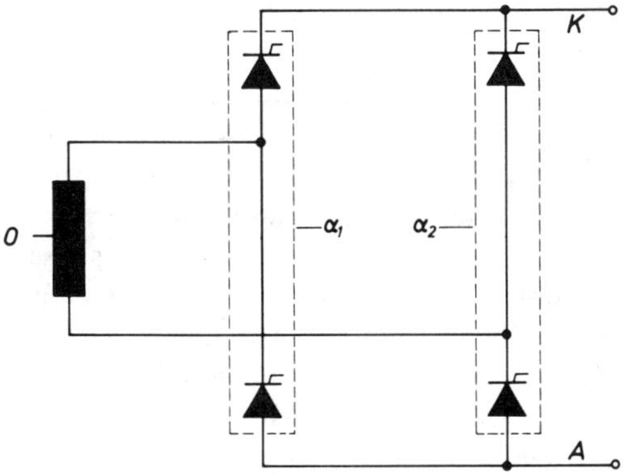

Bild 11.13
Unsymmetrisch doppeltgesteuerte Einphasenbrückenschaltung

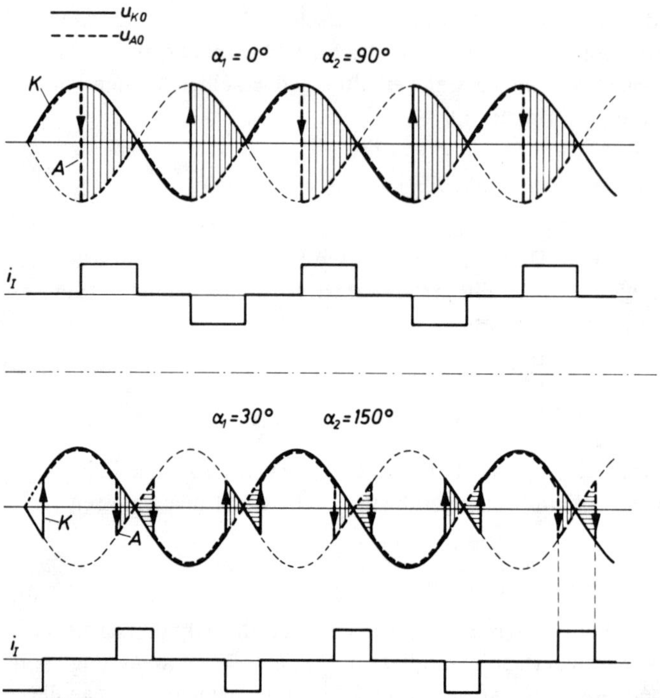

Bild 11.14
Liniendiagramme zu Bild 11.13

Durch Reihenschaltung von zwei und mehr halbgesteuerten Brücken kann man die maximale Blindleistung im Prinzip weiter herabsetzen. Im Blindleistungsdiagramm nach Bild 11.9 bzw. Bild 11.11 ergibt sich eine Aneinanderreihung von Halbkreisen geringeren Durchmessers.

Schaltungen mit Zusatzanoden, insbesondere Nullanoden

Einen guten Leistungsfaktor erhält man, wenn der Steuerbereich durch Anwendung einer Transformator-Stufenumschaltung klein gehalten werden kann. Das ist z. B. bei der Stromrichterversorgung einer Elektrolyse-Anlage möglich. Daher liegt der Gedanke nahe, einen Stromrichter vorzusehen, bei dem neben einem Satz von Ventilen an der vollen Spannung ein Satz an eine Teilspannung, z. B. nur die halbe Spannung, angeschlossen ist („Zusatzanoden"). Man würde dann z. B. den Blindleistungsstoß bei der Spannung Null auf die Hälfte reduzieren können. Bis zur halben Spannung kann man mit dem einen Ventilsatz fahren, dann mit allmählich wachsender Stromflußdauer auf die an die volle Spannung angeschlossenen Ventile kommutieren. Das geschilderte Verfahren ist tatsächlich ausgeführt worden, und zwar schon 1936 bei einer 50-Hz-Stromrichterlokomotive. Ein Sonderfall dieses Verfahrens ist die Mittelpunktschaltung mit Nullanoden, d. h. einer Zusatzanode, die an die Phasenspannung Null, den Mittelpunkt, angeschlossen wird. (Bilder 11.15 und die folgenden). Die Nullanode kann (bei einer K-Schaltung) immer von derjenigen Anode den Strom übernehmen, deren Potential negativer wird als das des Nullpunktes.

Bild 11.15 zeigt das Schaltungsprinzip an der zweiphasigen Mittelpunktschaltung, Bild 11.16 die Stromverläufe für den ideellen Fall und den Spannungsverlauf. Das Bild zeigt auch die Blindleistung sparende Wirkung der Nullanode. Der Teil des Stromblocks, der mit negativem Augenblickswert der Phasenspannung zusammenfällt, wird am Transformator vorbei geleitet. Die „Rückleistung" verschwindet für den ideellen Fall. Man erkennt aus Bild 11.16, daß die Grundschwingungs-Blindleistung, (und damit die von ihr herrührende Rückleistung), nicht verschwindet, denn der Scheitelwert der Grundschwingung liegt in der Mitte des Stromblocks, die Grundschwingung weist also immer noch eine nacheilende Phasenverschiebung auf. Man erkennt aus Bild 11.16, daß das Steuergesetz als Funktion von α gegenüber dem Fall ohne Nullanode verändert ist. Für eine p-phasige Mittelpunktschaltung ist nämlich anzusetzen:

$$U_{di\alpha} \cdot \frac{\pi}{p} = \sqrt{2}\, E_p \int_{-\frac{\pi}{p}+\alpha}^{\frac{\pi}{2}} \cos x \, dx = \sqrt{2}\, E_p \left\{1 + \sin\left(\frac{\pi}{p} - \alpha\right)\right\}.$$

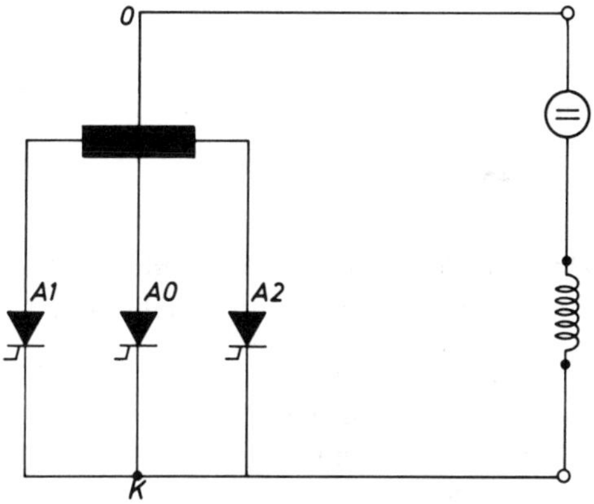

Bild 11.15
Mittelpunktschaltung mit Nullanode

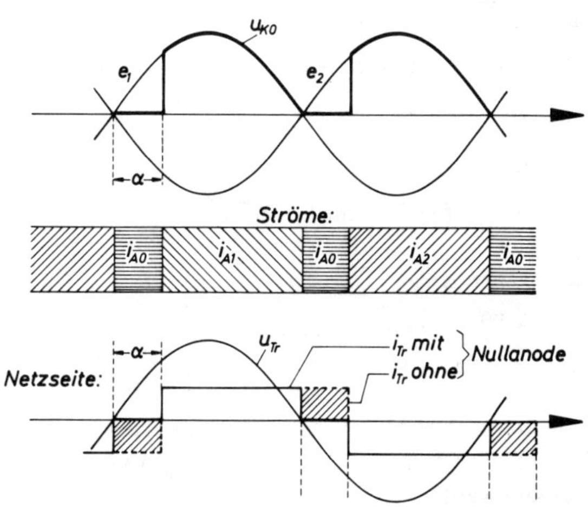

Bild 11.16
Liniendiagramm zur Mittelpunktschaltung mit Nulldiode

Das gilt jedoch erst dann, wenn die angesteuerte Spannung negative Augenblickswerte erreichen würde, d.h., wenn

$$\frac{1}{2}\left(\pi - \frac{2\pi}{p}\right) + \alpha + \frac{2\pi}{p} > \pi,$$

d.h.

$$\frac{\pi}{p} + \alpha > \frac{\pi}{2}$$

somit

$$\alpha > \frac{\pi}{2} - \frac{\pi}{p} \tag{11.17}$$

also, nur bei $p = 2$ schon bei $\alpha > 0$.

Ab dann gilt:

$$U_{di\alpha} = \frac{p}{\pi}\sqrt{2}\, E_p \left\{1 + \sin\left(\frac{\pi}{p} - \alpha\right)\right\} \tag{11.18}$$

Für $p = 2$ wird daraus:

$$\frac{2\sqrt{2}}{\pi} E_p (1 + \cos\alpha) \tag{11.19}$$

Die Gleichspannung Null wird erst erreicht, wenn der Zündzeitpunkt in den hinteren Nulldurchgang der Phasenspannung fällt, d.h., wie man leicht nachprüft, bei $\alpha = \frac{\pi}{2} + \frac{\pi}{p}$.

Eine Nulldiode verhindert, daß der Augenblickswert der Spannung sich umkehren kann. Damit kann sich auch der Mittelwert der Gleichspannung nicht umkehren. Das ist jedoch möglich, wenn auch für die Nullanode ein gesteuertes Ventil verwendet wird (Bild 11.17).

Der natürliche Zündzeitpunkt der Nullanode ist der (rückwärtige) Nulldurchgang jeder Phasenspannung. Auf diesen Punkt wollen wir ihren Steuerwinkel α_N beziehen. Nach dem Linien-Diagramm in Bild 11.18 muß das Steuerschema wie folgt aussehen:

Für $0 < U_{di\alpha} < U_{di}$:

$$\alpha_N = 0$$
$$0 < \alpha < (\pi - \beta_{min}) = \alpha_{max},$$

für $-U_{di} \cdot \cos\gamma < U_{di\alpha} < 0$:

$$\alpha = (\pi - \beta_{min}) = \alpha_{max}$$
$$0 < \alpha_N < \alpha_{N_{max}} = (\pi - \beta_{min}).$$

Eine dreiphasige Mittelpunktschaltung wird erst bei $\alpha > 30°$ in den Bereich negativer Augenblickswerte der Phasenspannung ausgesteuert, die Nullanode kann erst von da ab wirksam werden.

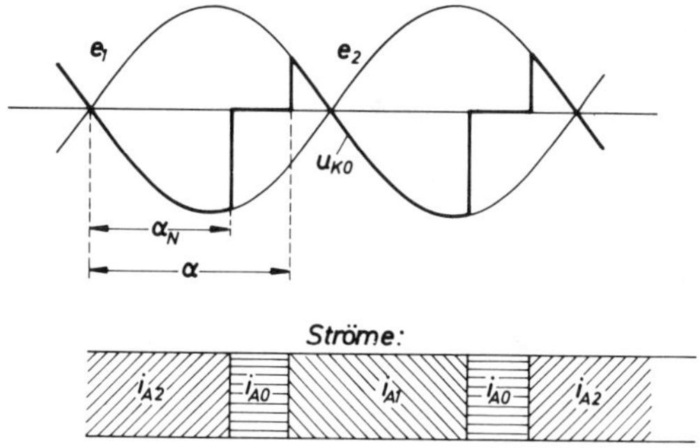

Bild 11.17
Wechselrichter-Aussteuerung mit gesteuertem Nullventil

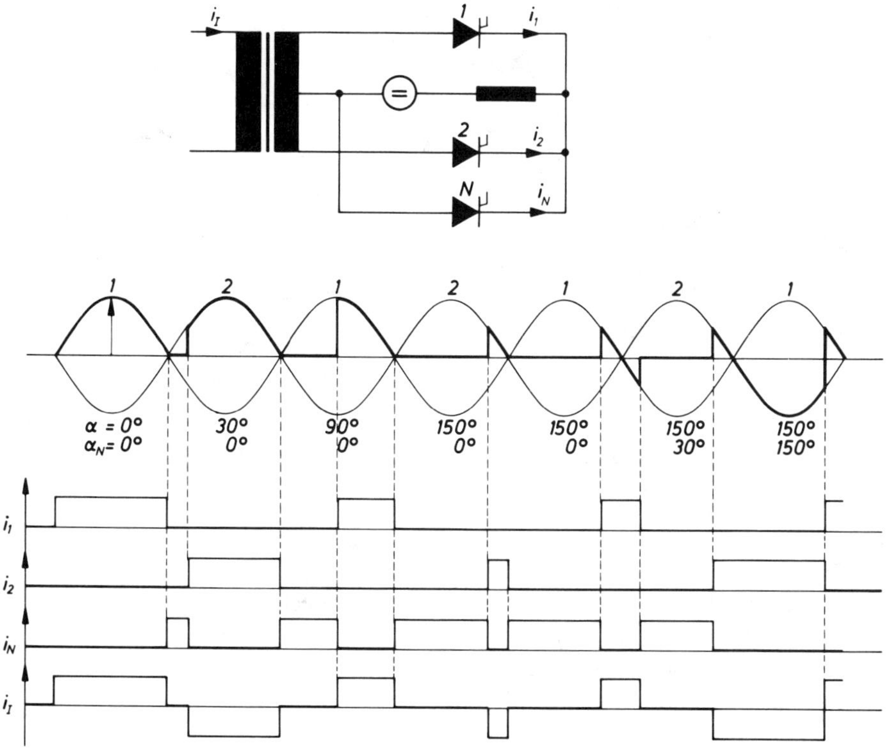

Bild 11.18. Liniendiagramme bei gesteuertem Nullventil

Die Nullanode kann für jede Kommutierungsgruppe (Teil-Mittelpunktschaltung) angewandt werden, deren Nullpunkt zugänglich ist. Bild 11.19 zeigt z. B. eine Saugdrosselschaltung mit Nullanoden. Auch bei der Drehstrombrückenschaltung ist die Nullanode im Prinzip anwendbar, wenn der Transformator sekundär Sternschaltung aufweist (Bild

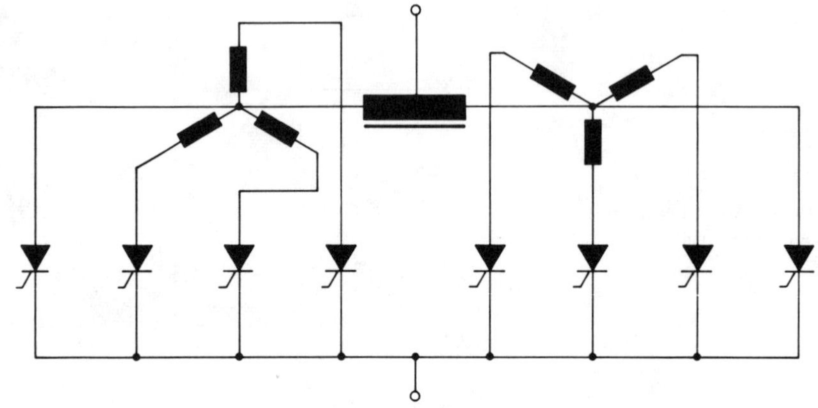

Bild 11.19. Saugdrosselschaltung mit Nullventilen

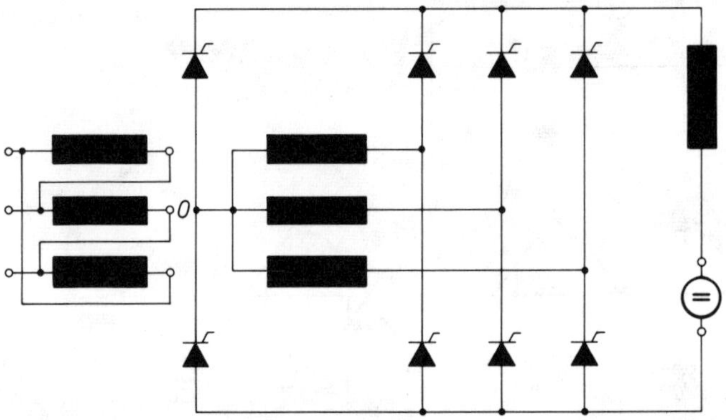

Bild 11.20
Drehstrom-Brückenschaltung mit Nullventilen

11.20). (Der Transformator muß primär Dreieckschaltung oder eine tertiäre Dreieckwicklung haben.) Diese bisher noch nicht angewandte Variante hat gegenüber der doppelt- oder halbgesteuerten Brücke den Vorteil der stets 6-pulsigen Welligkeit, selbstverständlich jedoch den Nachteil höheren Ventilaufwandes. Grundsätzliche Verläufe der Blindleistung über der Wirkleistung, mit und ohne Berücksichtigung der Überlappung, zeigt für aus dreiphasigen Grundschaltungen aufgebaute Mittelpunktschaltungen Bild 11.9.

Unsymmetrisch gesteuerte Mittelpunktschaltung

Wie bei der einphasigen Brückenschaltung gezeigt, bringt auch die „unsymmetrische" Aussteuerung (s. o.) eine Blindleistungsersparnis. Nur bei der Zweiphasenbrücke liegen die Verhältnisse so günstig, daß keine zusätzlichen Oberschwingungen entstehen. Hat die Schaltung dreiphasige Mittelpunktschaltungen als Grundschaltungen. so wird der starkstromseitige Aufbau und das Steuerschema kompliziert und aufwendig. Für resultierend 6-pulsige Welligkeit braucht man z. B. vier Dreiphasensysteme und drei Saugdrosseln. Daher sind solche Schaltungen, obwohl schon ausgeführt, heute nicht mehr üblich.

Gemeinsame Merkmale der blindleistungssparenden Steuerverfahren und Schaltungen

Allen behandelten Schaltungen ist gemeinsam, daß sie den Blindleistungsstoß bei $U_d = 0$ vermindern, bei $d_x \neq 0$ jedoch nicht vollkommen vermeiden können. Weiter gilt für sie, daß bei Herabsteuerung nicht nur die primäre Grundschwingungs-Scheinleistung, sondern der Effektivwert des gesamten Primärstroms vermindert wird. Dabei wird die Grundschwingung stärker reduziert als die Oberschwingungen, der Grundschwingungsgehalt geht zurück. Bei den Schaltungen mit Doppelsteuerung wird dies durch gegeneinander phasenverschobene Steuerung von Teilstromrichtern bewirkt. Bei der Nullanodenschaltung wird es durch einen „Freilauf" erreicht d. h., der Strom geht in einem Teil der Periode am Transformator vorbei und wird nicht ins Primärnetz übertragen. Die halb oder doppelt gesteuerte Brückenschaltung zeigt diese Freilaufwirkung ebenfalls, nämlich dann, wenn zwei an eine Transformatorphase angeschlossene Ventile gleichzeitig Strom führen.

11.4. Das Rückwirkungsproblem bei merklichem Netzinnenwiderstand

Bisher wurde vorausgesetzt, daß die Primärspannung des Stromrichters rein sinusförmig sei. Dies gilt nur, wenn der Stromrichter an ein leistungsstarkes Netz angeschlossen ist, so daß der Netzinnenwiderstand vernachlässigt werden kann. Wir betrachten im folgenden die Rückwirkung des Stromrichters für den Fall, daß das Netz einen merklichen Innenwiderstand hat, bzw., was auf das gleiche hinausläuft, daß die Stromrichterscheinleistung nicht vernachlässigbar klein gegenüber der Kurzschlußleistung des Netzes ist. Zunächst wird die zweiphasige Schaltung nach Bild 11.21a betrachtet. Die Streuinduktivität des Transformators ist vereinfachend als eine einzige Induktivität auf der Primärseite (L_T) herausgezogen. Bild 11.22a zeigt die Primär- und Sekundärspannung des Transformators für den Fall $L_d \rightarrow \infty$. Es ist $L_i/L_T = 1/2$ angenommen. Während der Kommutierungsdauer ist die Sekundärspannung des Transformators kurzgeschlossen, also Null. Auf der Primärseite ergibt sich während der Kommutierung die Spannung aufgrund des Spannungsteilerverhältnisses $L_T/(L_i + L_T)$, In der Alleinzeit sind u_1 und u_2 unbeeinflußt, da ja $L_d \rightarrow \infty$ angenommen wurde.

Bild 11.22b zeigt die Primär- und Sekundärspannung für eine 6-pulsige Stromrichterschaltung (z.B. Drehstrombrückenschaltung oder Saugdrosselschaltung, siehe Bild 11.21b), und zwar eine Phasenspannung. Hier wird während der Kommutierung jeweils eine verkettete Spannung sekundärseitig kurzgeschlossen. In der Überlappung folgt u_2 dem Mittelwert der kommutierenden Phasenspannungen; die Primärspannung u_1 ergibt sich wiederum durch Teilung der Differenz $u_{R0} - u_{10}$ im Verhältnis $L_T/(L_i + L_T)$.

Die Primärspannung wird also verzerrt, um so mehr, je größer L_i verglichen mit L_T ist und je näher der Steuerwinkel dem Wert 90° kommt.

Wirkung von Kapazitäten

Nun sei angenommen, daß an die Primärklemmen des Stromrichtertransformators eine Kapazität C parallel bzw. gegen den Nullpunkt geschaltet sei, wie in den Bildern 11.21a und 11.21b gestrichelt angedeutet. Man denke z. B. an eine Kabel- oder eine Freileitungs-

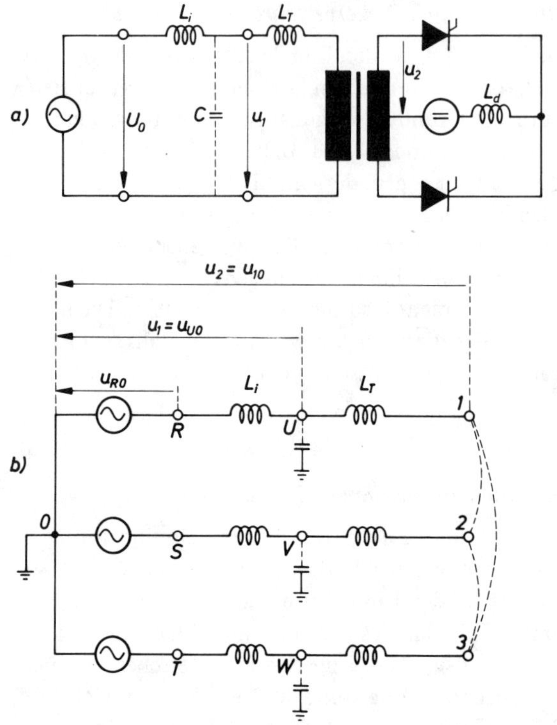

Bild 11.21

Netze mit induktivem Innenwiderstand und Kapazitäten

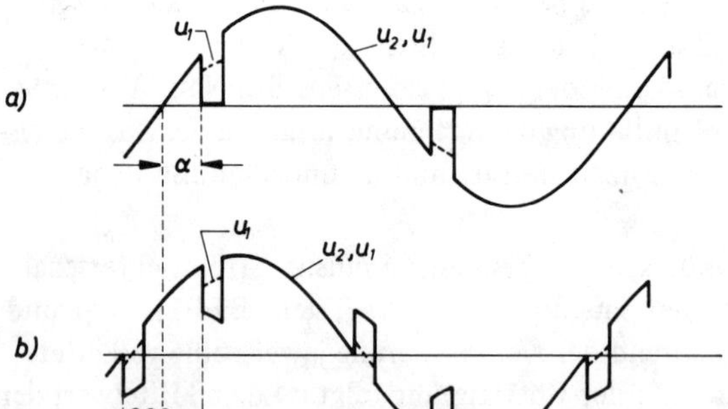

Bild 11.22

Primär- und Sekundärspannung des Transformators bei Netzen mit rein induktivem Innenwiderstand

kapazität oder an einen Phasenschieberkondensator, der den mittleren Leistungsfaktor verbessern soll. Offenbar ist das gesamte Gebilde jetzt schwingungsfähig. In der Überlappungszeit ist der Transformator kurzgeschlossen, und in Bild 11.21a bestimmt die Parallelschaltung von L_T und L_i zusammen mit C die Eigenschwingungsfrequenz. In der Alleinzeit ist der Transformator sekundär offen, bei Vernachlässigung des Magnetisierungsstroms und bei $L_d \to \infty$ bestimmt L_i mit C die Eigenschwingungsdauer. (Zur

Behandlung Kapazitäten enthaltender Systeme s. Kap. 21 und Abschnitt 17.1). Die Spannungssprünge bei Beginn und am Ende der Überlappung werden jetzt zu Übergängen in Form von schwachgedämpften Schwingungen, die sich Strömen und Spannungen überlagern. Nur die Urspannung u_0 (bzw. u_{RO}, u_{SO}, u_{TO}) bleibt voraussetzungsgemäß sinusförmig.

Bemerkung: C ist beim dreiphasigen System die „Betriebskapazität" für den symmetrischen Fall, d. h. der Wert für die Ersatz-Sternschaltung. C/2 und $2\,L_i$, bzw. C/2 und $2\,L_i$ parallel zu $2\,L_T$ bestimmen hier die Eigenfrequenz (s. Bild 11.21b).

Vereinfachte Betrachtung

Wenn Glättungsinduktivität L_d und Leerlaufinduktivität des Transformators unendlich groß sind, wird sich in der Alleinzeit die Schwingung im Gleichstrom und damit im Primärstrom des Transformators nicht auswirken können. Es schwingt allein der Netzstrom. Während der Kommutierung ist ein (bei $L_i \ll L_T$ geringer) Schwingungsanteil auch im Primärstrom des Stromrichters vorhanden, die Kommutierungsdauer wird aber nach wie vor klein gegen die Alleinzeit bleiben. Bei Symmetrie in den Elementen der Schaltung besteht kein Grund für das Auftreten von nicht schaltungstypischen Harmonischen.

Diese Überlegungen führen zu der folgenden vereinfachten Betrachtungsweise: Der Stromrichter wird für seine schaltungstypischen Harmonischen im Primärstrom als Konstantstromgenerator angesehen. Dann gilt für jede Harmonische das (einphasig dargestellte) Ersatzschaltbild 11.23. Wir stellen die Frage, ob für eine der schaltungstypischen Harmonischen Parallelresonanz auftreten, d. h. der resultierende Netz-Eingangswiderstand $\mathbf{Z}_n$ (im verlustfreien Fall) unendlich groß werden kann. Wenn das der Fall ist, kommt es zu einer beachtlichen Erhöhung der Oberschwingungsspannung der betreffenden Harmonischen. Es gilt:

$$\mathbf{Z}_n = \frac{1}{\mathbf{Y}_n}$$

$$\mathbf{Y}_n = j\omega C + \frac{1}{j\omega L}$$

(fettgedruckte Größen sind komplex)

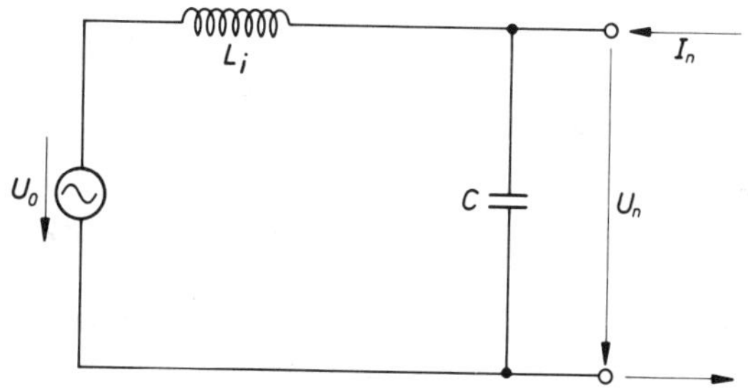

Bild 11.23

Vereinfachte Betrachtung der Oberschwingungsrückwirkung, (einphasiges) Ersatzschaltbild

Für die Netzfrequenz ω_1 sei

$$Y_C = \omega_1 C \qquad X_L = \omega_1 L$$

und damit

$$\mathbf{Y}_n = j\left(n\,Y_C - \frac{1}{nX_L}\right) \quad (11.36)$$

$\mathbf{Y}_n = 0$ liefert die Ordnungszahl n_{res}, für die Resonanz auftritt:

$$n_{res} = \frac{1}{\sqrt{Y_C \cdot X_L}}. \quad (11.37)$$

Wir wollen nun annehmen, daß nach Bild 11.24 der gesamte Netzinnenwiderstand in einem vorgeschalteten Transformator der Nennscheinleistung S_T und der bezogenen Reaktanz (Kurzschlußspannung) x vereinigt sei und wollen auch die Größe des Kondensators durch seine Grundschwingungsblindleistung Q_C kennzeichnen. Bekanntlich gilt:

$$X_L = x \cdot \frac{U_N^2}{S_T} \tag{11.38}$$

$$Y_C = \frac{Q_C}{U_N^2}. \tag{11.39}$$

(Bei Drehstrom sind X_L und Y_C Werte je Phase, U_N die verkettete Nennspannung, $U_N = \sqrt{3}\, U_p$). Dann ergibt sich die Ordnungszahl der Resonanz-Harmonischen mit Gl. (11.37) zu

$$n_{res} = \sqrt{\frac{1}{x} \frac{S_T}{Q_C}}. \tag{11.40}$$

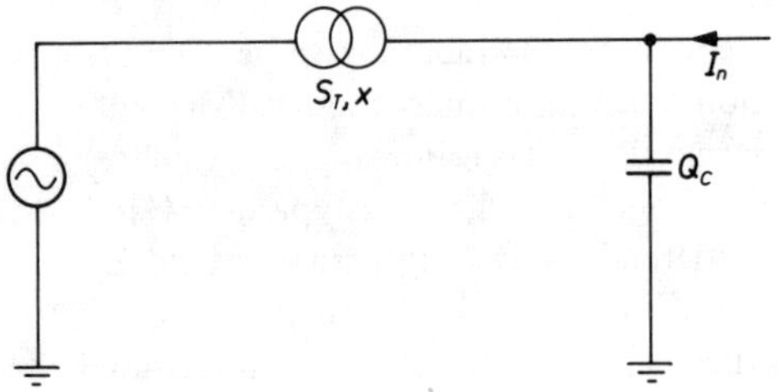

Bild 11.24

Transformator und Blindleistungskondensator

Zahlenbeispiel:

Bei x = 0,08 tritt n_{res} = 5 auf, wenn $Q_C = 0{,}5 \cdot S_T$ wird. Das Auftreten einer Resonanz für eine Harmonische des Stroms ist also nicht gerade unwahrscheinlich! Diese zu befürchtenden Resonanzerscheinungen treten tatsächlich auf. Der Stromrichter selbst wird im Gleichrichterbetrieb kaum in seiner Betriebsweise gestört. Der Wechselrichterbetrieb kann aber unter Umständen unmöglich werden. Die Synchronisierung der Steuersätze (s. Abschnitt 13.3), die auf saubere Nulldurchgänge der Spannung angewiesen ist, wird nämlich u. a. gestört. Damit gibt es unerwünschte Einflüsse auf die Regeleinrichtungen. Durch den Wirkungskreis über die Synchronisierung der Steuersätze können sogar nicht schaltungstypische Harmonische stark hervortreten. Dies ist ein Problem, wenn die Forderung $L_i \ll L_T$ nicht erfüllt ist, z. B. bei der Hochspannungs-Gleichstrom-Übertragung.

Schließlich kann zusätzliche Oberschwingungsbelastung als Folge einer solchen Resonanz für Asynchronmotoren und die Dämpferkäfige von Synchrongeneratoren gefährlich werden. Die Erdschlußlöschung in Mittelspannungsnetzen wird gestört. Aus allen diesen Gründen müssen Resonanzerscheinungen der geschilderten Art vermieden werden.

Resonanzkreise (drehstromseitige Filterkreise)

Zur Vermeidung der mit der Oberschwingungsresonanz auftretenden Schwierigkeiten kann man Serien-Resonanzkreise für die störenden Oberschwingungen dem Netz und dem Stromrichter entsprechend Bild 11.25 parallel schalten. Oft ist die Erhöhung des mittleren Leistungsfaktors durch Parallelschaltung von Kondensatorenbatterien erwünscht oder notwendig, z. B. bei Hochspannungs-Gleichstrom-Übertragungs-Anlagen, aber auch bei Anlagen der Antriebstechnik mit großen und mittleren Leistungen. Diese Kondensatoren, die, wie oben gezeigt, zur unerwünschten Resonanz führen, werden durch die Vorschaltung von Induktivitäten und Abstimmung auf die betreffenden Harmonischen zu Nebenwegen für die störenden Oberschwingungsströme. Der Saugkreisleitwert ist dem Netz-Eingangsleitwert parallel geschaltet. Er macht für seine Resonanzfrequenz den Netz-Eingangswiderstand im Idealfall zu Null, auch wenn das Netz aufgrund von Parallelresonanz den Eignungswiderstand unendlich (für den verlustfreien Fall) aufweist. Für die Grundschwingung sind die Saugkreise kapazitiv, liefern also Grundschwingungs-Blindleistung. Zu beachten ist, daß durch die vorgeschaltete Induktivität die Grundschwingungsspannung am Kondensator höher als die Sammelschienenspannung ist. Ferner ist die Möglichkeit der termischen Überlastung zu beachten, besonders in den Fällen, in denen die Netzspannung schon verzerrt ist und die Saugkreise auch die Oberschwingungsströme anderer Oberschwingungserzeuger aufnehmen müssen.

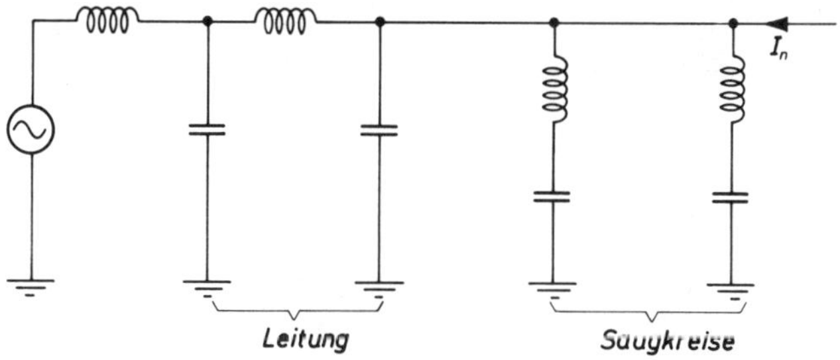

Bild 11.25
Vereinfachtes Ersatzschaltbild mit Leitung und Saugkreisen

Als Saugkreisdrosseln werden im allgemeinen Luftdrosseln verwendet. Für die niedrigen Harmonischen kommen auch eisengeschlossene Drosseln mit Luftspalt infrage. Nur für diese können die Abschätzungsformeln für die Typengröße aus Abschnitt 10.7 angewendet werden. Sind Frequenzänderungen zu erwarten, so müssen die Saugkreise unter Umständen mit einer selbsttätigen Abstimmung versehen werden. Dies ist häufig auch deswegen notwendig, weil die Kapazität der Kondensatoren temperaturabhängig ist und/oder sich durch Ausfall von Einzelkondensatoren, aus denen die Batterien zusammengesetzt sind, ändert. Da reine Wechselspannungsbeanspruchung vorliegt, ist die termische Beanspruchung durch die dielektrischen Verluste für die Bemessung der Kondensatoren maßgebend.

In einer Filterkreisanlage setzt sich die Belastung des Kondensators zusammen aus einer Grundschwingungsbelastung, die sich aus der Grundschwingungsspannung am Filterkreis errechnet, und einer Oberschwingungsbelastung, für die wir von einer Konstant-Stromeinspeisung ausgehen. Näheres dazu siehe Kap. 20.

Die Speisung des Stromrichters über eine Hochspannungs-Freileitung (Resonanzberechnung mit Leitungs- und Vierpoltheorie)

Die Freileitung hat Induktivität und Kapazität. Der Ersatz eines Leitungsstücks durch ein π- oder T-Glied ist für Oberschwingungsresonanz-Betrachtungen schon bei Längen um 100 km und bei Nennspannungen von 100 kV unzureichend. Diese Betrachtung liefert nur eine Resonanzstelle, die der Größenordnung nach der niedrigsten bei genauerer Rechnung erhaltenen Resonanzstelle entspricht, obwohl, wie unten gezeigt wird, unendlich viele vorhanden sein müssen. Bequemer als die Aufteilung in mehrere π- oder T-Glieder mit den damit verbundenen Unzulänglichkeiten, ist die leitungstheoretische Betrachtung der Leitung.

Es werden die von der Leitungstheorie gelieferten Vierpolkonstanten der Leitung in der Kettenform benutzt[1]). So gilt:

$$\mathbf{U}_1 = \mathbf{A}_{11}\,\mathbf{U}_2 + \mathbf{A}_{12}\,\mathbf{I}_2 \qquad (11.41\text{a})$$

$$\mathbf{I}_1 = \mathbf{A}_{21}\,\mathbf{U}_2 + \mathbf{A}_{22}\,\mathbf{I}_2 \qquad (11.41\text{b})$$

wobei „Kettenzählpfeile" gemäß Bild 11.26 zugrundeliegen. Die Vierpoltheorie verknüpft Strom und Spannung an zwei Klemmenpaaren eines linearen Netzwerks durch ein lineares Gleichungssystem, und es gilt das Superpositionsprinzip für Ströme und Spannungen verschiedener Frequenzen. Die Eingangsklemmen stellen die Anschlußstelle des Stromrichters dar, die Ausgangs klemmen können an irgendeiner Stelle im Netz liegen. Unter der Voraussetzung der Symmetrie wird nur eine Phase betrachtet.

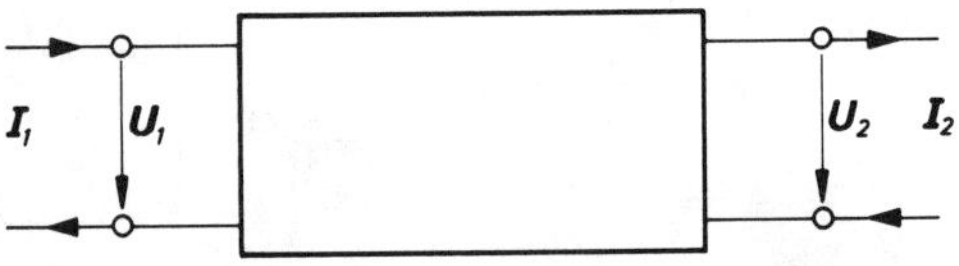

Bild 11.26
Vierpol mit Ketten-Zählpfeilen

Die für unsere Betrachtungen wesentlichen Vierpolkenngrößen sind

das Kurzschlußstromverhältnis $\mathbf{A}_{22} = \left(\dfrac{\mathbf{I}_1}{\mathbf{I}_2}\right)_{\mathbf{U}_2=0}$,

das Leerlaufspannungsverhältnis $\mathbf{A}_{11} = \left(\dfrac{\mathbf{U}_1}{\mathbf{U}_2}\right)_{\mathbf{I}_2=0}$,

deren Bedeutung sich aus der Gleichung 11.41b bzw. a ergibt. Da die Stromrichterbelastung als Konstantstromeinspeisung für bestimmte Oberschwingungen betrachtet wird, ist der (verlustfreie) Resonanzfall durch $\mathbf{A}_{22} = 0$ gekennzeichnet. Dann wird bei eingeprägtem Strom $\mathbf{I}_1$ der Strom $\mathbf{I}_2 = (1/\mathbf{A}_{22})\cdot\mathbf{I}_1$ unendlich groß. Auch der primäre Eingangswiderstand bei ausgangsseitigem Kurzschluß, der aus Gl. (11.41) folgt, wird in diesem Falle unendlich groß.

[1]) Siehe z.B. *G. Bosse*, Grundlagen der Elektrotechnik Bd. III, B. I. – Hochschultaschenbuch Nr. 184 (1969).

Es ist:

$$\mathbf{Z}_1 = \frac{\mathbf{U}_1}{\mathbf{I}_1} = \frac{\mathbf{A}_{11} \cdot (\mathbf{U}_2/\mathbf{I}_2) + \mathbf{A}_{12}}{\mathbf{A}_{21} \cdot (\mathbf{U}_2/\mathbf{I}_2) + \mathbf{A}_{22}} = \frac{\mathbf{A}_{11} \cdot \mathbf{Z}_2 + \mathbf{A}_{12}}{\mathbf{A}_{21} \cdot \mathbf{Z}_2 + \mathbf{A}_{22}}. \quad (11.42)$$

Für $\mathbf{Z}_2 = \mathbf{U}_2/\mathbf{I}_2 = 0$ wird daraus

$$\mathbf{Z}_e = \frac{\mathbf{A}_{12}}{\mathbf{A}_{22}}. \quad (11.42a)$$

Die Vierpolmatrix eines homogenen Leitungsstücks hat die Form

$$\begin{Bmatrix} \mathbf{A} & \mathbf{B} \\ \mathbf{C} & \mathbf{A} \end{Bmatrix}$$

Die folgende Tabelle gibt die Werte für $\mathbf{A} = \mathbf{A}_{11} = \mathbf{A}_{22}$ sowie für **B** und **C** allgemein und für den verlustfreien Fall an.

	allgemein	verlustfreier Fall
A	$\cosh \mathbf{g}$	$\cos a$
B	$\mathbf{Z} \cdot \sinh \mathbf{g}$	$j\,Z \cdot \sin a$
C	$\frac{1}{\mathbf{Z}} \cdot \sinh \mathbf{g}$	$j\,\frac{1}{Z} \cdot \sin a$

(11.43)

Für den verlustfreien Fall wird nur a, das „Winkelmaß" der Leitung, benötigt:

$$a = \omega \cdot \sqrt{LC}. \quad (11.44)$$

L Längsinduktivität, C Querkapazität des Leitungsstücks. Ferner wird der Wellenwiderstand **Z** in diesem Fall reell:

$$Z = \sqrt{\frac{L}{C}}. \quad (11.45)$$

Im allgemeinen Fall wird das „Übertragungsmaß" $\mathbf{g} = b + ja$ und die Hyperbelfunktionen $\cosh \mathbf{g}$ und $\sinh \mathbf{g}$ im Komplexen benötigt. Man erhält **g** wie folgt:

Bezeichnet $\mathbf{R}_1$ den Längsscheinwiderstand je Längeneinheit und $\mathbf{G}_1$ den Querscheinleitwert je Längeneinheit, so wird $\gamma = \sqrt{\mathbf{R}_1 \mathbf{G}_1}$ die Fortpflanzungskonstante der Leitung und $\mathbf{g} = \gamma \cdot l$ das Übertragungsmaß des Leitungsstücks mit der Länge l genannt. γ und **g** sind komplex:

$$\begin{aligned} \gamma &= \beta + j\alpha \\ \gamma l &= \beta l + j\alpha l \\ \mathbf{g} &= b + ja. \end{aligned} \quad (11.46)$$

$$\mathbf{Z} = \sqrt{\frac{\mathbf{R}_1}{\mathbf{G}_1}} \quad (11.47)$$

ist allgemein der „Wellenwiderstand" der Leitung. Es ist

$$\mathbf{Z} \approx Z = \sqrt{\frac{L_1}{C_1}} = \sqrt{\frac{L}{C}}$$

bei der verlustarmen Leitung.

l ist die Leitungslänge, β die Dämpfungskonstante. Sie hat den Wert $\beta = \frac{1}{2} \cdot \frac{r_1}{Z}$ wobei r_1 der Wirkwiderstand je km und Z der Wellenwiderstand ist. Das „Dämpfungsmaß" ist $b = \beta \cdot l = \frac{1}{2} \cdot \frac{R}{Z}$, wobei R den gesamten Wirkwiderstand des Leitungsstücks bezeichnet, Z wiederum den Wellenwiderstand.

α heißt Wellenlängenkonstante, aufgrund der Beziehung

$$\alpha = \frac{2\pi}{\lambda}, \tag{11.48}$$

mit λ als Wellenlänge der betrachteten Frequenz auf der Leitung. α ist frequenzabhängig, nämlich

$$\alpha = \omega\sqrt{L_1 C_1}. \tag{11.49}$$

Für die Freileitungen der Starkstromtechnik ist die Wellenlänge bei gegebener Frequenz nahezu ein Festwert, etwa $\lambda_{50} = 6000$ km für f = 50 Hz. Damit gilt für die Frequenz $n \cdot 50$ Hz das Winkelmaß

$$a = n \frac{l}{\lambda_{50}} \cdot 2\pi. \tag{11.50}$$

Wird der Stromrichter nur über ein Leitungsstück gespeist, so ist im verlustfreien Fall die Resonanzbedingung

$$\mathbf{A}_{22} = \mathbf{A} = \cos a = 0, \tag{11.50a}$$

d. h.

$$a = \frac{\pi}{2}, \quad \frac{3\pi}{2}, \ldots (2k+1)\frac{\pi}{2} \tag{11.50b}$$

oder

$$\omega\sqrt{LC} = \frac{\pi}{2}, \quad \frac{3\pi}{2}, \ldots, (2k+1) \cdot \frac{\pi}{2} \tag{11.50c}$$

$$\omega_{res} = \frac{\pi}{2} \frac{1}{\sqrt{LC}}, \quad \frac{3\pi}{2} \frac{1}{\sqrt{LC}} \quad \text{usw.} \tag{11.50d}$$

oder:

$$n_{res} \cdot l = \frac{\lambda_{50}}{4}; \; 3\frac{\lambda_{50}}{4}, \ldots, (2k+1)\frac{\lambda_{50}}{4}. \tag{11.50e}$$

Für diese Werte von ω ist die Leitungslänge ein ungerades Vielfaches einer Viertel-Wellenlänge.

Die Matrix des Leitungsvierpols wird nun mit Scheinwiderständen zu einer resultierenden Vierpolmatrix zusammengefaßt. Neben weiteren Leitungsstücken wird hauptsächlich der längs vor- oder nachgeschaltete Scheinwiderstand R mit der Kettenmatrix

$$\begin{Bmatrix} 1 & \mathbf{R} \\ 0 & 1 \end{Bmatrix}$$

und der quer vor- oder nachgeschalteten Scheinleitwert **Y** mit der Kettenmatrix

$$\begin{Bmatrix} 1 & 0 \\ \mathbf{Y} & 1 \end{Bmatrix}$$

benötigt.

In Bild 11.27 kann **Y** z. B. den Leitwert einer Kondensatorbatterie, **R** die Impedanz eines Transformators bedeuten. Liegt eine Leitungsverzweigung vor, so wird der Eingangsleitwert des Abzweigs benötigt.

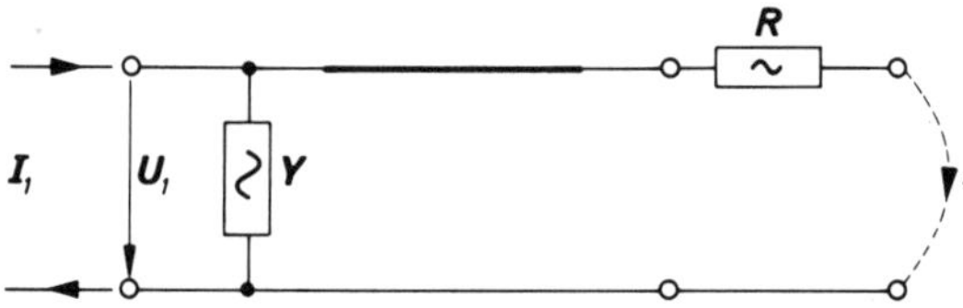

Bild 11.27
Leitung mit komplexen Parallel- und Längswiderstand

Für die Betrachtung der Parallelresonanz bei eingeprägtem Strom wird der resultierende Vierpol im allgemeinen zweckmäßig als kurzgeschlossen betrachtet.

Sollen die Verhältnisse bei aufgedrückter Oberschwingungsspannung statt bei aufgedrücktem Strom untersucht werden, so wird das Leerlaufspannungsverhältnis des resultierenden Vierpols, $\mathbf{A}_{11}$, betrachtet, d. h. ein ausgangsseitig offener Vierpol.

Die in der Starkstromtechnik vorkommenden Systeme sind stets verlustarm. Für die verlustarme Leitung wird in den Gln. (11.46) und (11.43) in

$$g = b + ja$$
$$b \ll 1 .$$

sinh g und cosh g erhält man aus den Additionstheoremen. Wird für $b \ll 1$ $\cosh b \approx (1 + b^2/2)$ und $\sinh b \approx b$, ferner $\cosh ja = \cos a$ und $\sinh ja = j \sin a$ berücksichtigt, so wird, mit $\mathbf{Z} \approx Z$

$$\mathbf{A} \approx \left(1 + \frac{b^2}{2}\right) \cos a + j\, b \sin a$$

$$\mathbf{B} \approx Z \cdot \left[b \cos a + j \left(1 + \frac{b^2}{2}\right) \sin a \right] \tag{11.51}$$

$$\mathbf{C} \approx \frac{1}{Z} \left[b \cos a + j \left(1 + \frac{b^2}{2}\right) \sin a \right].$$

Man geht nun so vor, daß man zunächst die Nullstellen von $\mathbf{A}_{22}$ für den verlustfreien Fall bestimmt. Dazu werden alle ohmschen Widerstände Null gesetzt und für die Leitungsstücke die rechte Spalte von Gl. (11.43) benutzt. Man erhält so die Resonanzfrequenzen genügend genau. Mit Berücksichtigung der ohmschen Widerstände wird $\mathbf{A}_{22}$ nicht Null, sondern nimmt in der Nähe der Resonanzfrequenz dem Betrag nach kleinste Werte an.

Die Leitungswiderstände werden dabei durch Benutzung der Näherungsgleichungen (11.51) berücksichtigt.

Beispiele: Besteht der Vierpol nur aus einem Leitungsstück, an dessen Ende der Netzinnenwiderstand vernachlässigbar ist, so ergibt sich (s. oben)

$$\mathbf{A}_{22} \approx \cos a = 0 \quad \text{für} \quad a = (2k+1)\frac{\pi}{2}$$

$$\mathbf{A}_{22} \approx jb \quad \text{für} \quad \cos a = 0, \quad \sin a = 1$$

nach Gl. (11.51).

Ist dagegen der Netzinnenwiderstand am Leitungsende nicht Null sondern hat den Wert $R + j\omega L_s$, so gilt:

$$(\mathbf{A}) = \begin{Bmatrix} \mathbf{A} & \mathbf{B} \\ \mathbf{C} & \mathbf{A} \end{Bmatrix} \cdot \begin{Bmatrix} 1 & R + j\omega L_s \\ 0 & 1 \end{Bmatrix}$$

Daraus folgt:

$$\mathbf{A}_{22} = \mathbf{C}(R + j\omega L_s) + \mathbf{A}$$

Für den verlustfreien Fall (R = 0) gilt:

$$A_{22} = j\,\frac{1}{Z}\sin a \cdot j\omega L_s + \cos a$$

$$\cos a - \frac{\omega L_s}{Z}\sin a = 0$$

$$\cot a = \frac{\omega L_s}{Z}.$$

Es ist

$$a = \omega \cdot \sqrt{LC}, \quad \omega = \frac{1}{\sqrt{LC}}\,a, \quad Z = \sqrt{\frac{L}{C}} \tag{11.52}$$

Also heißt die Resonanzbedingung

$$\cot a = \frac{L_s}{L}\,a. \tag{11.53}$$

Auch diese Gleichung liefert unendlich viele Lösungen a_{res}, und damit ω_{res}, nämlich die Schnittpunkte einer Geraden mit der Kotangensfunktion.

Man erkennt also in beiden Fällen, daß sich unendlich viele Resonanzfrequenzen ergeben.

Für die nachträgliche Berücksichtigung der Verluste sind für **C** und **A** die Gln. (11.51) zu benutzen, ferner der Wert für $R \neq 0$, um $|A_{22}|_{res}$ bei der für den verlustfreien Fall berechneten Resonanzfrequenz zu ermitteln.

Die vorstehend beschriebene Theorie muß abgewandelt werden, wenn der Stromrichter generatornah angeschlossen ist und seine Leistung in die Größenordnung der Generatorleistung kommt. In diesem Falle läßt sich der Synchrongenerator nämlich nicht allein durch Urspannung und ohmisch-induktiven Innenwiderstand darstellen. Wie in Kap. 10 ausgeführt, bilden die Oberschwingungsströme wiederum Drehstromsysteme, wobei diejenigen mit den Ordnungszahlen $n = (3g + 1)$ gleichsinnig, diejenigen mit den Ordnungszahlen $n = (3g - 1)$ gegensinnig zum Grundschwingungssystem drehen. Die Winkelgeschwindigkeiten dieser Dreh-Durchflutungen sind ein Vielfaches der Kreisfrequenz der Grundschwingung, und der Dämpferkäfig wird wirksam. Die hohen Frequenzen bewirken Widerstanderhöhung durch Stromverdrängung. Deren Vernachlässigung ergibt zu hohe Werte für die Resonanzüberhöhungen $1/|A_{22}|$.

Ferner ist allgemein zu beachten, daß die erläuterte Stromresonanz-Theorie ein Behelf ist, der es ermöglicht, mit den Methoden der Wechselstromlehre zu rechnen, statt, der Wirklichkeit entsprechend, Schaltvorgänge zu berechnen.

12. Schaltungen für Stromumkehr

Wie in den Kapiteln 5 bis 7 gezeigt, ist der netzgeführte Stromrichter in der Lage, durch Aussteuerung in den Wechselrichterbetrieb bei gleichbleibender Stromrichtung seine Spannung, und damit die Leistung umzukehren. Im U_d-I_d-Kennlinienfeld bedeutet das eine Beschränkung auf den ersten und vierten Quadranten (Bild 12.1). Besonders in der Antriebstechnik mit Gleichstrommotoren wird aber sehr häufig die Umkehr der Stromrichtung bei gleichbleibender Spannungsrichtung, d. h. der Übergang vom ersten in den zweiten Quadranten in Bild 12.1a verlangt, nämlich immer dann, wenn im Drehzahl-

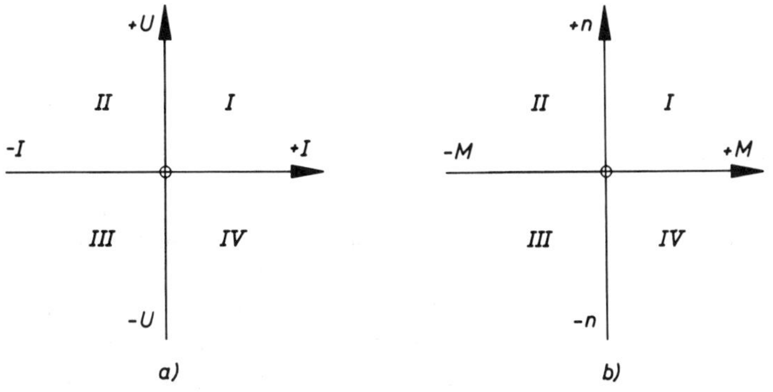

Bild 12.1. a) Ebene des U-I-Kennlinienfeldes einer gesteuerten Spannungsquelle
b) Ebene des M-n-Kennlinienfeldes einer Gleichstrommaschine

Drehmomenten-Kennlinienfeld der Gleichstrommaschine in Bild 12.1b bei einer bestimmten Drehzahl das Drehmoment umgekehrt werden soll. Die beiden Kennlinienfelder sind für die Gleichstrommaschine in folgender Weise einander zugeordnet: Für die Maschinen-EMK gilt

$$E = \Omega \Psi; \qquad \Omega = \frac{E}{\Psi} \tag{12.1}$$

(Ψ Flußkonstante, Ω Winkelgeschwindigkeit). Das (innere) Drehmoment ist

$$m_i = \Psi I_A . \tag{12.2}$$

Bei gleichbleibendem Vorzeichen von I_A gehört zu jeder Spannungspolarität in Bild 12.1a eine Drehrichtung in Bild 12.1b und zu jeder Stromrichtung in Bild 12.1a eine Drehmomentenrichtung Bild 12.1b.

Ein fremderregter Gleichstrom-Generator, z. B. in Gestalt des Leonard-Umformers, ermöglicht ohne weiteres den Betrieb in allen vier Quadranten der Bilder 12.1a und 12.1b. Der Leerlaufpunkt ($I_A = 0$) liegt jeweils auf der positiven bzw. negativen U- bzw. n-Achse. Eine Erhöhung der Generator-EMK bringt sofort positiven Ankerstrom, eine Verminderung der Generator-EMK gegenüber dem Leerlaufpunkt bringt sofort negativen Ankerstrom zustande (Bild 12.2), was einem Stromrichter wegen der Ventilwirkung nicht möglich ist. Hier müssen besondere Maßnahmen getroffen werden („Umkehrstromrichter").

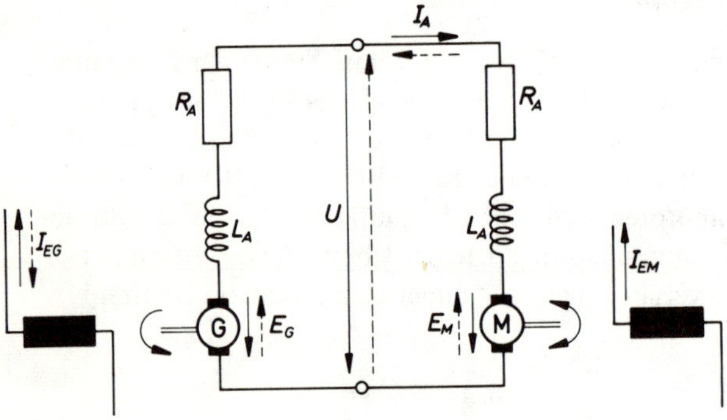

Bild 12.2
Leonard-Generator und Gleichstrommotor, schematisch

12.1. Gegenparallelschaltung von Stromrichtern

Der netzgeführte Stromrichter wurde in Kapitel 5 ff als (über den Steuerwinkel α) gesteuerte Spannungsquelle mit Innenwiderstand und Gleichrichterwirkung dargestellt. Das legt nahe, anstelle eines fremderregten Gleichstromgenerators zwei vollständige Stromrichter, wie in Bild 12.3 symbolisch dargestellt, gegenparallel zu schalten. Der eine liefert positiven Ankerstrom, ist also im ersten und vierten Quadranten stromführend, der zweite führt negativen Ankerstrom, ist also im zweiten und dritten Quadranten stromführend. Offenbar muß man beide Stromrichter so steuern, daß sie die gleiche Spannung U_d liefern, ihre Leerlaufspannungen $U_{di\alpha}$ also entgegengesetzt gleich groß sind. Bei positiver Spannung $+U_d$ ist Stromrichter SR 1 im Gleichrichterbetrieb ausgesteuert, wegen der Gegenparallelschaltung muß dann Stromrichter SR 2 auf die gleiche Leerlaufspannung im Wechselrichterbetrieb ausgesteuert sein. Es muß also gelten:

$$U_{di\alpha I} = -U_{di\alpha II} \qquad \text{oder} \qquad U_{di\alpha I} + U_{di\alpha II} = 0$$

$$U_{di}(\cos\alpha_I + \cos\alpha_{II}) = 0$$

$$\cos\alpha_{II} = -\cos\alpha_I .$$

Daraus folgt für die Steuerwinkel der beiden Stromrichter

$$\alpha_I + \alpha_{II} = 180^\circ . \tag{12.3}$$

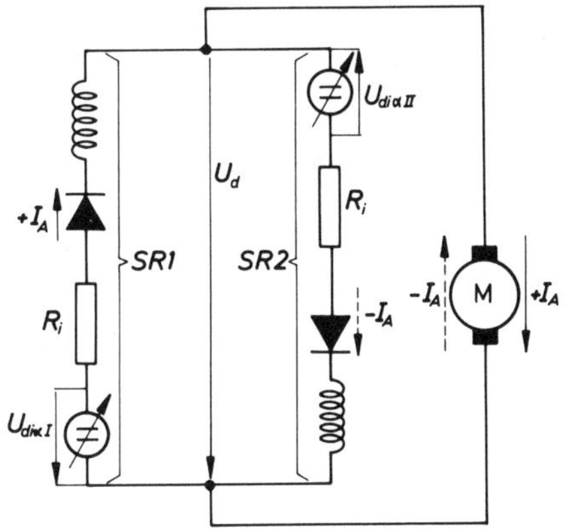

Bild 12.3

Speisung einer Gleichstrommaschine aus der Gegenparallelschaltung zweier gesteuerter Stromrichter, schematisch

Also ist eine Signalverarbeitung in Form von Kennlinienumformern vorzusehen, die eine gemeinsame Steuergröße für die beiden Stromrichter gemäß Bild 12.4 zuordnet. Die Funktionsweise in allen vier Quadranten wird am besten klar, wenn wir die idealisierte Darstellung eines Hochlauf- und Revesiervorganges der Gleichstrommaschine mit Hilfe der Bilder 12.5a und 12.5b betrachten. In der Darstellung Bild 12.5b sind die Stromrichterspannungen als glatte Spannungen dargestellt, Innenwiderstände und Induktivitäten vernachlässigt, so daß der Ankerstrom gemäß

$$U_d \approx E = \Psi\Omega,$$

$$\frac{d\Omega}{dt} = \frac{1}{\Theta} m_i ,$$

$$\frac{dE}{dt} = \frac{\Psi^2}{\Theta} I_A \approx \frac{dU_d}{dt} \tag{12.4}$$

(mit $m_i = \Psi I_A$, $E = \Psi\Omega$) dem Anstieg der Klemmenspannung proportional ist. In den Intervallen, in denen I_A positiv ist, ist Stromrichter I stromführend, in den Intervallen, wo I_A negativ ist, ist Stromrichter II stromführend. In den Zeitabschnitten (Quadranten) I und III ist die Leistung positiv. Die stromführenden Gruppen arbeiten im Gleichrichter-

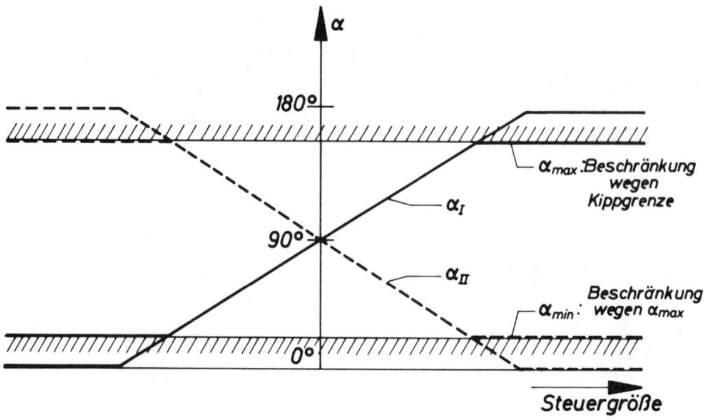

Bild 12.4. Zuordnung der Steuerwinkel der beiden Stromrichter nach Bild 12.1.1, schematisch

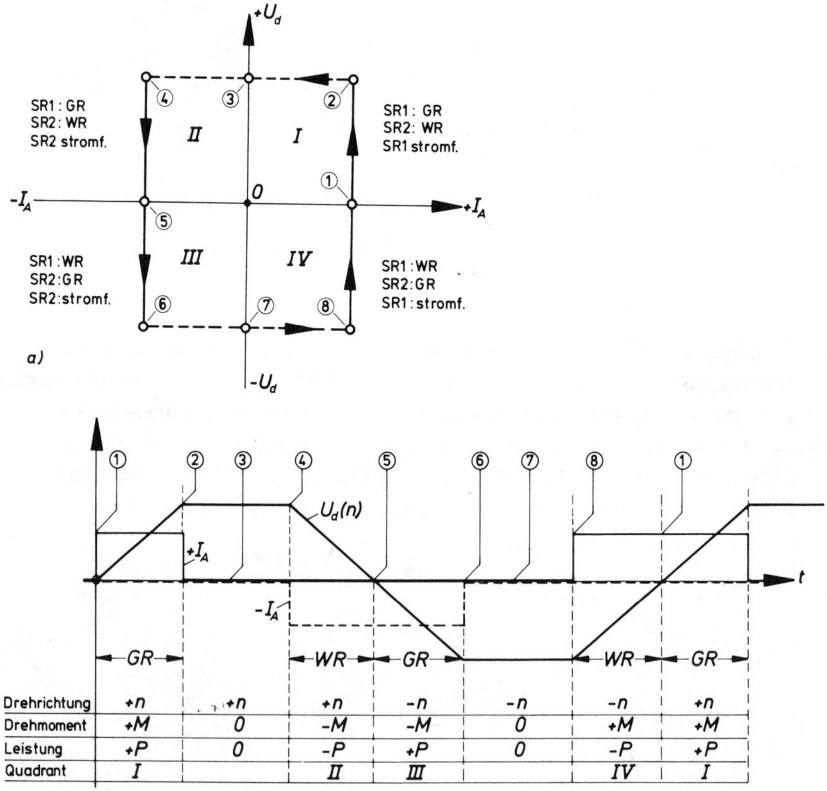

Bild 12.5. Ablauf des Reversiervorganges einer Gleichstrommaschine, welche durch eine Gegenparallelschaltung gespeist wird, schematisch

a) im U-I-Kennlinienfeld b) als Funktion der Zeit

betrieb. In den Zeitabschnitten II und IV ist die Leistung negativ, die jeweils stromführende Gruppe arbeitet im Wechselrichterbetrieb. Die Vorgänge sind in Bild 12.5a den entsprechenden Betriebspunkten in der U_d-I_d-Ebene nach Bild 12.1a zugeordnet.

Bild 12.3 zeigt vereinfacht (symbolisch) die Gegenparallelschaltung von zwei vollständigen Stromrichtern. Es liegt nun nahe, für beide Stromrichter einen Transformator mit einer gemeinsamen Primärwicklung vorzusehen und zwei Sekundärwicklungen den beiden Teilstromrichtern zuzuordnen. Bild 12.6a zeigt dies für zwei Mittelpunktschaltungen, der Einfachheit halber für die zweiphasige Mittelpunktschaltung. Aus Bild 12.6a ist ersichtlich, warum diese Schaltung „Kreuzschaltung" genannt wird.

Aus Kapitel 7 ist die Mittelpunktschaltung mit verbundenen Anoden als zur Mittelpunktschaltung mit verbundenen Kathoden komplementäre Mittelpunktschaltung eingeführt worden. Die Verwendung einer A-Mittelpunktschaltung neben einer K-Mittelpunktschaltung entsprechend Bild 12.6b ermöglicht es, für beide Stromrichtungen die gleiche Transformatorwicklung zu benutzen. Hier sind nicht zwei vollständige Stromrichter, sondern nur zwei komplementär geschaltete Ventilgruppen mit ihren Glättungsdrosseln gegenparallel geschaltet.

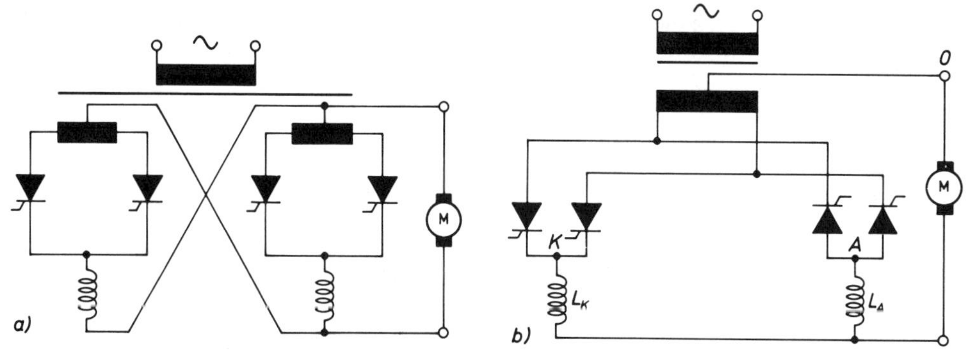

Bild 12.6. a) Kreuzschaltung; b) Gegenparallelschaltung (Zweiphasige Mittelpunktschaltungen als Beispiel

Kreisstrom

Auch das Problem des Kreisstroms läßt sich besonders einfach an der zweiphasigen Schaltung verdeutlichen. Die oben abgeleitete Bedingung für die Steuerwinkel der beiden Gruppen stellt sicher, daß die Summe der treibenden Spannung in der durch die Gegenreihenschaltung der beiden Stromrichter gebildeten Masche gleich Null ist. Das gilt jedoch nur für die Mittelwerte. Wir betrachten anhand von Bild 12.7 für einen bestimmten Aussteuerungszustand nun die Augenblickswerte, und zwar für den ideellen Fall und unter Bezugnahme auf Bild 12.6b.

Die Steuerwinkel der beiden Gruppen sind stets nach der Bedingung $\alpha_I + \alpha_{II} = 180°$ bzw. $\alpha_K + \alpha_A = 180°$ einander zugeordnet, so daß die Mittelwerte von u_{KO} und u_{AO} einander gleich werden. Im Bild 12.7 ist $\alpha_K = 30°$, damit $\alpha_A = 150°$. Dann lassen sich mit dem

Transformatormittelpunkt als Potentialbezugspunkt die Potentiale u_{KO} und u_{AO} ins Liniendiagramm einzeichnen. An der Reihenschaltung der beiden Drosselinduktivitäten L_K, L_A liegt dann die Differenz dieser Potentiale, die in Bild 12.7 schraffiert ist. Diese Spannung hat den Mittelwert 0, ist also eine reine Wechselspannung. Trotz Gleichheit der Spannungsmittelwerte kommt der eingezeichnete pulsierende „Kreisstrom" zustande, dessen Scheitelwert wegen

$$\frac{di}{dt} = \frac{1}{L_K + L_A}(u_{KO} - u_{AO}), \quad \hat{i} = \frac{1}{L_K + L_A}\int_{\frac{\alpha_A}{\omega}}^{\frac{\pi}{\omega}} (u_{KO} - u_{AO})\,dt \tag{12.5}$$

von der Spannungszeitfläche der „Kreis-Spannung" abhängt. Die Größe dieser Spannungszeitfläche ist von der Aussteuerung abhängig. Bei der Schaltung nach Bild 12.6 ist sie offenbar für $\alpha_A = \alpha_K = 90°$ am größten. Diese größte Spannungszeitfläche und der Steuerwinkel, bei dem sie auftritt, muß für jede Schaltung bestimmt werden.

Aus Bild 12.7 ist ferner erkennbar, daß der Kreisstrom einen Beitrag zur Blindleistung liefert. Das ist bei Bemessung der Drosseln L_K und L_A, die im übrigen meist gleichzeitig als Glättungsdrosseln dienen, zu berücksichtigen. Bei dieser Anordnung zeigt sich, daß die Größe der Drossel durch die Forderung bestimmt ist, daß beim größten Gleichstrom noch eine genügende Glättungswirkung vorhanden ist (vgl. Abschnitt 10.7).

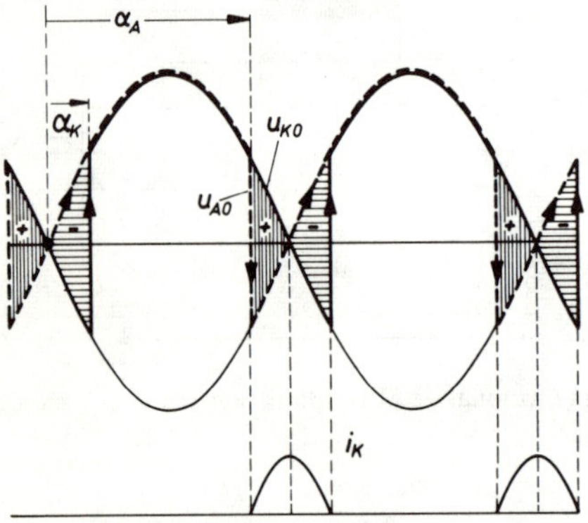

Bild 12.7

Kreisstrom, gezeigt am Beispiel der zweiphasigen Mittelpunktschaltung

Der Kreisstrom läßt sich vermeiden, wenn mit Hilfe einer besonderen Steuerlogik nur die gerade stromführende Gruppe Impulse erhält und nach Erfassung des Stromnulldurchgangs die Impulse für die betreffende Gruppe gesperrt werden. Dann sind die Kreisstromdrosseln im Prinzip nicht mehr notwendig und haben nur noch die Funktion von Schutzdrosseln bei Fehlern in der Steuerung, die andernfalls zu Transformatorkurzschlüssen über die Ventile führen können.

Es ist nun leicht möglich, die angegebenen Schaltungsprinzipien der Kreuz- und Gegenparallelschaltung für beliebige Stromrichterschaltungen abzuwandeln. Bild 12.8a zeigt die Kreuzschaltung, Bild 12.8b die Gegenparallelschaltung von zwei Drehstrom-Brückenschaltungen.

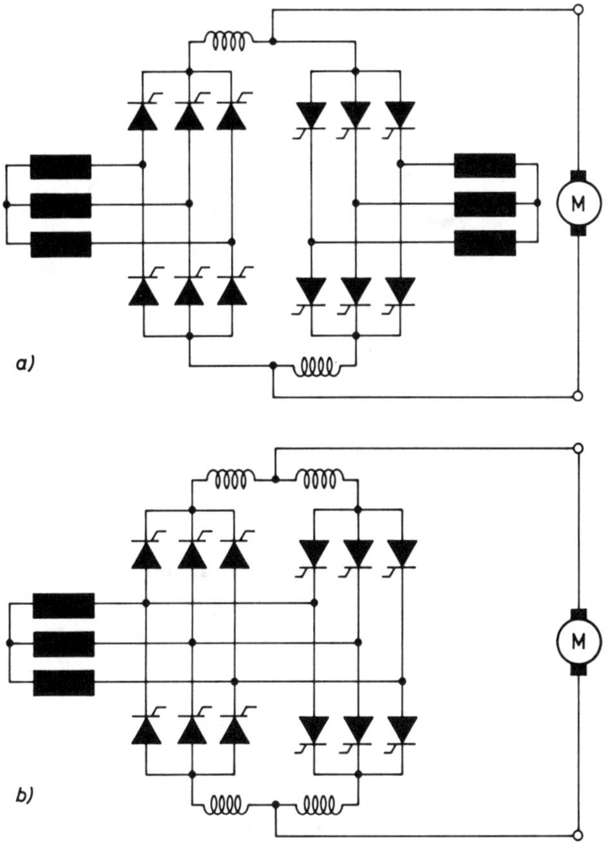

Bild 12.8
a) Kreuzschaltung;
b) Gegenprallelschaltung aus je zwei Drehstrom-Brückenschaltungen

Für die Kreisstrombetrachtung wird wiederum jede Brückenhälfte als Mittelpunktschaltung betrachtet. In Bild 12.8b können dann Kreisströme jeweils zwischen einer K- und einer A-Mittelpunktschaltung, die am gleichen Gleichstrompol angeschlossen sind, fließen. Bei der Kreuzschaltung ergibt sich eine ungünstigere Transformatorausnützung, jedoch für die Kreisstromdrosseln eine kleinere Typenleistung, da sie nur die Differenz zweier 6-pulsiger Spannungen aufnehmen müssen. Hier ist die für den Kreisstrom maßgebende Spannung die Differenz der Augenblickswerte der Spannungen der beiden Brücken, die sechspulsige Welligkeit haben und nach dem Gesetz $\alpha_1 + \alpha_2 = 180^\circ$ ausgesteuert sind.

Eine Schaltungsvariante für Umkehr-Stromrichter ist die H-Schaltung (s. Bild 12.9). Hier wird statt der Drehstrombrückenschaltung wieder die Reihenschaltung von zwei Dreiphasen-Mittelpunktschaltungen mit getrennten Transformatorwicklungen benutzt (vgl. Abschnitte 7.2 und 7.3). Für die positive Stromrichtung werden z. B. die in Bild 12.9 schwarz dargestellten Ventile benutzt, die, als Reihenschaltung einer K- und einer A-Dreiphasenschaltung, sechspulsige Welligkeit ergeben. Die Glättungsdrossel wird zwischen die Nullpunkte der beiden Transformatorwicklungen geschaltet. Für die

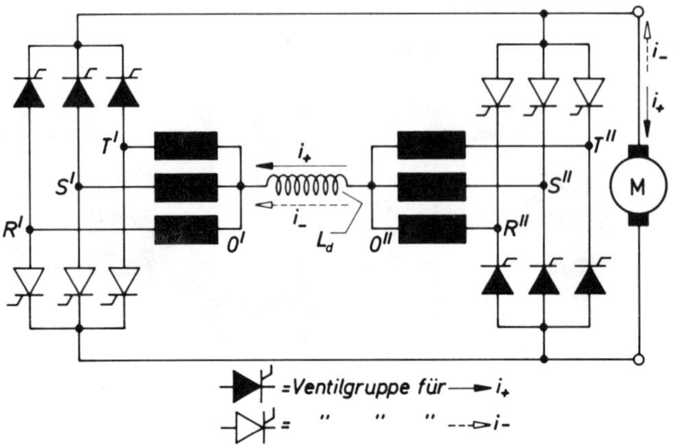

Bild 12.9. H-Schaltung

negative Stromrichtung werden die im Bild 12.9 weiß gezeichneten Ventile verwendet, die an die gleichen Transformatorwicklungen angeschlossen sind. Für die Kreisstrombetrachtung ist das Zusammenwirken der beiden oberen oder der beiden unteren Ventilgruppen, jeweils einer K- und einer A-Schaltung, zu beachten. Man erkennt, daß der Kreisstrom stets über die Drossel fließen muß. Ein Vorteil dieser Schaltung ist also, daß man nur eine Glättungs- und Kreisstromdrossel braucht. Auch bei kreisstromfreiem Betrieb sind die Ventile durch Fehlerströme infolge von Steuerungsversagern immer noch durch die Wirkung der Gleichstromdrossel geschützt. Da die Transformatorwicklungen dreiphasig belastet sind, ergibt sich eine Transformatorausnutzung wie bei der Saugdrosselschaltung, d. h. auch die entsprechende Typengröße. Gegenüber der Kreuzschaltung ist es bei Umkehrbetrieb für die Transformatorausnutzung vorteilhaft, daß bei beiden Stromrichtungen stets beide Transformatorwicklungen beteiligt sind.

Kreisstrom bei schnellen Umsteuerungen

Die Kreisstromdrossel muß, ebenso wie die Glättungsdrossel, stets mit Luftspalt ausgeführt werden. Sie führt Strom nur in einer Richtung und würde andernfalls eine geringe differentielle Induktivität haben und beim Stromnulldurchgang einen hohen remanenten magnetischen Fluß behalten. Bei linearer Drossel ist der Scheitelwert des Kreisstroms bei gegebener Induktivität durch die größte vorkommende Spannungszeitfläche der Kreisspannung bestimmt.

Im geregelten Betrieb kommen jedoch sehr schnelle Umsteuerungen der Stromrichterspannung vor. Im folgenden wird anhand von Bild 12.10 dieser Fall betrachtet. Hier sind die Verhältnisse für eine sechsphasige Mittelpunktschaltung dargestellt, da die Drehstrombrückenschaltung die gleiche Pulszahl hat, sind die Spannungs- und Differenzspannungsverläufe dort ganz entsprechend. Im linken Teil des Bildes ist der Stationärzustand für den Fall $\alpha_1 = \alpha_2 = 90^\circ$ dargestellt. Bei diesem Wert tritt die größte Spannungszeitfläche in

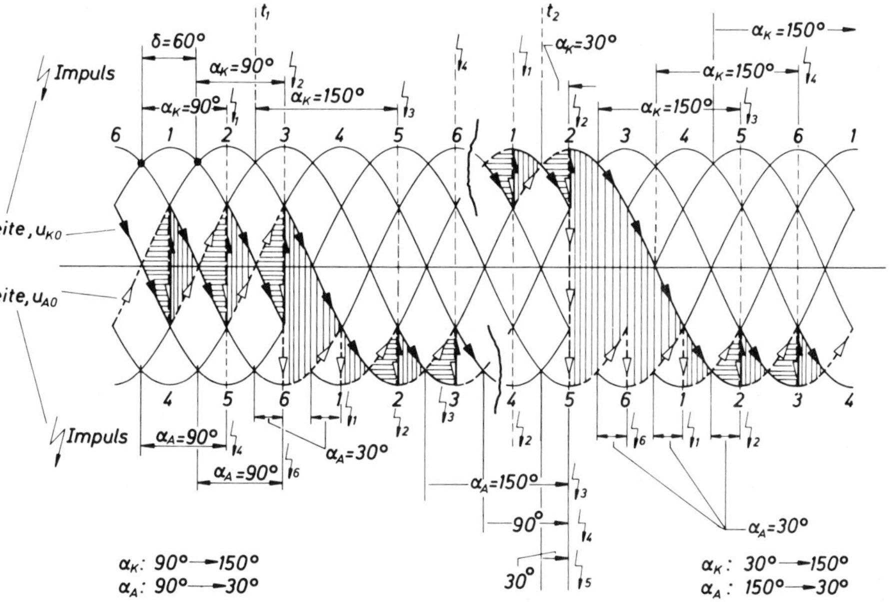

Bild 12.10. Zustandekommen erhöhter Kreisströme bei schnellen Umsteuerungen

der Kreisspannung auf. Nach Zeitpunkt t_1 wird plötzlich umgesteuert, $\alpha_K \to 150^\circ$, $\alpha_A \to 30^\circ$. Die Änderung von α_A wirkt sich sofort aus, indem der Strom auf die Phasenspannung 6 übergeht, während auf der K-Seite das Potential auf der Phasenspannung bleibt. Weiterhin erkennt man, daß die im Bild schraffierte Spannungszeitfläche für die Kreisspannung mehr als zwei bis drei mal so groß ist wie die Spannungszeitfläche im Normalbetrieb. Danach ist Aussteuerung auf ($U_{di} \cdot \cos 150^\circ$) erreicht. Noch deutlicher tritt der Effekt hervor, wenn wie im Zeitpunkt t_2, umgesteuert wird. Der Ansteuerwinkel α_A springe nun von 150° auf 30° α_K von 30° auf 150°. Auch hier folgt die Spannung der K-Seite, die in den Wechselrichterbetrieb umgesteuert wird, der Phasenspannung 2, während die Spannung der A-Seite augenblicklich auf die Phasenspannung 5 übergeht. Die Differenz-Spannungszeitfläche hierbei ist rund zehn mal so groß wie im Normalbetrieb. Diese große Spannungszeitfläche führt bei für den stationären Betrieb wirtschaftlich bemessenen Kreisstromdrosseln zu hohen Spitzen im Kreisstrom. Will man diese vermeiden, so muß man die Verstellgeschwindigkeit bei α-Verkleinerung, der die ausgesteuerte Spannung augenblicklich folgt, und die Verstellgeschwindigkeit bei α-Vergrößerung, bei der die ausgesteuerte Spannung sich nur längs der Phasenspannungen der gerade stromführenden Phase ändern kann, aneinander angleichen.

Die kreisstromfreie Betriebsweise vermeidet auch diese bei schneller Umsteuerung auftretenden Schwierigkeiten.

12.2. Ankerumschaltung und Feldumkehr zur Drehmomentenumkehr bei Antrieben

Aus Abschnitt 12.1 ging hervor, daß es hauptsächlich die Forderung der Drehmomentenumkehr bei der Gleichstrommaschine ist, die den Umkehrstromrichter und damit zumindest einen zweiten Satz Ventile erfordert. Aus der Beziehung für das (innere) Drehmoment der Gleichstrommaschine

$$m_i = \Psi I_A$$

geht hervor, daß das Drehmoment auch umgekehrt werden kann, indem man bei gleichem Vorzeichen des Flusses der Maschine den Ankerstrom umkehrt, oder indem man bei gleicher Richtung des Ankerstroms den Fluß der Maschine (mit Hilfe des Feldstroms und der Erregerspannung) umkehrt. Das geschieht im ersten Fall durch eine mechanische Umschaltung der Polarität der Ankerklemmen bezüglich des Stromrichters (Ankerumschaltung), die nur im stromlosen Zustand möglich ist, im zweiten Fall entweder durch Umkehr des Feldstroms mit einem Umkehrstromrichter (d. h. einem Stromrichter für beide Stromrichtungen) für den Feldstromkreis der Maschine, oder mit einer Umschaltung des Feldes, die ebenfalls nur im stromlosen Zustand betrieblich möglich ist („Feldumkehr"). Beide Verfahren bringen eine größere Totzeit für die Drehmomentenumkehr (50 ms bzw. 400 ms). Es gibt Anwendungen, wo dies in Kauf genommen werden kann, insbesondere dort, wo die Drehmomentenumkehr nicht kurzfristig periodisch, sondern nur in größeren Zeitabständen vorkommt, d. h. die Spieldauer des Umkehrantriebs verhältnismäßig groß ist. Eine schematische Darstellung dieser beiden Möglichkeiten zeigen die Bilder 12.11a und b, wobei wiederum der Stromrichter symbolisch durch eine gesteuerte Spannungsquelle mit Innenwiderstand und Gleichrichterwirkung dargestellt ist. Die Betrachtung des Zeitablaufs erfolgt in Anlehnung an Bild 12.5b. In den Intervallen mit positivem Ankerstrom muß der Umschalter die Stellung P (Verbindung im Bild ausgezogen), bei negativem Ankerstrom die Stellung N (gestrichelt) haben. Damit kann in den Intervallen ① bis ③, Beschleunigung auf positive Drehzahl und positive Ankerspannung erfolgen. Eine Zurücknahme von $U_{di\alpha}$ genügt im Zeitpunkt ②, um den Strom zu Null zu machen. Soll im Zeitpunkt ④ die Bremsung einsetzen, was die Umschaltung von Stellung P in Stellung N erfordert, so muß vorher der Stromrichter auf α_{max} ausgesteuert werden, damit nach der Umschaltung die größtmögliche Gegenspannung gegen die Motor-EMK zur Verfügung steht. Ist sie dem Betrag nach gleich oder größer als die Motor-EMK, so fließt kein Bremsstrom. Durch Zurücknahme von α wird diese Gegenspannung vermindert und auf dem Wege der Stromregelung (s. Kap. 13) der Bremsstrom eingestellt. Der Reversiervorgang, Zeitintervall ④ bis ⑦, kann mit der Stellung N des Ankerumschaltens gefahren werden, ebenso der stationäre Betrieb in der Gegenrichtung. Dabei ist der Stromrichter wieder in die Gleichrichteraussteuerung übergegangen. Durch die Wirkung des Umschalters liegt die Stromrichterspannung nun mit umgekehrter Polung an der Maschine, und auch die Maschinen-EMK hat sich umgekehrt. Im Punkt ⑧ wird die Umschaltung auf die Polung P des Umschalters in entsprechender Weise eingeleitet und läuft genauso ab wie vorher beschrieben. Es muß beachtet werden, daß bei jeder Stellung des Umschalters der Regelsinn, z. B. für die Strom- und die Drehzahlregelung, in der Signalverarbeitung richtig gestellt wird (s. Kap. 13).

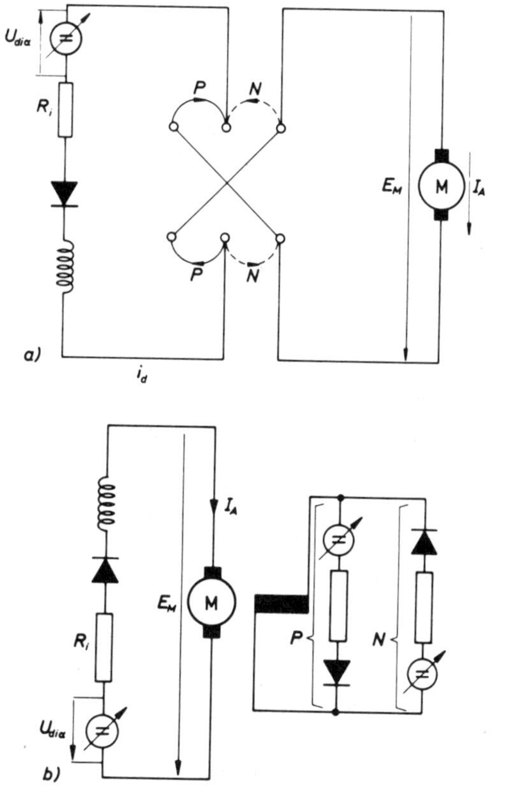

Bild 12.11

Speisung einer Gleichstrommaschine mit Drehmomentenumkehr

a) durch Ankerumschaltung (schematisch)
b) durch Feldumkehr (schematisch)

Die Feldumkehr wird analog anhand von Bild 12.11b betrachtet, ebenfalls anhand von Bild 12.5b. In den Intervallen ① bis ③, wird die Maschine mit positivem Moment auf 7
positive Drehzahl und Ankerspannung beschleunigt, d. h. der Feldstromrichter P liefert den Feldstrom. Auch hier genügt eine Zurücknahme von $U_{di\alpha}$, um den Strom zu Null zu machen ($U_{di\alpha} < E$). Würde man nun durch Wechselrichteraussteuerung des Feldstromrichters P den Feldstrom schnell zu Null machen, und durch Gleichrichteraussteuerung des Feldstromrichters N negativen Feldstrom einstellen, so würde sich gemäß $E = \Psi \Omega$, da die Drehrichtung und damit Ω gleichgeblieben sind, E umkehren und die beiden treibenden Spannungen $U_{di\alpha} + E$ gleichsinnig auf einen Kurzschluß über $R_i + R_a$ (R_a = Ankerwiderstand der Maschine) wirken, wie vorher bei der Ankerumschaltung. Es muß also auch hier sichergestellt sein, daß der ankerseitige Stromrichter vollständig umgesteuert ist und die größtmögliche Gegenspannung liefert. Ist diese nach der Feldumkehr gerade gleich der Motor-EMK, so fließt kein Bremsstrom. Durch Zurücknahme des Betrages der Stromrichterspannung wird die Bremsung eingeleitet, und zwar im Zeitpunkt ④ in Bild 12.5b. Die große Zeitkonstante des Feldes macht „Stoßerregung" notwendig, d. h. Auslegung der Feldstromrichter für ein Mehfaches der Feldnennspannung.

Der oben für die Ankerumschaltung und die Feldumkehr beschriebene Ablauf wird stets automatisiert und geschieht in einem geschlossenen Regelkreis (s. Kap. 13).

13. Steuerung und Regelung mit netzgeführten Stromrichtern

13.1. Vorteile des geschlossenen Regelkreises gegenüber der offenen Steuerkette

Die Bezeichnung „Regelung", im Gegensatz zur Steuerung, bedeutet, daß eine zu beeinflussende Größe, die Regelgröße, gemessen, ein Vergleich der Regelgröße mit der Führungsgröße (des Istwertes mit dem Sollwert) vorgenommen und damit ein „Regelkreis" geschlossen wird.

Im Regelkreis ist stets eine „Signalverstärkung" notwendig. Durch Öffnen des Regelkreises entsteht eine offene Steuerkette. Diese muß sich mit einem sehr kleinen Signal „durchsteuern" lassen. Bei geschlossenem Regelkreis ist dieses Signal die „Regelabweichung".

Eine hohe Signalverstärkung im Regelkreis erfordert eine hohe Leistungsverstärkung der offenen Steuerkette. Diese Leistungsverstärkung, das Verhältnis von gesteuerter Leistung zu Steuerleistung, ist beim Stromrichter besonders groß (Größenordnung 10^5).

Weiterhin ist es vorteilhaft, wenn das Stellglied trägheitslos oder zumindest trägheitsarm ist. Auch diese Forderung ist beim netzgeführten Stromrichter erfüllt. Für kleine Aussteuerungsänderungen läßt sich sein dynamisches Verhalten nach Linearisierung angenähert durch eine Totzeit von der Größe der halben Pulsperiode beschreiben; bei $p = 6$ und $\omega = 2\pi \cdot 50\,s^{-1}$ sind das $\frac{20}{12}$ ms = $\frac{5}{3}$ ms. Für größere Aussteuerungsänderungen wird dieser Wert noch günstiger. Für die gleichen Bedingungen ergeben sich im Mittel über alle Arbeitspunkte und alle möglichen Amplituden unter den gleichen Bedingungen 0,925 ms. Mit diesem günstigen Zeitverhalten, das für viele Anwendungen als nahezu trägheitslos angesehen werden kann, sind die in der Energietechnik vorkommenden Leistungen, von den kleinsten bis zu den größten überhaupt vorkommenden, steuerbar.

Die mit einer hochwertigen Regelung mit einem so vorteilhaften Stellglied erreichten Vorteile sind bekanntlich: Die Differenz zwischen Soll- und Istwert kann im stationären Zustand im Rahmen der Meßgenauigkeit zum Verschwinden gebracht werden. Damit tritt an die Stelle einer durch die physikalische Wirkungsweise vorgegebenen, im allgemeinen nichtlinearen Steuerkennlinie eine vollkommen lineare Kennlinie zwischen der Führungsgröße (dem Sollwert) und der Regelgröße (dem Istwert) im stationären Zustand.

Auch das Zeitverhalten (dynamische Verhalten) wird besser als bei der Steuerung. Mit einem gut angepaßten Regler und einem so hochwertigen Stellglied, wie es der Stromrichter darstellt, wird auch die vorübergehende Abweichung bei Änderungen der Führungsgröße klein. Die Ausgleichsvorgänge laufen infolge vorübergehender Überverstellung des schnellen Stellgliedes schneller ab.

Ein weiterer Vorteil des geschlossenen Regelkreises ist bekanntlich die Verminderung bzw. Ausschaltung des Einflusses von „Störgrößen" (z. B. Lastmoment, Netzspannungsänderungen) auf die Regelgröße. Ferner wird der Einfluß von Parameteränderungen vermindert. Der Spannungsanstieg bei lückendem Strom oder beim Unterschreiten des kritischen Stroms der Saugdrosselschaltung können z. B. durch Regelung leicht beherrscht werden.

Aus allen diesen Gründen sind gesteuerte Stromrichteranlagen stets geregelte Anlagen. Im folgenden werden einige Beispiele aufgeführt.

13.2. Beispiele für Regelordnungen mit netzgeführten Stromrichtern

Gleichstromantrieb (ohne Drehmomentenumkehr)

Bild 13.1 zeigt schematisch eine Regelanordnung für die Drehzahl eines Gleichstrommotors ohne Drehmomentenumkehr. Die Regelgröße Drehzahl wird durch eine Gleichstrom-Tachometermaschine gemessen und im Drehzahlregler mit der Führungsgröße (dem Drehzahlsollwert) verglichen. Der Regler ist im allgemeinen ein Gleichspannungsverstärker (Operationsverstärker) mit einer einstellbaren Gegenkopplung zur Einstellung des Zeitverhaltens und einem Gleichspannungs-Ausgangssignal. Der „Steuersatz" hat die Aufgabe, dieses Gleichspannungssignal in das vom Stromrichter benötigte Steuersignal, den Zündverzögerungswinkel α, umzusetzen. Eine Strombegrenzung ist notwendig, weil die infolge der hohen Verstellgeschwindigkeit des Stromrichters mögliche schnelle Spannungsänderung zu untragbar hohen Werten des Augenblickswertes des Ankerstroms führen würde. Aus diesem Grunde ist auch eine Strommessung notwendig, und der gemessene Strom muß, ebenso wie die Regelgröße Drehzahl, in ein Gleichspannungssignal umgesetzt werden (s. Abschnitt 13.3 und 14). Die heute am weitesten verbreitete Art, die Strombegrenzung zu verwirklichen, zeigt Bild 13.1 ebenfalls. Hier ist ein innerer Regelkreis für den Strom vorhanden. Neben einem ersten Regelverstärker für die Drehzahlregelung, dem ein Begrenzer nachgeschaltet ist, ist ein zweiter Regelverstärker als Stromregler vorgesehen. Das Ausgangssignal des Begrenzers stellt den Sollwert für den Ankerstrom dar. Auf diese Weise sind beide Regelkreise stets im Eingriff. Die Stellgrenzen für den Stromregler sind durch die Aussteuerungsgrenzen der Stromrichterspannung gegeben, die Stellgrenzen für den Drehzahlregler durch die Begrenzungen des Stromsollwertes.

Drehzahlregelung mit Gegenparallelschaltung

Bild 13.2 zeigt die entsprechende Anordnung, nämlich Drehzahlregelung mit unterlagerter Stromregelung, mit einem Stromrichter in Gegenparallelschaltung, d. h. für einen Antrieb mit Drehmomentenumkehr. Der Begrenzer ist jetzt symmetrisch und kann Stromsollwerte vorgeben von $+i^*_{max}$ bis $-i^*_{max}$. Das Ausgangssignal des Stromreglers muß nun die beiden Gruppen nach dem Gesetz $\alpha_1 + \alpha_2 = 180°$ steuern. Dies wird durch die den beiden Steuersätzen vorgeschalteten Kennlinienbildner erreicht. Meist ist zwischen dem Stromregler und dem Steuersatz eine Anpaßstufe notwendig. Besitzt der Stromregler keinen zweiten, inversen Ausgang, so muß in den Kanal 2 ein Umkehrverstärker geschaltet werden.

In Abschnitt 12.1 wurde gezeigt, daß bei plötzlichen Umsteuerungen eine erhöhte Spannungszeitfläche in der Kreisspannung auftritt. Diese wird vermieden, wenn man verhindert, daß der Zündwinkel von großen Werten in Richtung $\alpha = 0$ springen kann (s. Bild 12.10 rechts). Die Verstellgeschwindigkeit wird so begrenzt, daß die Umsteuerung in den Gleichrichterbetrieb nicht schneller möglich ist als in den Wechselrichterbetrieb, d. h. in Bild 12.10 rechts beispielsweise längs der Phasenspannung 2. Diesen Zweck erfüllt der zwischen Stromregler und Kennlinienbildner geschaltete „Steilheitsbegrenzer". Dies ist eine Einrichtung, die ein Gleichspannungssignal überträgt, jedoch Spannungsänderungen nur mit einer begrenzten Rampensteilheit.

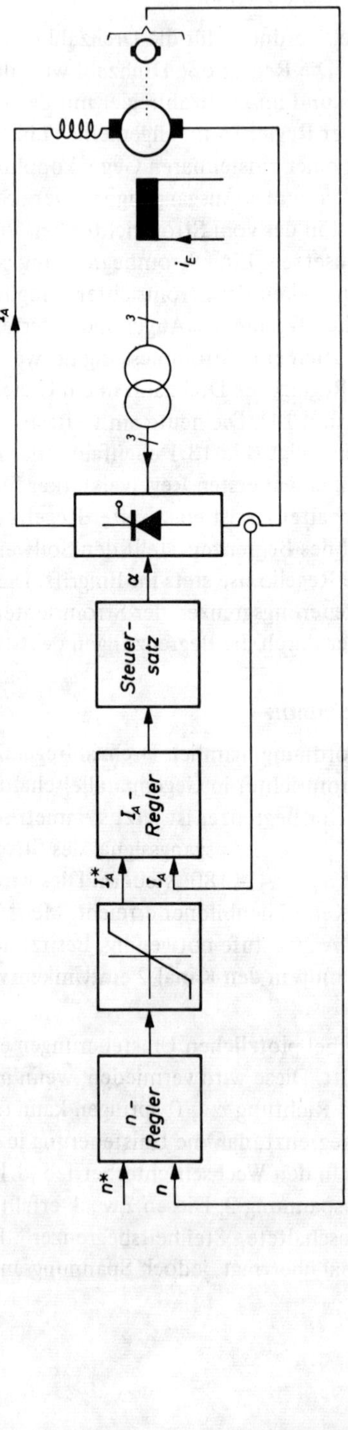

Bild 13.1. Drehzahlregelung ohne Momentenumkehr

Die potentialfreie Messung eines Stroms ist leichter möglich, wenn sie nicht richtungstreu zu sein braucht. Deshalb wird in der Anordnung nach Bild 13.2 nicht der Strom der Maschine gemessen, sondern es werden die Teilströme der beiden Stromrichter, I_{d1} und I_{d2}, gemessen und (der eine im positiven Sinn, der zweite im negativen Sinne) dem Stromregler als Istwert zugeführt. Das ist auch für den Schutz des Stromrichters vorteilhafter als die Messung des resultierenden Stroms der beiden Gruppen.

Kreisstromfreier Betrieb

Diese Möglichkeit wurde in Abschnitt 12.1 schon erwähnt. Die erste Möglichkeit besteht darin, die Impulse der nicht stromführenden Gruppe zu sperren: Nur der gerade Strom führende Stromrichter erhält Steuerimpulse. Soll die Richtung des Gleichstroms wechseln, darf die übernehmende Gruppe erst dann Impulse erhalten, wenn der Strom der abgebenden Gruppe Null geworden ist. Eine Logik, die vom Stromsollwert und einer Stromnullerfassung gesteuert wird, ist zur Freigabe und Sperrung der Impulse erforderlich. Die Kreisstromdrosseln haben nur noch die Funktion von Schutzdrossel für den Fehlerfall. Da der Kreisstrom zur Blindleistung beiträgt, wird durch den kreisstromfreien Betrieb Blindleistung gespart.

Eine Variante dieses Verfahrens (kreisstromfreier Betrieb) besteht in der Verwendung nur eines Steuersatzes für beide Gruppen, dessen Impulse elektronisch umgeschaltet werden.

Eine weitere Möglichkeit für kreisstromfreien Betrieb besteht in der Einführung einer „Lose" mit unterlagerter Spannungsregelung.

Hierzu werden die Kennlinien der beiden Gruppen (s. Bild 13.2) so gegeneinander verschoben, daß bei der Steuergröße (Ausgangsspannung des Stromreglers) Null beide Gruppen schon voll in den Wechselrichterbetrieb gesteuert sind. Es entsteht dann eine „Lose" und damit eine Pause in der Stromführung bei Umkehr der Stromrichtung. Durch eine der Stromregelung unterlagerte Spannungsregelung kann die Auswirkung der Lose erheblich vermindert und damit die stromlose Pause auf etwa 10 ms reduziert werden. Man beachte, daß bei diesem Verfahren im Vergleich zu Bild 13.2 insgesamt drei Regelkreise ineinander geschaltet sind, nämlich

1. der innere Ankerspannungsregelkreis (zur Überbrückung der durch die Kennlinienverschiebung bedingten Lose),
2. der Ankerstromregelkreis,
3. der Drehzahlregelkreis (äußerer Regelkreis, Hauptregelkreis).

Ankerspannungsregelung

Bei geringeren Anforderungen an die Lastunabhängigkeit der Drehzahl wird statt der Drehzahl aus wirtschaftlichen Gründen häufig die Ankerspannung geregelt. In diesem Fall tritt anstelle des äußeren Drehzahlregelkreises (s. oben) ein äußerer Ankerspannungsregelkreis als Hauptregelkreis. Wird die zuletzt beschriebene Methode der Kreisstromunterdrückung angewandt, so sind hierbei also zwei Spannungsregelkreise und ein Stromregelkreis vorhanden.

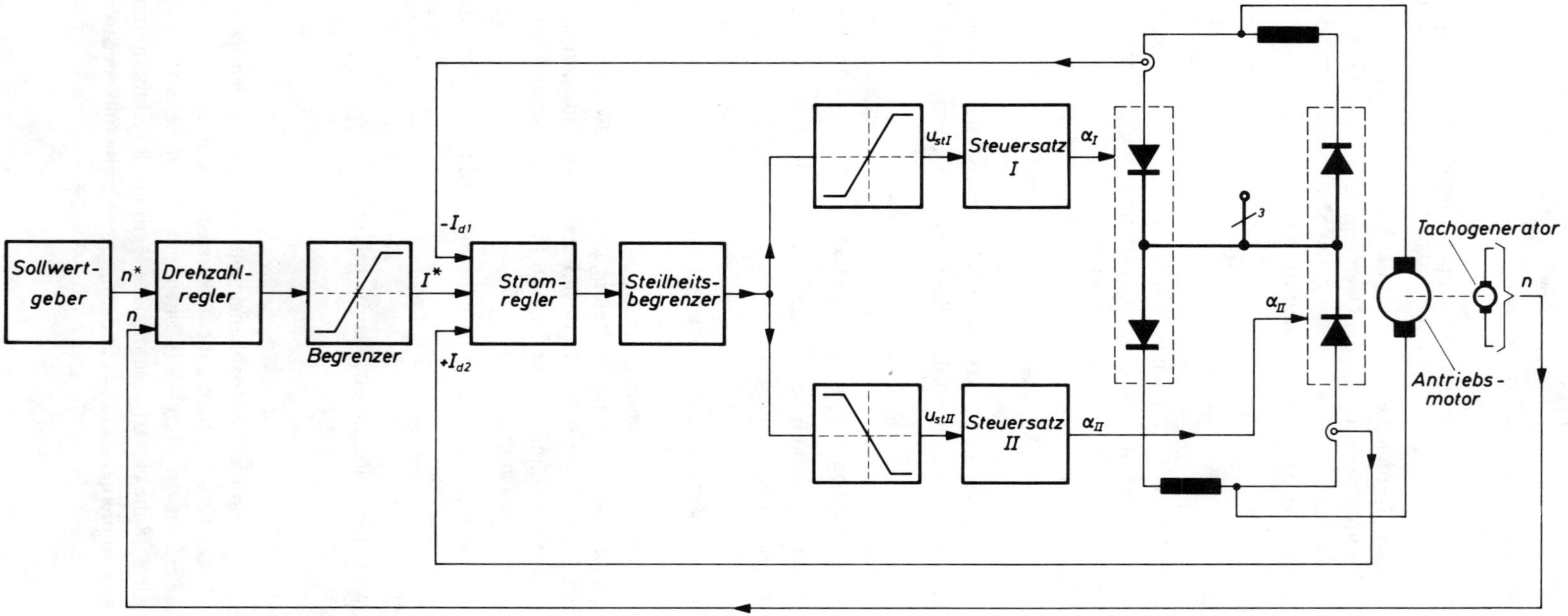

Bild 13.2. Drehzahlregelung mit Momentenumkehr

Kreisstromregelung mit zwei Stromrichtern

Diese Anordnung ist nach heutigen Erkenntnissen nicht zweckmäßig und kann beim Umsteuern die Kreisstromspitze nicht vermeiden, wenn nicht zugleich die Regelgüte stark vermindert, d. h. die Regelung verlangsamt wird. Sie ist aber bei vielen Anlagen eingesetzt worden und dürfte auch heute noch weit verbreitet sein (Bild 13.3). Zwei Stromregler, einer für jede Gruppe, werden von einem gemeinsamen Drehzahlregler über vorgeschaltete Begrenzer mit je einem Stromsollwert versehen. Dieser wird nach unten auf einen Minimalwert in Durchlaßrichtung für beide Gruppen begrenzt, um zu vermeiden, daß eine negative Regelabweichung die nicht stromführende Gruppe stets voll in die Wechselrichtergrenzlage steuert. (Es werden ja stets integrierende Regler verwendet.) Dieser Minimalstrom der nicht den Hauptstrom führenden Gruppe ist dann der in Abschnitt 12.1 besprochene Kreisstrom.

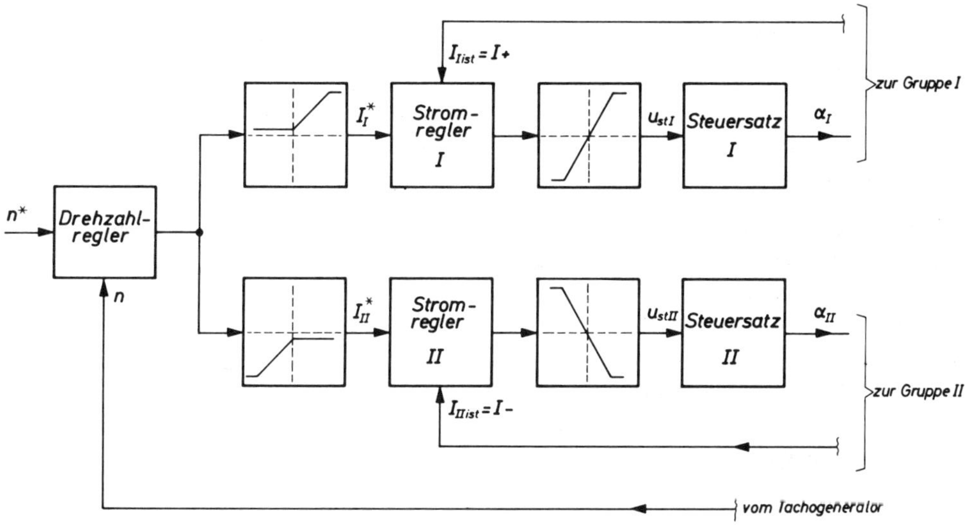

Bild 13.3. Gegenparallelschaltung mit definiertem Kreisstrom durch Minimalstrombegrenzer

Ankerumschaltung und Feldumkehr

Auch die in Abschnitt 12.2 beschriebenen Umkehrschaltungen werden stets mit unterlagerter Stromregelung ausgeführt. Dabei ist zu beachten, daß das Drehmoment in seinem Vorzeichen nunmehr von der Richtung des Feldstroms bzw. der Lage des Ankerumschalters abhängt. Das Ausgangssignal des Drehzahlreglers ist daher als Sollwert für das Drehmoment anzusehen und muß die Feldumkehr bzw. Ankerumschaltung so steuern, daß sie wie in Abschnitt 12.2 beschrieben abläuft.

Löschwinkelregelung

Wenn es auf eine gute Ausnutzung der Anlage im Wechselrichterbetrieb und möglichst guten Leistungsfaktor bei Wechselrichtergrenzaussteuerung ankommt (wie bei der Hochspannungs-Gleichstrom-Übertragung), so begnügt man sich nicht mit einer Begrenzung des

Zündwinkels α, um Kippungen zu vermeiden, sondern man mißt und regelt den Löschwinkel γ (s. die Abschnitte 5.7 und 11.1). Hierzu wird der Nulldurchgang des Stroms bei der Kommutierung und der anschließende Nulldurchgang der Kommutierungsspannung erfaßt. Das dazwischenliegende Zeitintervall entspricht dem Löschwinkel. Seine Messung wird in Abschnitt 13.3 beschrieben. Auf die dort dargestellte Weise hat man die Regelgröße Löschwinkel als abgetastete und gehaltene Analoggröße vorliegen mit einer mittleren Abtastzeit (im Stationärbetrieb) von T/6, d. h. 3,33 ms bei T = 20 ms. Da Überschwingen in Richtung zu kleinen Löschwinkeln die Gefahr des Kippens mit sich bringt, bekommt der Regler eine unsymmetrische Kennlinie, so daß eine schnelle Verstellung bei zu kleinem Löschwinkel, eine langsame Verstellung bei zu großem Löschwinkel erfolgt.

13.3. Bestandteile einer Regelanordnung mit (netzgeführtem) Stromrichter

Die in Abschnitt 13.2 gebrachten Beispiele enthalten als Bestandteile: Regler (Regelverstärker), Kennlinienglieder, Steuersätze und Meßeinrichtungen. Soweit es sich dabei um elektronische Geräte mit Halbleiterbauelementen handelt, wird in Band 2 auf die Einzelheiten eingegangen.

Die Signalverarbeitung für die Regelung ist im allgemeinen als Gleichspannungs-Signalverarbeitung ausgeführt. Daher müssen alle Meßwerte in Gleichspannungen umgesetzt werden; die Regelverstärker sind „Operationsverstärker", d. h. Gleichspannungsverstärker, und die Regler-Ausgangsspannung muß in die für die Steuerung des Stromrichters benötigte Zündwinkelverschiebung umgesetzt werden. Es wird eine Pulsphasenmodulation durch eine steuernde Gleichspannung vorgenommen.

Das Gerät, das diese letztgenannte Funktion erfüllt, wird „Steuersatz" (früher: Gittersteuersatz) genannt.

Steuersatz

Wir unterscheiden „synchronisierte" Steuersätze und „freilaufende" Steuersätze. Der synchronisierte Steuersatz stellt den Regelfall dar, auf die Notwendigkeit, freilaufende Steuersätze zu verwenden wird weiter unten eingegangen.

Heute werden überwiegend elektronische Geräte mit Halbleiterbauelementen verwendet.

Der Zündwinkel α, der über das Steuergesetz $U_{di\alpha} = U_{di} \cdot \cos\alpha$ den Mittelwert der ausgesteuerten Leerlaufspannung des Stromrichters bestimmt, ist der zeitliche Abstand des Zündimpulses vom Nulldurchgang der Kommutierungsspannung, daher die Notwendigkeit, den Aussteuerungszustand $\alpha = 0$ mit diesen Nulldurchgängen zu synchronisieren. Meistens benutzt man die Primärspannung als Bezugsspannung und schaltet Schwenktransformatoren mit entsprechender Phasendrehung vor das Steuergerät. Soll der Betrieb bei unsymmetrischen Netzspannungen in Störungsfällen möglich sein, so ist für den Schwenktransformator die gleiche Schaltgruppe wie für den Haupttransformator zu verwenden. Bei kleinen Anlagen sieht man aus Preisgründen jedoch häufig davon ab und benutzt einheitliche Schwenktransformatoren (vgl. Abschnitt 10.9).

Das am häufigsten angewandte Verfahren besteht im Vergleich einer „Grundwechselspannung" mit der steuernden Gleichspannung (Bild 13.4). Die Grundwechselspannung kann sinusförmig, dreieckförmig oder auch sägezahnförmig sein. Der Impuls wird ausgelöst, wenn die Steuerpspannung die Grundwechselspannung in einem bestimmten Sinn, z.B. in Richtung auf positivere Werte, überschreitet. Die steuernde Gleichspannung muß beide Vorzeichen annehmen können. Wird der Grundwechselspannung eine Gleichspannung überlagert, so daß sie stets ein Vorzeichen behält, so braucht auch die steuernde Gleichspannung nur ein Vorzeichen zu haben. Bei diesem Verfahren geschieht also Impulsauslösung und Impulsverschiebung in einer Baugruppe. Die Begrenzung der Impulslagen kann durch vorgeschaltete Kennliniendlieder geschehen.

Bei sinusförmiger Grundspannung erhält man einen linearen Zusammenhang zwischen Steuerspannung und ausgesteuerter Stromrichterspannung.

Bei sägezahn- oder dreieckförmiger Grundwechselspannung erhält man einen linearen Zusammenhang zwischen Steuerwinkel und Steuerspannung.

(Das den oben beschriebenen Verfahren zugrunde liegende Prinzip leitet sich aus der von *G. W. Müller* angegebenen „Vertikalsteuerung" ab.)

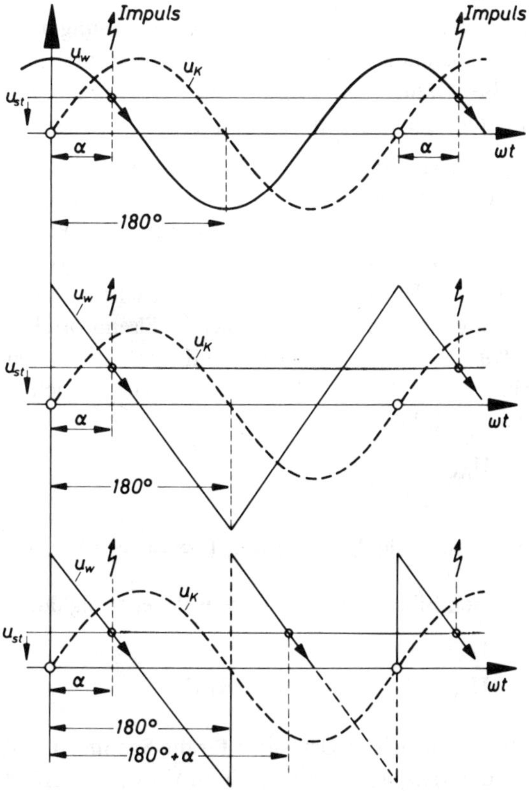

Bild 13.4

Impulsauslösung durch verschiedene Kurvenformen der Grundwechselspannung bei einem „Steuersatz"

Impulsverstärkung und Impulsformung geschieht meist in einer nachgeschalteten Baugruppe. Es werden Anstiegszeiten von 50 μs (1° bei 50 Hz) gefordert und eine Symmetrie von maximal ±1° bis 2° Abweichung vom Impulsabstand bei vollständiger Symmetrie.

Die Impulshöhe beträgt einige Volt, der Steuerstrom einige 100 mA, mit Spitzenwerten von einigen ganzen Ampère bei Reihenschaltung von Thyristoren. Hier sind auch kürzeste Anstiegszeiten (einige Mikrosekunden) notwendig. Eine negative Vorspannung benötigt der Thyristor, im Gegensatz zum Quecksilberdampfventil oder Thyratron, nicht.

Dem einzelnen Ventil wird der Impuls über einen Impulsübertrager zugeführt. Bei kleinen Anlagen wird gewöhnlich der Impuls in seiner ganzen Breite übertragen. Dabei ist darauf zu achten, daß die Rückmagnetisierung des Impulsübertragers (vgl. Abschnitte 14.1 und 2) sichergestellt ist.

Bei Hochspannungs-Gleichstrom-Übertragung (HGÜ) stellt sich die Aufgabe, große Potentialunterschiede zu überbrücken. Hier werden Signale für Impulsanfang und Impulsende erzeugt, die, gegebenenfalls unter Zwischenschaltung von Lichtleiterübertragungsstrecken, eine durch Gleichrichtung eines Hochfrequenzsignals entstehende Impulskette, anstatt eines zusammenhängenden Impulses, durchschalten oder sperren.

Die Phasenverschiebung der Steuerimpulse mit rein elektrischen Mitteln stand am Beginn der neueren Regelungstechnik mit Stromrichtern. Die von *Toulon* 1922 angegebene Möglichkeit, die Stromrichterausgangsspannung durch Phasenverschiebung der Gitterwechselspannung zu steuern, früher „Horizontalsteuerung" genannt, wurde ursprünglich mittels hydraulisch betätigten Drehtransformatoren verwirklicht. Daher konnten die vorteilhaften dynamischen Eigenschaften des Stromrichters nicht voll in Erscheinung treten.

Einige der Prinzipien, die den Öldruckregler ablösten, die neuere Entwicklung einleiteten und heute noch in einer großen Anzahl von Anlagen eingesetzt sind, seien im folgenden anhand von Beispielen kurz beschrieben: Es sind Steuersätze eingesetzt, die Phasenschwenkung und Pulsformung mit Hilfe von Sättigungsdrosseln bewerkstelligen (s. Kapitel 14). Das Verfahren der magnetischen Schwenkbrücke zeigt Bild 13.5. Die Reihenschaltung von zwei vormagnetisierten Eisendrosseln wirkt als veränderliche Induktivität. Wird die durch den Vormagnetisierungsstrom veränderliche Induktivität vereinfachend als lineare Induktivität L betrachtet, so ergibt sich für die aus L und R bestehende Brücke nach Bild 13.5a:

$$\frac{U_{AC}}{U_{BC}} = \frac{1}{1 + j\omega L/R} \tag{13.1}$$

Die Ortskurve für U_{AO} für $0 < L < \infty$ ergibt einen Halbkreis.

Wird nach Bild 13.5b der zweite Brückenzweig durch eine Kapazität ersetzt, so wird

$$\frac{U_{AC}}{U_{BC}} = \frac{1}{(1 - \omega^2 LC) + j\omega R_L C} \tag{13.2}$$

Daher ergibt sich als Ortskurve für die Spannung U_{AC} fast ein Vollkreis. Durch passende Wahl der Teilspannungen U_{BO} und U_{CO} nach Größe und Phase kann der Punkt O in den

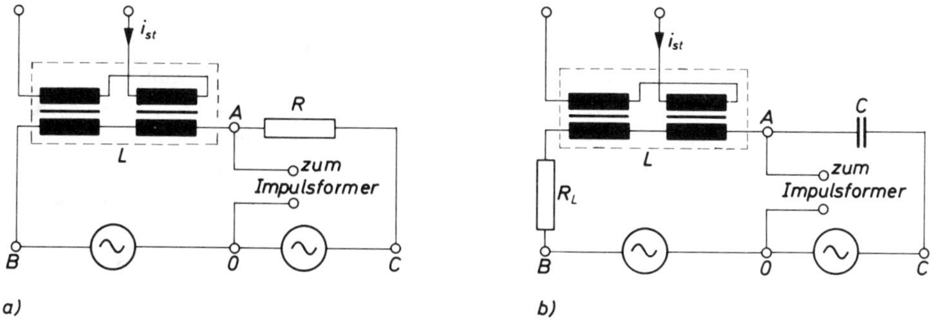

Bild 13.5. Schaltung der magnetischen Schwenkbrücke

Mittelpunkt des Kreises verschoben und damit eine gute Konstanz der Amplitude von U_{AO}, verbunden mit einem großen Schwenkwinkel, erreicht werden.

Zwischen A und O wird die in der Phase geschwenkte Wechselspannung abgegriffen, und aus ihr werden über Impulsformer und Impulsweichen zwei um 180° verschobene Impulse erzeugt. Für eine sechspulsige Schaltung wird die Einrichtung also dreimal gebraucht, und die Steuerwicklungen der sechs Drosseln werden in Reihe geschaltet. Ein Nachteil dieser Schaltung ist, daß das Brückenprinzip eine verhältnismäßig hohe Leistung im Schwenkkreis erfordert. Dies bedingt wiederum eine hohe Steuerleistung im Vormagnetisierungskreis. Der Vormagnetisierungskreis hat im wesentlichen induktives Verhalten, so daß zur Erreichung eines günstigen dynamischen Verhaltens stark übersteuert werden muß, d. h. es werden Steuerleistungen in der Größenordnung von 100 W benötigt.

Daher wird heute meist das anhand von Bild 13.4 beschriebene Prinzip mit elektronischen Mitteln verwirklicht (s. auch Band 2).

Die Notwendigkeit eines freilaufenden Steuersatzes

Wie in Abschnitt 11.4 erläutert, können bei entsprechenden Netzbedingungen, d. h. insbesondere beim Vorhandensein von Kapazität und einem großen Verhältnis von Stromrichternennleistung zu Netzkurzschlußleistung, Oberschwingungsresonanzen und damit starke Verzerrungen der Primärspannung auftreten. Wird nun die Grundwechselspannung u_W gemäß Bild 13.4 aus der Primärspannung gewonnen, so hat ein starker Oberschwingungsgehalt dieser Spannung offenbar Rückwirkungen auf die Impulslage, weil die Dreieckspannung oder die Sägezahnspannung beim Nulldurchgang mit der Kommutierungsspannung synchronisiert wird. Meist wird anstelle der Kommutierungsspannung eine auf der Primärseite abgegriffene Wechselspannung zur Synchronisierung verwendet, u. a. weil diese weniger verzerrt ist als die Sekundärspannung (s. Abschnitt 11.4). Starker Oberschwingungshalt hat einen Einfluß auf die Nulldurchgänge der Bezugsspannung, und damit eine Rückwirkung auf die Impulslage über die Synchronisierung des Steuergerätes. Diese Rückwirkung kann zu scheinbaren Stabilisierungsschwierigkeiten in der Regelung führen.

Sie kann insbesondere im Stationärzustand für die angewandte Schaltung nichtcharakteristische Harmonische (z. B. mit durch zwei oder drei teilbaren Ordnungszahlen bei einer sechspulsigen Schaltung) hervorrufen und stationär in der Primärspannung bestehen lassen. Diese Erscheinung wird „Harmonische Instabilität" genannt und wurde bisher vor allem bei für die HGÜ typischen Netzverhältnissen bei einem großen Verhältnis von ideeller Gleichstromleistung zur Netzkurzschlußleistung (Größenordnung 1:3) gefunden. Das führte zu dem Vorschlag, einen nichtsynchronisierten, also „freilaufenden" Steuersatz zu verwenden.

Freilaufender Steuersatz

Der Grundgedanke, der inzwischen in unterschiedlicher Weise erweitert und abgewandelt wurde, sei anhand von Bild 13.6 beschrieben. Man stelle sich zunächst vor, daß ein Puls von p-facher Netzfrequenz, für einen sechspulsigen Stromrichter also sechsfacher Netzfrequenz, in einem Oszillator erzeugt wird. Dieser Puls wird einem Ringzähler zugeführt, der ihn zyklisch auf die sechs Gitterimpulse 1 bis 6 verteilt. Ist der Puls mit der Netzspannung genau synchron, so bleibt die Phasenlage der Gitterimpulse zur Kommutierungsspannung, und damit der Zündwinkel, konstant. Offenbar kann man diese Phasendifferenz verändern, indem man vorübergehend die Frequenz des Oszillators verändert. Es gilt

$$\Delta\varphi = \int_0^t \Delta\omega \, dt. \tag{13.3}$$

Frequenzerhöhung bedeutet also Vorverschiebung der Impulse, Frequenzerniedrigung Verschiebung der Impulse im nacheilenden Sinne, und mit der Frequenzdifferenz $\Delta\omega$ als Eingangsgröße und der Impulsphasenlage als Ausgangsgröße hat die Einrichtung im Prinzip integrierendes Verhalten.

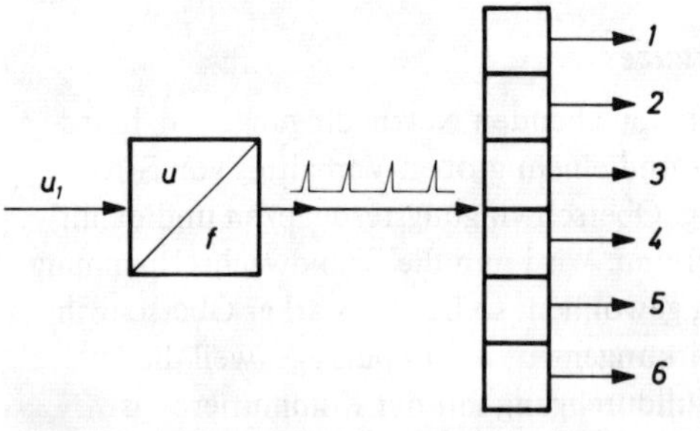

Bild 13.6

Freilaufender Steuersatz mit Ringzähler

Um die Einrichtung steuern zu können, wird der Oszillator durch einen Spannungs-Frequenz-Umsetzer ersetzt, d. h. einen Oszillator, dessen Frequenz eine Funktion der steuernden Spannung ist, z. B. dieser proportional.

Im stationären Zustand muß offenbar der Zündwinkel α konstant sein, und damit müssen die Pulsfrequenz des Spannungsfrequenzumsetzers und die Netzfrequenz synchron und phasenrichtig einander zugeordnet sein. Ist nun die beschriebene Einrichtung als Steuersatz in einem Regelkreis, z. B. für eine Stromregelung, eingesetzt und der genaue Synchronismus nicht gewahrt, so wird der α-Wert sich ändern, und dies wird sich als eine Störgröße für die Stromregelung bemerkbar machen. Infolgedessen wird der Stromregler nachregeln und über die Eingangsspannung des Spannungs-Frequenz-Umsetzers die Frequenz so verstellen, daß sie im Stationärzustand synchron mit der Netzfrequenz ist und der Zündwinkel konstant bleibt.

Die Synchronisierung erfolgt hier also nicht „hart", unmittelbar mit den Nulldurchgängen der Kommutierungsspannungen, sondern „weich" über den geschlossenen Regelkreis. Die im angelsächsischen Sprachgebrauch übliche Bezeichnungsweise „phasenverriegelter Oszillator" ist also nicht zutreffend, und diese Art von Steuersatz soll besser als „freilaufender" Steuersatz, im Gegensatz zum starr synchronisierten Steuersatz, bezeichnet werden.

Da ein Asynchronismus von Netzfrequenz und Oszillatorausgangsfrequenz bei konstanter Frequenzdifferenz eine integral auflaufende Änderung des Steuerwinkels, und damit eine entsprechende Störung für den betroffenen Stromregelkreis ergibt, muß die Differenz zwischen der Netzfrequenz und der Oszillatorausgangsfrequenz auf Werte begrenzt bleiben, die der Stromregler ohne störende bleibende Abweichungen ausregeln kann. Wegen der in Abschnitt 13.1 angedeuteten hohen dynamischen Güte, d. h. der hohen Grenzfrequenz von Stromrichterregelkreisen, ist das gut möglich, und die Begrenzung der Frequenzdifferenz beeinträchtigt die Stellgeschwindigkeit für die Regelung nicht in störender Weise.

In zwei Grenzfällen geht die Arbeitsweise dieses Steuersatzes jedoch wieder in eine phasenstarr oder nahezu phasenstarr synchronisierte Arbeitsweise über: Der Zündwinkel muß auf $\alpha = 0^\circ$ und damit auf den positiven Nulldurchgang der Kommutierungsspannung begrenzt werden. Negative α-Werte müssen vermieden werden. Hier erfolgt beim netzgeführten Stromrichter keine Zündung mehr. Die Breite des Impulses ist dabei zu berücksichtigen.

Ähnliches gilt bei Löschwinkelregelung. Wie oben ausgeführt, wird bei der Löschwinkelmessung der Nulldurchgang der Kommutierungsspannung, der $\alpha = 180^\circ$ entspräche, als Zeitmarke benutzt. Hier kommt über die Messung des Löschwinkels also wiederum eine Abhängigkeit vom Nulldurchgang der Kommutierungsspannung zwar nicht unmittelbar in den Steuersatz, aber doch in den Regelkreis hinein.

Abänderungen und Ergänzungen des beschriebenen Grundgedankens beziehen sich auf die Art und Weise, wie bei $\alpha = 0$ und bei Übergang zur Löschwinkelregelung die Ablösung der Arbeitsweise erfolgt und durch die Art, wie die Frequenzdifferenz (Oszillatornetz) begrenzt und wie eine zusätzliche „weiche" Synchronisierung, unabhängig vom Hauptregelkreis, hinzugefügt wird.

Gemäß Bild 13.6 dient bei dem beschriebenen Verfahren die Pulsfrequenz als steuernde Größe (Pulsfrequenz-Steuerung). Es sind auch Verfahren im Gebrauch, bei denen die Steuerspannung unmittelbar die Pulsphase der äquidistanten Pulse eines freilaufenden Steuersatzes verstellt (Pulsphasensteuerung). Auch hier ist eine „weiche", d.h. nur langsam und im Mittel wirkende Synchronisierung mit der Netzspannung erforderlich. Sie geschieht durch eine Angleichung des gemessenen Steuerwinkels mit der vorgegebenen Pulsphase über eine langsame Regelung für α. Siehe z.B. [3.106; 3.107].

Spannungs- und Strommessung

Die Spannung wird zur Verwendung für die Regelung am besten über einen ohmschen Spannungsteiler gemessen, dessen Mittelabgriff geerdet ist. Wird einseitig gegen den geerdeten Mittelpunkt gemessen, so ist eine Erdschlußerfassung erwünscht, die jedoch aus anderen Gründen ohnehin meist vorhanden ist.

Wird auf vollkommene Potentialtrennung Wert gelegt, so muß die gemessene Gleichspannung zerhackt, als Wechselspannung potentialfrei übertragen und dann wieder gleichgerichtet werden. In diesem Fall erfordert die vorzeichenrichtige Messung und Übertragung jedoch besonderen Aufwand. Daher ist die Messung über Spannungsteiler in solchen Fällen jedenfalls vorzuziehen.

Strommessung

Die einfachste und billigste Methode für die Messung des Gleichstroms einer Gruppe läßt sich besonders bei Einphasen- und Drehstrombrückenschaltungen gut anwenden. Sie besteht aus Wechselstromwandlern in der Zuleitung der Brücke. Da für die Zuleitungsströme der Drehstrombrücke gilt

$$i_1 + i_2 + i_3 = 0$$

genügt es, hierzu in bekannter Weise nur zwei Wechselstromwandler zu verwenden, die gemäß Bild 13.7 in V-Schaltung zusammengeschaltet werden. Der Meßgleichrichter arbeitet nun mit wechselstromseitig aufgedrückten Strömen, die sich im Bürdenwiderstand zu einem glatten Gleichstrom überlagern. Man erhält also verzögerungsfrei ein Abbild des Stroms, das durch keine systemfremden Oberschwingungen beeinträchtigt ist. Die Auslegung der Wandler ist durch Übersetzungsverhältnis, Bürdenstrom und Bürdenwiderstand bestimmt. Für die Wahl der Maximalinduktion ist nicht nur der mögliche Fehler durch den Magnetisierungsstrom, sondern auch die Möglichkeit der Sättigung bei unvollkommener Symmetrie der Ventilströme, insbesondere bei Ausgleichsvorgängen, zu beachten. Diese Rücksichtnahme schränkt die Verwendbarkeit bei Mittelpunktschaltungen, wo man ja für zwei 180° gegeneinander versetzte Ventilströme einen Wandler mit zwei Primärwicklungen verwenden könnte, stark ein, z. B. auch für die Saugdrosselschaltung.

Weitere Möglichkeiten, das Abbild des Stroms einer Ventilgruppe zu messen, der Anodenwandler und der Gleichstromwandler (nach *Krämer*) werden im Abschnitt 14.3 besprochen.

All diesen einfachen Methoden der Strommessung ist gemeinsam, daß sie die Stromrichtung nicht mit erfassen. Diese ist jedoch für eine Ventilgruppe ohnehin eindeutig vorgegeben. Soll der Strom im Gleichstromkreis gemessen werden, z. B. bei einer Gegenparallelschaltung, so ist in Abschnitt 13.2 angedeutet, wie man dazu die Messung der Gruppenströme heranziehen kann.

Eine weitere Möglichkeit zur Messung von Gleichströmen, auch richtungsabhängig, stellt der Hallwandler dar (s. Band 2). Da hiermit Meßspannungen von höchstens 0,3...0,8 V realisierbar sind, muß stets ein Meßverstärker nachgeschaltet werden, um den Meßwert auf eine annehmbare Spannungshöhe, z.B. 10...15 V, zu bringen. Alle genannten Meßverfahren erlauben es, Meßgenauigkeiten in der Größenordnung von 1 % zu erreichen, was für die

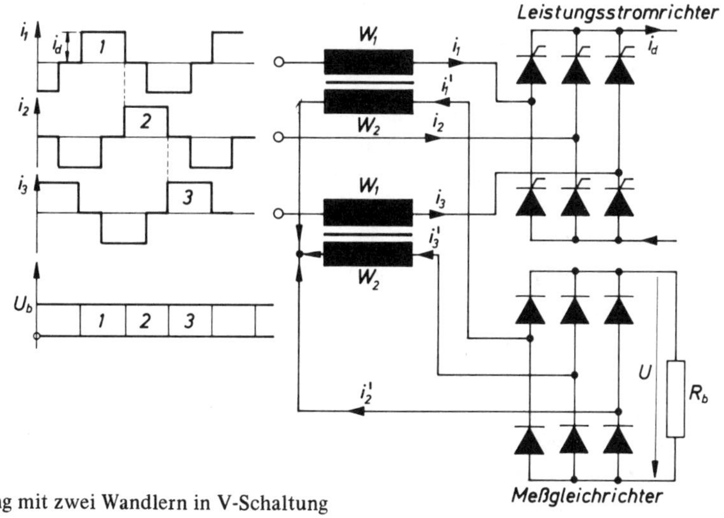

Bild 13.7. Strommessung mit zwei Wandlern in V-Schaltung

meisten betrieblichen Anwendungen völlig ausreichend ist. Für hochgenaue Messungen gibt es Spezialwandler und Kompensationsverfahren, wobei der Hallwandler als Nullindikator verwendet werden kann.

Löschwinkelmessung

Der Löschwinkel ist die im Winkelmaß der Netzfrequenz ausgedrückte Zeit zwischen dem Nulldurchgang des Ventilstroms und dem positiven Nulldurchgang der Sperrspannung (s. Abschnitt 5.6). Diese Zeit läßt sich z. B. als Ausgangsspannung eines Integrators darstellen, der in dem zu messenden Zeitabschnitt ein konstantes Eingangssignal erhält, dessen Beginn und Ende durch Strom- und Sperrspannungs-Nulldurchgang geschaltet werden. Das Signal fällt für jedes Ventil einmal je Netzperiode an und wird bis zur Rückstellung des Integrators gehalten.

Bei einer Drehstrombrückenschaltung sieht man für jede Brückenhälfte einen Integrator vor und stellt jeweils einen Integrator zurück, wenn der andere sein Schlußsignal beim Nulldurchgang der Kommutierungsspannung bekommt. Entnimmt man über eine Diodenweiche das jeweils größere der beiden Ausgangssignale, so liegt der periodisch gemessene Wert jeweils für 1/6 Netzperiode gehalten vor und kommt abwechselnd von beiden Brückenhälften. Für die Löschwinkelregelung liegt damit ein gut geglätteter Istwert vor, wobei dynamisch jedoch nur die Abtastung und Haltung zu berücksichtigen ist, z. B. durch eine mittlere Totzeit von einer halben Abtastperiode d. h. 1/12 Netzperiode.

Dieses Meßverfahren läßt sich auch z. B. für die Phasendifferenz von Wechselgrößen (Strom, Spannung, mechanische Größen) vorteilhaft anwenden.

14. Sättigungsdrossel, Anodenwandler, Gleichstromwandler

14.1. Die Sättigungsdrossel

Für verschiedene Zwecke sind magnetische Kernmaterialien entwickelt worden, deren B, H-Kennlinie gemäß Bild 14.1a mit einem scharfen Sättigungsknick und hoher Remanenz nahezu rechteckförmig verläuft und idealisiert wie in den Bildern 14.1b oder c wiedergegeben werden kann. Es erweist sich oft als zweckmäßig, auch Kernmaterialien mit abgerundeter Magnetisierungskennlinie, wie gewöhnliches Transformatorenblech oder Dynamoblech, in der Idealisierung ebenfalls so zu betrachten.

In Bild 14.1a bezeichnet B_r die Remanenzinduktion, H_c die Koerzitivfeldstärke, die von der Ummagnetisierungsfrequenz abhängt. Der gesamte Verlauf der Schleifenkennlinie hängt zudem nicht nur vom Material, sondern auch noch von der Blechdicke und der Verarbeitung ab. Ringbandkerne kommen der Idealisierung in Bild 14.1c sehr nahe, weil sie keine Stoßfuge haben. Kerne aus geschichteten Blechen lassen sich dafür leichter bewickeln, bzw. in bewickelte Spulenkörper einschichten. In der Idealisierung nach Bild 14.1c sind statt der Remanenzinduktion und der Koerzitivfeldstärke eine Sättigungsinduktion B_s und eine die halbe Schleifen breite kennzeichnende Feldstärke H_s eingeführt. Von den Spezialmaterialien hat sich „Permenorm" („5000Z") für starkstromtechnische Zwecke

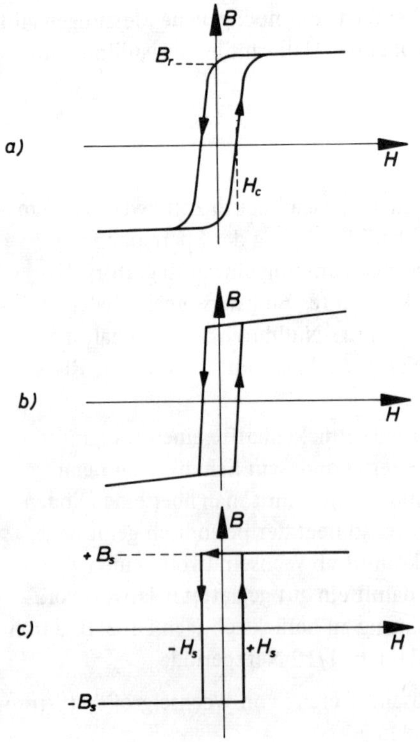

Bild 14.1
Magnetische Kennlinien für Sättigungsdrosseln

am stärksten durchgesetzt. Kaltgewalztes, kornorientiertes Siliciumeisen hat sehr ähnliche Eigenschaften und wird, weil es billiger ist, bei größeren Leistungen am häufigsten eingesetzt. Bei einer sinusförmigen Ummagnetisierung mit einer Frequenz von 50 Hz hat Permenorm (5000 Z), eine Nickel-Eisen-Legierung, eine Schleifenbreite von 2 · 20 A/m, während Siliciumeisen 2 · 35 A/m erfordert. Bei Permenorm (5000 Z) ist der Sättigungswert der Induktion bei 50 A/m erreicht und steigt bei größerer Feldstärke bis etwa 500 A/m kaum an, er beträgt 1,52 T (1 T = 1 Tesla = 1 Vs/m^2 = 10000 G), der Remanenzwert ist 1,50 T. Die Flanken der Schleife sind nahezu senkrecht. Bei Siliciumeisen ist die Rechteckigkeit nicht so ausgeprägt, die Flanken sind schräg, 1,2 T werden bei 50 A/m erreicht, bei 100 A/m 1,68 T, und die Remanenzinduktion beträgt 1,55 T.

Andere Spezialmaterialien verbinden sehr geringe Schleifenbreiten, entsprechend einem Wert von H_c = 2 ... 3 A/m mit Sättigungsinduktionen, die nur halb so groß sind wie bei Permenorm und Siliciumeisen. Sie kommen daher allenfalls für Meßwandler und Abschirmungen in Frage, da magnetische Vorverstärker heute kaum noch eine Rolle spielen. Näheres über magnetische Materialien siehe z.B. [1.23; 3.68; 1.7].

Die in der Hochfrequenztechnik und der Speichertechnik gebräuchlichen Ferrite haben Sättigungs- und Remanenzinduktionen in der Größenordnung 0,4 T. Sie können mit Hilfe der gleichen Idealisierungen beschrieben werden, doch werden sie für die in diesem Abschnitt zu besprechenden Anwendungen nicht verwendet.

Eine Drossel mit einem solchen Kernmaterial werde Sättigungsdrossel genannt. Sie hat folgende Eigenschaften: Ist sie im gesättigten Bereich, so hat sie die differentielle Induktivität (Definition, s. Abschnitt 10.7) $L_d \approx 0$. Nur der ohmsche Widerstand der Wicklung ist wirksam (waagerechter Kennlinienast). Ist sie im ungesättigten Bereich, so hat sie die differentielle Induktivität $L_d \to \infty$. In der Drossel stellt sich eine Flußänderung gemäß

$$u = w \frac{d\Phi}{dt}$$

$$\Delta\Phi = \frac{1}{w} \int_{t_1}^{t_2} u \, d\tau \tag{14.1}$$

ein. Die Drossel kann also eine Spannungszeitfläche

$$\Delta\Phi = 2\Phi_S \tag{14.2}$$

aufnehmen und ändert dabei ihre Induktion zwischen dem negativen und positiven Wert der Sättigungsinduktion B_s. Die Drossel schaltet also von $L_d = \infty$ auf $L_d \approx 0$ um, sobald sie aufgrund der aufgenommenen Spannungszeitfläche in die Sättigung kommt. Liegt sie in einem Stromkreis, so nimmt sie bei $L_d \to \infty$ nahezu die gesamte Spannung im Kreis auf, bei $L_d \approx 0$ dagegen keine Spannung mehr.

Hat die Drossel zwei Wicklungen, so sind diese im gesättigten Bereich nahezu voneinander entkoppelt. Im ungesättigten Bereich, d.h. im senkrechten Ast, erscheinen die beiden

Wicklungen fast ideal transformatorisch gekoppelt, die Spannungen an den Wicklungen verhalten sich wie die Windungszahlen, und es ist ein Magnetisierungsstrom notwendig, der durch die halbe Breite der Hystereseschleife H_s bzw. $\Theta_s = w \cdot i_s$ bestimmt ist, und der so lange fließt, wie der Arbeitspunkt auf dem betreffenden Ast liegt.

Bei höheren Werten von $u = w \cdot d\Phi/dt$ machen sich Wirbelstromeffekte bemerkbar und die Kennlinienschleife baucht sich auf.

14.2. Strommessung mit Anodenwandler

Mit einer Sättigungsdrossel läßt sich ein pulsierender Gleichstrom mit geringem Fehler übertragen. Die Anordnung zeigt Bild 14.2a, mit der sich beispielsweise ein Ventilstrom übertragen läßt. Neben der Primärwicklung und der Sekundärwicklung mit den Windungszahlen w_1 und w_2 ist eine dritte Wicklung zur Vormagnetisierung mit der Windungszahl w_v vorgesehen. Dieser wird über einen hohen Vorwiderstand und eine Vordrossel ein konstanter Vormagnetisierungsstrom zugeführt, der dafür sorgt, daß nach Bild 14.2b sich

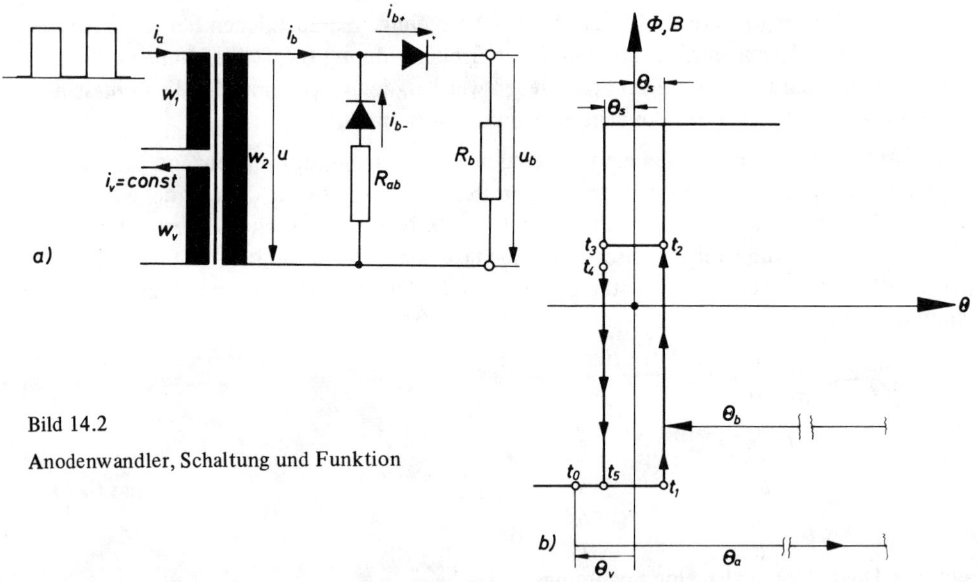

Bild 14.2
Anodenwandler, Schaltung und Funktion

der Kern im stromlosen Zustand der anderen Wicklungen gerade in der negativen Sättigung befindet. Also ist eine Durchflutung aufzubringen, die etwas mehr als der halben Schleifenbreite entspricht. Bringt nun der Anodenstrom über die Wicklung w_1 eine positive Durchflutung auf, so ist diese groß gegen die Vormagnetisierungsdurchflutung. Der Arbeitspunkt kommt damit auf den rechten ungesättigten Ast der Kennlinie. (Zeitpunkt t_1). Nach dem Vorhergesagten arbeitet der Kern nun als Stromwandler, und zwar so, daß mit den Zählpfeilen von Bild 14.2a gilt

$$i_a \cdot w_1 - i_v \cdot w_v - i_b \cdot w_2 = \Theta_s . \qquad (14.3)$$

Daraus folgt:

$$i_b = \frac{w_1}{w_2} i_a - \frac{w_v}{w_2} i_v - \frac{1}{w_2} \Theta_s$$

$$i_b = \frac{1}{w_2} (\Theta_a - \Theta_v - \Theta_s). \qquad (14.4)$$

Da

$$\Theta_a \gg \Theta_v \qquad \text{und} \qquad \Theta_a \gg \Theta_s$$

ist der Strom über die Bürde $i_b \approx \frac{w_1}{w_2} \cdot i_a$ ein getreues Abbild des Anodenstroms, und der Fehler durch den Magnetisierungsstrom läßt sich abschätzen. Der Kern muß so bemessen sein, daß die bei der Stromführung aufgenommene Spannungszeitfläche, $\int_{t_1}^{t_2} i_b \cdot R \cdot dt$ unterhalb des zweifachen Sättigungsflusses des Kerns bleibt. Die Größe der Spannung ist durch das Produkt $i_b \cdot R \approx i_b \cdot R_b$ bestimmt. Fällt der Strom i_a bei der Kommutierung ab, so fällt i_b und damit u_b ebenfalls ab. Strebt der Primärstrom bei der Abkommutierung nach Null, so wird schließlich der rechte Ast der Hysteresekurve verlassen, der Arbeitspunkt geht auf den linken Ast über (Zeitpunkt t_3, t_4). Der Sekundärstrom stellt sich so ein, daß die resultierende Durchflutung gleich der negativen halben Schleifenbreite wird:

$$-i_v w_v - i_b w_2 = -\Theta_s$$

$$i_b = \frac{1}{w_2} (\Theta_s - \Theta_v). \qquad (14.5)$$

Da $\Theta_v > \Theta_s$ ist, fließt also vorübergehend ein negativer Sekundärstrom, der durch die Ventilweiche vom Bürdenwiderstand ferngehalten wird. Damit der Kern wieder auf den negativen gesättigten Ast zurückmagnetisiert wird, muß hierfür ein besonderer Abmagnetisierungswiderstand R_{ab} vorgesehen werden. Während dieser Zeit liegt also negative Spannung an der Wicklung, und bei geeigneter Bemessung wird in sehr kurzer Zeit der linke steile Kennlinienast bis zur negativen Sättigungsinduktion durchlaufen. Da dies bei sehr kleinem Strom geschieht, muß $R_{ab} \gg R_b$ sein (t_4, t_5).

Es ist daher möglich, ein Ventil einzusparen, indem man als Abmagnetisierungswiderstand einen spannungsabhängigen Widerstand benutzt, der bei positivem Sekundärstrom und der sich dabei ergebenden Bürdenspannung nur einen kleinen Fehler verursacht.

Nun werden die Sekundärströme mehrerer Anodenwandler über Dioden entkoppelt auf einen gemeinsamen Bürdenwiderstand eingespeist. Sie ergänzen sich damit wegen der Konstantstromeinspeisung zu einem glatten resultierenden Bürdenstrom und erzeugen eine entsprechende Bürdenspannung. Der Verlauf der Bürdenspannung entspricht damit dem Verlauf des Gleichstroms und hat auch dessen Welligkeit.

Anodenwandler eignen sich z. B. für die Verwendung bei Mittelpunktschaltungen und Saugdrosselschaltungen.

14.3. Der Gleichstromwandler (Krämerwandler)

Der von *W. Krämer* angegebene Wandler nach Bild 14.3a verwendet zwei Sättigungsdrosseln. Für die Betrachtung der Wirkungsweise idealisieren wir die Magnetisierungskennlinie weiter (Bild 14.3b), indem die Schleifenbreite zu Null angenommen wird. Aus dem vorhergehenden Abschnitt ist klar, wie man den Einfluß einer endlichen Schleifenbreite und des daher rührenden Magnetisierungsstroms sowie den dadurch hervorgerufenen Fehler abschätzen kann.

Der Wandler erzeugt einen Rechteck-Wechselstrom, dessen Größe gemäß $i_2 \cdot w_2 = i_d \cdot w_1$ dem Gleichstrom entspricht und nach Gleichrichtung eine Spannung entsprechend dem gemessenen Gleichstrom am Bürdenwiderstand liefert. Auch dieser Gleichrichter arbeitet mit eingeprägtem Strom (vgl. Abschnitt 13.3).

Für die Betrachtung der Wirkungsweise sei zunächst vor dem Gleichrichter kurz geschlossen, wie gestrichelt angedeutet, und die Wicklungswiderstände seien zu Null angenommen. In der Primärwicklung fließe ein konstanter Strom $i_d = I_d$, der zu messende Gleichstrom. Die Windungszahlen sind so gewählt, daß damit beide Kerne sich hoch in der Sättigung befinden (Bild 14.3b). Wir wählen als gedachten Einschaltzeitpunkt der Wechselspannung das positive Spannungsmaximum. Da beide Drosseln gesättigt sind, ist die differentielle Induktivität gleich Null, der Strom springt für $R \to 0$ auf den Wert u_w/R, also auf einen beliebig hohen Wert. Kern 1 kommt somit noch höher in die Sättigung, Kern 2 kommt aus der Sättigung heraus, der Arbeitspunkt auf den senkrechten Ast, sobald die Sekundärdurchflutung gleich der Primärdurchflutung wird. Nach Abschnitt 14.1 fließt sekundär ein positiver Strom von der Größe $i_2 = \frac{w_1}{w_2} \cdot I_d$. Die gesamte Wechselspannung u_w liegt in positiver Richtung am Kern 2.

Nach

$$u_w = \frac{d\Phi}{dt} \cdot w_2$$

ergibt sich im Kern 2 eine Flußänderung

$$\Delta\Phi_2 = \frac{1}{w_2} \int_{t_0}^{t} u_w \, d\tau$$

die gestrichelt in Bild 14.3c eingetragen ist. In Bild 14.3b ist der Arbeitspunkt jeweils in die idealisierten Magnetisierungskennlinien übertragen. Nach einer Halbperiode der Netzspannung ist das Spannungszeitintegral Null, der negative Sättigungsfluß wieder erreicht. Damit ist die differentielle Induktivität wieder Null (Zeitpunkt t_u). Der Strom i_d könnte auf $-u_w/R$, also auf beliebig hohe negative Werte springen. Dabei wird jedoch im Kern 1 Durchflutungsgleichgewicht erreicht, Kern 1 nimmt nun negative Spannungszeitfläche auf und sein Fluß ändert sich gemäß Bild 14.3c. Der Sekundärstrom ist negativ und entspricht in seinem Betrag dem Primärstrom. Die Gleichrichtung des so entstehenden Rechteckwechselstroms ergibt also offenbar ein Abbild des Primärstroms.

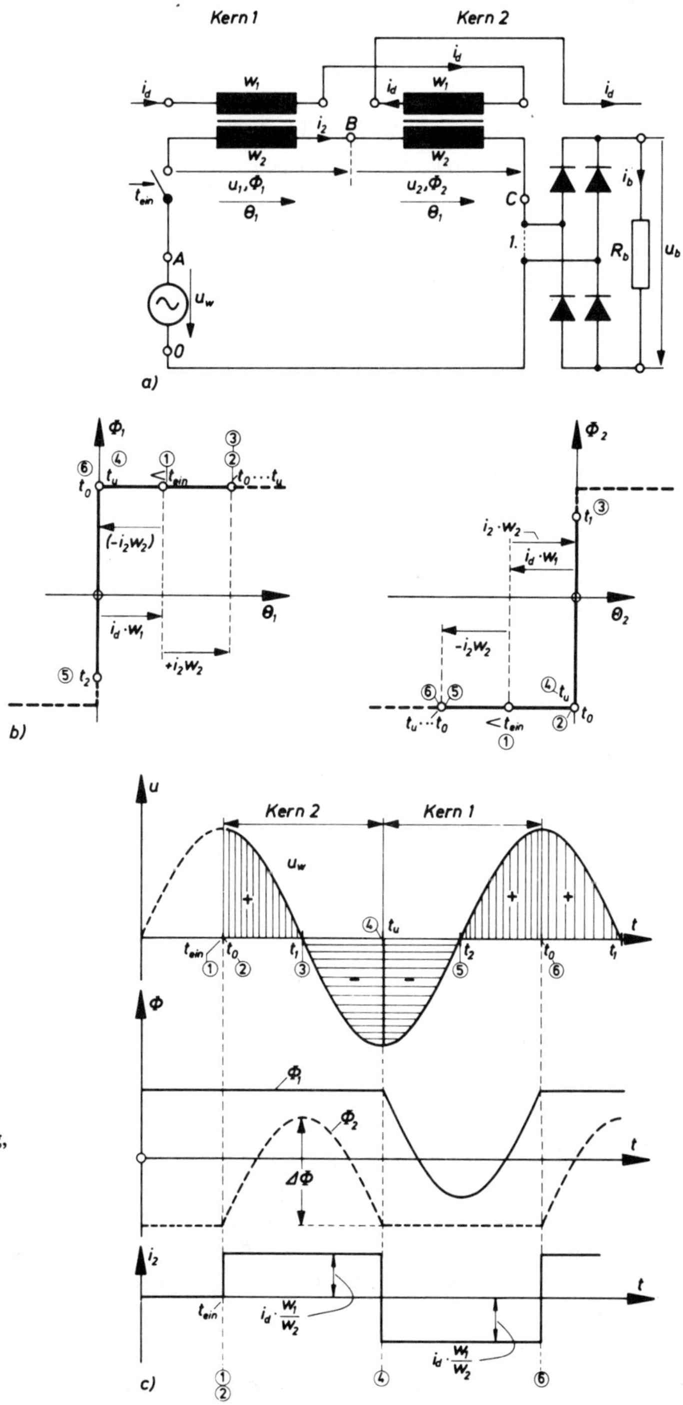

Bild 14.3

Krämer-Wandler, Schaltung, Fluß- und Liniendiagramm

Im vorstehenden wurde der Einschaltzeitpunkt so angenommen, daß ohne Ausgleichsvorgänge sofort der stationäre Zustand erreicht wird, d. h. ein Wechselstrom, dessen Grundschwingung 90° zur Wechselspannung phasenverschoben ist. Überraschenderweise wird eine echte Stromübersetzung mit einem Konstantstromverhalten erreicht,und nicht etwa, wie man zunächst annehmen könnte, durch die Vormagnetisierung eine veränderliche Induktivität. (Jedoch ist auch diese Betrachtungsweise möglich, Anwendungen s. Abschnitt 13.3.)

Aus den zeitlichen Verläufen in Bild 14.3c erkennt man schon, daß der Kern so ausgelegt sein muß, daß die Spannungszeitfläche, über eine Viertelperiode der treibenden Wechselspannung integriert, unter dem doppelten Sättigungs-Windungsfluß bleiben muß.

$$\int_{t_0}^{t_1} u_w \, d\tau < 2\, w_2\, \Phi_s . \tag{14.6}$$

Im folgenden wird nun ohmscher Widerstand angenommen, er trete jedoch nur in der Bürde auf. Im Gegensatz zur vorherigen Betrachtung liegt jetzt bei der Konstantstromübertragung nicht die gesamte Wechselspannung an dem aus der Sättigung kommenden Kern, sondern die Differenz zwischen der treibenden Wechselspannung und der Bürdenspannung, die bei konstantem Bürdenstrom ebenfalls konstant und gleich $i_2 \cdot R_b$ ist (Bild 14.4). Der Rechteckwechselstrom ist nun nicht mehr 90° gegenüber der Spannung phasenverschoben. Es muß jedoch, genau wie vorher, für den eingeschwungenen Zustand das Spannungszeitintegral an jedem Kern, über die Periode genommen, Null sein. In Bild 14.4 sind dies die senkrecht und waagerecht schraffierten Flächen, statt 90° eilt der Rechteckstrom jetzt nur noch um einen Winkel α nach, der sich aus der Beziehung

$$\int_{\alpha}^{\alpha+\pi} (u_w - i_2 R_b)\, dx = 0 \qquad \text{mit} \qquad x = \omega t \tag{14.7}$$

ergibt.

Im stationären Zustand muß die resultierende Flußänderung in jeder Periode Null sein. Ferner müssen wegen der Symmetrie der Anordnung die Flußverläufe, und damit die Stromverläufe für die beiden Kerne symmetrisch sein (Bild 14.4).

Auslegung des Wandlers

Für den Sättigungsspulenfluß des Wandlers gilt, wie aus der Betrachtung von Bild 14.3 schon folgte, daß die Spannungszeitfläche unter einer Viertelperiode der Wechselspannung kleiner bleiben muß als der doppelte Sättigungsfluß. Bei der Auslegung eines Transformators entspricht diese Spannungszeitfläche aber gerade dem einfachen Sättigungsspulenfluß, denn bei der positiven Halbschwingung der Wechselspannung ändert sich beim Transformator der Fluß von $-\Phi_{max}$ auf $+\Phi_{max}$.

Daraus folgt also: *Jeder Kern muß einen solchen Sättigungsspulenfluß haben, daß er allein die halbe Wechselspannung aufnehmen könnte.* (Der Transformator muß die

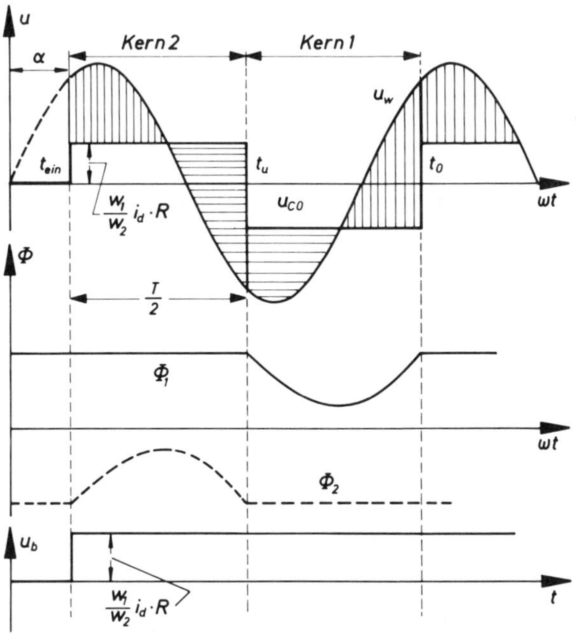

Bild 14.4

Krämer-Wandler, Liniendiagramm unter Berücksichtingung des ohmschen Widerstandes

volle Wechselspannung aufnehmen können). Kernquerschnitt und Windungszahl werden also genau wie beim Transformator bestimmt, allerdings unter Berücksichtigung der Tatsache, daß ein Kern nur die halbe Wechselspannung aufzunehmen braucht.

Linearitätsgrenze

Bis zu welchen Strömen, bzw. Bürdenspannungen, überträgt der Wandler linear, wenn man vom Magnetisierungsstromfehler absieht?

Der „Umschaltvorgang" wird eingeleitet, wenn der den Strom übertragende Kern in die Sättigung kommt. (Zeitpunkt t_u in den Bildern 14.3 und 14.4.) Der andere Kern ist aber bis dahin in der Sättigung gewesen. Er hält den Sekundärstrom auf dem dem Primärstrom entsprechenden Wert fest, falls dieser bei dem Umschaltvorgang überhaupt erreicht, die Summe der Durchflutungen also Null wird. Der höchste Wert, auf den der Strom springen kann, ist aber durch den ohmschen Widerstand zu $u_w(t_u)/R$ gegeben. Also muß $u_w(\frac{\alpha}{\omega})/R \geqslant I''_d$ sein. Andernfalls wird der Augenblickswert des Stroms durch den ohmschen Widerstand auf einen unterhalb des zu messenden Stroms liegenden Wert begrenzt. Diese Grenzbedingung wird bei einem Wert von $\alpha' = 32{,}5°$ erreicht. α hängt von der Gegenspannung, also von dem Produkt $i_2 \cdot R$ ab, und ergibt sich nach dem Gesagten aus folgenden Ansätzen:

$$\int_{\alpha}^{\alpha+\pi} (\sqrt{2} \cdot U_w \cdot \sin x - I''_d \cdot R) \cdot d_x = 0,$$

daraus folgt:

$$\cos \alpha = \frac{I''_d \cdot R \cdot \pi}{2 \cdot \sqrt{2} \cdot U_w}. \tag{14.8}$$

Ferner gilt für α':

$$\frac{\sqrt{2} \cdot U_w \cdot \sin\alpha'}{R} = I''_{d\,max}, \tag{14.9}$$

daraus ergibt sich:

$$\sin\alpha' = \frac{R \cdot I''_{d\,max}}{\sqrt{2} \cdot U_w}.$$

Mit $I''_d = I''_{d\,max}$ liefert Gl. (14.8) den Wert $\cos\alpha'$.

$$\cos^2\alpha' + \sin^2\alpha' = 1$$

eliminiert α' und führt zu:

$$\frac{I''_{d\,max} \cdot R}{\sqrt{2} \cdot U_w} = \sqrt{\frac{4}{4+\pi^2}} = 0{,}537. \tag{14.10}$$

Dies ergibt, in Gl. (14.8) oder in Gl. (14.9) eingesetzt, schließlich α'.

(Gleichsetzung von Bürdenleistung und Wechselstromleistung, mit $\cos\varphi = \cos\alpha$, führt zum gleichen Ergebnis (vgl. Abschnitt 11.1)).

In Gl. (14.8) kommt stets das Produkt $I''_d \cdot R$ vor. Folglich kann für $I''_{d\,max} \cdot R$ auch $(I''_d \cdot R)_{max}$ gesetzt werden.

Bei Gleichrichtung der Wechselspannung u_w, Effektivwert U_w durch eine Einphasenbrückenschaltung ergibt sich eine ideelle Gleichspannung von der Größe $U_{di} = 0{,}9\ U_w$. Bei $\alpha = 32{,}5°$ hat $I_d \cdot R_b$ das 0,842fache dieses theoretischen Grenzwerts erreicht, nämlich $0{,}537 \cdot \sqrt{2} \cdot U_w = 0{,}842 \cdot (0{,}9 \cdot U_w)$.

Linearitätsgrenze des Krämerwandlers:

$$(I''_d \cdot R)_{max} = 0{,}842\,(0{,}9\,U_{w\,eff}). \tag{14.10a}$$

Bei der Berechnung dieser Linearitätsgrenze sind auch die ohmschen Spannungsabfälle in den Wicklungen und die Ventilspannungsabfälle mit zu berücksichtigen. Die praktisch ausnutzbare Linearitätsgrenze liegt um diese Spannungsabfälle niedriger als die oben berechnete theoretische.

Bei Richtungsumkehr des Primärstroms i_d vertauschen beide Kerne ihre Rolle. Ihre Arbeits- und Sättigungsphasen ändern sich relativ zur Speisespannung. Der Strom i_2 fließt aber wegen der Gleichrichtung über die Bürde in derselben Richtung weiter. Also wird die in Bild 14.5 gezeigte Kennlinie erreicht, in die die Linearitätsgrenze eingetragen ist.

Die Berücksichtigung der endlichen Schleifenbreite bringt einen Fehler infolge des annähernd rechteckförmigen Magnetisierungsstroms, so daß die V-förmige Kurve in Wirklichkeit den Nullpunkt nicht berührt.

Auf der Wechselstromseite des Wandlers sind Wechselstrom-Zwischenwandler möglich (Nachteile s. u.).

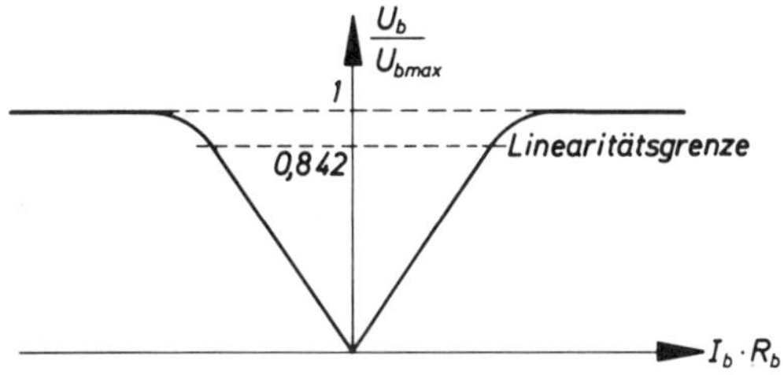

Bild 14.5. Kennlinie des Krämer-Wandlers

Zeitverhalten des Krämerwandlers

Bei eingeprägtem Primärstrom – dieser Fall liegt praktisch stets vor – bringt der Wandler selbst keinen Zeitverzug.

Infolge der Restinduktivität der Drosseln im gesättigten Bereich geht die Umschaltung, im Gegensatz zur vorstehend angewandten Idealisierung, in einer endlichen Zeit vor sich. Die Folge ist, daß der Bürdenstrom kein glatter Gleichstrom ist, sondern daß kleine Lücken oder Einbrüche („Nadeln") mit doppelter Netzfrequenz zwischen den Rechteckblöcken vorhanden sind. Auch diese Kommutierungslücken bringen einen kleinen zusätzlichen Fehler. Da sie, vom zweipulsigen Stromrichter abgesehen, in der Frequenz mit der Pulszahl des Stromrichters nicht übereinstimmen, bringen sie bei sehr hoher Regelgüte (großer Bandbreite der Regelanordnung) u. U. störende Interferenzen hervor. Aus diesem Grund wird meist eine nachgeschaltete RC-Glättung vorgesehen.

Weitere Schaltungsvarianten des Gleichstromwandlers nach Krämer

Eine Glättungsdrossel in Reihe mit dem Bürdenwiderstand vermindert zwar den Meßfehler, gibt dem Wandler jedoch einen unerwünschten Zeitverzug.

Ebenfalls von *Krämer* wurde die Schaltungsvariante nach Bild 14.6 schon angegeben. Hier ist ein dritter Wandlerkern als Drossel für die Glättung des Bürdenstroms verwendet. Er hat das gleiche Übersetzungsverhältnis wie die ersten beiden Kerne, so daß die Gleichstromdurchflutungen sich in jedem Augenblick aufheben und für die Glättung der Kommutierungseinbrüche eine sehr große Induktivität zur Verfügung steht. Dieser Wandler überträgt glatten Gleichstrom verzögerungsfrei vollkommen glatt!

Er ist wohl deswegen wenig verwendet worden, weil bei dieser Schaltung Wechselstromzwischenwandler – die im übrigen die Kommutierungseinbrüche vergrößern – nicht anwendbar sind.

Bei der heute vorzugsweise verwendeten Art der Signalverarbeitung („Parallelsummierung" wie beim Analogrechner) haben alle Signalspannungen einen gemeinsamen Nullpunkt, und die gleiche Signalspannung kann, wenn sie geringen Innenwiderstand hat, an verschiedenen Punkten der Schaltung ohne Potentialtrennung verwendet werden. Daher spricht vieles für (und nur der Aufwand für den dritten Kern gegen) die Verwendung dieser Schaltung.

Krämer hat noch einen weiteren „nadelfreien" Gleichstromwandler angegeben, den einphasigen Tandemwandler. Mit diesem Wandler liegen noch kaum Erfahrungen vor.

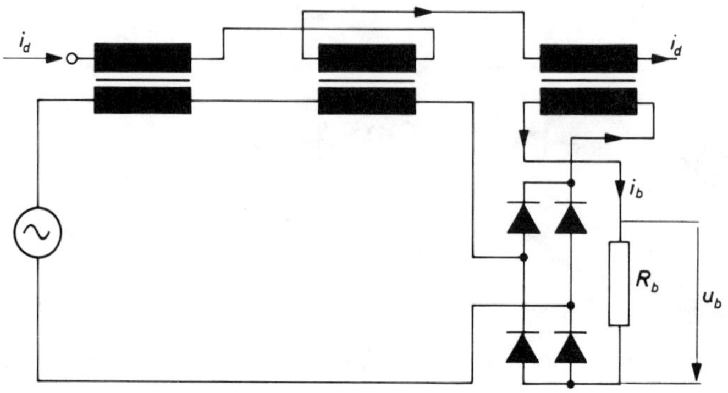

Bild 14.6. Glättung beim Krämer-Wandler durch dritten Wandlerkern

Vorzeichenrichtige Messung eines Gleichstroms

Häufig ist die vorzeichenrichtige Messung eines Gleichstroms durch vorzeichenrichtige Überlagerung zweier Gruppenströme, wie in Abschnitt 13.3 ausgeführt, nicht möglich, z.B. wenn es sich um den Ankerstrom eines Leonardumformers handelt. In diesem Fall liefert, wie oben schon erwähnt, der Hallwandler einen vorzeichenrichtigen Meßwert.

Im folgenden sei von den möglichen Schaltungen, von denen sich keine allgemein durchgesetzt hat, eine von *E. Golde* angegebene beschrieben. Sie besteht darin, daß zwei Gleichstromwandler vorgesehen werden, die nach Bild 14.7a eine gegensinnige Vormagnetisierung erhalten, deren Wert größer sein muß als die magnetische Durchflutung des größten zu messenden Stroms. Dann wird an der Bürde des ersten Wandlers $i + i_v$, an der Bürde des zweiten Wandlers $i - i_v$ abgebildet. Wird durch Serien- oder durch Parallelsummierung (Analogrechnersummierung) der beiden Bürdenspannungen der resultierende Meßwert gebildet, so entspricht dieser $\Theta_1 - \Theta_2$.

$$u_{res} = u_1 - u_2 = \frac{1}{w_2} R_b \left[(w_v \cdot i_v + w_1 i) - (w_v \cdot i_v - w_1 i)\right]$$

$$u_{res} = \frac{w_1}{w_2} R_b \cdot 2i , \qquad (14.11)$$

also dem Meßstrom i; Schwankungen des Vormagnetisierungsstroms i_v heben sich in der resultierenden Spannung heraus. Bild 14.7b veranschaulicht das Prinzip und das Zustandekommen der resultierenden Kennlinie.

Der Aufwand ist, verglichen mit dem einfachen Wandler, beträchtlich, da jeder der beiden vorzusehenden Wandler auch noch für eine Durchflutung entsprechend dem doppelten Spitzenstrom innerhalb der Linearitätsgrenze ausgelegt werden muß.

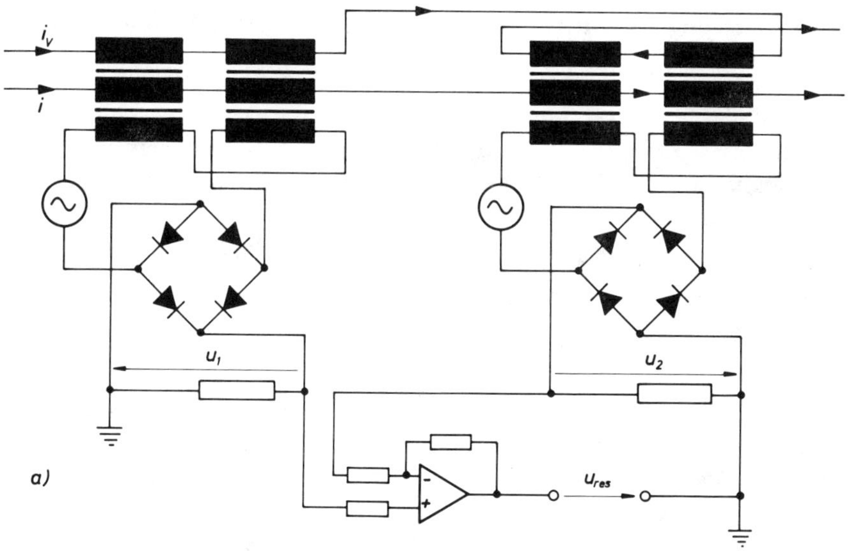

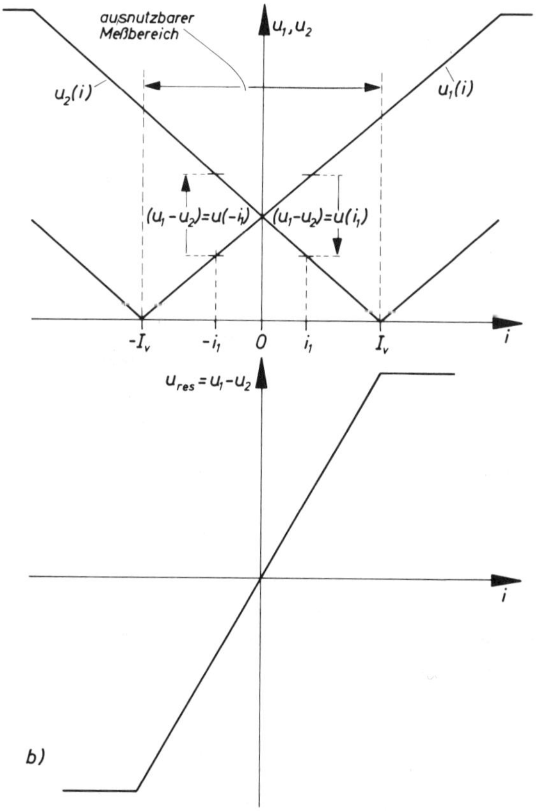

Bild 14.7

Wandlerschaltung für vorzeichenrichtige Messung

15. Steuerung von Stromrichtern mit spannungssteuerndem Transduktor

Stromsteuernder Transduktor und spannungssteuernder Transduktor

Die Bezeichnung „Transduktor" wird für Schaltungsanordnungen verwendet, bei denen eine elektrische Leistung mit Hilfe von Drosseln mit Sättigungscharakteristik (s. Abschnitt 14.1) gesteuert wird. Solche Anordnungen haben eine Leistungsverstärkung; die gesteuerte Leistung ist groß gegen die Steuerleistung.

Wir beschränken uns auf Transduktoren, mit denen eine Gleichstromleistung gesteuert wird, während die Leistungseinspeisung von der Wechsel- oder Drehstromseite erfolgt.

Ein Beispiel für einen solchen Transduktor ist der in Abschnitt 14.3 behandelte Gleichstromwandler nach *Krämer*.

Hier ist die Bürdenleistung die gesteuerte Gleichstromleistung, die in der Größenordnung der Transformatortypenleistung der verwendeten Kerne liegt. Die Steuerleistung (Verlustleistung der Primärwicklung) liegt in der Größenordnung der Kupferverlustleistung eines Transformators dieser Größe.

Dieser Transduktor hatte Konstantstromverhalten bezüglich des Bürdenwiderstandes („stromsteuernder" Transduktor), d. h., bei einem gegebenen Steuerstrom bleibt der Bürdenstrom konstant, so lange die Bürdenspannung noch nicht die Sättigungsgrenze nach Bild 14.5 erreicht hat.

Für energietechnische Anwendungen ist meist eine harte Stromspannungscharakteristik erwünscht, etwa die des gesteuerten Stromrichters.

Mit Hilfe von Sättigungsdrosseln lassen sich alle bekannten Stromrichterschaltungen unter Verwendung von Dioden (d. h. ohne Thyristoren) als steuerbare Stromrichter ausführen, wobei die Spannung sich jedoch nicht umkehren kann. Wechselrichterbetrieb ist also nicht möglich.

Eine solche Anordnung heißt „spannungssteuernder Transduktor" und hat ein Kennlinienfeld, das etwa dem des gesteuerten Stromrichters im ersten Quadranten entspricht.

Die Anwendung des spannungssteuernden Transduktors ist heute dann noch interessant, wenn der benötigte Stellbereich klein gegen die maximale Ausgangsspannung ist. Das ist z. B. bei der Speisung einer Elektrolyseanlage der Fall, wo man wegen des Leistungsfaktors eine grobe Spannungsverstellung durch Stufenumschaltung des Transformators vorsieht. Dann wird nämlich die Typenleistung der Transduktordrossel klein. Bei großen Hochstromanlagen können die Kerne sogar auf ohnehin benötigte Stromzuleitungsschienen aufgeschoben werden („Einwindungsdrosseln"). Für die Gleichrichtung kann man gleichwohl Dioden verwenden, die billiger und in Fehlerfällen höher überlastbar sind als Thyristoren.

Wie im Abschnitt 14.1 für die Sättigungsdrossel schon allgemein ausgeführt, ist für die Funktion eine der Rechtecksform nahe kommende Magnetisierungskennlinie günstig. Das am besten geeignete Material sind Eisen-Nickel-Legierungen mit etwa 50 % Nickelgehalt. Für große Leistungen benutzt man aus preislichen Gründen kaltgewalztes, kornorientiertes Siliciumeisen. Im Prinzip lassen sich aber alle Schaltungen auch mit gewöhnlichem Transformator- oder Dynamoblech ausführen. Bezüglich Bauformen, Eigenschaften der Materialien usw. sei auf [1.7; 1.23; 3.68] verwiesen.

15.1. Wirkungsweise des spannungssteuernden Transduktors

Bild 15.1 zeigt schematisch eine mehrphasige Mittelpunktschaltung, wobei nur eine Phase dargestellt ist.

Legen wir idealisiert die Kennlinie nach Bild 15.2a zugrunde und wird wiederum vorausgesetzt, daß der Nennwert des Ventilstroms eine Durchflutung erzeugt, die groß ist gegen die halbe Breite der B, H- bzw. Φ-Θ-Schleife, so ist die Drossel bei und nach Stromführung des Ventils nahezu wirkungslos. Der Arbeitspunkt ist der Remanenzpunkt 4 in Bild 15.2a, die Drossel vor erneuter Stromaufnahme schon in der Sättigung. Ist die Drossel vor der Stromaufnahme jedoch „abmagnetisiert“ worden, z. B. über den gestrichelten Teil der Schleife auf den Arbeitspunkt 1 gebracht, so wird, sobald die Sperrspannung am Ventil sich umkehrt, mit positiv werdendem Strom der Arbeitspunkt 2 erreicht, in dem die differentielle Induktivität der Drossel unendlich groß wird. Sie hält diesen Strom konstant und nimmt die ganze treibende Spannung im Kreis auf. Hat die schraffierte Spannungszeitfläche in Bild 15.2b im Augenblick 3 einen Wert erreicht, der der Flußdifferenz $\Delta\Phi$ im Bild 15.2a (in der Spannungs-Zeit-Fläche) entspricht, so springt die differentielle Induktivität vom Wert Unendlich auf den Wert Null. Die volle Spannung tritt an die Last.

Während der Sperrzeit der Diode besteht nun die Möglichkeit, die gesättigte Drossel mehr oder weniger abzumagnetisieren („Rückmagnetisierung“), z.B. auf den vorher angenommenen Arbeitspunkt 1, oder auf irgend einen beliebigen Arbeitspunkt zwischen der

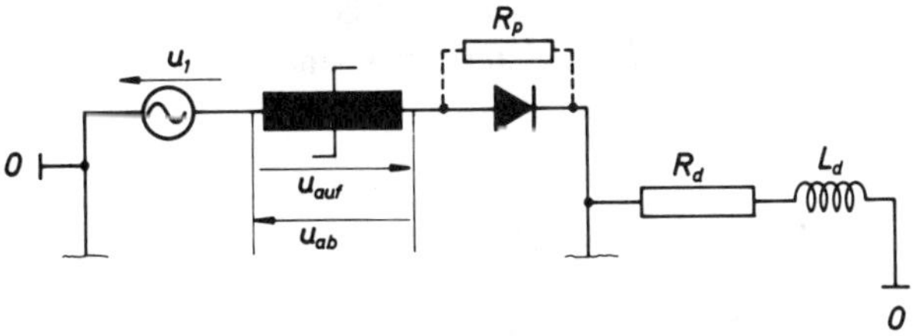

Bild 15.1
Prinzip der Transduktorsteuerung eines Stromrichters

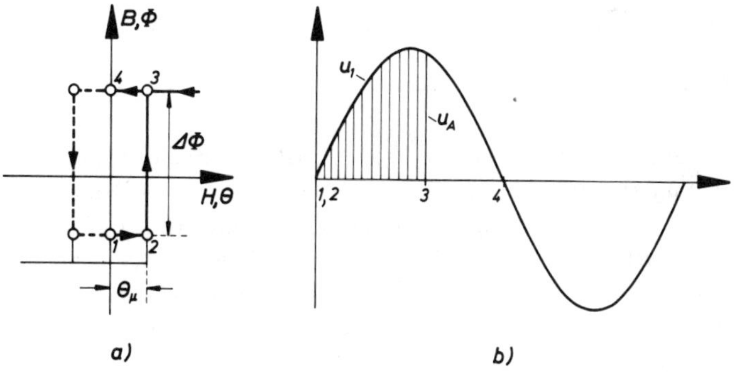

Bild 15.2
Funktion der Steuerung nach Bild 15.1

positiven und der negativen Sättigungsinduktion. Die für die Rückmagnetisierung benötigte einstellbare Spannungszeitfläche kann entweder über die Arbeitswicklung der Drossel zugeführt werden oder über eine zweite zu diesem Zweck aufgebrachte Wicklung (Steuerwicklung, Rückmagnetisierungswicklung). Die zweite Wicklung hat den Vorteil der Potentialtrennung. Man kann dann ferner die rückmagnetisierende Spannung frei wählen. Die Rückmagnetisierungsspannung kann bezogen auf die Arbeitswicklung nicht größer sein als die negative Sperrspannung der Diode, andernfalls wird die Diode leitend, und die Rückmagnetisierungsspannung arbeitet mit auf die Last.

Denkt man sich gemäß Bild 15.1 einen Parallelwiderstand zum Ventil, wie gestrichelt angedeutet, so kann über diesen in der Sperrphase die Rückmagnetisierungsspannung an die Drossel treten. Ist der Widerstand so groß, daß der Spannungsabfall, den der Stufenstrom der Drossel an ihm hervorruft, einen merklichen Anteil an der Rückmagnetisierungsspannung ausmacht, so läßt sich durch die Veränderung der Parallelwiderstände R_p der Transduktor steuern. Dieses Verfahren kommt als Steuerverfahren jedoch praktisch nicht in Frage, da man für jedes Ventil ein eigenes Steuerorgan brauchen würde.

Direkte Flußsteuerung

Bild 15.3 zeigt am Beispiel einer dreiphasigen Mittelpunktschaltung, wie man mit einem einzigen Steuerorgan St für die Steuerung der Rückmagnetisierung auskommt. Es ist eine zweite Gruppe von Ventilen vorgesehen, die es ermöglicht, über das Steuerorgan St die jeweils am meisten negative Spannung auf die Arbeitswicklungen der Drosseln durchzuschalten. Das Steuerorgan kann dabei ein stetig einstellbarer Widerstand, ein Transistor, besonders vorteilhaft ein Transistor im Schaltbetrieb oder auch ein Thyristor sein. Auch eine einstellbare Gleichspannung als Gegenspannung ist an dieser Stelle möglich. Das Verfahren wird auch „Spannungszeitflächensteuerung“ oder Rücklaufsteuerung, oder nach seinem Urheber *Ramey*-Steuerung benannt, der es für den einphasigen Transduktor zuerst angegeben hat [1.23; 1.7; 3.115].

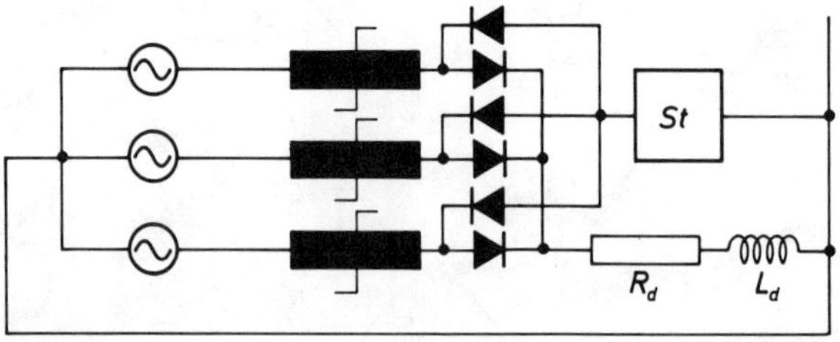

Bild 15.3
Rückmagnetisierung über die Arbeitswicklung mit einem Steuerorgan S (3p-Mittelpunkt-Schaltung)

Ein anderes Beispiel für das gleiche Schaltungsprinzip zeigt Bild 15.4a. Hier handelt es sich um eine unsymmetrisch halbgesteuerte einphasige Brückenschaltung (vgl. Abschnitt 11.3). (Diese Schaltung war für den Transduktor früher bekannt als für den gesteuerten Stromrichter). Die rechte Hälfte stellt den Leistungsteil dar. Im Gegensatz zu Bild 15.3 wird die Rückmagnetisierung über eine getrennte Wicklung ausgeführt. Auch hier sind die Rückmagnetisierungsdioden (D_5 bis D_8) komplementär zu den Dioden im Leistungskreis (D_1 bis D_4) geschaltet. Anstelle des Lastwiderstandes im Leistungsteil liegt ein Schalttransistor St im Steuerteil. Die (positive) Spannung u_1 kann über die Dioden 1 und 4 an die Last treten, nachdem die Drossel I aufmagnetisiert wurde. Die Rückmagnetisierungswechselspannung u_2 ist gleichphasig mit u_1. Sie kann über die Dioden 5 und 8 an die Drossel I treten, wenn sie negativ und der Schalttransistor St durchgeschaltet ist. Das ist eine Halbperiode später der Fall. Entsprechendes gilt für den zweiten Kern jeweils eine Halbperiode später. Der Schalttransistor muß daher im Takt der doppelten Netzfrequenz in der Impulsbreite gesteuert werden. Bild 15.4b läßt die Wirkungsweise erkennen. Die in der Rückmagnetisierungsphase aufgeschaltete schraffierte Spannungszeitfläche ψ_{ab} fehlt jeweils in der folgenden Halbwelle in der Lastspannung.

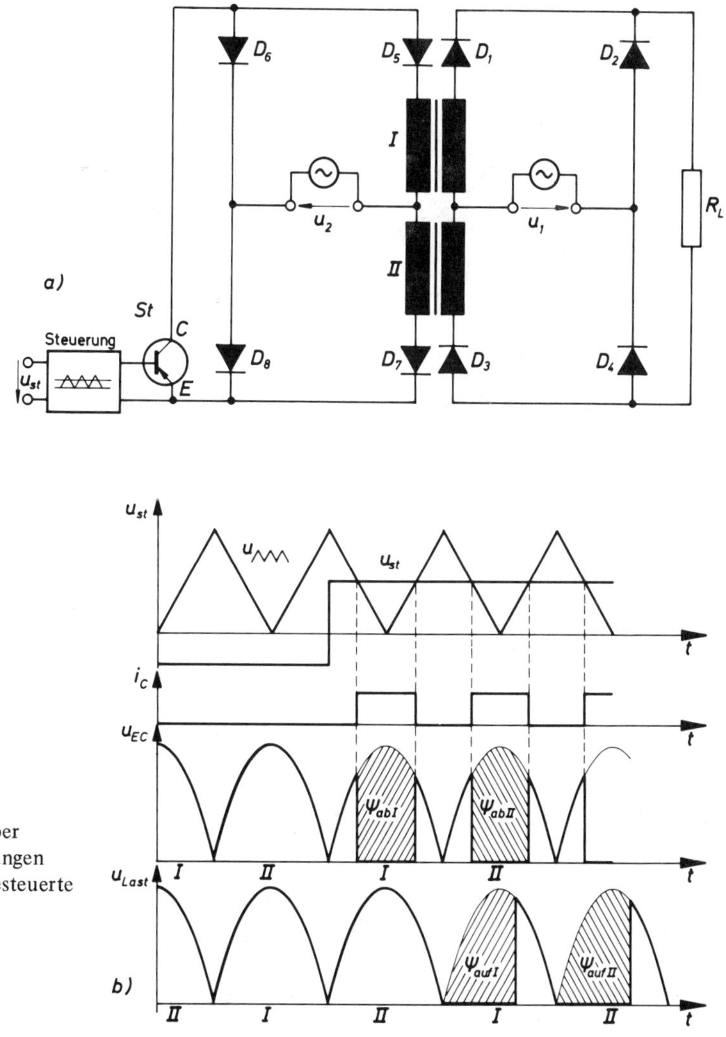

Bild 15.4
Beispiel für Rückmagnetisierung über getrennte Steuerwicklungen (unsymmetrisch halbgesteuerte 2p-Brückenschaltung)

Durchflutungssteuerung

Hier sind die den Dioden zugeordneten Sättigungsdrosseln jeweils mit einer zusätzlichen Steuerwicklung versehen, und diese Steuerwicklungen sind in Reihe geschaltet. Die Funktion wird an Hand von Bild 15.5 zunächst am Beispiel der zweiphasigen Mittelpunktschaltung erklärt.

Wir idealisieren die Kennlinie gemäß Bild 15.5b. Die Flanken der Hysteresekurve müssen endliche Steilheit haben, damit stabile Betriebspunkte möglich sind. Die Steuerwicklungen werden alle gleichsinnig in Reihe geschaltet und miteinander verbunden. Durch eine negative Vordurchflutung über die Steuerwicklung wird der Arbeitspunkt in den linken ungesättigten Ast der Φ, Θ-Schleife gebracht. Damit wird erreicht, daß der Kern bei abnehmendem und gegen Null strebendem Laststrom schon teilweise abmagnetisiert werden kann. Im Bild 15.6 ist der Zeitpunkt 1 der natürliche Zündzeitpunkt für das Ventil 1. Der

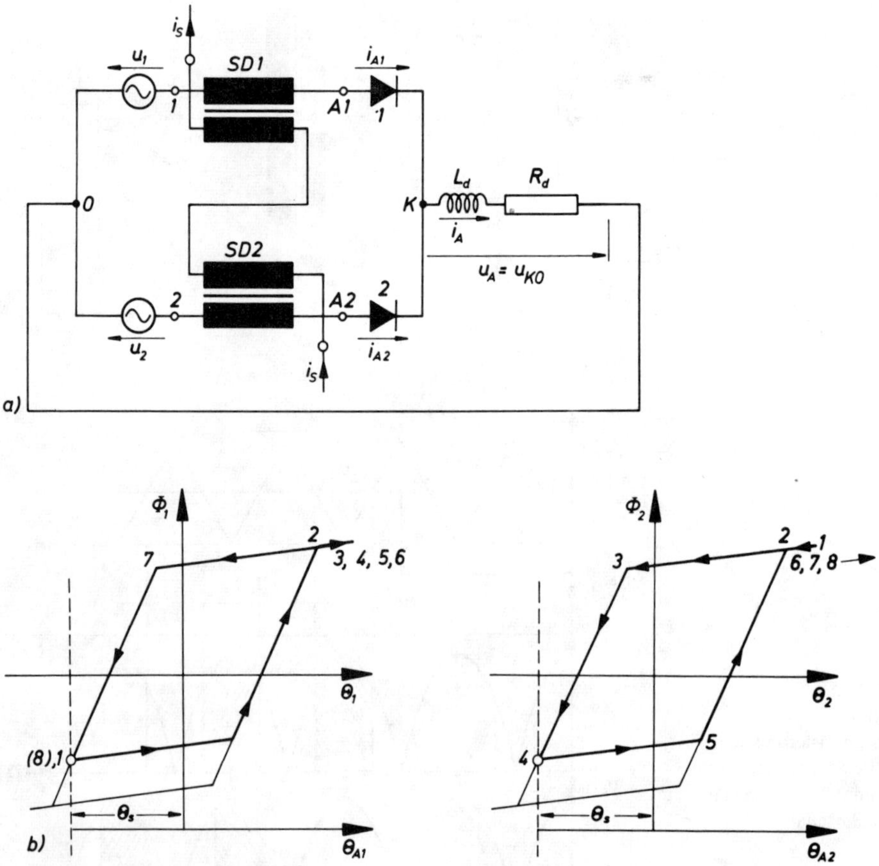

Bild 15.5. 2-Phasen-Mittelpunktschaltung, durchflutungsgesteuert

a) Schaltung b) Funktion

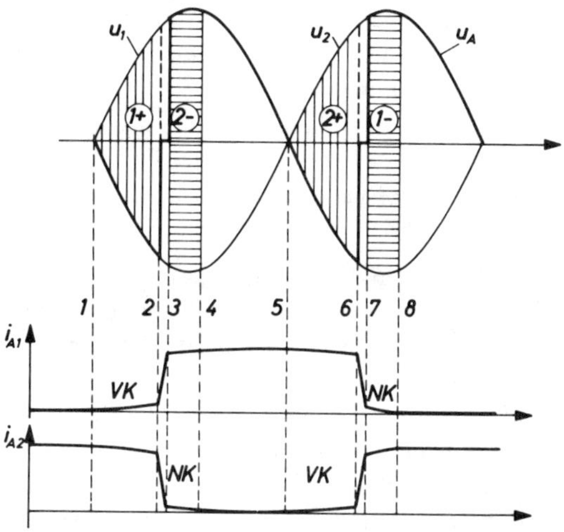

Bild 15.6
Liniendiagramme zur Durchflutungssteuerung, s. Bild 15.5

Ventilstrom kann aber nur wenig zunehmen, bis der Arbeitspunkt sich auf dem rechten ungesättigten Ast befindet. Nimmt man an, daß das Ventil 2 zu diesem Zeitpunkt noch Strom führt, so ist die Drossel 2 in der Sättigung. Bei vollkommener Glättung des Gleichstroms bleibt das Potential des Punktes K also nahezu auf dem Potential des Punktes A2 (s. Bild 15.5a). Die Drossel 1 nimmt daher die in Bild 15.6 schraffierte und mit (1+) bezeichnete Spannungszeitfläche auf. Im Punkt 2 kommt Drossel 1 in die Sättigung. Es sind nun beide Drosseln gesättigt, zwischen den Zeitpunkten 2 und 3 erfolgt eine Kommutierung, wobei die Sättigungsinduktivität der Drosseln zuzüglich der vorhandenen Transformatorinduktivität als Kommutierungsinduktivität wirksam ist. Dabei gelangt der Arbeitspunkt der Drossel 2 (s. Bild 15.5b rechts) in den ungesättigten Teil. Die weitere Kommutierung verläuft nun nach Maßgabe des differentiellen Wertes der Induktivität im ungesättigten Bereich bis zum Zeitpunkt 4. Dabei liegt die waagerecht schraffierte Spannungszeitfläche (2−) im abmagnetisierenden Sinne an der Drossel 2. Wir wollen dieses Intervall 3 ... 4 in dem die Drossel, die vorher den Hauptstrom geführt hat, abmagnetisiert wird, die Nachkommutierung nennen. Zeitpunkt 5 ist der natürliche Zündzeitpunkt für die erneute Stromübernahme durch Ventil 2. In der Φ, Θ-Kennlinie wandert der Arbeitspunkt zum Punkt 5. Im ungesättigten Ast 5 ... 6 nimmt Drossel 2 wiederum die Spannungszeitfläche (2+) auf, bei geringer Stromänderung gemäß dem hohen Wert der gesättigten Induktivität. Wir wollen das Intervall 5 ... 6, in dem die stromübernehmende Drossel Spannungszeitfläche aufnimmt die Vorkommutierung nennen. Im Punkt 6 sind wiederum beide Drosseln gesättigt. Im Intervall 6 ... 7 findet die Hauptkommutierung statt, und nun analog, wenn Drossel 1 in den ungesättigten Bereich kommt, wiederum eine Nachkommutierung, während der die Drossel 1 die Spannungszeitfläche (1−) im abmagnetisierendem Sinne aufnimmt. Man erkennt, daß die Sättigungsdrossel fast die gleiche Wirkung wie die Zündverzögerung beim gesteuerten Stromrichter hat. Beim gesteuertem Stromrichter konnte der Zündwinkel größer als 90° und damit der Mittelwert der gesteuerten Leerlaufspannung negativ gemacht werden. Beim steuerbaren Ventil genügt es, wenn für eine gewisse Mindestzeit, die Freiwerdezeit, negative Sperrspannung zur Verfügung steht. Beim Transduktor muß dagegen in der Sperrphase die gesamte Spannungszeitfläche, die bei der Aufmagnetisierung aufgenommen wurde, zwecks Rückmagnetisierung wieder angelegt werden. In Bild 15.6 müssen die Spannungszeitflächen (1+) und (1−) sowie (2+) und (2−) stets gleich sein. Das ist offenbar nur solange möglich, wie die Spannungszeitfläche 1+ einem α-Wert $\leqslant 90^\circ$ entspricht. Wird mehr Spannungszeitfläche bereitgestellt, so ist dies nutzlos, da die Spannungszeitfläche für die Rückmagnetisierung fehlt. Aus diesen Gründen ist mit dem transduktorgesteuerten Stromrichter Spannungsumkehr und damit Wechselrichterbetrieb nicht möglich.

Die bei der Auf- und Abmagnetisierung an der Drossel abfallenden Spannungen kommen auch im Steuerkreis zur Wirkung. Es kommt eine Wechselspannung in den Steuerstromkreis, und der Steuerstrom ist nicht glatt. Häufig wird daher der Steuerkreis verdrosselt und/oder aus einer Quelle hohen Innenwiderstands gespeist. Der Parallelwiderstand gemäß Bild 15.1a ist stets vorhanden, wenn die Ventile merkliche Rückströme haben, in diesem Sinne also nicht „ideal" sind. Dann erfolgt auch ohne jeden steuernden Eingriff eine gewisse Rückmagnetisierung, die die Kennlinie hinsichtlich des Steuerstroms etwas verschiebt bzw. bei direkter Flußsteuerung die vollständige dauernde Sättigung der Drossel verhindert. Daher wird meist auch eine Vormagnetisierungswicklung zusätzlich vorgesehen. Mit der Ablösung des Selenventils durch das in seinen Eigenschaften dem idealen Ventil erheblich näherkommende Siliziumventil spielen die Ventileigenschaften bei der Steuerung des Transduktors nur noch eine sehr geringfügige Rolle.

Mit Durchflutungssteuerung realisierbare Stromrichterschaltungen

Die an der zweiphasigen Mittelpunktschaltung erklärte Betrachtungsweise läßt sich auf alle Stromrichterschaltungen übertragen. Dabei ist jeweils ein steuerbares Ventil durch eine Reihenschaltung von Diode und Sättigungsdrossel zu ersetzen. Eine vollgesteuerte Drehstrombrückenschaltung enthält also z. B. 6 Dioden und 6 Sättigungsdrosseln. Bei Durchflutungssteuerung sind die Steuerwicklungen dieser 6 Sättigungsdrosseln in Reihe geschaltet. Stets wird der Kern, der zum übernehmenden Ventil gehört, gesättigt, dann der Kern, der einem stromabgebenden Ventil zugeordnet ist, rückmagnetisiert. Hierfür steht die gesamte Sperrspannungszeitfläche eines Ventils zur Verfügung.

Steuerkennlinie des spannungssteuernden, durchflutungsgesteuerten Transduktors

Bild 15.7 zeigt den typischen Verlauf einer Steuerkennlinie mit den o. g. Einflüssen. Der mit dem Steuerstrom steil ansteigende und schließlich in die Sättigung (bei Vollaussteuerung) abbiegende Kennlinienast kennzeichnet den „spannungssteuernden" Arbeitsbereich. Das Minimum der Ausgangsspannung (des Ausgangsstroms) ist durch den Magnetisierungsstrom bestimmt. Bei Umkehrung der Steuerdurchflutung stellt sich schließlich Durchflutungsgleichgewicht zwischen Steuerstrom und Arbeitsstrom ein, „stromsteuernder Bereich". Dieser kann auf Grund der Auslegung der Steuerwicklung i. a. jedoch nicht ausgefahren werden (s. u.). Durch eine zweite Vormagnetisierungswicklung kann man erreichen, daß man den eigentlichen Steuerstrom nicht umzukehren braucht (Arbeitspunktwicklung und eigentliche Steuerwicklung).

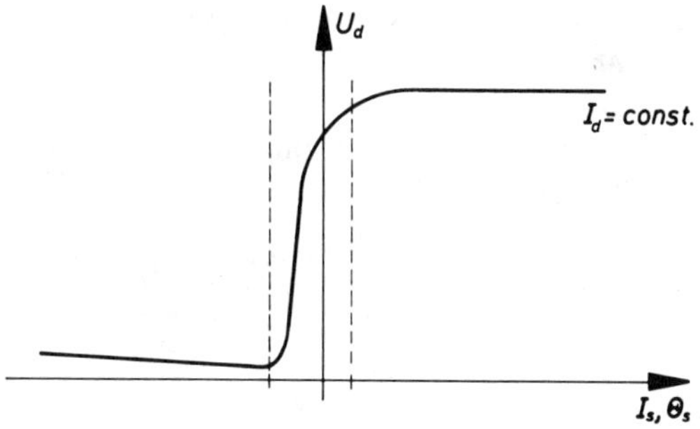

Bild 15.7

Kennlinie des spannungsgesteuerten Transduktors mit Durchflutungssteuerung

15.2. Typengröße des Transduktors

Analog zur Typengröße eines Stromrichtertransformators oder einer Drossel kann auch die Typengröße eines Transduktors definiert werden, d. h. durch Vergleich mit der Leistung eines Einphasentransformators für Netzfrequenz. Zunächst sei nur die Arbeitswicklung berücksichtigt, da der für die Steuerwicklung benötigte Wickelraum nahezu vernachlässigbar ist.

Für die Typengröße einer Drossel mit nur einer Wicklung gilt:

$$P'_D = \frac{1}{2} \cdot \frac{2\pi f}{\sqrt{2}} \cdot w_a \cdot I_{eff} \cdot \Phi_{max} \,. \tag{15.1}$$

Der Sättigungsfluß je Drossel ist durch den Gleichspannungsstellbereich ΔU_d und die Anzahl z der in der Schaltung vorhandenen Drosseln gegeben:

$$z \cdot 2 \cdot w_a \cdot \Phi_{max} = \Delta U_d \cdot T \tag{15.2a}$$

mit $T = 1/f$. (f Netzfrequenz, T Periodendauer). Daraus folgt:

$$w_a \cdot \Phi_{max} = \frac{\Delta U_d}{f \cdot 2z} \,. \tag{15.2b}$$

Oben eingesetzt ergibt sich:

$$P'_D = \frac{1}{2} \cdot \frac{2\pi f}{\sqrt{2}} \cdot I_{eff} \cdot \frac{\Delta U_d}{f \cdot 2z}$$

$$P'_D = \frac{\pi}{2 \cdot \sqrt{2}} \cdot I_{eff} \cdot \frac{\Delta U_d}{z} = 1{,}11 \cdot I_{eff} \cdot \frac{\Delta U_d}{z} \,. \tag{15.3}$$

Die gesamte Drosseltypenleistung für z Drosseln ist $P_D = z \cdot P'_D$. Führt die Drossel 1/q der Periode den (geglätteten) Gleichstrom, so wird

$$I_{eff} = \frac{I_d}{\sqrt{q}} \,,$$

und

$$P_D = 1{,}11 \cdot \frac{1}{\sqrt{q}} \cdot \Delta U_d \cdot I_d \tag{15.4}$$

ist der „Stell-Leistung“ $\Delta\ \Delta U_d \cdot I_d$ proportional.

Man beachte, daß die so errechnete Typenleistung für die beliebig zu wählende Speisefrequenz, z. B. 50 Hz, 60 Hz, 500 Hz, gilt, obwohl die Frequenz in der Gleichung nicht mehr vorkommt. Eine Änderung der Netzfrequenz ändert selbstverständlich den wirklichen Aufwand für eine bestimmte Leistung, und damit die Maßstabsgröße für die Drosseltypenleistung, entsprechend den Betrachtungen in Abschnitt 10.7.

Wir betrachten die *Drehstrombrückenschaltung* als Beispiel: Hier ist $q = 3$, die Drosseltypenleistung daher

$$P_D = \frac{1{,}11}{\sqrt{3}} I_d \cdot \Delta U_d = 0{,}64\, I_d \cdot \Delta U_d \,. \qquad (15.5)$$

Der *Wickelraum für die Steuerwicklung* kann nun nachträglich berücksichtigt werden: Für die effektive Durchflutung ist jetzt

$$w_a \cdot I_{eff} + w_s \cdot I_{s\,eff} = w_a I_{eff} \left(1 + \frac{w_s\, I_{s\,eff}}{w_a\, I_{a\,eff}}\right) \qquad (15.6)$$

zu setzen, wobei w_s die Windungszahl der Steuerwicklung ist, $I_{s\,eff}$ der Effektivwert des Steuerstroms. Bei $w_s = w_a$ liegt $I_{s\,eff}/I_{eff}$ in einer Größenordnung, die durch das Verhältnis Magnetisierungsstrom zu Nennstrom eines Transformators bestimmt ist. Auch mit einer zusätzlichen Vordurchflutungswicklung bleibt die Typenleistungsvergrößerung durch die Berücksichtigung der Steuerwicklung klein, selbst bei kleinen Leistungen unter 0,05 oder 5 %.

Der spannungssteuernde Transduktor benötigt daher nur wenig mehr als die Hälfte der Typengröße des stromsteuernden Transduktors.

Auch die Steuerleistung des spannungssteuernden Transduktors ist niedriger als die des stromsteuernden. Die letztere liegt (s. o.) in der Größenordnung der Kupferverluste des Nennstroms eines Transformators, wobei die gesteuerte Leistung in der Größenordnung der Nennleistung ist. Beim spannungssteuernden Transduktor liegt die Steuerleistung in der Größenordnung der Kupferverluste des Magnetisierungsstroms. Die Leistungsverstärkung beträgt $P_A/P_{st} = (2 \ldots 200) \cdot 10^3$ beim spannungssteuernden Transduktor verglichen mit $(0{,}1 \ldots 3) \cdot 10^2$ beim stromsteuernden Transduktor.

15.3. Dynamisches Verhalten des spannungssteuernden Transduktors

Bei genauer Betrachtung ist die Arbeitsweise des Transduktors wie die des Stromrichters die eines nicht streng periodisch arbeitenden Schalters. Eine Analyse mit sehr feiner zeitlicher Auflösung muß dies, ebenso wie beim gesteuerten Stromrichter, berücksichtigen.

Die meisten Steuer- und Regelstrecken haben jedoch Tiefpaßverhalten, und die Vorgänge laufen so langsam ab, daß man über die zeitliche Feinstruktur des Ausgleichsvorgangs innerhalb einer Netzspannungsperiode hinwegsehen und Näherungen verwenden kann, die für kleine Abweichungen den Ersatz durch ein stetiges System und dessen Beschreibung durch lineare Beziehungen zulassen.

Flußgesteuerter Verstärker

Wie aus Bild 15.4b hervorgeht, vergeht hier zwischen dem Stelleingriff (der Rückmagnetisierung) und der daraus folgenden Aussteuerungsänderung eine gewisse Zeit, so daß, ebenso wie beim Stromrichter, die Beschreibung als Totzeitglied naheliegt. Eine Betrachtung der zeitlichen Verläufe wie in Bild 15.4b für verschiedene Schaltungen und Aussteuerungen zeigt, daß die Zeit zwischen einer Änderung der Rückmagnetisierung und ihrer Auswirkung auf die abgegebene Spannungszeitfläche von der Ventilzahl einer Kommutierungsgruppe (q) und dem „Sättigungswinkel" α abhängt. Für kleine Aussteuerungsänderungen findet man für die wichtigsten Schaltungen eine mittlere Wartezeit T_W gemäß Tabelle 15.1.

▲ **Tabelle 15.1:** Mittlere Totzeiten spannungssteuernder Transduktor-Schaltungen

Schaltung	α	T_W
2-phasige Mittelpunktschaltung } 2-phasige Brückenschaltung	0°	T/2
	90°	T/4
3-phasige Mittelpunktschaltung } 3-phasige Brückenschaltung	0°	$T \cdot 2/3$
	90°	$T \cdot 5/12$

Der normierte dynamische Anteil der Übertragungsfunktion des flußgesteuerten Transduktors wird also wiedergegeben durch

$$F = e^{-sT_W}. \tag{15.7}$$

Die Totzeiten T_W sind so klein, daß man mit dem ungünstigsten Wert, der sich für $\alpha = 0°$ ergibt, rechnen kann, um bei Stabilitätsbetrachtungen auf der sicheren Seite zu liegen. Ihre Kenntnis und Berücksichtigung ist jedoch wesentlich, da die Totzeit mitbestimmend für die bei Verwendung eines Transduktorstellgliedes erreichbare Regelgeschwindigkeit ist.

Zur Ermittlung des Verstärkungsfaktors muß die statische Kennlinie bestimmt werden, die von dem gewählten Steuerverfahren abhängt.

Durchflutungsgesteuerter Verstärker, Totzeitverhalten und Steuerkreis-Zeitkonstante

Auch die Durchflutungssteuerung wirkt über die Rückmagnetisierung. Betrachtet man das dynamische Verhalten mit dem Steuerstrom als Eingangsgröße, so findet man das gleiche Totzeitverhalten wie beim flußgesteuerten Transduktor. Dieses kann also als Grenzfall bei erzwungenem Steuerstrom erreicht werden.

Wird die Spannung am Steuerkreis als Eingangsgröße betrachtet, so ergibt sich ein zusätzlicher Verzögerungseffekt. Wenn man wiederum die zeitliche Feinstruktur außer Acht läßt, so wirkt sich der Verzögerungseffekt wie eine Induktivität des Steuerkreises aus, die für diesen (für kleine Änderungen, d. h. nach Linearisierung) eine Zeitkonstante in der Größenordnung ganzer Sekunden verursacht. Das Verhalten ist also etwa vergleichbar dem eines Leonardgenerators, wobei allerdings das oben beschriebene Totzeitverhalten noch hinzutritt. Die für den Regelkreis meist unerwünschte Wirkung kann, da die Steuerleistung sehr klein ist, durch eine Reihe von Maßnahmen vermindert werden (Zusatzwiderstand im Steuerkreis, Speisung durch „stromsteuernden" Verstärker; Stoßerregung für den Steuerkreis und unterlagerte Steuerstrom-Regelung.

Induktivität des Steuerkreises

Im stationären Zustand wirken die Spannungsabfälle an den ungesättigten Drosseln für den Steuerstromkreis als eine reine Wechselspannung ohne Gleichspannungskomponente. Diese Wechselspannung ändert sich, wenn der Aussteuerungszustand geändert wird. Dazu ist am Ende der Rückmagnetisierung, also jeweils bei der die „Nachkommutierung" ausführenden Drossel eine Spannungszeitfläche $\Delta\Psi'$ aufzubringen, bis sich der neue Stationärzustand mit reiner Wechselspannung im Steuerkreis eingestellt hat. Bei dieser Betrachtung ergibt sich, daß für q Drosseln einer Kommutierungsgruppe nur (q − 1) Spannungsimpulse notwendig sind, um den neuen stationären Zustand zu erreichen. Bei einer symmetrisch gesteuerten Brückenschaltung ist die Anzahl der Drosseln z = 2q und es sind 2(q − 1) Spannungsimpulse für die Erreichung eines neuen Stationärzustandes notwendig. Ein Spannungsimpuls (einer Drossel) hat den Anteil 1/q bzw. 1/z an der Gleichspannungsänderung ΔU_d zur Folge. Also gilt für jede Drossel:

$$d\Psi' = dU_d \cdot \frac{T}{z} = w_a \, d\Phi$$

$$d\Phi = \frac{1}{w_a \cdot z} \cdot T \cdot dU_d \,. \tag{15.8}$$

Die Änderung des Spulenflusses aller in Reihe geschalteter Steuerwicklungen sei $d\Psi_s$. Sie ist nach dem obenstehenden nicht $q \cdot w_s \cdot d\Phi$ sondern nur $(q-1) \cdot w_s \cdot d\Phi$ bei der Mittelpunktschaltung, bzw. $2(q-1)\, w_s \cdot d\Phi$ bei der Brückenschaltung. Also kommt, mit z = q bei der Mittelpunktschaltung, bzw. z = 2q bei der Brückenschaltung nach Gl. (15.8)

$$d\Psi_s = (q-1)\, w_s \cdot d\Phi = \frac{w_s}{w_a} \frac{q-1}{q} \cdot T \cdot dU_d \tag{15.9a}$$

bzw.

$$d\Psi_s = 2(q-1)\, w_s \, d\Phi = \frac{w_s}{w_a} \frac{2(q-1)}{2q} \cdot T \cdot dU_d \tag{15.9b}$$

oder, für Mittelpunkt- und Brückenschaltung übereinstimmend:

$$d\Psi_s = \frac{w_s}{w_a} K \cdot T \cdot dU_d \tag{15.9c}$$

wobei $K = \frac{q-1}{q}$ nur von der Schaltung abhängt. Die Tabelle 15.2 enthält K für die wichtigsten Schaltungen:

Tabelle 15.2:

Schaltung	K
2-phasige Mittelpunktschaltung	1/2
2-phasige Brückenschaltung	1/2
3-phasige Mittelpunktschaltung	2/3
3-phasige Brückenschaltung	4/6 = 2/3
(6-phasige Mittelpunktschaltung	5/6)

Nun wird eine (differentielle, s. Abschnitt 10.7) Steuerkreisinduktivität definiert, indem gesetzt wird:

$$d\Psi_s = L_s \cdot di_s$$

gemäß der grundlegenden Beziehung

$$d\Psi = w \cdot d\Phi = L \cdot di.$$

Mit Gl. 15.9c ergibt sich also

$$L_s \cdot di_s = K \cdot \frac{w_s}{w_a} \cdot T \cdot dU_d$$

und

$$L_s = K \cdot \frac{w_s}{w_a} \cdot T \cdot \frac{dU_d}{di_s} \tag{15.10a}$$

(K siehe Tabelle 15.2).

dU_d/di_s ist die Steilheit der Kennlinie aus Bild 15.7; die größte Steilheit sei als „(differentieller) Übertragungswiderstand" $R_ü$ bezeichnet. Damit ist:

$$L_s = K \cdot \frac{w_s}{w_a} \cdot T \cdot R_ü\,. \tag{15.10b}$$

Steuerkreis-Zeitkonstante

Sie beträgt, bei einem Steuerkreiswiderstand R_s,

$$T_s = \frac{L_s}{R_s} = K \cdot \frac{w_s}{w_a} T \cdot \frac{R_ü}{R_s}$$

$$\frac{R_ü}{R_s} = \frac{dU_d}{di_s} \cdot \frac{di_s}{dU_s} = \frac{dU_d}{du_s}$$

ist die Spannungsverstärkung (V_u) zwischen Steuerspannung und Ausgangsspannung; sie hängt wegen der Nichtlinearität der Kennlinie vom Arbeitspunkt ab, während der Ausdruck

$$T_{s1} = K \cdot \frac{w_s}{w_a} \cdot T \tag{15.11}$$

durch Schaltung, Windungszahlen und Netzfrequenz eindeutig bestimmt ist.

Damit wird

$$T_s = T_{s1} \cdot V_u. \tag{15.12}$$

Die Übertragungsfunktion zwischen $\mathbf{U}_s$ und $\mathbf{I}_s$ ist

$$\frac{\mathbf{I}_s}{\mathbf{U}_s} = \frac{1}{R_s} \cdot \frac{1}{1 + sT_s} \tag{15.13}$$

und zwischen $\mathbf{U_s}$ und $\mathbf{U_d}$ (mit Berücksichtigung des Totzeitverhaltens):

$$\frac{\mathbf{U_d}}{\mathbf{U_s}} = \frac{R_ü}{R_s} \cdot \frac{1}{1 + s\,T_s}\, e^{-sT_W} \tag{15.14a}$$

und mit $\frac{R_ü}{R_s} = V_u$ und Gl. (15.12)

$$\frac{\mathbf{U_d}}{\mathbf{U_s}} = \frac{V_u}{1 + s \cdot V_u\, T_{s1}} \cdot e^{-sT_W} \tag{15.14b}$$

$$\left|\frac{V_u}{1 + s V_u T_{s1}}\right| = \left|\frac{1}{(1/V_u) + s\,T_{s1}}\right|$$

hat für $s \to +j\infty$ die Asymptore

$$F_{as} = \frac{1}{s\,T_{s1}} \tag{15.15}$$

unabhängig von V_u, und für $s \to 0$ die Asymptote

$$\frac{\mathbf{U_d}}{\mathbf{U_s}} \to V_u$$

mit der Eckfrequenz $\omega_0 = 1/(V_u \cdot T_{s1})$. Die Darstellung im Bode-Diagramm ist in Bild 15.8 skizziert.

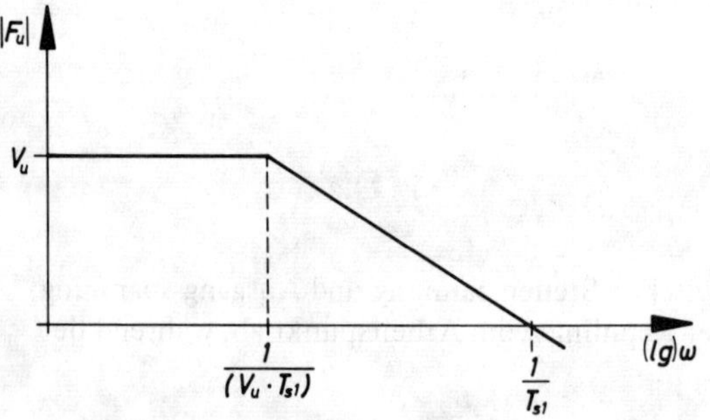

Bild 15.8

Bode-Diagramm, Frequenzgang des spannungssteuernden, durchflutungsgesteuerten Transduktors

Für Stabilitätsbetrachtungen genügt es oft, die asymptotische Näherung $1/(s\,T_{s1})$ und das Totzeitglied zu betrachten.

Wenn der Steuerkreis verdrosselt ist und eine Vordrossel L_v und einen Vorwiderstand R_v enthält, so hat man zunächst L_s und dann die resultierende Steuerkreiszeitkonstante $(L_v + L_s)/(R_v + R_s)$ zu berechnen. Jetzt wird

$$V_u = \frac{R_ü}{(R_s + R_v)} \tag{15.16}$$

und die Übertragungsfunktion

$$\frac{U_d}{U_s} = \frac{V_u}{1 + s[T_{s1} V_u + L_v/(R_s + R_v)]} \cdot e^{-sT_w} \tag{15.17}$$

hängt von V_u und damit vom Arbeitspunkt ab. Die Gleichung für die Asymptote ($s \to j\,\infty$) lautet jetzt

$$F_{as} = \frac{1}{s(T_{s1} + T_v/V_u)} \tag{15.18}$$

und hängt von V_u und damit von $R_ü$ und vom Arbeitspunkt ab.

Einfluß der Netzfrequenz auf das dynamische Verhalten

Man beachte, daß durch die Erhöhung der Netzfrequenz nicht nur die Totzeit T_w, sondern über T_{s1} auch die Steuerkreiszeitkonstante sich proportional mit dem Kehrwert der Frequenz ändert. Der Leistungsbedarf für Steuerung und gegebenenfalls Übererregung wird entsprechend vermindert. Das hat auch zur Verwendung höherer Frequenzen für als Verstärker verwendete Transduktoren („magnetische Verstärker") geführt (400 Hz, 600 Hz, 1000 Hz). Als *Vorverstärker* ist der Transduktor heute durch den Transistor-Verstärker verdrängt.

16. Wechselstromsteller und Drehstromsteller

16.1. Wirkungsweise

Die Spannung an einem Wechselstromverbraucher läßt sich gemäß Bild 16.1 durch zwei antiparallelgeschaltete Ventile, die auch als eine Einheit („Triac") integriert sein können, in der Wechselstromzuleitung schalten oder über den Zündwinkel stetig steuern. Bei stetiger Steuerung hängt die Steuerkennlinie von der Art der Belastung ab. Mit dem Steuerwinkel α nach Bild 16.2a gilt für den Effektivwert der Spannung bei rein ohmscher Last:

$$U_{eff} = U_P \sqrt{1 - \frac{\alpha}{\pi} + \frac{1}{2\pi} \sin 2\alpha}, \tag{16.1}$$

entsprechend verläuft der Effektivwert des Stroms. Für den Mittelwert der gesteuerten Spannung über die Halbwelle gilt dagegen

$$U_m = U_P \frac{\sqrt{2}}{\pi} (1 + \cos\alpha). \tag{16.2}$$

Man beachte, daß bei dieser Art der Steuerung auch bei rein ohmscher Last die Grundschwingung des Stroms eine Phasennacheilung gegenüber der Spannung aufweist, also neben der Verzerrungsleistung auch Grundschwingungs-Blindleistung auftritt. Aus diesem Grund wird man, wo immer es möglich ist, dem periodischen Ein- und Ausschalten, gegenüber der stetigen Steuerung den Vorzug geben.

Bei *rein induktiver Last* fließt bei voller Öffnung der Ventile im eingeschwungenen Zustand ein 90° nacheilender Wechselstrom. Im eingeschwungenen Zustand kann also der Strom nicht früher einsetzen als bei $\alpha = 90°$, und für $90° < \alpha < 180°$ ergibt sich der Strom als Zeitintegral der geschalteten Spannung gemäß Bild 16.2b.

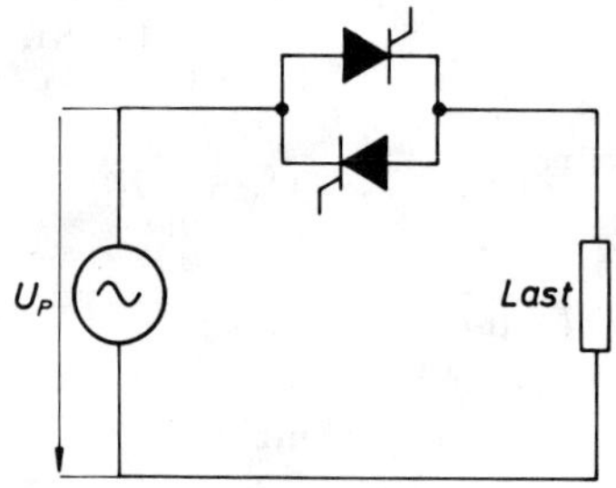

Bild 16.1

Wechselstromsteller aus zwei antiparallelen Thyristoren

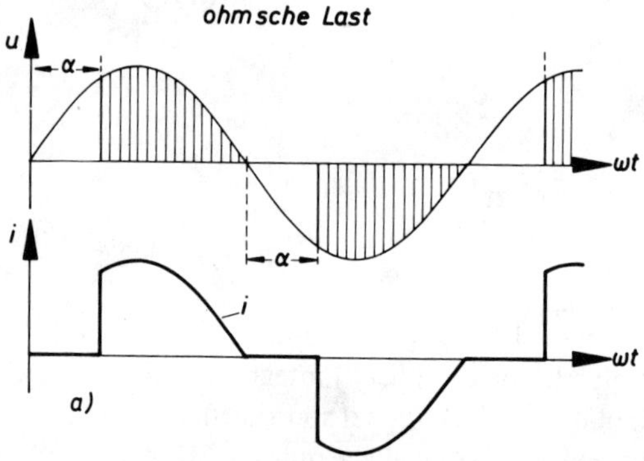

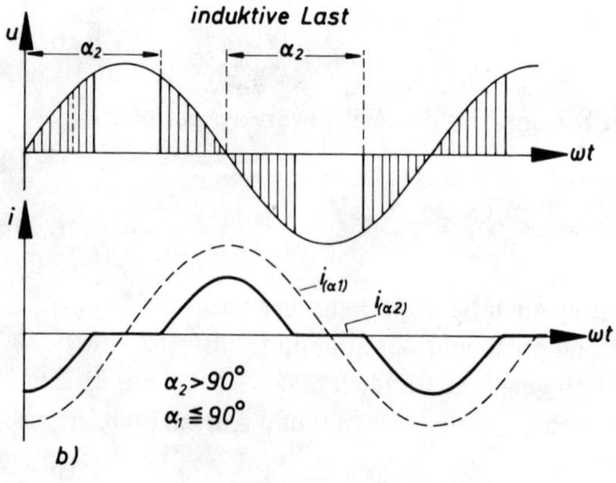

Bild 16.2

Spannungs- und Stromkurvenformen des Wechselstromstellers

a) ohmsche Last
b) induktive Last bei $\alpha_1 < 90°$, $\alpha_2 > 90°$

Wird bei rein induktiver Belastung $\alpha < 90°$, so tritt ein Gleichstromglied auf, das bekanntlich im Grenzfall die Größe des Scheitelwertes des Wechselstroms annehmen kann. Es klingt wegen des in Wirklichkeit stets vorhandenen Widerstandes ab. In diesem Falle muß zum Zeitpunkt $\omega t = \frac{\pi}{2} \mathrel{\hat{=}} 90°$ noch ein Steuerimpuls vorhanden sein. (D. h. die Impulsbreite muß $> 90°$ sein oder es muß ein Doppelimpuls vorgesehen werden.)

Für den Scheitelwert des Stroms ergibt sich

$$\hat{i} = \sqrt{2}\,\frac{U_P}{X_L}\,(1 + \cos\alpha) \qquad (16.3)$$

für $90° < \alpha < 180°$

und für den Effektivwert

$$I_{eff} = \frac{U_P}{X_L} \cdot f(\alpha)$$

mit

$$f(\alpha) = \frac{I_{eff}}{I_{eff\,max}} = \sqrt{\frac{1}{\pi}[(2 + \cos 2\alpha)(2\pi - 2\alpha) + 3\sin 2\alpha]}$$

In Bild 16.3 sind die Kennlinien $I_{eff}/I_{eff\,max}$ für die Grenzfälle rein ohmscher und rein induktiver Last eingetragen. Wiederum andere Kennlinien ergeben sich, wenn die Last eine Gegenspannung enthält.

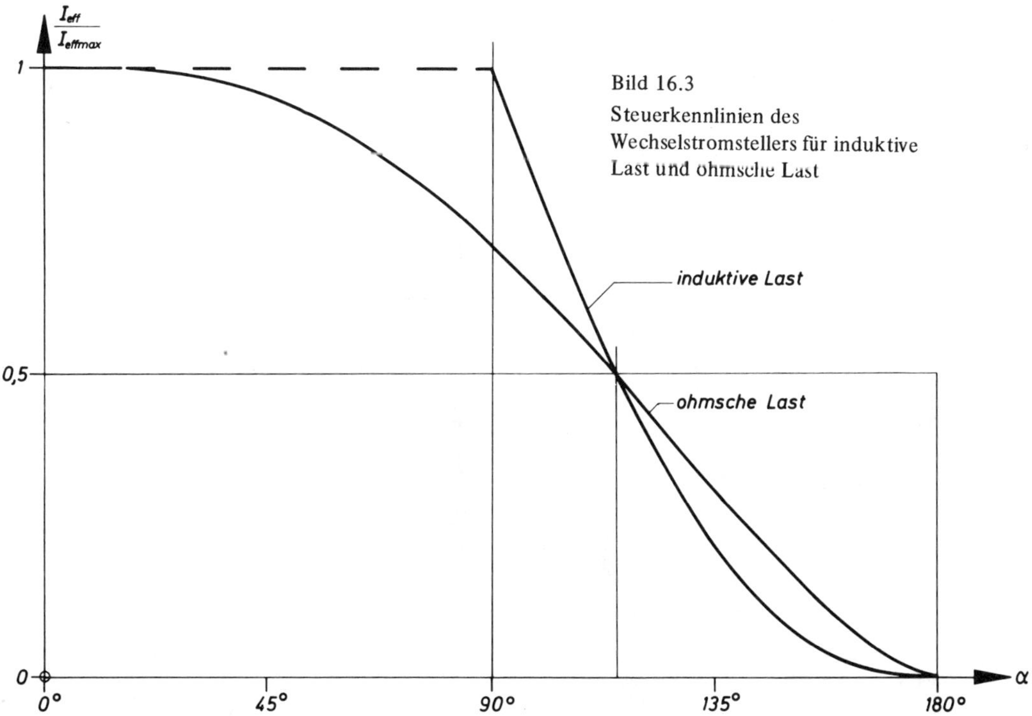

Bild 16.3
Steuerkennlinien des Wechselstromstellers für induktive Last und ohmsche Last

Diese unerwünschte Abhängigkeit der Steuerkennlinien von der Art der Belastung kann durch Einführung einer Regelung weitgehend unterdrückt werden (vgl. Abschnitt 13.1). Dazu muß die zu regelnde Größe, z. B. der Effektivwert des Stroms, der Scheitelwert des Stroms, der Mittelwert des Stroms über eine Halbwelle, eine zu regelnde Temperatur usw., gemessen werden.

Drehstromsteller

Bei dreiphasiger Last kann man für jede Zuleitung einen Wechselstromsteller vorsehen und die Schaltung symmetrisch aussteuern (Bild 16.4a). Da der Wechselstromsteller auch vollkommen sperren kann, ist auf diese Weise auch eine Umkehr der Phasenfolge durch Anordnung von fünf Wechselstromstellern möglich wie im Bild 16.4b gestrichelt angedeutet. Das Oberschwingungsspektrum des Stroms ist beim Drehstromsteller nach Bild 16.4a etwas

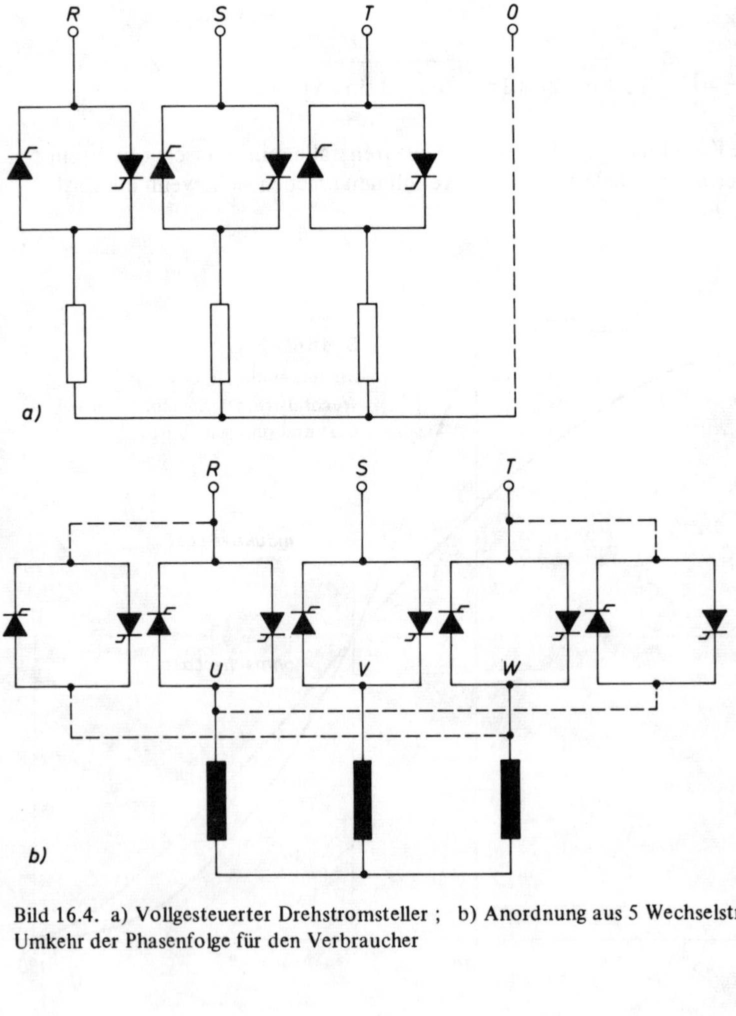

Bild 16.4. a) Vollgesteuerter Drehstromsteller ; b) Anordnung aus 5 Wechselstromstellern zur Umkehr der Phasenfolge für den Verbraucher

günstiger als beim Wechselstromsteller. Bei dem letzteren enthält der Strom alle Oberschwingungen ungerader Ordnungszahl. Beim Drehstromsteller fallen bei Symmetrie die Oberschwingungen mit durch drei teilbaren Ordnungszahlen fort. Wird dagegen der Sternpunkt des Verbrauchers mit dem Sternpunkt des Netzes verbunden, so liegen drei entkoppelte einphasige Wechselstromsteller vor, und die Oberschwingungen mit durch drei teilbaren Ordnungszahlen können über den Null-Leiter zurückfließen.

Wird beim Drehstromsteller die Kombination eines Thyristors und einer antiparallelen Diode verwendet, so treten, wie leicht einzusehen ist, bei vorhandenem Null-Leiter Oberschwingungen gerader Ordnungszahl im Strom und eine Gleichrichterwirkung auf. Diese Schaltung sollte daher nicht verwendet werden. Ohne Null-Leiter ist sie jedoch anwendbar.

16.2. Anwendungen des Wechselstrom- oder Drehstrom-Stellers

Als reine Wechselstromverbraucher seien Helligkeitssteuerungen (z. B. für Bühnenbeleuchtungen) und Anlagen für elektrisches Schweißen genannt. Beim Elektroschweißen kommt sowohl Dosierung durch Ein-Ausschaltung über eine bestimmte Anzahl von Perioden (beim Punktschweißen) als auch Dosierung des Schweißstroms durch Anschnittsteuerung in Frage. Eine ähnliche Anwendung sind Elektrowärmegeräte, bei denen die Wärmeleistung dosiert werden soll. Hier ist die Ein-Aus-Steuerung („Paketsteuerung") aus den oben erwähnten Gründen (Oberschwingungs- und Blindstrom-Belastung des Netzes) der stetigen Steuerung wenn irgendmöglich vorzuziehen.

Ein weiteres Anwendungsgebiet ist die Spannungssteuerung auf der Primärseite bei nachfolgender Gleichrichtung über einen ungesteuerten Gleichrichter. Das ist meist die wirtschaftlichere Lösung bei äußerst niedrigen Spannungen, verbunden mit sehr hohen Gleichströmen, oder bei sehr hohen Spannungen bei verhältnismäßig niedrigen Strömen. Wenn solche Verhältnisse vorliegen, ist ein steuerbarer, netzgeführter Thyristorstromrichter meist ungünstig ausgenutzt.

Ein Beispiel für eine Hochstrom-Niederspannungs-Anlage ist z. B. eine Galvanisiereinrichtung. Ein Beispiel für eine Hochspannungsanlage mit kleinem Strom ist z. B. ein Hochspannungsgleichrichter in einem Prüffeld zur Prüfung verschmutzter Gleichspannungsisolatoren. Hier wird eine geregelte Gleichspannung (z. Zt. bis etwa 600 kV) benötigt, wobei der Prüfling vor dem Überschlag Stromimpulse aufnimmt, die unter 1A bleiben. Die Schaltungen sind ein- oder zweipulsig; durch Kondensatorglättung und Spitzenaufladung ist die Kennlinie sehr weich, so daß der Wechselstromsteller auf der Primärseite neben dem Kurzschlußschutz auch eine schnelle Spannungsregelung bewerkstelligen muß.
Bild 16.5 zeigt Schaltungsbeispiele hierfür. Die Anlagen arbeiten wegen des Ladekondensators meist im Lückbetrieb, und für die Berechnung und die Abschätzung der Auf- und Nachladung der Kondensatoren sind die Berechnungsmethoden von Abschnitt 17.1 bzw. Kap. 21 anzuwenden. Für das Schaltungsbeispiel ist angenommen, daß wechselspannungsseitig eine Kaskade von 2 Hochspannungstransformatoren verwendet wird. In den Bildern 16.5b und c denke man sich den Wechselstromsteller an die Klemmen A und B, wie in Bild 16.5a, angeschlossen. Die Schaltung a ist auch als Zweiphasen-Mittelpunktschaltung möglich und gebräuchlich.

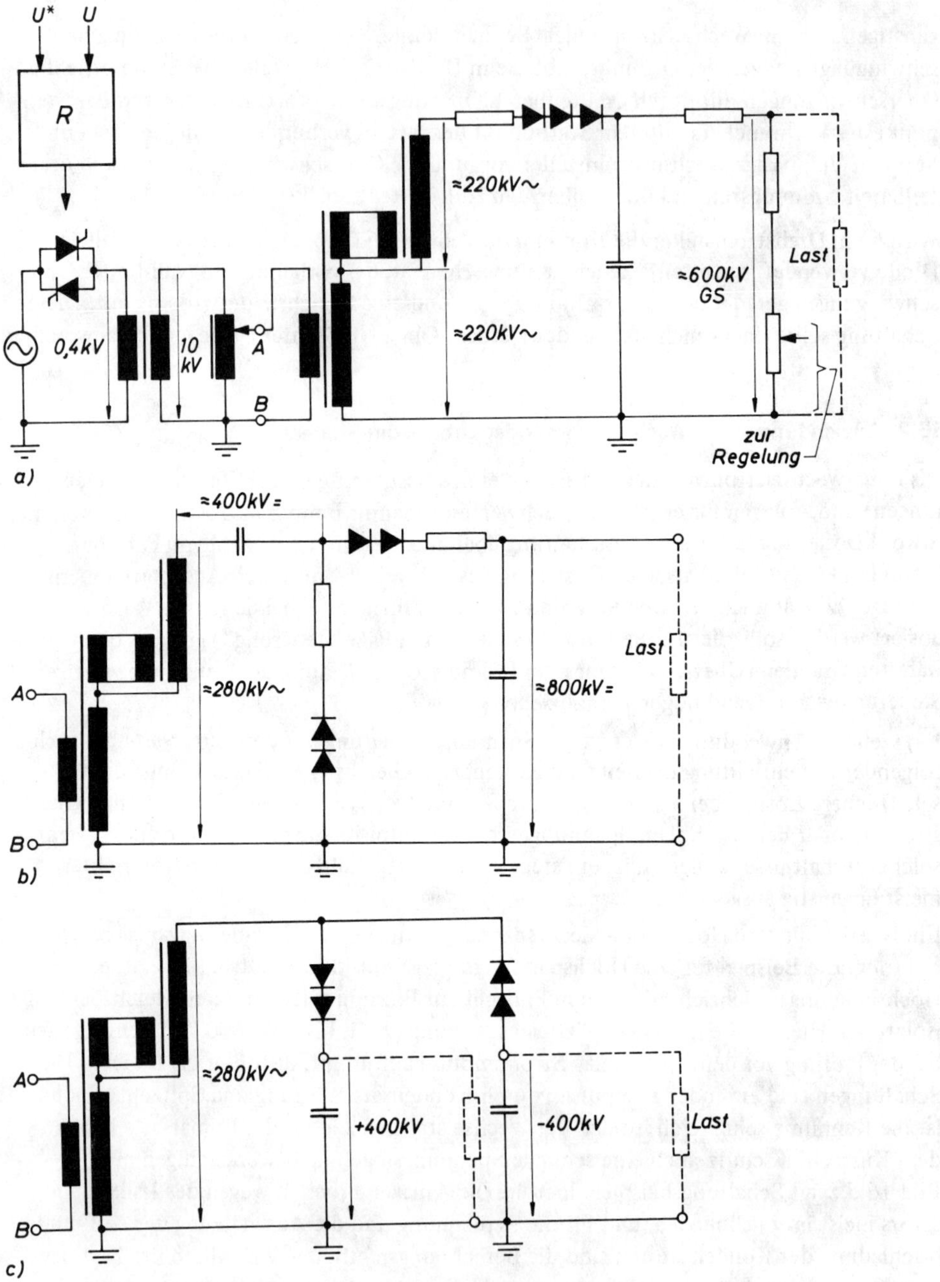

Bild 16.5. Steuerung von Stromrichtern für höchste Spannungen und kleine Ströme durch Wechselstromsteller auf der Primärseite

a) Hochspannungsgleichrichter in Einwegschaltung mit Ladekondensator
b) Hochspannungsgleichrichter mit zwei Ladekondensatoren (Gleichspannungs-Kaskade, Villard-Schaltung)
c) Hochspannungsgleichrichter mit je einem Ladekondensator (Delon-Greinacher-Schaltung)

Bei einer dreiphasigen Anlage ist für die Welligkeit der abgegebenen Gleichspannung die Schaltung mit Nullpunktverbindung am vorteilhaftesten, die oben erwähnte Sparschaltung mit Verwendung von drei Dioden am ungünstigsten. Sie bringt die dreifache Welligkeit, verglichen mit dem Dreifach-Wechselstromsteller und soll aus diesem Grunde vermieden werden.

Die Anwendung des Drehstromstellers für die Speisung von Drehstrommotoren als Stellantriebe ist dadurch eingeschränkt, daß zwar die Spannung, nicht aber die Frequenz verstellbar ist. Sie kommt daher nur bei kleinen Leistungen in Frage, wobei zur Erzielung eines besseren Anfahrmoments und einer Herabsetzung des Stillstandsstroms Zusatzwiderstände im Läuferkreis vorgesehen werden, bzw. ein Widerstandsläufer verwendet wird.

C. Selbstgeführte Stromrichter

17. Zwangskommutierung, Gleichstromsteller

17.1. „Natürliche" Kommutierung und Zwangskommutierung

Bei den in Kapitel 1–15 behandelten Schaltungen der netzgeführten Stromrichter genügte die Zündung eines Ventils, um eine Kommutierung einzuleiten, d. h. den Strom in dem stromführenden Ventil auf Null zu bringen und auf das neugezündete Ventil zu übernehmen. Es ergab sich, daß in einer Kommutierungsgruppe in K-Schaltung stets das Ventil mit der positiveren Anodenspannung, in einer Kommutierungsgruppe in A-Schaltung stets das Ventil mit der negativeren Kathodenspannung den Strom übernimmt, sobald es gezündet wird. Dies wird auch „natürliche" Kommutierung genannt. Soll dagegen in einer K-Schaltung das Ventil mit dem niedrigeren Anodenpotential bzw. in einer A-Schaltung ein Ventil mit einem höheren Kathodenpotential den Strom übernehmen, so muß dies mit Hilfe einer besonderen Kunstschaltung, die meist einen Kondensator und u. U. zusätzliche Ventile enthält, erzwungen werden. Daher der Name „erzwungene" Kommutierung oder „Zwangskommutierung".
Wenn neben Induktivitäten und ohmschen Widerständen auch Kapazitäten an Schaltvorgängen beteiligt sind, so treten Ausgleichsvorgänge in Form von schwach gedämpften Schwingungen auf. Die Vernachlässigung von ohmschen Widerständen in den Kapiteln 2 bis 14 führte dazu, daß die Ausgleichsvorgänge, die dort jeweils Exponentialfunktionen waren, sich zu Konstanten vereinfachten.
Enthält die Schaltung auch Kapazitäten, so führt die Vernachlässigung der ohmschen Widerstände zu ungedämpften Schwingungen für die Ausgleichsvorgänge. Als Grundlage für die Betrachtung solcher Ausgleichsvorgänge dient im folgenden der LC-Kreis ohne ohmschen Widerstand, danach der später benötigte Kettenleiter aus einem LC-Glied und einer nachgeschalteten Induktivität, ferner einige Fälle mit Widerstand.

Der an diesen Rechnungen, nicht nur an den Ergebnissen, interessierte Leser sei auf Kap. 21 verwiesen, zu dem die folgenden Fälle als Beispiele dienen können.

Die Lösung einer Differentialgleichung oder eines Differential-Gleichungssystems, wie es z. B. einem solchen Schaltvorgang zugrundeliegt, besteht aus der Partikulärlösung (Dauerlösung), d. h. einer Lösung mit Berücksichtigung der Störfunktionen, in unserem Fall der energieeinspeisenden Spannungen und/oder Ströme, und den von Anfangsbedingungen abhängigen Ausgleichsvorgängen.

Wir beschränken uns im folgenden auf konstante Spannungen und konstante eingespeiste Ströme als Störfunktionen.

17.2. Berechnung von Strom- und Spannungsverläufen

17.2.1. Ausgleichsvorgänge des einfachen LC-Kreises

Die zunächst betrachtete Schaltung zeigt Bild 17.1. „Zustandsgrößen" sind der Strom i durch die Induktivität und die Kondensatorspannung u_C, die die Energieinhalte dieser beiden Energiespeicher bestimmen. Eine Spannung $u_1 = U$ wird auf den Kreis geschaltet.

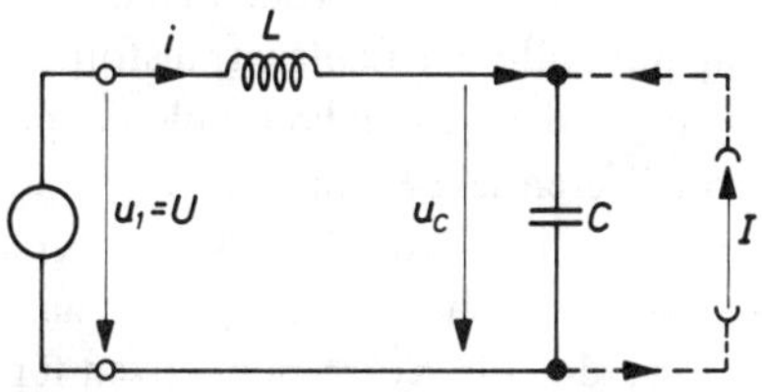

Bild 17.1
Zählpfeile für die Zustandsvariablen und Steuergrößen beim LC-Kreis

Wie gestrichelt angedeutet, soll eine Konstantstromeinspeisung I in die Kondensatorklemmen zusätzlich vorgesehen sein. So werden zwei Differentialgleichungen erster Ordnung in i und u_C erhalten:

$$L \frac{di}{dt} = U - u_C \qquad\qquad C \frac{du_C}{dt} = I + i. \tag{17.1}$$

umgeordnet:

$$\frac{di}{dt} = -\frac{1}{L} u_C + \frac{1}{L} U \qquad\qquad \frac{du_C}{dt} = \frac{1}{C} i + \frac{1}{C} I. \tag{17.1a}$$

Das ist die Normalform (s. Kap. 21)

$$\dot{\mathbf{x}} = (\mathbf{A}) \cdot \mathbf{x} + (\mathbf{B}) \cdot \mathbf{u}, \tag{17.2}$$

wobei hier

$$\mathbf{x} = \begin{Bmatrix} i \\ u_C \end{Bmatrix} \qquad \mathbf{u} = \begin{Bmatrix} U \\ I \end{Bmatrix}$$

$$(\mathbf{A}) = \begin{Bmatrix} 0 & -\frac{1}{L} \\ \frac{1}{C} & 0 \end{Bmatrix} \qquad (\mathbf{B}) = \begin{Bmatrix} \frac{1}{L} & 0 \\ 0 & \frac{1}{C} \end{Bmatrix}.$$

Die charakteristische Gleichung ist dann:

$$\det \{\lambda(\mathbf{E}) - (\mathbf{A})\} = 0, \tag{17.3}$$

wobei **(E)** die Einheitsmatrix ist.

Diese Darstellung hat verschiedene Vorteile. Sind die Anfangsbedingungen ($i(0)$; $u_C(0)$) bekannt, so kann man die Anfangssteigung der Zustandsvariablen sofort angeben, indem man in Gl. (17.1a) rechts $u_C(0)$ und $i(0)$ einsetzt. Entsprechendes gilt für jeden beliebigen Zeitpunkt. Ein weiterer Vorteil ist, daß für die vollständige Lösung nur die Anfangswerte der Zustandsvariablen und nicht die ihrer Ableitungen gebraucht werden.

Man kann dieses Differentialgleichungssystem z. B. mit dem e-Ansatz für das homogene System und dem Ansatz vom Typ der Störfunktionen für die „Dauerlösung" lösen. Die Lösung mit Hilfe der Laplacetransformation hat demgegenüber den Vorteil, die Anfangsbedingungen der Zustandsvariablen explizit mit zu enthalten. Die Transformation der beiden Differentialgleichungen ergibt ein Gleichungssystem, das in den Bildfunktionen für i und u_C linear ist. Mit Hilfe der Kramerschen Regel lassen sich diese gesuchten Bildfunktionen $\mathcal{L}\{i\}$ und $\mathcal{L}\{u_C\}$ leicht ausrechnen. Für die Rücktransformation in den Zeitbereich werden die Korrespondenzen für $\sin\omega_0 t$, und $\cos\omega_0 t$ benötigt, außerdem die Korrespondenz für die Integration. (Der Leser, der die Lösung nicht nachvollziehen will, kann sie durch Einsetzen in die Differentialgleichung prüfen).

Die allgemeine Lösung ist, nach Anfangsbedingungen und Störfunktionen geordnet:

$$i(t) = i(0)\cos\omega_0 t - \frac{u_C(0)}{\omega_0 L}\sin\omega_0 t + \frac{U}{\omega_0 L}\sin\omega_0 t - I\cdot(1-\cos\omega_0 t) \tag{17.4a}$$

$$u_C(t) = u_C(0)\cos\omega_0 t + \frac{i(0)}{\omega_0 C}\sin\omega_0 t + U(1-\cos\omega_0 t) + \frac{I}{\omega_0 C}\sin\omega_0 t$$

mit

$$\omega_0 = \frac{1}{\sqrt{LC}}.$$

In den Lösungen kommen die Ausdrücke $\omega_0 L$ und $\omega_0 C$ vor. Führt man den „Schwingwiderstand" des Kreises $Z = \sqrt{L/C}$ ein, so erhält man $\omega_0 L = Z$ und $\omega_0 C = 1/Z$. Damit ergeben sich folgende Lösungen für den allgemeinen Fall, wenn wir nach Funktionstermen statt nach Anfangsbedingungen und Störfunktionen umordnen:

$$i(t) = [i(0)+I]\cos\omega_0 t + \left[\frac{U-u_C(0)}{Z}\right]\sin\omega_0 t - I \tag{17.4b}$$

$$u_C(t) = [u_C(0)-U]\cos\omega_0 t + [I + i(0)\cdot Z]\sin\omega_0 t + U$$

wobei $\omega_0^2\cdot LC = 1$ ist.

Deutung des Ergebnisses:

Jeder der beiden Ausdrücke in Gl. (17.4a) für i und u_C enthält vier Summanden, die jeweils nur $i(0)$, $u_C(0)$, U oder I als Faktor enthalten. Es gilt also ein Superpositionsprinzip, nicht nur hinsichtlich der äußeren Störfunktionen (U, I), sondern auch hinsichtlich der Anfangsbedingungen. Sind die Anfangsbedingungen für $i(0)$ und $u_C(0)$ Null und liegt nur Konstantspannungseinspeisung ($u_1 = U$) vor, so ist nur jeweils der dritte Summand in Gl. (17.4a), der U als Faktor enthält, von Null verschieden. Man erkennt, daß die Kondensatorspannung in Form einer Dauerschwingung zwischen den

Werten 0 und 2U mit der Kreisfrequenz ω_0 hin- und herschwingt. Dazu gehört ein Strom i in Form einer Sinusschwingung mit der gleichen Kreisfrequenz und der Amplitude U/Z. Sind gar keine äußeren Einflußgrößen da und zur Zeit Null nur $i(0) \neq 0$ so führt der Strom eine Kosinusschwingung mit dem Anfangswert i(0) aus. Hierzu gehört in der Kondensatorspannung eine Sinusschwingung mit dem Scheitelwert $i(0) \cdot Z$.

Ist nur die Kondensatorspannung $u_C(0)$ von Null verschieden, so führt die Kondensatorspannung eine Kosinusschwingung mit diesem Anfangswert aus, Hierzu gehört im Strom eine Sinusschwingung mit dem Scheitelwert $u_C(0)/Z$.

Das Minuszeichen bei diesem Term rührt daher, daß die Zählpfeile so gewählt sind, daß in die obere Kondensatorklemme hineinfließender Strom i positiv gezählt wird bzw. u_1 und u_C gegensinnig im Maschenumlauf liegen. Setzt zur Zeit t = 0 nur die Konstantstromeinspeisung I ein, die treibende Spannung sei kurzgeschlossen, also gleich Null, ferner seien i(0) = 0 und $u_C(0) = 0$, so fließt wegen des Terms $-I(1 - \cos\omega_0 t)$ ein Strom vom Mittelwert − I über die Drossel. Auch hier ist eine Kosinusschwingung in der Weise überlagert, daß der Strom durch die Drossel zwischen 0 und − 2I schwankt. Auch hier wird das Minuszeichen von den für u_C, I und i gewählten Zählpfeilen bestimmt. In diesem Fall gehört zu der Konstantstromeinspeisung I ein Kondensatorspannungsverlauf in Form einer Sinusschwingung mit dem Scheitelwert $I \cdot Z$.

Die Lösung enthält also alle Spezialfälle mit konstanten, zur Zeit $t > 0$ eingespeisten Steuergrößen und allen Kombinationen von Anfangsbedingungen.

Grenzfall $L \to \infty$

Wir wollen auch hier den Fall untersuchen daß $L \to \infty$ strebt. Dann strebt $\omega_0 \to 0$ und $Z \to \infty$. Damit entfallen U/Z und $u_C(0)/Z$. Es folgt $\cos\omega_0 t \to 1$ und $\sin\omega_0 t \to 0$.

Damit wird $\frac{1}{\omega_0 C} \cdot \sin\omega_0 t$ ein unbestimmter Ausdruck. Wird für $\sin\omega_0 t$ die Potenzreihe eingesetzt, durch ω_0 gekürzt und dann $\omega_0 \to 0$ angenommen, so vereinfacht sich die Lösung wie folgt:

$$i(t) = i(0) = \text{const.}$$

$$u_C(t) = u_C(0) + \frac{1}{C}\, i(0) \cdot t + \frac{1}{C}\, I \cdot t \qquad (17.5)$$

(Grenzfall $L \to \infty$).

Erwartungsgemäß kommt also eine Lösung heraus, die einer Konstantstromeinspeisung vom Wert I + i(0) auf den Kondensator entspricht. Der Anfangswert der Kondensatorspannung $u_C(0)$ geht selbstverständlich in die Lösung ein.

Es sei noch bemerkt, daß die obenstehende Lösung Gl. (17.4) auch für eine kompliziertere Schaltung näherungsweise unter bestimmten Umständen brauchbar ist, die im Prinzip ein Differentialgleichungssystem dritter Ordnung ergibt, nämlich in dem Fall, daß die gestrichelte, den Konstantstrom I enthaltende Masche in Bild 17.1 eine zweite Induktivität enthält, die sehr groß gegen die erste Induktivität L ist. In diesem Falle kann der in dieser großen Induktivität fließende Strom in erster Näherung als Konstantstromeinspeisung I betrachtet werden. Damit sind für diesen Fall die Gln. 17.4 näherungsweise anwendbar.

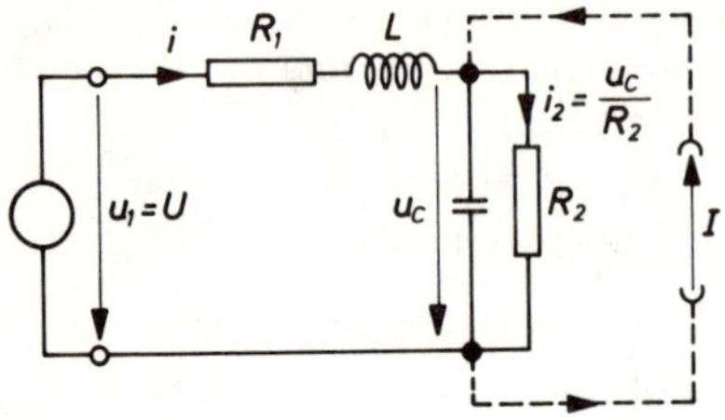

Bild 17.2

LC-Kreis mit Widerständen, Zustandsvariable und Steuergrößen

Der Fall in Bild 17.1 sei nach Hinzufügen der Widerstände R_1 und R_2 nach Bild 17.2, also mit Dämpfung, andeutungsweise betrachtet. Die Differentialgleichungen sind jetzt:

$$U = i \cdot R_1 + L \cdot \frac{di}{dt} + u_C \tag{17.6}$$

$$C \cdot \frac{du_C}{dt} = I + i - \frac{u_C}{R_2}$$

geordnet und in der Normalform $\dot{\mathbf{x}} = (A)\,\mathbf{x} + (B)\,\mathbf{u}$ geschrieben:

$$\begin{Bmatrix} \frac{di}{dt} \\ \frac{du_C}{dt} \end{Bmatrix} = \begin{Bmatrix} -\frac{R_1}{L} & -\frac{1}{L} \\ \frac{1}{C} & -\frac{1}{R_2 C} \end{Bmatrix} \begin{Bmatrix} i \\ u_C \end{Bmatrix} + \begin{Bmatrix} \frac{1}{L} & 0 \\ 0 & \frac{1}{C} \end{Bmatrix} \begin{Bmatrix} U \\ I \end{Bmatrix} \tag{17.6a}$$

Die charakteristische Gleichung wird nach Kap. 21 allgemein durch Nullsetzen der Determinante $\det\{s \cdot (E) - (A)\}$ erhalten, wobei (E) die Einheitsmatrix ist. Das führt auf:

$$\left(s + \frac{R_1}{L}\right)\left(s + \frac{1}{CR_2}\right) + \frac{1}{LC} = 0 \tag{17.7}$$

Wird wiederum $\omega_0 = 1/\sqrt{LC}$ und $Z = \sqrt{L/C}$ eingeführt, so wird die für die Dämpfung maßgebende Größe

$$d = \frac{1}{2}\left(\frac{R_1}{Z} + \frac{Z}{R_2}\right). \tag{17.8}$$

Damit ergibt sich das Lösungspaar:

$$\begin{aligned} &\text{a)} \quad s_{1,2} = -d \cdot \omega_0 = -\omega_0 && \text{für } d = 1 \\ &\text{b)} \quad s_{1,2} = -\omega_0(d \pm \sqrt{d^2 - 1}) && \text{für } d > 1 \\ &\text{c)} \quad s_{1,2} = -\omega_0(d \pm j\sqrt{1 - d^2}) && \text{für } d < 1 \end{aligned} \tag{17.9}$$

Man beachte, daß für $R_1 = 0$ gilt $d = Z/(2R_2)$, also $\sim 1/R_2$. Der aperiodische Grenzfall a) wird somit in diesem Fall erreicht, wenn $R_2 = Z/2$ ist.

(Geht man vom e-Ansatz aus, so erhält man selbstverständlich dieselbe charakteristische Gleichung, mit λ statt s).

Die Lösung des homogenen Systems, d. h. der freie Ausgleichsvorgang, nimmt folgende Formen an:

im Fall a:

$$C_1 \cdot e^{-\omega_0 t} + C_2 \cdot t \cdot e^{-\omega_0 t} \qquad (17.10a)$$

im Fall b:

$$C_1 \cdot e^{-t/T_1} + C_2 \cdot e^{-t/T_2} \qquad (17.10b)$$

mit $T_1 = -1/s_1 \quad T_2 = -1/s_2$,

im Fall c:

$$e^{-\delta t}(C_1 \cdot \cos \omega t + C_2 \cdot \sin \omega t) \qquad (17.10c)$$

mit $\delta = d \cdot \omega_0$ und $\omega = \sqrt{1 - d^2} \cdot \omega_0$.

Die Konstanten C_1 und C_2 sind aus den Anfangsbedingungen der vollständigen Lösung (d. h. einschließlich der „Dauerlösung") zu ermitteln. Bei Anwendung der Laplace-Transformation werden sie, wie in Gl. (17.4) gleich allgemein mit erhalten.

17.2.2. Schaltvorgang mit einem Kondensator und zwei Induktivitäten

Auch für die Schaltung nach Bild 17.3, die später benötigt wird, wollen wir eine vollständige Lösung bereitstellen. Als Zustandsvariable bieten sich die Ströme durch die beiden Induktivitäten und die Kondensatorspannung mit den im Schaltbild angegebenen Zählpfeilen an. Der Strom durch den gestrichelt eingetragenen Widerstand wird, wenn die Dämpfung durch diesen Widerstand mit berücksichtigt werden soll, durch u_C/R ausgedrückt. Damit wird das Differentialgleichungssystem erhalten:

$$L_1 \frac{di_1}{dt} + u_C = u_1$$

$$L_2 \frac{di_2}{dt} - u_C = 0 \qquad (17.11)$$

$$C \frac{du_C}{dt} = i_1 - i_2 - \frac{1}{R} u_C .$$

mit

$u_1 = 0 \qquad$ für $t < 0$

$u_1 = U \qquad$ für $t > 0$.

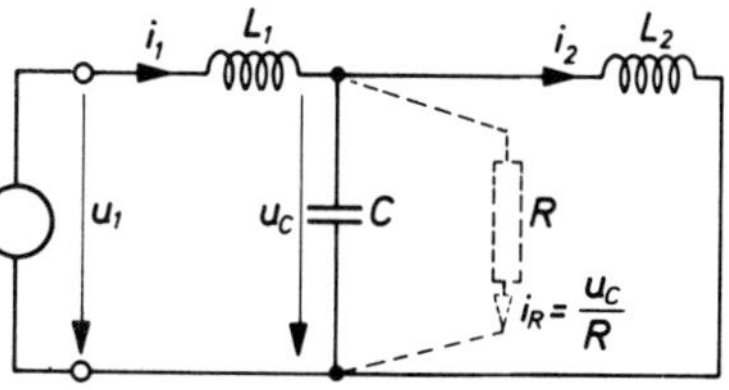

17.3

LC-Kette, Zustandsgrößen, Belastung durch ohmschen Widerstand

Geordnet, zu einem linearen Gleichungssystem auf der rechten Seite vervollständigt und in abgekürzter (Matrizen-)-Schreibweise erhält man:

$$\begin{Bmatrix} \dot{i}_1 \\ \dot{i}_2 \\ \dot{u}_C \end{Bmatrix} = \begin{Bmatrix} 0 & 0 & -\frac{1}{L_1} \\ 0 & 0 & +\frac{1}{L_2} \\ \frac{1}{C} & -\frac{1}{C} & -\frac{1}{RC} \end{Bmatrix} \begin{Bmatrix} i_1 \\ i_2 \\ u_C \end{Bmatrix} + \begin{Bmatrix} \frac{1}{L_1} U \\ 0 \\ 0 \end{Bmatrix} \tag{17.11a}$$

Die Laplace-Transformation ergibt nach Umordnung für die Bildfunktionen der Zustandvariablen $(\mathbf{I}_1, \mathbf{I}_2, \mathbf{U}_C)$ und mit $\mathcal{L}\ \{u_1 = U\} = \frac{1}{s} U$ das lineare Gleichungssystem:

$$\begin{Bmatrix} s & 0 & \frac{1}{L_1} \\ 0 & s & -\frac{1}{L_2} \\ -\frac{1}{C} & \frac{1}{C} & \left(s + \frac{1}{RC}\right) \end{Bmatrix} \begin{Bmatrix} \mathbf{I}_1 \\ \mathbf{I}_2 \\ \mathbf{U}_C \end{Bmatrix} = \begin{Bmatrix} \frac{1}{s L_1} U \\ 0 \\ 0 \end{Bmatrix} + \begin{Bmatrix} i_1(0) \\ i_2(0) \\ u_C(0) \end{Bmatrix} \tag{17.12}$$

Das Nullsetzen der Determinante des Gleichungssystems liefert die charakteristische Gleichung. Für den dämpfungsfreien Fall, $1/(RC) \to 0$, ergibt sich:

$$s\left[s^2 + \frac{1}{C}\left(\frac{1}{L_1} + \frac{1}{L_2}\right)\right] = 0 \tag{17.13}$$

mit dem Lösungspaar $s_{1,2} = \pm j \frac{1}{\sqrt{C L_p}} = \pm j\omega_0$ und $s_2 = 0$, wobei $\frac{1}{L_1} + \frac{1}{L_2} = \frac{1}{L_p}$ gesetzt ist. (Ersatzinduktivität der Parallelschaltung).

Das Gleichungssystem 17.12 läßt sich mit der Kramerschen Regel nach $\mathbf{I}_1$, $\mathbf{I}_2$, $\mathbf{U}_C$ auflösen. Die Lösungen sind wiederum eine Linearkombination der rechten Seiten (Anfangsbedingungen, Steuergrößen, Superpositionsprinzip, s. Abschnitt 17.2.1). Sie lauten nach Rückübersetzung in den Zeitbereich:

$$u_C(t) = \frac{L_2}{L_1 + L_2} \cdot U(1 - \cos\omega_0 t) + \frac{1}{\omega_0 C}\,[i_1(0) - i_2(0)]\sin\omega_0 t + u_C(0)\cos\omega_0 t \tag{17.14a}$$

$$\begin{aligned} i_1(t) = {} & \frac{U}{\omega_0(L_1 + L_2)}\left[\omega_0 t + \frac{L_2}{L_1}\sin\omega_0 t\right] \\ & + i_1(0)\left[\frac{L_1}{L_1 + L_2} + \frac{L_2}{L_1 + L_2}\cos\omega_0 t\right] \\ & + i_2(0)\left[\frac{L_2}{L_1 + L_2}(1 - \cos\omega_0 t)\right] \\ & - \frac{u_C(0)}{\omega_0 L_1}\sin\omega_0 t \end{aligned} \tag{17.14b}$$

$$
\begin{aligned}
i_2(t) &= \frac{U}{\omega_0(L_1 + L_2)} [\omega_0 t - \sin \omega_0 t] \\
&+ i_1(0) \left[\frac{L_1}{L_1 + L_2} (1 - \cos \omega_0 t) \right] \\
&+ i_2(0) \left[\frac{L_1}{L_1 + L_2} \left(\frac{L_2}{L_1} + \cos \omega_0 t \right) \right] \\
&+ \frac{u_C(0)}{\omega_0 L_2} \sin \omega_0 t .
\end{aligned}
\tag{17.14c}
$$

Wir schreiben auch diese Lösungen nochmals, diesmal nach Funktionstermen geordnet, und erhalten:

$$
\begin{aligned}
u_C(t) &= \frac{L_2}{L_1 + L_2} U \\
&+ \left[u_C(0) - \frac{L_2}{L_1 + L_2} U \right] \cos \omega_0 t \\
&+ \left[\frac{1}{\omega_0 C} (i_1(0) - i_2(0)) \right] \sin \omega_0 t
\end{aligned}
\tag{17.14d}
$$

$$
\begin{aligned}
i_1(t) &= \left[i_1(0) \frac{L_1}{L_1 + L_2} + i_2(0) \frac{L_2}{L_1 + L_2} \right] \\
&+ \left[\frac{U}{\omega_0(L_1 + L_2)} \right] \cdot \omega_0 t \\
&+ \left[\frac{L_2}{L_1 + L_2} (i_1(0) - i_2(0)) \right] \cos \omega_0 t \\
&+ \left[\frac{U}{\omega_0(L_1 + L_2)} \cdot \frac{L_2}{L_1} - \frac{u_C(0)}{\omega_0 L_1} \right] \sin \omega_0 t
\end{aligned}
\tag{17.14e}
$$

$$
\begin{aligned}
i_2(t) &= \left[i_1(0) \frac{L_1}{L_1 + L_2} + i_2(0) \frac{L_2}{L_1 + L_2} \right] \\
&+ \left[\frac{U}{\omega_0(L_1 + L_2)} \right] \omega_0 t \\
&+ \left[\frac{L_1}{L_1 + L_2} (i_2(0) - i_1(0)) \right] \cos \omega_0 t \\
&+ \left[\frac{u_C(0)}{\omega_0 L_2} - \frac{U}{\omega_0(L_1 + L_2)} \right] \sin \omega_0 t .
\end{aligned}
\tag{17.14f}
$$

Es ist für qualitative und physikalische Betrachtungen nützlich, die Lösungen, wenn auch nur für den stark idealisierten, nämlich den verlustfreien Fall, in geschlossener Form zur Verfügung zu haben. Man erkennt jedoch, daß bei Differentialgleichungssystemen noch höherer Ordnung die im Prinzip mögliche geschlossene Lösung zu unhandlich wird und man zu numerischen oder mit dem Analogrechner ermittelten Lösungen für die aufgestellten Differentialgleichung übergehen muß und auch das Experiment (der Modellversuch) seine Bedeutung behält.

17.3. Lösch-Schaltungen, Zwischenkommutierung

In Bild 17.4 sei der Thyristor T_1 gezündet. Die Gleichspannung U_1 liegt damit an dem aus der Reihenschaltung von L_v und R_v bestehenden Verbraucher. Bei hinreichend langer Einschaltdauer ist $i_v = U_1/R_v = \text{const.}$ Die Kondensatorspannung $u_C' = -u_C$ sei positiv. Sie liegt dann als positive Sperrspannung am Thyristor T_2 und als negative Sperrspannung an der Diode D_3. Die Diode D_0 liegt mit ihrer Anode am Nullpunkt und erhält die Spannung U_1 als negative Sperrspannung. Sie kann den Strom $i_1 = i_v$ vom Ventil T_1 nicht ohne weiteres übernehmen.

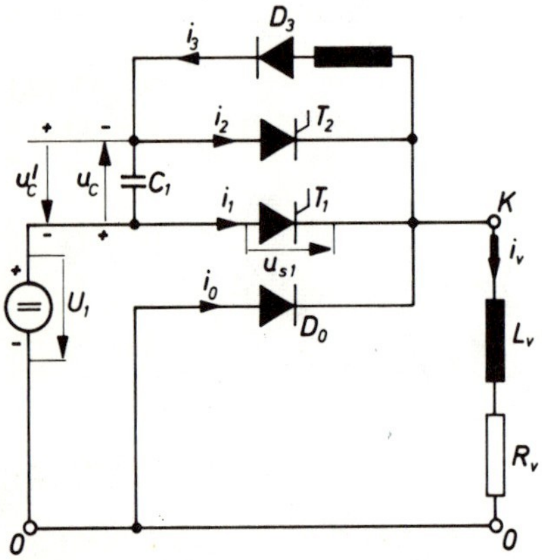

Bild 17.4

Zwangskommutierung eines Verbraucherstroms i_v auf die Nulldiode D_0 mit Hilfe der Löschschaltung nach *Tröger*

Wird der Thyristor T_2 gezündet (Zeitpunkt t_1), so kommutiert der Strom $i_1 = i_v$ augenblicklich von T_1 auf T_2 („Zwischenkommutierung" auf den aus C und T_2 bestehenden Zweig). Wir nehmen an, daß nur ein sehr geringer ohmscher Widerstand in der aus C_1, T_2 und T_1 bestehenden Masche vorhanden sei. Für die folgende Betrachtung sei L_v sehr groß angenommen ($L_v \to \infty$), so daß wir die vereinfachten Gl.n. (17.5) benutzen können. Wir erhalten also mit $i = i_2 = i_v$

$$u_C = u_C(0) + \frac{1}{C} i_v(0) \cdot t \tag{17.15}$$

eine zeitlineare Änderung der Kondensatorspannung. (Die zeitlichen Verläufe sind in Bild 17.5 dargestellt. Nach dem Erlöschen des Stroms i_1 stellt u_C' die Sperrspannung an T_1 dar. Sie ist im Bild 17.5, mit u_{s1} bezeichnet, nochmals herausgezeichnet. Die Spannung des Punktes K gegen den Nullpunkt, u_{KO}, springt zunächst auf den Wert $U_1 + u_C'(0)$ und nimmt mit der Umladung des Kondensators schließlich bis auf Null ab. Die Diode D_0 übernimmt in diesem Augenblick (t_2) den Verbraucherstrom vom Ventil T_2. Mit Hilfe der Zwischenkommutierung auf T_2 und der Umladung des Kondensators ist es also gelungen, den Verbraucherstrom i_V auf das Ventil D_0 zu kommutieren, obwohl dessen Anodenpotential (Null) tiefer liegt als das des Ventils T_1, $(+U_1)$. Die Kondensatorspannung wird auf dem Wert $u_C'(t_2) = -U_1$, $u_C = +U_1$ festgehalten. Sie liegt jetzt als negative Sperrspannung am „Löschthyristor“ T_2. Man beachte, daß die Sperrspannung am Hauptthyristor T_1 nur im Intervall $t_1 < t < t_0$ negativ ist. Nun kann der Hauptthyristor wieder gezündet werden. Das geschieht zum Zeitpunkt t_3.

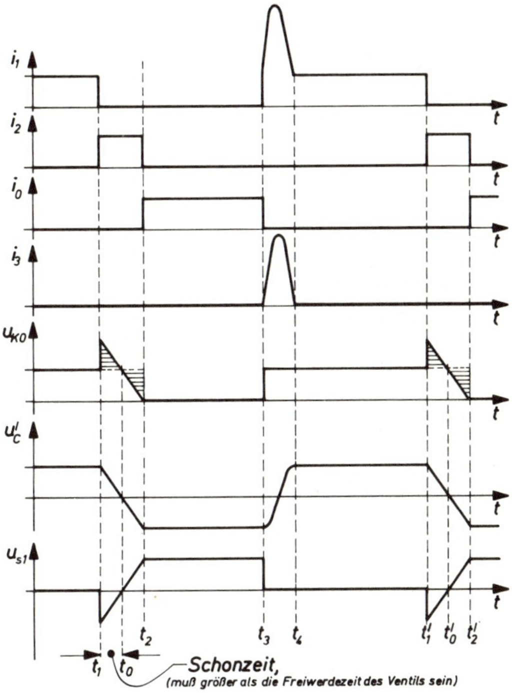

Bild 17.5

Strom- und Spannungsverläufe in der Schaltung nach Bild 17.4 unter der Annahme $i_V = \text{const.}$

Der Hauptthyristor T_1 übernimmt damit augenblicklich wieder den Strom vom „Nullventil“ D_0. Außerdem leitet er die Umladung des Kondensators über L_3, D_3 ein. Der Hauptthyristor führt also neben dem Laststrom i_V den Umschwingstrom i_3. Nach Gl. 17.4 gilt während des Umschwingvorgangs, wenn man die Zählpfeile beachtet:

$$u_C(t) = -u_C' = U_1 \cos \omega_0 t$$

$$i_3(t) = \frac{U_1}{Z} \cdot \sin \omega_0 t. \qquad (17.16)$$

Nach einer Halbschwingung wird der Umschwingstrom i_3 zum Zeitpunkt t_4 Null, die Kondensatorspannung wird auf dem positiven Scheitelwert festgehalten und liegt als positive Sperrspannung an T_2. Nun kann durch Zünden von T_2, z. B. im Zeitpunkt t_1' erneut der Strom durch T_1 gelöscht und anschließend auf die Nulldiode überführt werden.

Die Bemessung des Kondensators C muß sicherstellen, daß das Intervall $(t_0 - t_1)$ größer als eine vorgegebene „Schonzeit“, die größer als die „Freiwerdezeit“ ist, die der Thyristor benötigt, bevor er wieder positive Sperrspannung aufnehmen kann.

Mit $t_0 - t_1 = t_s$ (gewünschte „Schonzeit") und $i_V = I_V$ = const. folgt aus

$$u_{s1} = -\left(U_1 - \frac{1}{C} \cdot I_v \cdot t_s\right) = 0$$

$$C = \frac{I_V \cdot t_s}{U_1} . \tag{17.17}$$

Die Größe der benötigten Kapazität ist also bei gegebener Schonzeit, die sich nach der Freiwerdezeit richten muß, nach dem größten zu löschenden Verbraucherstrom zu dimensionieren. Für den größten Energieinhalt, den der Kondensator bei $u_C = U_1$ hat, ergibt sich:

$$W = \tfrac{1}{2}\, C U_1^2 = \tfrac{1}{2}\, I_v U_1 \cdot t_s = \tfrac{1}{2}\, P_v t_s . \tag{17.18}$$

Dieser ist also dem größten zu löschenden Strom, der treibenden Spannung und der gewünschten Schonzeit proportional.

Die in Bild 17.4 angegebene Schaltung zur Zwangslöschung eines Thyristors durch Zwischenkommutierung auf einen Kondensator und darauf folgende Kommutierung auf ein Ventil mit niedrigem Anodenpotential ist von *Tröger* 1936 angegeben worden. Es ist die bekannteste Grundschaltung dieser Art.

Zwangskommutierung bei induktivem Innenwiderstand der Spannungsquelle

Ist die speisende Spannung U_1 nicht unmittelbar sondern nur über einen induktiven Innenwiderstand (Induktivität L_i in Bild 17.6) zugänglich, so geht die Kommutierung des (konstant angenommenen) Stroms I_v auf die Null-Diode nicht augenblicklich vor sich, wie in den Bildern 17.4 und 17.5, weil L_i in dem T_2 und D_0 enthaltenden Kommutierungskreis liegt. Die Kommutierung auf D_0 beginnt auch jetzt, wenn $u_C = U_1$ wird mit $i(0) = I_v$. Die Lösung Gl. (17.4) für den LC-Kreis ist anwendbar und liefert $i(t)$ und $u_C(t)$, während der Diodenstrom sich zu $i_0 = I_v - i(t)$ ergibt, solange $i > 0$. (I_v hat, wenn die Diode leitend wird, keinen Einfluß mehr auf den übrigen Teil der Schaltung, tritt also nicht als Störfunktion der Differentialgleichung auf). Berücksichtigt man, daß $i(0) = I_v$ und $u_C(0) = U_1$, also $u_C(0) - U_1 = 0$, so erhält man:

$$\left.\begin{aligned} i &= I_v \cdot \cos \omega_0 t \\ u_C &= U_1 + I_v \cdot Z \cdot \sin \omega_0 t \\ i_0 &= I_v \cdot (1 - \cos \omega_0 t) \end{aligned}\right\} \text{ solange } i > 0 \text{ d. h. } \omega_0 t < \frac{\pi}{2} \tag{17.19}$$

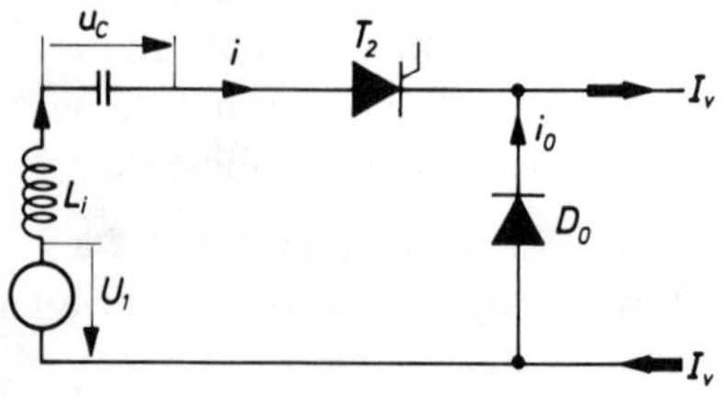

Bild 17.6

Zwangskommutierung auf die Nulldiode bei induktivem Innenwiderstand der Spannungsquelle

Wenn i = 0 wird, ist der Vorgang beendet. Dann ist

$$u_C = u_{C\,max} = U_1 + I_v \cdot Z. \tag{17.20}$$

Die Kondensatorspannung wird also, im Gegensatz zu Bild 17.5 um $I_v \cdot Z$ größer als U_1, mit $Z = \sqrt{L/C}$.

Diese Aussage läßt sich wie folgt verallgemeinern: *Nach einer Zwischenkommutierung auf einen Kondensator und einer anschließenden Zwangskommutierung eines (konstant angenommenen) Stromes* I *gegen eine (als konstant angenommene) „natürliche" Kommutierungsspannung* U_k *hat der Löschkondensator die Spannung* $U_k + I \cdot Z$, *mit* $Z = \sqrt{L/C}$

Leistungstransistor als Schalter

Da der Transistor positive Sperrspannung aufnehmen kann, (u_T in Bild 17.7a), da er ferner nach der Stromübernahme allein durch Wegnahme des Steuerstroms (Basisstroms) wieder gesperrt werden kann, liegt der Gedanke nahe, ihn als Schalter für die Zwangskommutierung zu benutzen. Diese Frage soll im Folgenden näher betrachtet werden. Damit Betriebspunkte mit hoher Verlustleistung vermieden werden, muß beim Ein-

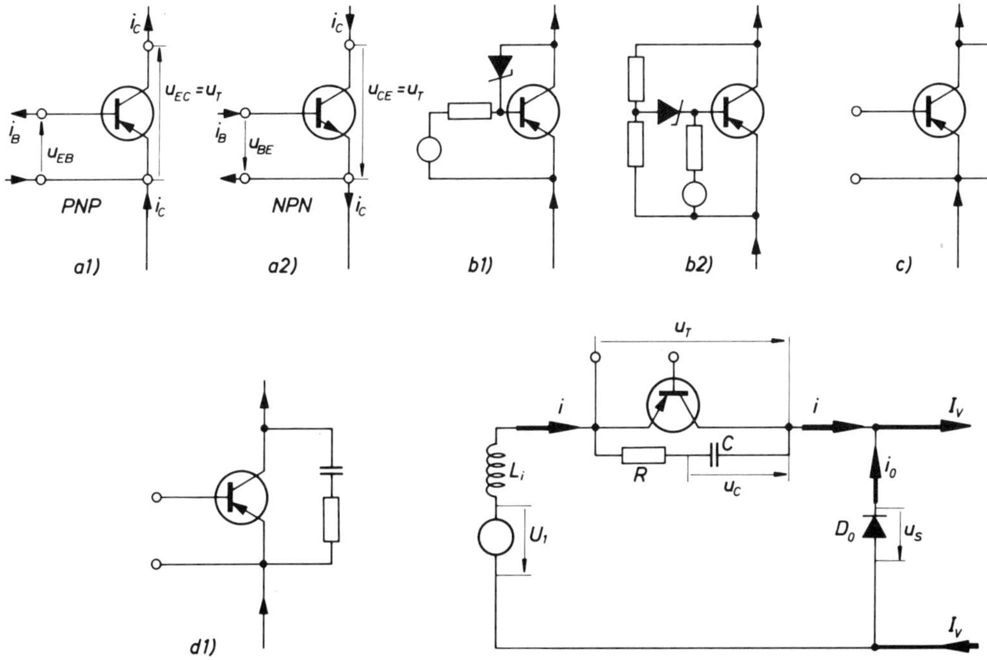

Bild 17.7. Schalttransistor anstelle eines Thyristors mit Löschschaltung

a) a1, a2 Zählpfeile beim p-n-p- und n-p-n-Transistor
b) b1, b2 Spannungsbegrenzung durch nichtlineare Rückkopplung über Zenerdiode
c) unmittelbare Spannungsbegrenzung durch Zenerdiode
d) Schaltspannungsbegrenzung durch parallel geschaltetes RC-Glied

schalten genügend hoch übersteuert werden, oder es ist eine Stromrückkopplung vorzusehen. Dies erfordert einen Zusatztransistor, der mit dem Haupttransistor integriert sein kann, oder einen Stromwandler (z. B. den Anodenwandler, s. Abschnitt 14.2) oder beides. Wenn auch negative Sperrspannung aufgenommen werden soll, muß eine Diode vorgeschaltet werden. Dies erhöht neben dem Aufwand die Durchlaßverluste. Mit den genannten Zusatzmaßnahmen kann ein Leistungstransistor im unteren Leistungsbereich einen Thyristor mit Löschschaltung ersetzen und z. B. dazu benutzt werden, um in der Schaltung nach Bild 17.4 den Strom I_v auf die Nulldiode zu kommutieren. Der Freilaufkreis muß bei induktiver Last selbstverständlich auch bei Verwendung eines Transistors als Schalter vorhanden sein. Enthält der Kommutierungskreis Induktivität, wie in Bild 17.6 in Form des induktiven Innenwiderstandes der Spannungsquelle U_1, so müssen Maßnahmen zur Begrenzung der Spannung am Transistor getroffen werden. Wenn die Klemmen von L_i nicht zugänglich sind, bieten sich dazu die in Bild 17.7b bis d gezeigten Möglichkeiten: Spannungsrückkopplung über eine Spannungsbegrenzungsdiode (Zener- oder Lawinendiode, s. Bild (b1, b2), Parallelschaltung einer Spannungsbegrenzungsdiode (c) oder Parallelschaltung eines Nebenwegs, z.B. in Form eines RC-Gliedes (d1, d2). Kann in den Fällen b und c die Spannung u_T am Transistor konstant gehalten werden, so ergibt sich eine lineare Kommutierung. Dabei wird im Fall b im Transistor, im Fall c in der Begrenzungsdiode Energie in Wärme umgesetzt, deren Größe über das Integral

$$W = \int_0^{t_E} u_T \cdot i \cdot dt = \frac{1}{2} L_i \cdot I_v^2 \frac{u_T}{u_T - U_1} \tag{17.21}$$

leicht zu berechnen ist. Dieser Wert ist größer als der Energieinhalt der Drossel und nähert sich diesem für $u_T \gg U_1$ mit wachsendem u_T. Damit wird die Kommutierungszeit nämlich immer kürzer, und damit die von der Spannungsquelle U_1 gelieferte Verlustenergie. Die mittlere Verlustleistung ist $P_v = f \cdot W$, wenn f die Schaltfrequenz bezeichnet. Nachteilig ist bei den Lösungen b und c, daß die Energie im Schalttransistor selbst oder in der Begrenzungsdiode umgesetzt wird. Annehmbarer erscheint daher die Lösung d, bei der die Verlustenergie in einem ohmschen Widerstand umgesetzt wird.

Für diesen Fall ist die Schaltung analog Bild 17.6 in Bild 17.7d nochmals dargestellt. Mit Sperrung des Transistors kommutiert der Strom $i = I_v$ augenblicklich auf den Nebenweg. Die Kommutierung auf die Nulldiode beginnt, wenn deren Sperrspannung $u_s = 0$ wird. Wird R so gewählt, daß $I_v \cdot R = U_1$, so beginnt diese Kommutierung sofort, da wegen $I_v = \text{const.}$ an L_i vorher kein Spannungsabfall vorhanden ist. Es können die Gln. (17.4) bzw. (17.6) und die folgenden herangezogen werden. Die Anfangswerte sind $i(0) = I_v$ und $u_C(0) = 0$. Wegen der Annahme $I_v \cdot R = U_1$ folgt daraus auch $di/dt = 0$ für $t = 0$. Die Stationärlösung ist: $i = 0$, $u_C = U_1$. Damit können die Konstanten in den Lösungen Gl. (17.10) zu den Differentialgleichungen (17.6) (mit $U = U_1$ und $I = 0$) bestimmt werden. Wenn L_i und R vorgegeben sind, hängt die Lösung von dem gewählten C ab.

(Gln. (17.8) bis (17.10)). Wird C so gewählt, daß d = 1, so gilt Lösung Gl. (17.10a); mit Berücksichtigung der Anfangsbedingungen liefert dies:

$$i = I_v \cdot e^{-\omega_0 t} \cdot (1 + \omega_0 t)\,. \tag{17.22}$$

Nun kann die im Widerstand umgesetzte Verlustenergie bestimmt werden:

$$W_R = \int_0^\infty i^2 \cdot R \cdot dt = \frac{I_v^2 \cdot R}{4\omega_0}$$

wird nach längerer Rechnung erhalten. Berücksichtigt man die Beziehungen zwischen ω_0, L, C, R bei d = 1 (Gln. (17.7) und (17.8)), so läßt sich dies auch ausdrücken als

$$W_R = \frac{L_i \cdot I_v^2}{2} = W_L\,. \tag{17.23}$$

Das ist aber gerade der Energieinhalt der Drossel L_i. Die Spannung u_C hat aperiodisch den Wert U_1 erreicht, und der Energieinhalt des Kondensators ist

$$W_C = \frac{C \cdot U_1^2}{2}\,. \tag{17.24}$$

Beim erneuten Einschalten des Transistors wird diese Energie im Widerstand vernichtet, wobei der Entladestrom über den Transistor fließt. Bei der Schaltfrequenz f ist also die mittlere Verlustleistung

$$P_v = f(W_L + W_C)\,. \tag{17.25}$$

Die Verlustleistungsbilanz ist ungünstiger als in den Fällen b und c, jedoch wird die Leistung im Widerstand umgesetzt. Wird nun $I_v \cdot R > U_1$ gewählt, so beginnt der Kommutierungsvorgang auf die Nulldiode ebenfalls sofort mit der Sperrung des Transistors. Jetzt ergibt sich aus den Anfangsbedingungen $i(0) = I_v$ und $u_C(0) = 0$ jedoch $di/dt = U_1/L - I_v \cdot R/L$ für $t = 0$. Dieser Wert ist negativ, die Kommutierung läuft rascher ab. Ferner kann man zwecks aperiodischer Dämpfung bei größerem R den Wert von C kleiner machen und damit den Wert von W_C in den Gln. (17.24) und (17.25). Auch hier bestätigt sich also, daß die Verlustleistung um so geringer wird, je höher die zugelassene Abschalt-Überspannung ist und daß sie im Grenzfall $P_v = f \cdot W_L$ zustrebt.

(Daß die Bedämpfung durch den Widerstand nicht fehlen darf, hat zwei Gründe: Beim Einschalten würde der Transistor den Kondensator kurzschließen und dadurch zerstört oder stark gefährdet. Ferner würde der Kommutierungsvorgang, bei $u_C = U_1$ beginnend, als ungedämpfte Schwingung verlaufen, mit

$$i = I_v \cdot \cos \omega_0 t \quad i_0 = I_v - i = I_v(1 - \cos \omega_0 t)$$

und

$$u_C = U_1 + I_v \cdot Z \cdot \sin \omega_0 t.)$$

Abschließend ist also festzustellen: Der Transistor als Schalter erfordert ebenfalls, anstelle der Löschschaltung, einen gewissen Zusatzaufwand, beim induktivitätsfreien Kommutierungskreis insbesondere in Form einer Stromrückkopplung oder einer hohen Übersteuerung bei Teillast. Bei einem induktiven Kommutierungskreis, z. B. einer Spannungsquelle mit induktivem Innenwiderstand, entstehen zusätzliche Verluste in dem notwendigen Nebenweg. Sie sind stets größer als das Produkt aus Schaltfrequenz und Energieinhalt der Induktivität und damit größer als die beim Thyristor mit Löschschaltung entstehenden Umschwingverluste. Dies beschränkt die Anwendbarkeit des Transistors anstelle des Thyristors mit Löschschaltung auf kleine Leistungen und vorzugsweise auf induktivitätsarme Spannungsquellen und Kommutierungsstromkreise.

Weitere Löschschaltungsvarianten

(Im Folgenden wird stets vereinfachend die Induktivität L_i (vgl. Bild 17.6) zu Null angenommen.)

Eine andere Variante zeigt im Prinzip Bild 17.8. Hier kann offenbar, bei positiver Anfangsspannung $u_C(0)$, das Ventil T_1 durch Zünden von T_c und T_b gelöscht und der Strom auf den Kondensatorzweig kommutiert werden. Auch hier muß die Kondensatorspannung nach der Umladung begrenzt werden z. B. durch ein Nullventil D_0, das, wie oben beschrieben, den Strom i_v nach der Zwischenkommutierung übernehmen kann. Nachdem T_1 erneut gezündet ist, kann er nunmehr durch Zündung von T_d und T_a gelöscht werden, usw. Man kommt gemäß Bild 17.8b sogar ohne das Ventil T_1 aus. Bei positiver Spannung u_C können T_b und T_d Strom führen. Durch Zünden von T_c wird T_d gelöscht und auf den Kondensatorzweig kommutiert. Bei negativer Spannung u_C kann bei Stromführung von T_a und T_c durch Zünden von T_d auf den Kondensatorzweig zwischenkommutiert werden.

Bei den Varianten nach den Bildern 17.4 und 17.8 erfolgt die Zwischenkommutierung auf den Kondensatorzweig mit einer Stromsteilheit, die nur durch die unvermeidlichen Leitungsinduktivitäten bestimmt ist. Das ist eine unangenehme Beanspruchung für den Thyristor (s. Band 2), und man muß diese durch geeignete Schaltmaßnahmen herabsetzen. Eine von *R. E. Morgan* für diesen Zweck angegebene Variante zeigt Bild 17.9. T_1 ist der Haupt-

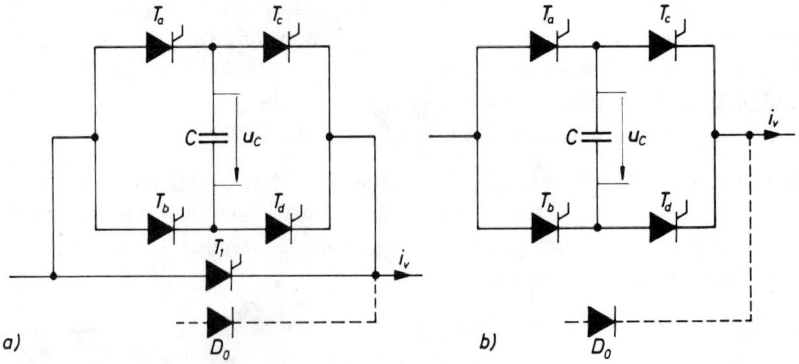

Bild 17.8. a) Tyristor-Quartett als Löschschaltung ; b) Verwendung der Thyristoren des Quartetts als Haupt- und Löschthyristoren

thyristor, der zunächst durchgeschaltet sei. Durch den gestrichelt angedeuteten Ladewiderstand R_C kann man (auch in anderen Schaltungen) dafür sorgen, daß der Kondensator eine Anfangsspannung $u_C(0) = U_1$ hat. Sie steht als positive Sperrspannung für den Löschthyristor T_2 zur Verfügung, Diode D_3 sperrt und entkoppelt vom Hauptkreis. Es sei wiederum zur Vereinfachung L_v so groß angenommen, daß $i_v = \text{const.} = I_v$ angenommen werden kann.

Wird der Löschthyristor T_2 gezündet, so erfolgt ein Umschwingen der Kondensatorspannung mit Spannungs- und Stromverläufen gemäß Gl. (17.4) (mit $I = 0$, $U = 0$, $i(0) = 0$).

Der Löschthyristor T_2 erlischt nach einer Halbschwingung mit der Kreisfrequenz $\omega_0 = 1/\sqrt{L_s C}$.

In diesem Augenblick hat u_C den Wert $-u_C(0)$ erreicht, und mit Erlöschen des Thyristors T_2 wird dessen Sperrspannung, die Kondensatorspannung, in der C, L_s, T_1, L_1 und die Diode D_3 enthaltenden Masche wirksam. Der Spannungsabfall an L_s verschwindet mit dem Nulldurchgang von i_2, an L_1 besteht vorher wegen $i_1 = i_v = I_v = \text{const.}$ kein Spannungsabfall.

Die Diode D_3 schaltet also ein und koppelt den aus L_s und C bestehenden Zweig über L_1 mit dem Hauptstromkreis. Wegen der Knotenpunktsbedingung $i_s + i_1 = i_v$ gibt es, neben der Kondensatorspannung, nur zwei Induktivitätsströme als Zustandsvariable. Wir vereinfachen die Analyse wiederum durch die Annahme $L_v \to \infty$ woraus folgt:

$$i_s + i_1 = i_v = I_v = \text{const} \qquad (17.26a)$$

$$\frac{di_s}{dt} + \frac{di_1}{dt} = 0, \qquad (17.26b)$$

ferner gilt:

$$\frac{du_C}{dt} = \frac{1}{C} i_s$$

$$u_C = -L_s \frac{di_s}{dt} + L_1 \frac{di_1}{dt}.$$

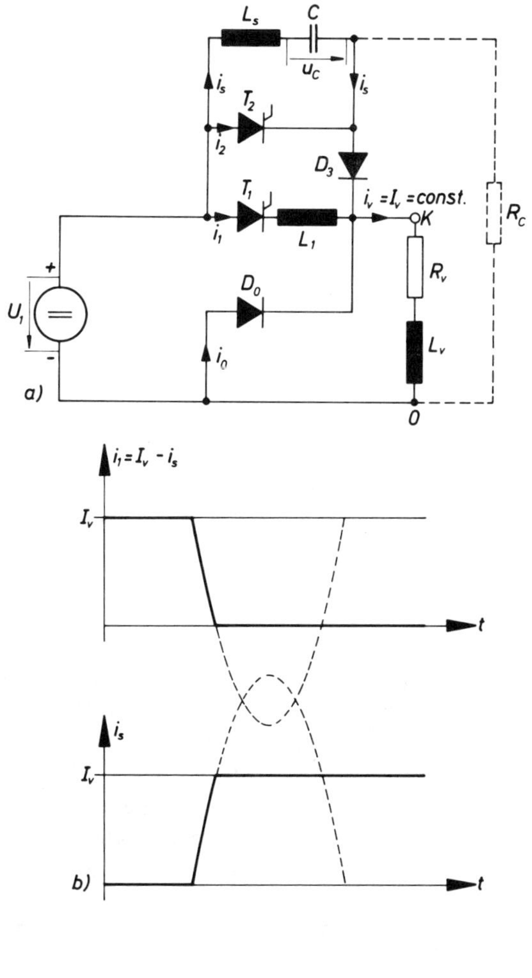

Bild 17.9

Löschschaltung mit weicher Kommutierung nach *R. E. Morgan*

a) Schaltbild

b) Stromverläufe

Durch die Annahme (17.26) bleiben nur noch zwei Zustandsvariable übrig. Neben der Kondensatorspannung u_C nehmen wir dazu den Strom i_s (oder i_1) und erhalten die Differentialgleichungen:

$$\frac{du_C}{dt} = \frac{1}{C} i_s$$
$$\frac{di_s}{dt} = -\frac{1}{L_s + L_1} u_C \qquad (17.27)$$

oder

$$\frac{du_C}{dt} = \frac{1}{C}(I_v - i_1)$$
$$\frac{di_1}{dt} = \frac{1}{L_s + L_1} u_C \qquad (17.28)$$

Wir können jetzt die allgemeine Lösung für den LC-Kreis in Gl. (17.4) benutzen und erhalten mit $u_C(0) = -U_1$, $i_s(0) = 0$:

$$u_C = -U_1 \cos\omega_0 t$$

$$i_s = -\left(\frac{u_C(0)}{Z}\right) \sin\omega_0 t = \frac{U_1}{Z} \sin\omega_0 t$$

$$i_1 = i_v - i_s = I_v - \frac{U_1}{Z} \sin\omega_0 t,$$

wobei $\omega_0 = \dfrac{1}{\sqrt{(L_1 + L_s)C}}$ ist.

T_1 ist gelöscht, wenn $i_1 = I_v - i_s = 0$.

Die Löschung ist also beendet für

$$\sin\omega_0 t = \frac{I_v \cdot Z}{U_1}$$

und die größte Stromsteilheit für den Löschthyristor hat den Wert

$$\left|\left(\frac{di_s}{dt}\right)\right|_{max} = \omega_0 \frac{U_1}{Z}.$$

(Die Stromverläufe sind in Bild 17.19b skizziert.) Anschließend ist $i_s = i_v = I_v = \text{const.}$, der Kondensator wird weiter zeitlinear umgeladen und erreicht schließlich wieder seine alte Polarität. Wenn $u_C = U_1$ wird, kann die Nulldiode D_0 von der Diode D_3 den Strom übernehmen, der Verbraucherstrom läuft frei über die Nulldiode. Nun kann der Hauptthyristor T_1 erneut gezündet werden. T_1 übernimmt den Strom von der Nulldiode. U_1 ist die Kommutierungsspannung, so daß sich eine zeitlineare Kommutierung ergibt. Danach ist der Anfangszustand wieder hergestellt, und durch erneute Zündung von T_2 kann der oben beschriebene Löschvorgang erneut ablaufen.

Löschschaltung ohne Zwischenkommutierung

Bei den bisher behandelten Löschschaltungen wurde die Löscheinrichtung unmittelbar parallel zu dem zu löschenden Thyristor angeschlossen. Die Löschung war gleichbedeutend mit einer Zwischenkommutierung auf den Kondensatorzweig, von dem dann in einem weiteren Kommutierungsvorgang auf die Nulldiode kommutiert wurde. Daraus ergab sich bei gegebener Taktfrequenz eine untere Grenze des Stroms, der noch gelöscht werden kann, während die obere Grenze des Stroms durch die Freiwerdezeit bestimmt war.

Bei der Schaltungsvariante nach Bild 17.10a erfolgt dagegen die Kommutierung von dem zu löschenden Thyristor auf das Nullventil praktisch augenblicklich. Hier wird der Löschkondensator über die Ladedrossel L_L und die Ladediode D_L beim Einschalten auf den Wert $2 \cdot U_1$ aufgeladen. Wird der Löschthyristor T_2 gezündet, so entsteht ein Kommutierungskreis (u_C, U_1, D_0, T_1, T_2) mit der Kommutierungsspannung $u_C(0) - U_1 = 2U_1 - U_1$, der induktivitätsarm ist und zur augenblicklichen Kommutierung des Stroms von T_1 auf das Nullventil führt. Von da ab bilden C und L_K einen von der übrigen Schaltung entkoppelten LC-Kreis, für den die Lösungen der Gl. (17.4) (unter Beachtung der Zählpfeile) benutzt werden können. Demnach führen der Strom i_K und die Spannung u_C eine Kosinusschwingung aus, und in Gl. (17.4) sind alle von $i(0)$ und $u_C(0)$ herrührenden Anteile enthalten. Unter Beachtung der Zählpfeile ergibt sich:

$$i_K = i_K(0) \cos \omega_0 t + \frac{2U_1}{Z} \sin \omega_0 t$$

$$u_C = 2U_1 \cos \omega_0 t - i_K(0) Z \sin \omega_0 t.$$

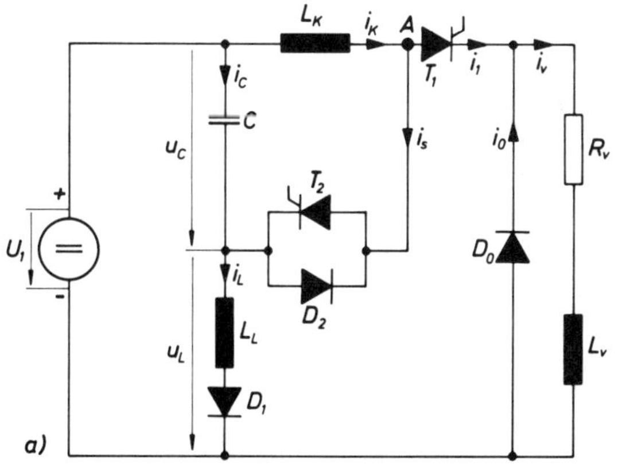

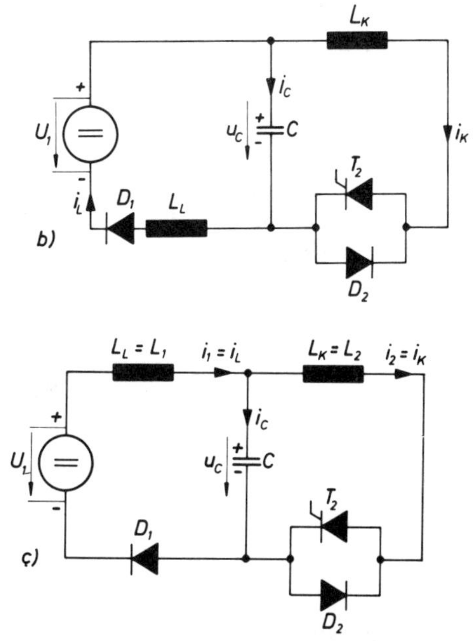

Bild 17.10. Löschschaltung ohne Zwischenkommutierung, „unmittelbare Kommutierung" nach *R. Wagner*

a) Schaltbild und Zählpfeile
b) Schaltbildauszug nach Schalten der Ladediode D_1
c) Umzeichnung von b), um die Lösungen zu Bild 17.3 benutzen zu können

Infolge des Anfangswertes $i_K(0)$ nimmt die Kondensatorspannung mit endlicher Anfangssteilheit

$$\left(\frac{du_C}{dt}\right)_0 = -\omega_0\, i_K(0)\, Z$$

ab und die Ladediode wird leitend, sobald u_C auf den Wert U_1 abgenommen hat. Damit ist die Schaltung nach Bild 17.10b und damit auch nach Bild 17.10c wirksam, für die alle Lösung in Gl. (17.14a bis f) angegeben wurde. Die Zählpfeile stimmen mit den dort gewählten überein. Für die Anfangsbedingung gilt:

$$i_1(0) = 0$$

$$i_2(0) = i_K(0)$$

$$u_C(0) = U_1 .$$

Bekommt T_2 keinen Zündimpuls mehr, so kann die Schwingung nur durch die Löschung von D_1 und T_2 zur Ruhe kommen, und die Kondensatorspannung hat die für eine neue Löschung benötigte Anfangspolarität. Es dauert etwa eine Periode mit der Kreisfrequenz

$$\omega_0 = \frac{1}{C}\left(\frac{1}{L_L} + \frac{1}{L_K}\right),$$

bis dieser Zustand erreicht ist. Man kann also auch kleinste Ströme augenblicklich löschen. Nachteilig ist, neben den hohen Umschwingverlusten, eine sehr hohe Sperrspannung der Ventile. Sie ist gleich der dreifachen Batteriespannung für den Hauptthyristor. Um die Stromsteilheit der Kommutierung etwas herabzusetzen, kann man in die Verbindung vom Löschthyristor zum Hauptthyristor eine kleine Drossel einfügen.

Löschung parallel zur Last

Statt die Löschschaltung parallel zum Hauptthyristor oder parallel zu einer Einkopplungsdrossel im Hauptstromkreis, wie im vorhergehenden Fall, kann man sie auch wie im Bild 17.11 parallel zur Last ankoppeln. Hier wird der Löschkondensator durch den Ladethyristor T_3 über die Ladedrossel L_L auf die doppelte Batteriespannung aufgeladen. Durch Zündung von T_2 wird von T_1 auf T_2, und damit auf den Kondensatorzweig, kommutiert. Die Diode D parallel zum Kondensator führt den Strom, sobald der Kondensator entladen ist. Der

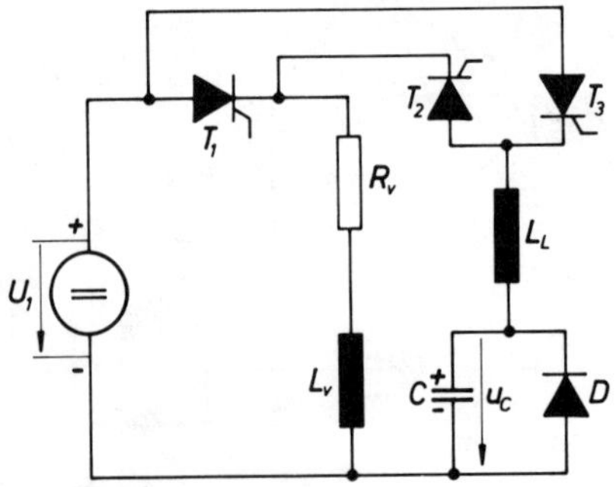

Bild 17.11. Löscheinrichtung parallel zur Last

Laststrom fließt im Freilauf über T_2 und D. Vorteilhaft ist bei dieser Schaltung, daß die Spannung am Löschkondensator sich nicht umkehrt sondern eine pulsierende Gleichspannung ist; nachteilig ist die hohe Belastung des Löschthyristors bei niedriger Aussteuerung durch den Hauptstrom, d.h. langem Freilaufintervall, erhöhte Verluste in T_2 und D im Freilaufintervall sowie der um einen Thyristor erhöhte Aufwand z.B. gegenüber der Schaltung nach *Tröger*.

Die in Bild 17.12a dargestellte von *W. Morgan* angegebene Löschschaltung benutzt eine Sättigungsdrossel (siehe Kapitel 14.1) als Umschwingdrossel und kommt ohne Löschthyristor aus. Der Hauptthyristor T_1 wird nach jedem Einschalten nach einer festen, durch die Sättigungsdrossel bestimmten Zeit gelöscht. Beim Anlegen der Spannung U_1, gesperrtem Thyristor T_1 und ungeladenem Kondensator C nimmt die Sättigungsdrossel SD die ganze Spannung U_1 auf. Vereinfachend sei die differentielle Induktivität der ungesättigten Drossel $L_d = w^2\, d\Phi/d\theta = d\Psi/di$ unendlich groß angenommen, die Schleifenbreite der B, H-Schleife sei Null. Bezeichnet $\Psi = w \cdot \Phi$ den Spulenfluß der Sättigungsdrossel (Bezeichnungen siehe Kap. 14), so kommt sie in die positive Sättigung, wenn

$$\Psi = \int_0^t u_{SD}(\tau)\, d\tau = +\Psi_s$$

Von da ab ist eine endliche Sättigungsinduktivität L_s wirksam. Nun lädt sich der Kondensator C auf eine Spannung auf, die (s. Gl. (17.4)) je nach der Dämpfung zwischen U_1 und $2U_1$ liegt. Der Arbeitspunkt bleibt schließlich im oberen Sättigungsknick, Diode D_1 sperrt. Wird nun T_1 gezündet, und dadurch Sättigungsdrossel und Kondensator parallel geschaltet, so gilt mit den Zählpfeilen nach Bild 17.12a:

$$u_{SD} = -u_C$$

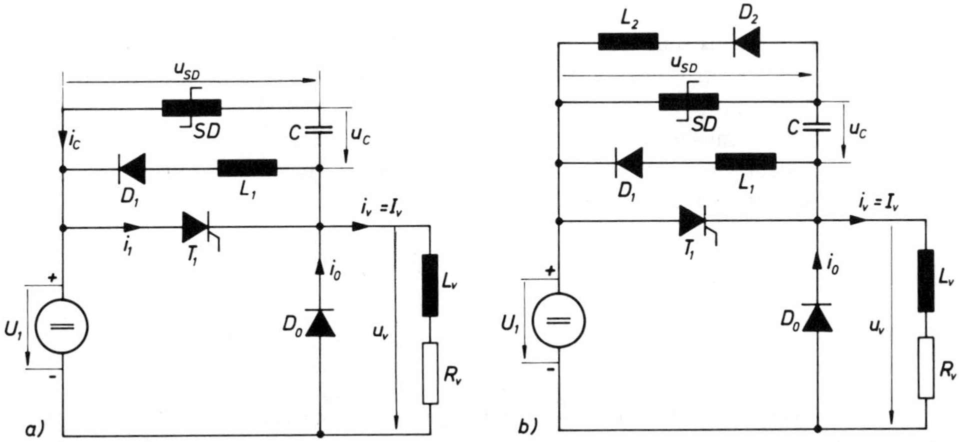

Bild 17.12. a) Löschschaltung mit Sättigungsdrossel als die Einschaltzeit bestimmendes Bauelement (Morgan-Schaltung); b) Abwandlung der Schaltung nach a)

Da der Arbeitspunkt im oberen Sättigungsknick lag und die Spannung negativ ist, kommt die Drossel in den ungesättigten Bereich:

$$L_d \to \infty, \quad \frac{d\Psi}{dt} = -u_C$$

und es bleibt

$$i_C = 0 \quad \text{und} \quad u_C = \text{const.}$$

bis die Drossel bis zum unteren Sättigungsknick durchmagnetisiert ist. Das ist nach einem Zeitintervall Δt der Fall, das sich bestimmt aus

$$u_C \Delta t = 2\Psi_s$$

also

$$\Delta t = 2\Psi_s/u_C$$

Die Sättigungsinduktivität L_s wird nun wieder gültig und der Kondensator lädt sich mit dem Strom

$$i_C = \frac{u_C(0)}{\sqrt{L_s/C}} \cdot \sin \omega_0 t$$

um auf eine negative Spannung

$$u_C\left(\frac{T}{2}\right) = -u_C(0).$$

Der Umladestrom geht über den Hauptthyristor. Jetzt ist die Spannung an der Sättigungsdrossel positiv,

$$u_{SD} = -(-u_C(0)) = \text{const.}, \quad i_C = 0,$$

und die Drossel wird bis zum Erreichen des positiven Sättigungsknicks wiederum ummagnetisiert was nochmals die Zeit $\Delta t = 2\Psi_s/u_C(0)$ erfordert. Dann folgt eine Rückumladung des Kondensators C, die entgegen der Stromrichtung des Thyristors T_1 über diesen führt. Erreicht der Umladestrom $-i_C$ den Wert des Vorwärtsstroms i_1, so verläuft der Rest des Umschwingvorgangs über die Diode D_1. (Die Induktivität L_1 sei klein gegen L_s). Die zusätzliche Zeit ist also bestimmt durch

$$\frac{u_C(0)}{Z} \cdot \sin \omega_0 T_L = I_v$$

$$T_L = \frac{1}{\omega_0} \arcsin\left(\frac{I_v \cdot Z}{u_C(0)}\right)$$

Nach Sperrung der Diode D_1 ist u_C wieder positiv und die Sättigungsdrossel am oberen Sättigungsknick. Mit dem Erlöschen von T_1 muß der Verbraucherstrom $i_v = I_v$, der als konstant angenommen sei, über den Löschzweipol fließen. Die Kondensatorspannung u_C wird also weiter positiv und schließlich größer als U_1, so daß der Verbraucherstrom

i_v auf die Nulldiode D_0 kommutiert wird,und $i_0 = i_v$, $i_C = 0$ ist. Sobald die Diode D_0 den Verbraucherstrom führt, liegt der Kondensator C über die Sättigungsdrossel und die Nulldiode unmittelbar an der Spannung U_1, so daß die Kondensatorspannung im periodischen Betrieb zwischen $+ U_1$ und $- U_1$ hin und her schwingt.

Nach jeder Zündung bleibt T_1 also für eine Zeit eingeschaltet, die sich zu

$$T_{ein} = 2\,\Delta t + \frac{T}{2} + T_L$$

ergibt. T ist die Periodendauer $2\pi/\omega_0$ mit $\omega_0 = \frac{1}{\sqrt{L_s C}}$, T_L siehe oben.

Bei entsprechender Bemessung ist

$$T_{ein} \approx 2\,\Delta t = 4\,\frac{\Psi_s}{U_1}\,.$$

Das Steuerverfahren muß auf konstante Einschaltzeit abgestellt werden, d. h. die gesamte Pulsperiode $T_p = 1/f_p$ muß stets größer als die Einschaltdauer T_{ein} sein, im übrigen als Steuergröße variabel. Es gilt dann für den Mittelwert der Verbraucherspannung, $\overline{u_v}$:

$$\frac{\overline{u}_v}{U_1} = \frac{T_{ein}}{T_p} = f_p \cdot T_{ein}$$

und die Pulsfrequenz f_p, mit der der Thyristor T_1 gezündet wird, ist die steuernde Größe. Es wird also ein spannungs- (oder strom-) gesteuerter Oszillator für die Impulserzeugung benötigt. Ferner muß durch eine geeignete Signalverarbeitung verhindert werden, daß ein neuer Einschaltimpuls gegeben wird, bevor der Thyristor T_1 gelöscht und die Schaltung wieder löschbereit ist.

In der Variante nach Bild 17.12b ist zur Sättigungsdrossel eine lineare Drossel L_2 mit einer Diode D_2 parallel geschaltet. Dabei wird $L_2 \gg L_s$ gewählt und damit erreicht, daß der erste Umschwingvorgang der Kondensatorspannung unmittelbar nach dem Zunden von T_1 beginnt. Der Umschwingstrom überlagert sich dem Vorwärtsstrom des Thyristors T_1, und sein Scheitelwert hat bekanntlich die Größe

$$\hat{i}_C = \frac{u_C(0)}{Z}, \quad \text{mit } Z = \sqrt{L/C}.$$

Die Eigenfrequenz wird also vermindert, die Umschwingdauer verlängert. Die während der Ummagnetisierungszeit zum negativen Sättigungsknick an der Sättigungsdrossel liegende Kondensatorspannung ist jetzt nicht mehr konstant, sondern folgt der Kosinusfunktion $u_C(0) \cdot \cos \omega_0 t$, mit $\omega_0 = 1/\sqrt{L_2 C}$. Die Ummagnetisierungszeit wird dadurch etwas verlängert. Bei der Schaltung nach Bild 17.12b, ist der Drosselaufwand ungefähr gleich dem von Bild 17.12a, da in der Schaltung nach b die Spannungszeitfläche der Sättigungsdrossel vermindert werden kann, wenn gleiche Einschaltzeit des Thyristors T_1 gefordert wird.

Eine Eigentümlichkeit der von Morgan angegebenen Löschschaltungen ist, daß ein starkstromseitiges Bauelement, die Sättigungsdrossel, die Einschaltzeit und dadurch mittelbar die bei der Steuerung variable Pulsfrequenz bestimmt. Bei Herabsteuerung wird die Puls-

frequenz kleiner, damit bei gegebener Induktivität des Lastkreises die Welligkeit des Laststroms größer. In dieser Hinsicht erscheint die Betriebsweise mit einer Schaltung, die konstante Pulsfrequenz aufweist oder die Zweipunkt-Regelung des Stromes wie in Abschnitt 17.4 beschrieben, vorteilhafter.

Vereinfachte symbolische Darstellung

Im folgenden bedeutet der rechteckige Zweipol mit der Bezeichnung L, wenn er wie in Bild 17.13a parallel zu einem Thyristor geschaltet ist, eine der oben beschriebenen Löschschaltungen, oder eine andere Schaltung mit der entsprechenden Funktion. Manchmal wird stattdessen nur ein Thyristor mit einem zweiten Strich neben der Steuerelektrode wie in Bild 17.13b gezeichnet. Wir wollen jedoch das Symbol nach Bild 17.13a verwenden, weil es daran erinnert, daß die Funktion des Zweipols L, der Löschschaltung, auf die Strom- und Spannungsverhältnisse in der übrigen Schaltung zurückwirkt.

Schaltungen mit erzwungener Kommutierung bieten eine Fülle von neuen Steuerungsmöglichkeiten, die in der Praxis noch gar nicht alle ausgeschöpft sind. Man kann damit z. B. einen netzgeführten Stromrichter nicht nur durch Zündverzögerung sondern auch durch Verfrühung der Löschung, oder durch beides steuern. Damit braucht die Herabsteuerung des netzgespeisten Stromrichters nicht zwangsläufig mit induktiver Grundschwingungs-Blindleistung verbunden zu sein. Allerdings nimmt der Grundschwingungsgehalt des Stroms dabei ab.

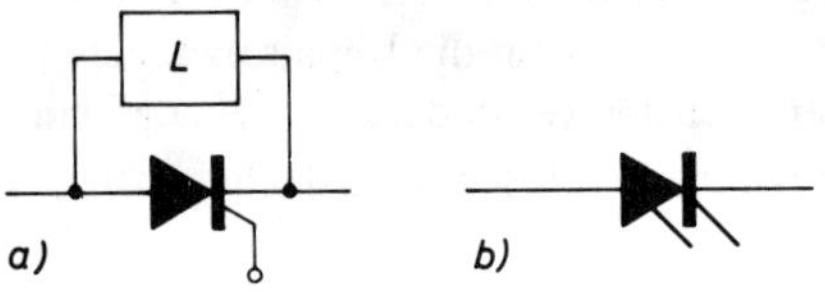

Bild 17.13
Vereinfachte symbolische Darstellung eines steuerbaren Ventils mit Löschschaltung

17.4. Gleichstromsteller

In Bild 17.14 bezeichnet L eine der oben beschriebenen Löschschaltungen, T_1 den Hauptthyristor, D_0 eine Null- oder Freilaufdiode. Der Unterschied zu Bild 17.4 und den folgenden besteht lediglich darin, daß der Verbraucher eine Gegenspannung (z. B. die EMK eines Gleichstrommotors) enthält. Aus Bild 17.5 ging hervor, daß die Schaltung es ermöglicht, bei Vorhandensein einer Gleichspannung U_1 als treibende Spannung, die Verbraucherspannung u_2 quasi-stetig durch Ein- und Ausschalten in schneller Folge (Takten oder „Pulsen") zu steuern. Bei abgeschalteter Spannungsquelle muß der Verbraucherstrom über das Nullventil fließen. Werden die Spannung u_1 und der Strom $i_2 = I_2$ als

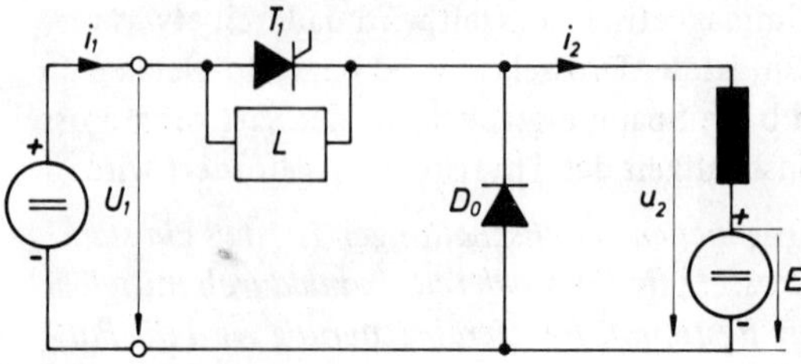

Bild 17.14
Aufeine Gegenspannung arbeitender Gleichstromsteller

vollkommen glatt angenommen, so setzt primärseitig auch nur der Mittelwert des Stroms i_1, sekundärseitig nur der Mittelwert der Spannung u_2 Leistung um. Werden die Verluste in der Schaltung vernachlässigt, so ergibt sich also:

$$U_1 \cdot \overline{i}_1 = \overline{u}_2 \cdot I_2 \tag{17.29}$$

und

$$\frac{U_1}{\overline{u}_2} = \frac{I_2}{\overline{i}_1}$$

wobei der Querstrich den Mittelwert einer getakteten Größe bezeichnet.

Diese Beziehungen sind ganz analog wie beim Transformator. Man nennt die Anordnung daher auch „Gleichstrom-Pulswandler" oder, in Analogie zum Wechsel- oder Drehstromsteller, auch „Gleichstromsteller". Die Schaltung eignet sich z. B. dazu, einen Gleichstrommotor mit einer konstanten Gleichspannung, z. B. bei Speisung aus einer Batterie, im Vergleich zum Widerstandsanlassen nahezu verlustfrei hochzufahren.

Mit den Bezeichnungen von Bild 17.15 (vgl. auch Bild 17.5) gilt für den Mittelwert von u_2:

$$\overline{u}_2 = \overline{u}_{KO} = \frac{T_e}{T_e + T_a} U_1 = \frac{T_s + T_u/2}{T} U_1 \tag{17.30}$$

wobei:

$T_s = t_1' - t_3$ (Einschaltzeit des Hauptthyristors)

$T_u = t_2 - t_1$ (Zeit zwischen Zünden des Löschthyristors und Übernahme durch die Nulldiode, Umladezeit des Kondensators)

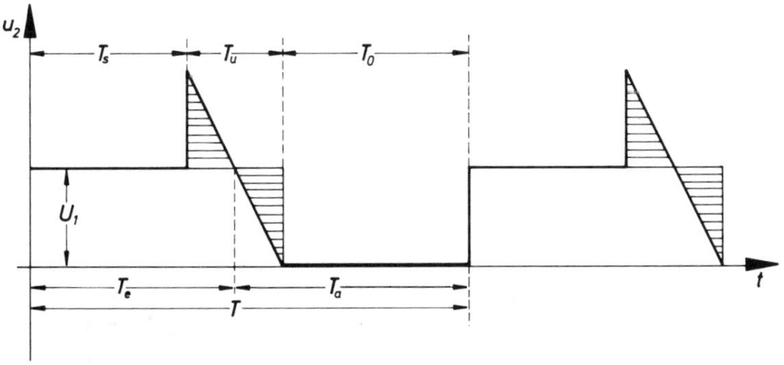

Bild 17.15. Steuerung des Spannungsmittelwertes mit der Schaltung nach 17.14 über das Einschaltverhältnis

Die wirksame Einschaltzeit von T_1 ist um die halbe Kondensatorumladezeit $(t_2 - t_1)/2$ größer als das vorgegebene Einschaltintervall T_s, wächst also mit abnehmendem Verbraucherstrom. Für eine konstante Taktperiode $T = T_s + T_u + T_0$ für jedes Taktverhältnis T_s/T gibt es einen kleinsten Strom, unterhalb dessen die Kondensatorumladung nicht beendet wird.

Er ergibt sich aus

$$\frac{1}{C} \cdot I_{min} \cdot (T - T_s) = 2U_1$$

zu

$$I_{min} = \frac{C \cdot 2U_1}{T - T_s} = \frac{2CU_1}{T} \cdot \frac{1}{(1 - T_s/T)} . \qquad (17.31)$$

Dabei erreicht $\overline{u}_2$ den Wert U_1. Die Schaltung wird daher meist nicht mit konstanter Taktfrequenz, sondern mit einer Zweipunktregelung betrieben (Bild 17.16). Mit dem Stromsollwert gibt man eine obere Stromgrenze vor, bei der gelöscht wird, und eine untere Stromgrenze, bei der der Hauptthyristor wieder gezündet wird. Ist der Hauptthyristor gezündet, so strebt der Strom i_v in einem exponentiellen Verlauf dem Endwert $(U_1 - E_2)/R_v$ zu und erreicht dabei die obere Schaltgrenze, die die Löschung auslöst. Der Strom kommutiert auf die Nulldiode und strebt dann ebenfalls exponentiell einem negativem Endwert $- E_2/R_v$ zu. Dabei erreicht er die untere Schaltgrenze und löst die erneute Zündung des Hauptthyristors aus. Diese Arbeitsweise ist in Bild 17.16 verdeutlicht.

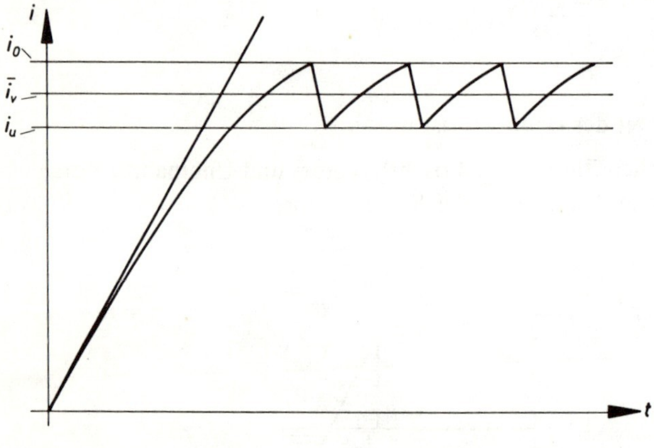

Bild 17.16

Stromverlauf in der Schaltung nach 17.14 bei Zweipunktregelung

Rückarbeit

Ist die Spannung E_2 z. B. die Gegenspannung eines Gleichstrommotors, so ist ein Abbremsen auch gegen eine höhere Spannung U_1 möglich. Die Schaltung muß dann nach Bild 17.17 geändert werden. Der Thyristor schließt die Spannung E_2 hinter einer Drossel kurz. Der Bremsstrom steigt an. Nach Zünden des Löschthristors erfolgt die Zwischenkommutierung auf die Löschschaltung. Die Kondensatorspannung des Löschkreises wächst nach der Umladung so lange an, bis sie zur Kommutierung gegen die Spannung U_1 auf die Rückleistungsdiode D ausreicht. Da $U_1 > E_2$, nimmt in diesem Schaltzuständ der Strom wieder ab. Offensichtlich ist auch hier eine Zweipunktregelung des Stroms ähnlich der oben für die umgekehrte Energierichtung beschriebenen zweckmäßig. Man läßt den Rückstrom nicht bis auf Null abfallen, sondern zündet bei Erreichen einer unteren Schranke den kurzschließenden Thyristor T erneut.

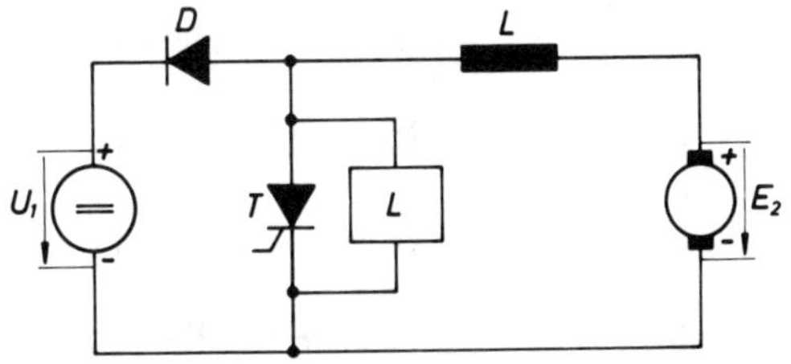

Bild 17.17

Schaltung mit Gleichstromsteller für das Rückarbeiten gegen eine höhere Gleichspannung

Zwei- und Vierquadranten-Steller

Mit der Schaltung nach Bild 17.18 kann die Spannung E_2 auf die Spannung U_1 rückarbeiten, sofern sie ohne mechanische Umschaltung im Hauptkreis umgekehrt werden kann (z. B. EMK einer Gleichstrommaschine durch Umkehr des Feldes). Die Schaltung arbeitet im ersten Quadranten der i, u- Ebene ($i > 0$, $u > 0$), wenn die Thyristoren T_1 und T_2 gezündet sind und Strom führen. Die Schaltung arbeit im vierten Quadranten ($i > 0$, $u < 0$) wenn der Strom über die beiden Dioden fließt. Die Dioden begrenzen die Spannung an der Löschschaltung auf den Wert U_1. Bei dieser Schaltung geschieht das Takten nicht zwischen $+ U_1$ und 0, sondern zwischen $+ U_1$ und $- U_1$. Bei $U_1 > E_2$ steigt der Strom i an, wenn die Thyristoren eingeschaltet sind. Der Strom nimmt ab, wenn die Thyristoren gelöscht werden, der Strom auf die Dioden kommutiert und damit die Spannung in umgekehrter Richtung auf den Verbraucher (A, B) geschaltet ist.

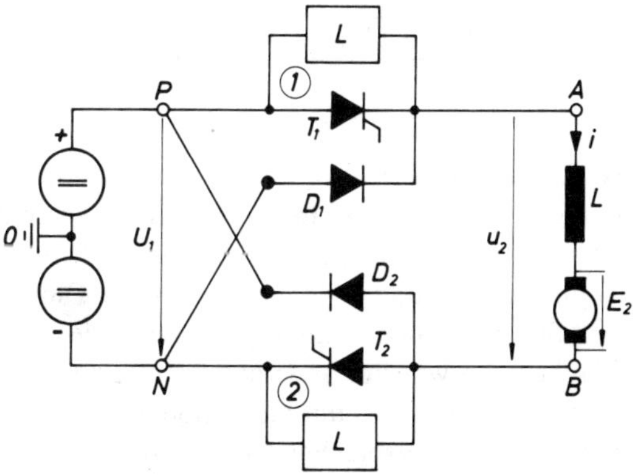

Bild 17.18

Zweiquadranten Gleichstromsteller ($+I$, $\pm U$)

Zum Bremsen muß man zunächst die Spannung E_2 (z. B. durch Feldumkehr) *umkehren.* Sind die Thyristoren gezündet, so wirken U_1 und E_2 nun im gleichen Sinne, und der Strom steigt sehr steil an. Durch Löschen der Thyristoren wird der Strom auf die Dioden kommutiert. Jetzt sind U_1 und E_2 im Stromkreis gegeneinander geschaltet, der Strom nimmt wieder ab.

Die Schaltung nach Bild 17.19 erlaubt Betrieb in allen vier Quadranten. Der Verbraucher (Klemmen A und B) kann an positive und negative Spannung gelegt werden und kann positiven und negativen Strom führen; die Thyristoren T_1 und T_3 liefern positiven Strom bei positiver Spannung, die Thyristoren T_2 und T_4 negativen Strom bei negativer Spannung (1. und 3. Quadrant).

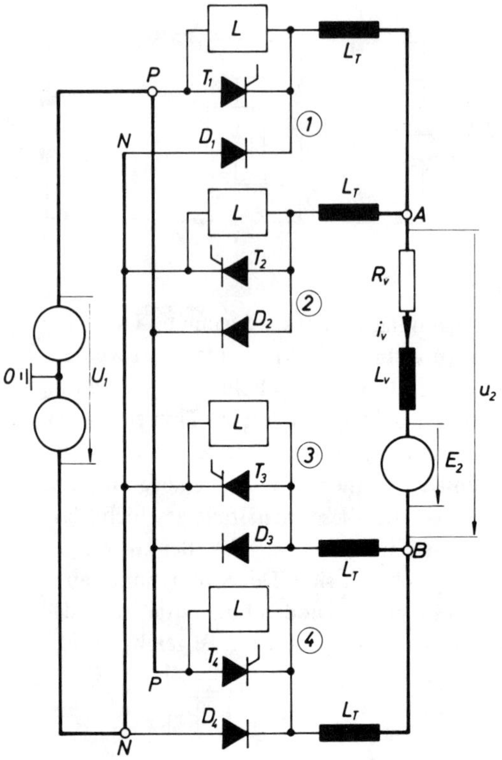

Bild 17.19

Vierquadranten-Gleichstromsteller (± U, ± I)

Nach Löschung von T_1 und T_3 (z.B.) kommutiert der positive Strom auf die Dioden D_1 und D_3, womit bei gleicher Stromrichtung eine umgekehrte Spannung am Verbraucher zwischen A und B liegt, entsprechendes gilt bei negativem Strom bei der Löschung der Thyristoren T_2 und T_4. Hier wird auf die Dioden D_2 und D_4 kommutiert und bei negativem Strom positive Spannung angelegt. Die Trenndrosseln L_T sind für die Funktion der Löschung notwendig. Anderenfalls wäre z.B. die Löschschaltung 1 über die Diode 2 kurzgeschlossen. Man erkennt hier schon, daß diese Schaltung ein sehr universeller Wechselrichter ist. Bei entsprechender Steuerung gestattet sie offensichtlich, den Verbraucher (Klemmen AB) mit Wechselspannung und Wechselstrom mit völlig beliebiger Phasenverschiebung der Grundwelle, d.h. in allen vier Quadranten, zu speisen (s. Kap. 18).

17.5. Pulssteuerung eines Widerstandes

Schaltet man einen Thyristor mit Löschschaltung parallel zu einem ohmschen Widerstand, mit dem eine Drossel in Reihe gelegt ist, so kann man durch periodisches Ein- und Ausschalten den scheinbaren Wert dieses Widerstandes durch Pulsbreitensteuerung stetig verändern. („gepulster Widerstand"). Für diese Betriebsweise gibt es verschiedene Anwendungsmöglichkeiten.

Eine zeigt Bild 17.20. Die Kennlinie eines Asynchronmotors mit Schleifringläufer kann durch Veränderung der Läuferwiderstände beeinflußt werden. Mit wachsendem Widerstand wird bekanntlich die Kennlinie der Drehzahl über dem Drehmoment immer stärker geneigt, wobei der Betrag des Kippmoments erhalten bleibt. Eine Möglichkeit, diese Widerstandsveränderung kontaktlos durchzuführen, bestünde in der Anordnung von Wechselstromstellern parallel zu den Zusatzwiderständen. Man würde drei Steller mit sechs Thyristoren brauchen und hätte die in Kap. 16 beschriebenen Nachteile, insbesondere die Phasennacheilung der Grundwelle des Stroms, in Kauf zu nehmen.

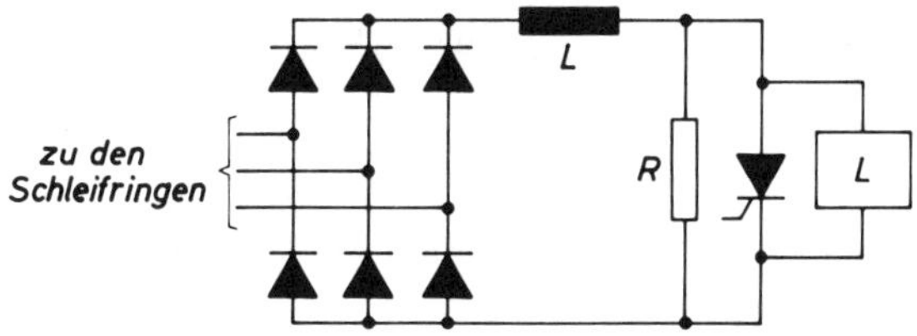

Bild 17.20
Pulssteuerung eines Widerstandes
Beispiel: Steuerung eines Schleifringläufer-Motors im Läuferkreis

Durch die Anordnung nach Bild 17.20 werden die Schleifringspannungen durch eine Brückenschaltung mit ungesteuerten Ventilen gleichgerichtet und der durch die Drossel geglättete Gleichstrom wird durch den dem Widerstand parallel geschalteten löschbaren Thyristor beeinflußt. Man kann auf diese Weise den ganzen Kennlinienbereich zwischen den Grenzen minimalen und maximalen Läuferwiderstandes überdecken. Man kann überdies durch Hinzufügen einer Regelung, die über die Pulssterung den scheinbaren Widerstand verändert, eine Strombegrenzung und nach Wunsch auch eine harte Drehzahlkennlinie erzeugen.

Weitere Anwendungsbeispiele sind die Widerstandbremsung einer Gleichstrommaschine, insbesondere die selbsterregte Widerstandsbremsung mit einem Hauptstrommotor, sowie ein stetig steuerbarer Nebenschluß zum Erregerfeld eines Hauptstrom- oder verbunderregten Motors.

18. Selbstgeführte Wechselrichter

18.1. Vorbemerkungen: Idealer Transformator, angezapfte Drossel; mittelangezapfte Kodensator-Reihenschaltung

Idealer Transformator

Die Darstellung eines mit Leerlaufstrom und Streuinduktivität behafteten Transformators durch einen idealen Transformator, dem entsprechende äußere Impedanzen angefügt werden, ist nicht nur beim Rechnen mit eingeschwungenen Wechselstrom- und Spannungsgrößen sondern auch für die Betrachtung von Ausgleichsvorgängen vorteilhaft. Das Verhalten des in Bild 18.1a dargestellten *idealen* Transformators wird durch zwei Gleichungen beschrieben:

$$u_1 : u_2 : u_3 = w_1 : w_2 : w_3 \tag{18.1a}$$

$$i_1 w_1 + i_2 w_2 + i_3 w_3 = 0, \tag{18.1b}$$

(w_i Windungszahl der Wicklung, Zählpfeile wie in Bild 18.1a). Gl. (18.1a) kennzeichnet die Eigenschaft der festen Spannungsübersetzung, Gl. (18.1b) die Tatsache, daß die Summe der Durchflutungen, die durch die einzelnen Wicklungen hervorgebracht werden, Null ist. Die zweite Gleichung ist eine Gleichung von der Art einer Knotenpunktsgleichung. Falls $w_1 = w_2 = w_3$ ist, ergibt sich nämlich

$$i_1 + i_2 + i_3 = 0.$$

Das ist bei der Wahl der Zustandsvariablen für die Aufstellung der Differentialgleichungen zu berücksichtigen, s. Kap. 21. In Bild 18.1b sei $w_1 = w_2 = w_3$. Die ersten beiden Wicklungen sind miteinander verbunden, und an die Reihenschaltung ist ein Kondensator der Kapazität C'' angeschlossen. Dann sind die Wicklungsströme mit den angegebenen Zählpfeilen i_1, i_C, i_3. Dann muß nach Gl. (18.1) gelten:

$$u_C = 2 \cdot u_1$$

$$i_1 - i_C - i_3 = 0.$$

Ferner gilt die Knotenpunktsbedingung

$$i_a = i_C + i_1$$

und damit

$$i_a = 2i_C + i_3.$$

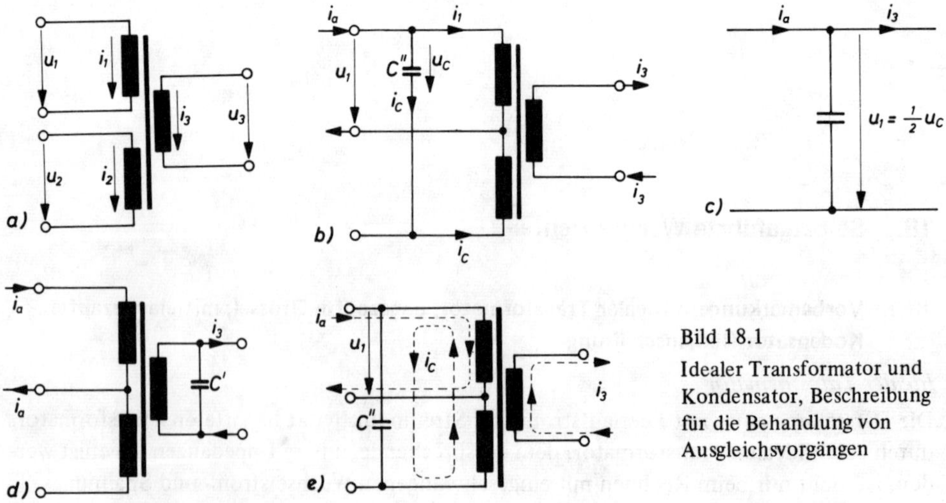

Bild 18.1
Idealer Transformator und Kondensator, Beschreibung für die Behandlung von Ausgleichsvorgängen

Nun ist

$$i_C = C'' \frac{du_C}{dt} = 2 \cdot C'' \frac{du_1}{dt}.$$

Eliminiert man alle Größen bis auf u_1 und die äußeren Ströme i_a und i_3, so erhält man:

$$\frac{du_1}{dt} = \frac{1}{4\,C''} (i_a - i_3). \tag{18.2}$$

Dies entspricht den Verhältnissen in Bild 18.1c. Man würde zwischen i_a, i_3 und den Wicklungsspannungen offenbar die gleiche Beziehung erhalten, wenn man einen Kondensator von der Größe, $C' = 4\,C''$ an irgendeine der drei Wicklungen anschließen würde (z. B. wie in Bild 18.1d).

Es ist bequem, die äußeren Ströme und den Kondensatorstrom gemäß Bild 18.1e als Maschenströme einzuführen. Dann lautet die „Durchflutungsbedingung":

$$1 \cdot i_a = 2 \cdot i_C + 1 \cdot i_3,$$

was mit

$$i_C = C'' \frac{du_C}{dt}$$

und

$$u_1 = \frac{1}{2} u_C$$

ebenfalls sofort auf Gl. (18.2) führt.

Angezapfte Drossel

Nimmt man für die mittelangezapfte Drossel nach Bild 18.2a an, daß sämtliche Windungen stets mit dem vollen Fluß verkettet sind und der magnetische Leitwert des magnetischen Kreises Λ sei, so gilt:

$$\Phi = \frac{w}{2} (i_a - i_b)\,\Lambda$$

$$u_{A0} = \frac{w}{2} \cdot \frac{d\Phi}{dt},$$

also

$$u_{A0} = \frac{1}{4} w^2 \Lambda \left(\frac{di_a}{dt} - \frac{di_b}{dt} \right).$$

Wird die zwischen A und 0 oder B und 0 meßbare Induktivität $\frac{1}{4} w^2 \Lambda = L$ genannt, so gilt das Differentialgleichungspaar

$$\begin{aligned} L \frac{di_a}{dt} - L \frac{di_b}{dt} &= u_{A0} \\ -L \frac{di_a}{dt} + L \frac{di_b}{dt} &= u_{B0} \end{aligned} \tag{18.3}$$

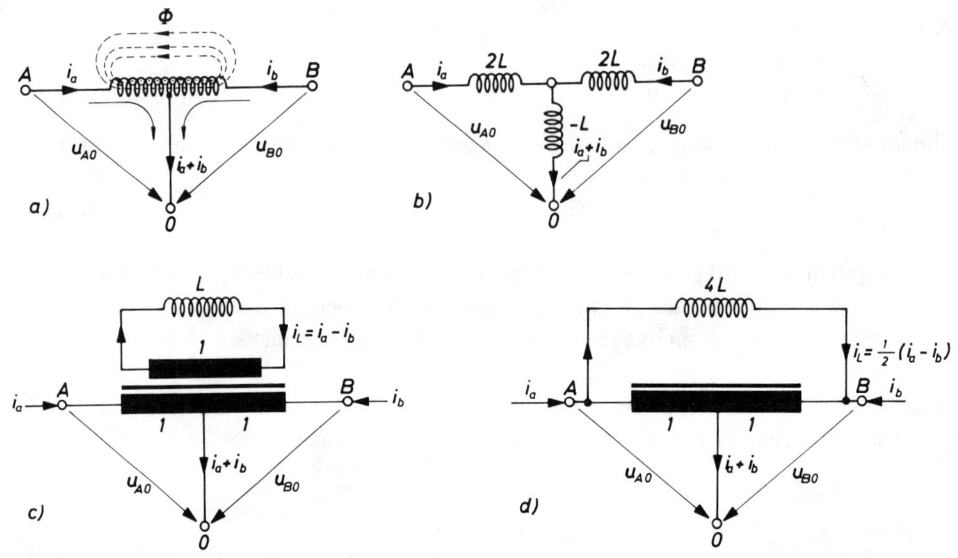

Bild 18.2. Mittelangezapfte Drossel mit vollkommener Verkettung der Teilwicklungen, verschiedene Beschreibungen für die Behandlung von Ausgleichsvorgängen

Durch dasselbe Gleichungspaar wird der Dreipol nach Bild 18.2b beschrieben, ebenso, wie man sich leicht überzeugt, der Dreipol nach Bild 18.2c, der einen idealen Transformator mit der Übersetzung 1 : 1 : 1 enthält, wobei die Induktivität L an die dritte Wicklung angeschlossen ist. Nach den oben über den idealen Transformator gemachten Ausführungen wäre es offenbar ebenso gut möglich, die Drossel L stattdessen unmittelbar an die Klemmen A0 oder unmittelbar an die Klemmen B0 anzuschließen, oder zwei Induktivitäten jede von der Größe 2 L an jede der beiden Wicklungen, oder 4 L zwischen den Klemmen A und B, wie in Bild 18.2d.

Ist die Drossel nicht in der Mitte angezapft, sondern gemäß Bild 18.3a, so liefert eine entsprechende Ableitung:

$$u_{A0} = L_{11}\,\frac{di_a}{dt} - L_{12}\,\frac{di_b}{dt}$$

$$u_{B0} = -\,L_{12}\,\frac{di_a}{dt} + L_{22}\,\frac{di_b}{dt}\,,$$

wobei

$$L_{11} = w_1^2 \cdot \Lambda$$

$$L_{22} = w_2^2\;\Lambda$$

$$L_{12} = w_1 \cdot w_2 \cdot \Lambda,$$

und es gelten die Ersatzschaltbilder 18.3b und c.

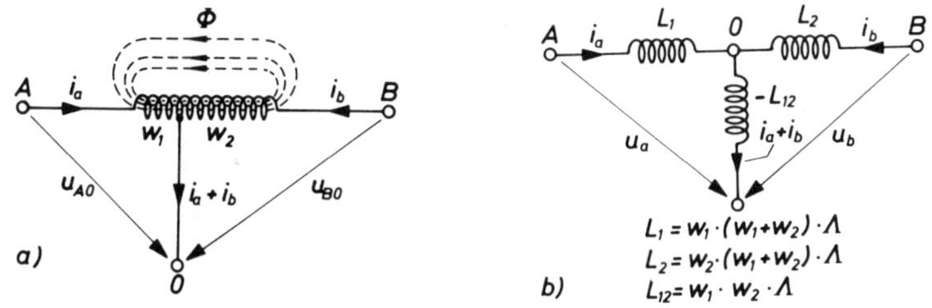

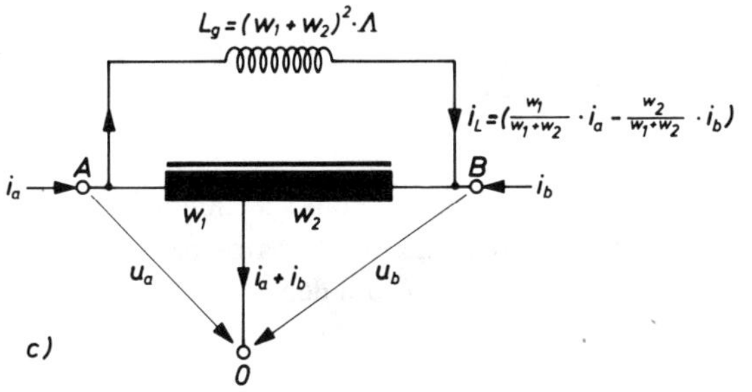

Bild 18.3

Außermittig angezapfte Drossel mit vollkommener Verkettung der Teilwicklungen; verschiedene Ersatzschaltbilder für die Beschreibung des Verhaltens bei Ausgleichsvorgängen

Bildung eines Mittelpunktes durch kapazitive Spannungsteilung

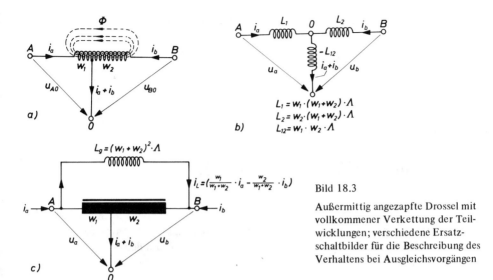

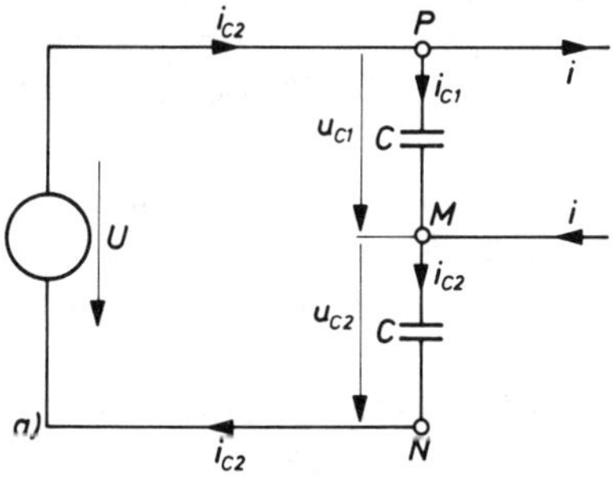

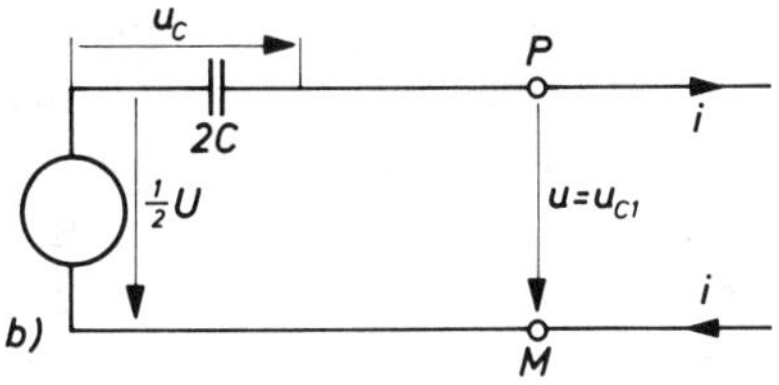

Bild 18.4. Kapazitive Spannungsverteilung: Beispiel für das Ausscheiden von Zustandsgrößen durch Vorhandensein algebraischer Nebenbedingungen

In Bild 18.4a soll abwechselnd an den Klemmen P-M und N-M belastet werden. Ohne den Belastungstrom i liegt im Stationärzustand an jedem Kondensator die Spannung U/2. (In der Praxis wird man das durch hochohmige Parallelwiderstände sicherstellen.) Der Belastungsstrom i verteilt sich auf die Kondensatorzweige, und es gilt mit den gewählten Zählpfeilen die Knotenpunktsgleichung

$$C \frac{du_{C1}}{dt} + i = C \frac{du_{C2}}{dt} .$$

Ferner gilt

$$u_{C1} + u_{C2} = U.$$

Da U = const, bedeutet das

$$\frac{du_{C1}}{dt} + \frac{du_{C2}}{dt} = 0$$

und

$$i_{C1} = - i_{C2} .$$

D. h. der Strom i verteilt sich gleichmäßig auf die Kondensatorzweige:

$$i_{C2} = \frac{i}{2} \qquad i_{C1} = -\frac{i}{2}.$$

Damit wird

$$C \cdot \frac{du_{C1}}{dt} = -\frac{i}{2} \qquad \frac{du_{C1}}{dt} = -\frac{1}{2C} \cdot i$$

$$u_{C1} = u_{C1}(0) - \frac{1}{2C}\int_0^t i\,d\tau \qquad = \frac{1}{2}\,U_1 - \frac{1}{2C}\int_0^t i\,d\tau$$

Die Schaltung verhält sich also wie in Bild 18.4b, und der in den Punkt M hineinfließende Strom i muß ein reiner Wechselstrom sein. Dann schwankt die Kondensatorspannung um den Spannungsabfall dieses Wechselstroms an der Kapazität 2C um den Mittelwert $\frac{1}{2}$ U (s. Bild 18.6 und Abschnitt 18.2).

18.2. Wechselrichter mit Einzellöschung („Puls-Umrichter"), Rückleistungsdioden

Die Umwandlung einer Gleichspannung und eines Gleichstroms mit ruhenden („statischen") Bauelementen in eine Wechselspannung und einen Wechselstrom ist die Aufgabe des Wechselrichters. Liegt dazu keine Wechselspannungsquelle vor, so heißt der Wechselrichter „selbstgeführt" (Gegensatz: „netzgeführt", vgl. Kap. 3 bis 5).

Nach Kenntnis der Möglichkeit der Zwangslöschung eines Thyristors gemäß Abschnitt 17.3 liegt es nahe, diese Aufgabe zu lösen, indem man die Gleichspannung mit wechselnder Polarität mit Thyristoren auf die Last schaltet und das Ausschalten jeweils mittels Zwangslöschung besorgt.

Diese Aufgabe ist mit dem Vierquadrantensteller nach Bild 17.19 schon gelöst. Wie dort ausgeführt, erlauben die Dioden positiven Strom bei negativer Spannung und negativen Strom bei positiver Spannung, also zeitweilige Leistungsumkehr in der Periode oder auch dauernde Leistungsumkehr. Sie heißen beim Wechselrichter daher „Rückleistungsdioden". Sie wurden von *Petersen* (1931) in Verbindung mit dem Wechselrichter mit Folgelöschung (s. Abschnitt 18.3) angegeben.

Die Schaltung nach Bild 17.19 ist eine Brückenschaltung, genauer gesagt, eine Gegenparallelschaltung einer gesteuerten und einer ungesteuerten Brückenschaltung mit der Besonderheit der Trenndrosseln und der Löscheinrichtungen. Übersetzen wir diese Schaltung in eine Mittelpunktschaltung nach Bild 18.5, so benötigen wir einen mittelangezapften Transformator. Es besteht folgende Zuordnung zwischen den Leitphasen der vier Ventile und den Spannungs-, Strom- und Leistungsrichtungen:

T_1:	$+u_L$	$(+i_L,$	$+i')$	$+P_L$
D_2:	$-u_L$	$(+i_L,$	$+i'')$	$-P_L$
T_2:	$-u_L$	$(-i_L,$	$-i')$	$+P_L$
D_1:	$+u_L$	$(-i_L,$	$-i'')$	$-P_L$

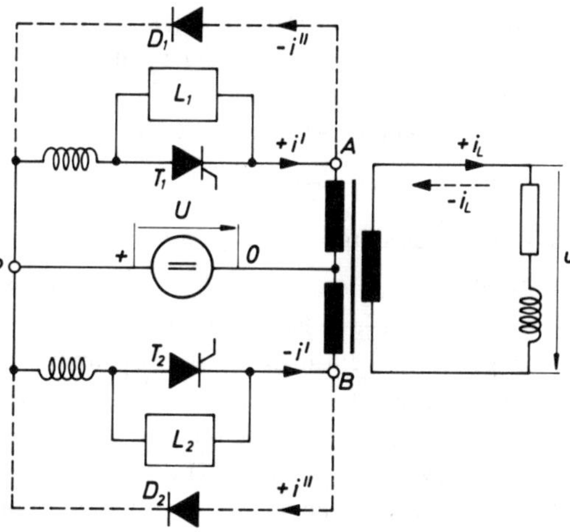

Bild 18.5

Selbstgeführter Wechselrichter mit Einzellöschung und Rückleistungsdioden, zweiphasige Mittelpunktschaltung

Das sind genau die vier Kombinationen, die bei induktiver Last auftreten; deshalb werden die Dioden auch „Blindleistungsdioden" genannt. Nach der Löschung von (z. B.) T_1 polt sich die Löscheinrichtung L_1 um, bei induktiver Last fließt der Strom über die Löscheinrichtung weiter. Diode D_2 begrenzt diese Umladung, wenn Punkt B das Potential von P (+ U) erreicht. Dann muß nach den Ausführungen in Abschnitt 18.1 Punkt A das Potential − U haben, womit die Spannung an der Löscheinrichtung auf den Betrag 2U begrenzt ist.

Wird der Mittelpunkt nach Bild 18.6 mit zwei Kondensatoren gebildet und wird angenommen, daß die Kondensatoren so groß sind, daß der Spannungsabfall des entnommenen Wechselstroms an 2C vernachlässigbar gegenüber U/2 ist, so ist die Spannungsquelle Bild 18.6b gleichwertig, und die Funktion der Ventile und die Bezeichnung der Ströme sind gleichbedeutend mit denen in Bild 18.5.

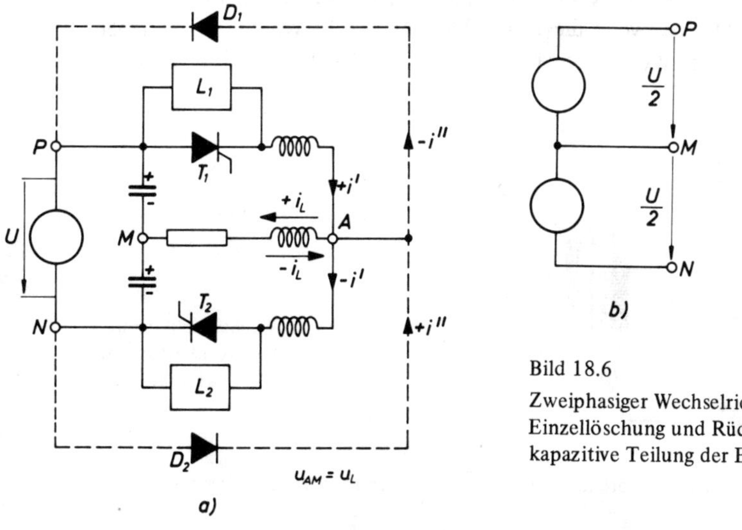

Bild 18.6

Zweiphasiger Wechselrichter mit Einzellöschung und Rückleistungsdioden, kapazitive Teilung der Eingangsspannung

Wechselrichter mit Einzellöschung können als „Puls-Wechselrichter" betrieben werden, d. h. bei induktiver Last kann der Strom in jeder Halbschwingung durch Zünden und Löschen (Takten, Pulsen, s. Kap. 17) gesteuert bzw. geregelt werden. Wir kommen auf diese Möglichkeit in Abschnitt 18.10 zurück.

18.3. Wechselrichter mit Folgelöschung

Der Wechselrichter nach Bild 18.7 benötigt keine besondere Löscheinrichtung für die Thyristoren. Der jeweils stromführende Thyristor wird bei Zündung des anderen Thyristors gelöscht. Sieht man von dem Spannungsabfall an der Drossel L_K ab, so liegt, wenn T_1 eingeschaltet ist, die Gleichspannung an der Wicklung (CO) und damit an der Lastimpedanz (A, B). Am Kondensator C'' liegt die doppelte Spannung (vgl. Abschnitt 18.1), so daß der zweite Thyristor (T_2) die doppelte Gleichspannung als positive Sperrspannung hat. Er kann also gezündet werden und übernimmt augenblicklich den Strom von T_1 über den T_1, T_2 und C'' enthaltenden (induktivitätsarmen) Kommutierungskreis (*Prince, Sabbah,* 1928). Soll die Anordnung auch bei induktiver Last arbeiten, so sind die in Abschnitt 18.2 schon erwähnten Rückleistungs- oder Blindstromdioden D_1 und D_2 erforderlich (*Petersen,* 1931). Warum es zweckmäßig ist, die Dioden nicht an die Wicklungsenden, sondern wie in Bild 18.7 angedeutet an eine Wicklungsanzapfung anzuschließen (*Tröger,* 1938), wird die folgende Analyse der Schaltung zeigen. Dazu sei die Lastimpedanz Z_L zunächst durch eine Induktivität L_2 ersetzt[1]). Dann ergibt sich mit den Überlegungen in Abschnitt 18.1 das Ersatzschaltbild 18.8a mit

$$C = 4 \cdot C''$$

und

$$u_C = u_{C0} = u_{AB}.$$

Die Ströme i_1 und i_2 sowie die Kondensatorspannung u_C werden als Zustandsvariable gewählt. Die Spannung u_C ist, wenn die Teilwicklungen gleiche Windungszahl haben, gleich der Spannung an der Last u_{AB}, die Spannung an C'' in Bild 18.7 ist doppelt so groß. Für

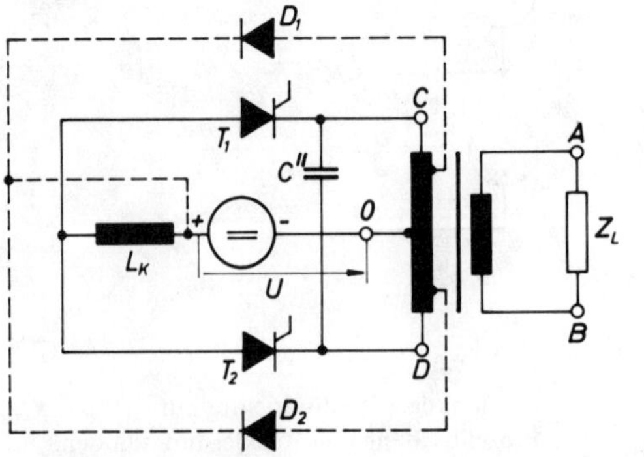

Bild 18.7

Selbstgeführter Wechselrichter mit Folgelöschung und Rückleistungsdioden, zweiphasige Mittelpunktschaltung

---

1) Eine nicht vernachlässigbare Leerlaufreaktanz des Transformators kann L_2 (parallel) zugeschlagen werden.

die Schaltung nach Bild 18.8 wurde das Differentialgleichungssystem allgemein gelöst (Gl. 17.14). In Bild 18.9 sind die Lösungsverläufe skizziert. Mit den Anfangsbedingungen $i_2(0) = 0$, $u_C(0) = 0$ bleibt nur der Term

$$u_2 = u_C = U \frac{L_2}{L_1 + L_2} (1 - \cos \omega_0 t).$$

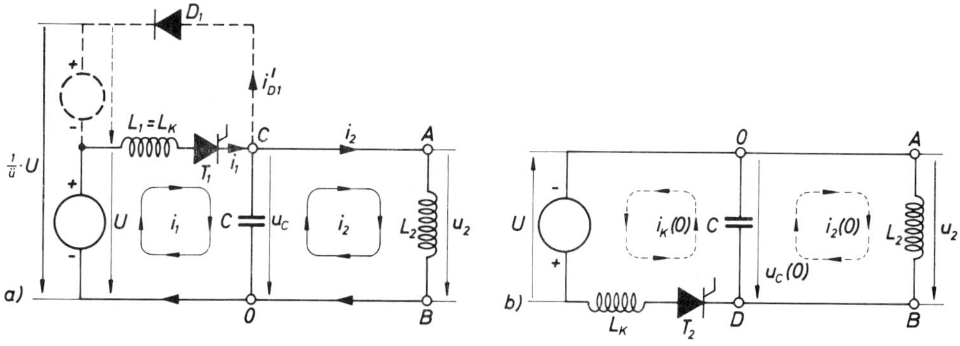

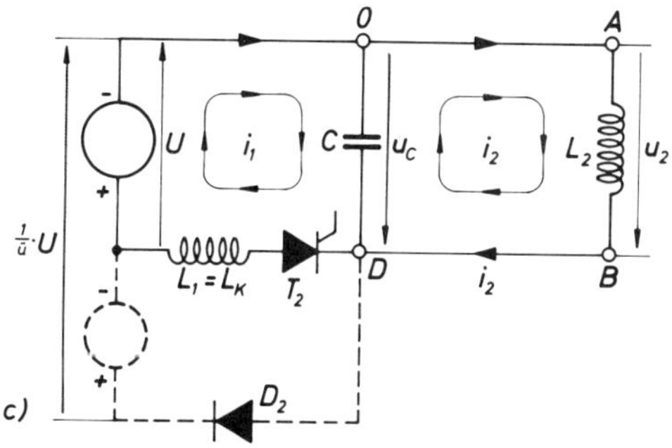

Bild 18.8

Schaltbilder zur Analyse der Funktion der Schaltung nach 18.7

a) für Intervall 1 und 2 in Bild 18.9
b) für Intervall 4 in Bild 18.9
c) für Intervall 5 in Bild 18.9

Weil im allgemeinen $L_1 = L_K \ll L_2$, ist die Eigenfrequenz

$$\omega_0 = \sqrt{\left(\frac{1}{L_1} + \frac{1}{L_2}\right) \frac{1}{C}} \approx \frac{1}{\sqrt{L_1 C}}$$

im wesentlichen durch C und die kleinere Induktivität $L_1 = L_K$ bestimmt. Die Ausgangsspannung wird also, mit waagerechter Tangente beginnend, auf den Maximalwert $U \cdot \frac{2L_2}{L_1 + L_2}$ überschwingen wollen. Dieser Vorgang wird dadurch beendet, daß die Diode D_1 schaltet und die Spannung begrenzt. Wäre sie am oberen Wicklungsende angeschlossen, so würde das genau bei der Spannung $u_2 = U$ der Fall sein. Da sie über ein Übersetzungsverhältnis $ü < 1$ angeschlossen ist, wird sie leitend, wenn ihr Anodenpotential $ü \cdot u_C \geqslant U$ wird. Von diesem Augenblick an wird der Punkt A auf dem Potential $\frac{1}{ü} U > U$ festgehal-

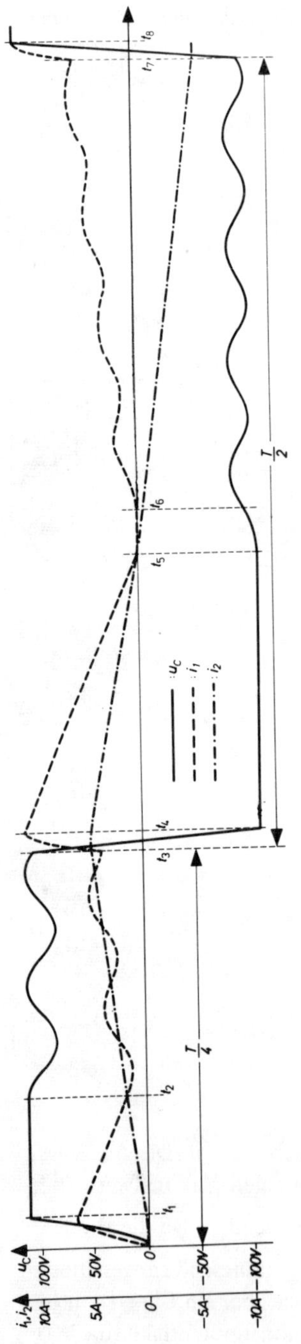

Bild 18.9. Strom- und Spannungsverläufe beim Wechselrichter mit Folgelöschung nach Bild 18.7

ten, und der in Bild 18.8a gestrichelt eingezeichnete Zweig mit der Diode D_1 ist zu berücksichtigen. Von jetzt ab gelten die beiden entkoppelten Differentialgleichungen (mit neuem Zeitnullpunkt):

$$\frac{di_1}{dt} = -\frac{1}{L_1}\left(\frac{1}{ü} - 1\right) U$$

$$\frac{di_2}{dt} = \frac{1}{L_2} \cdot \frac{1}{ü} \cdot U.$$

Dann gilt für die weiteren Verläufe: Der Strom i_1 nimmt zeitlinear ab mit einer Steilheit $-\left(\frac{1}{ü} - 1\right) \cdot \frac{U}{L_1}$. Wäre ü = 1 d.h. die Diode D_1 am Wicklungsende angeschlossen, so würde in diesem Intervall der Strom i_1 konstant bleiben.

Wegen u_C = constant ist der Strom durch den Kondensator $C \cdot du_C/dt = 0$ und für den Diodenstrom im Ersatzschaltbild gilt:

$$i'_{D1} = i_1 - i_2$$

Der Diodenstrom wird also Null, wenn der zeitlinear abnehmende Strom i_1 und der zeitlinear zunehmende Strom i_2 einander gleich geworden sind. Von diesem Augenblick gilt wieder das ursprüngliche Differentialgleichungssystem und damit die Lösung Gl. (17.14) und, auf einen neuen Nullpunkt der Zeitzählung bezogen, den Anfangsbedingungen $i_1(0) = i_2(0)$ und $u_C(0) = \frac{1}{ü}$ U. Damit bleibt von der Lösung übrig:

$$u_2 = u_C = \frac{L_2}{L_1 + L_2} \cdot U\,[1 - \cos\omega_0 t]$$

$$+ \frac{1}{ü} \cdot U \cdot \cos\omega_0 t.$$

Die Spannung an der Last unterscheidet sich also durch das Spannungsteilerverhältnis $L_2/(L_1 + L_2)$ von der Gleichspannung U. Auf diesen Wert (bzw. ohne Dämpfung um diesen Wert) schwingt sie jedoch in Form einer Kosinusschwingung, von dem Anfangswert

$$U\left(1 + \left(\frac{1}{ü} - 1\right)\right) = \frac{1}{ü}\,U$$

ausgehend, ein (Bild 18.9, $t > t_2$). Würde die Last einen ohmschen Widerstand in Reihe zu L_2 enthalten, der Wicklungswiderstand der Vordrossel berücksichtigt werden und/oder ein Parallelwiderstand zu der induktiven Last vorhanden sein, so würde diese Schwingung natürlich gedämpft verlaufen.

Auch die weiteren Verläufe der Ströme sind aus der allgemeinen Lösung Gl. (17.14) zu entnehmen. Alle Zustandsvariablen schließen einschließlich der ersten Ableitung stetig an die Anfangswerte an.

Im eingeschwungenen Zustand erwarten wir ungefähr eine Rechteckspannung der gewünschten Frequenz an der Last, als Laststrom also einen Dreieckstrom dessen Nulldurchgänge jeweils in der Mitte der Halbperiode liegen. Um diesem eingeschwungenen Zustand möglichst schnell nahe zu kommen, soll daher nach Ablauf der ersten Viertelperiode der gewünschten Frequenz der Thyristor T_2 gezündet werden. T_2 übernimmt damit augenblicklich den Strom von T_1, wobei die Werte der Kondensatorspannung und der Ströme durch die Drosseln (i_1, i_2) unverändert übernommen werden. Unmittelbar nach diesem Zeitpunkt gilt also Ersatzschaltbild 18.8b, und Drosselströme und Kondensatorspannung haben Anfangswerte, deren Richtung in Bild 18.8b eingezeichnet ist. Wählt man für den Strom durch L_K den Zählpfeil gemäß Bild 18.8c, so entspricht die Schaltung so weitgehend Bild 18.8a, daß die Lösung Gl. (17.14) verwendet werden kann. Für $i_1(0)$ hat man lediglich $-i_K(0)$ einzusetzen. Man erkennt aus Bild 18.8b und anhand der Diskussion zu den Lösungen Gln. (17.4) und (17.14) auch sofort physikalisch, was im weiteren Verlauf geschieht:

Wären alle Anfangswerte Null, so würde die treibende Spannung ein Überschwingen der Spannung u_C auf den Scheitelwert $-2 \cdot \frac{L_2}{L_1 + L_2} \cdot U$ verursachen. Wäre nur $u_C(0) \neq 0$, so würde die Kondensatorspannung auf $-u_C(0)$ umschwingen. Die beiden Drosselströme $i_2(0)$ und $i_K(0)$ haben jedoch eine solche Richtung, daß sie ebenfalls die Kondensatorumladung beschleunigen. Der Sinusterm in Gl. (17.14c) wird negativ und hat die Amplitude

$$\frac{1}{\omega_0 C}[i_1(0) - i_2(0)] = -\frac{1}{\omega_0 C}[i_K(0) + i_2(0)].$$

Die Kondensatorspannung ändert sich also sehr steil, wie in Bild 18.9 eingezeichnet, in Richtung negativer Werte und überschreitet dabei den Wert $-\frac{1}{ü}U$. Damit wird die Diode D_2 leitend, und es schließt sich wiederum ein Intervall an, in dem analog wie weiter oben gilt:

$$u_2 = u_C = -\frac{1}{ü}U$$

$$\frac{di_2}{dt} = -\frac{1}{L_2} \cdot \frac{1}{ü}U$$

$$\frac{di_1}{dt} = +\frac{1}{L_1}\left(\frac{1}{ü} - 1\right)U \qquad (i_1 = -i_K)$$

Da die Kondensatorspannung die Sperrspannung des soeben gelöschten Ventils ist, ist die Zeit bis zu ihrem Nulldurchgang die Schonzeit des gelöschten Ventils. Wegen des in der Gleichung für die Ausgangsspannung $u_2(t) = u_C(t)$ auftretenden Spannungsteilerverhältnisses $L_2/(L_2 + L_1)$ wird man $L_K = L_1$ kleinzuhalten trachten. Bei kleinem Wert von L_1 ist aber die für die Geschwindigkeit der Umladung maßgebende Eigenfrequenz

$$\omega_0 \approx \frac{1}{\sqrt{L_1 \cdot C}}$$

Für ein gegebenes L_1 muß also die Kondensatorgröße so gewählt werden, daß die benötigte Freiwerdezeit eingehalten wird.

Wir betrachten im Folgenden die an der Drossel $L_1 = L_K$ liegende Spannung: Bis zur ersten Stromführung von D1 ist sie positiv (aufmagnetisierend), nämlich gleich $U - u_C$, während der Stromführungsdauer von D_1, bzw. D_2, ist sie negativ (abmagnetisierend), gleich $-\left(\frac{1}{ü} - 1\right) \cdot U$. Im Umschwingintervall ist sie wiederum $U - u_C$, also resultierend (für das Zeitintegral) positiv, da u_C im Mittel ≈ 0 ist. Damit sich ein stationärer Mittelwert des Drosselstromes einstellt, muß also gelten:

$$\left(\frac{1}{ü} - 1\right) U \cdot t_{ab} \approx U \cdot t_{um},$$

wobei t_{um} die Umschwingzeit vom Zünden von T_2 bis zum Beginn der Stromführungszeit von D_2 bedeutet, t_{ab} die Abmagnetisierungszeit, in der T_2 und D_2 gleichzeitig Strom führen. Damit wird

$$\frac{1}{ü} \approx 1 + \frac{t_{um}}{t_{ab}}.$$

Wird

$$t_{um} \approx \frac{1}{4} T_0 \approx \frac{1}{4} \cdot \frac{2\pi}{\omega_0}$$

angenommen, so erhält man

$$\frac{1}{ü} \approx 1 + \frac{\pi}{2 \cdot \omega_0 \cdot t_{ab}}.$$

Würde man $ü = 1$ machen, die Dioden an die Wicklungsenden anschließen, so würde der Strom in $L_1 = L_K$ so lange anwachsen, bis das Zeitintegral der ohmschen Spannungsabfälle und des Ventilspannungsabfalls in jeder Periode ebenso groß wird wie die beim Umschwingen anliegende Spannungszeitfläche. Dies würde die Umschwingzeit, und damit die Freiwerdezeit, verkürzen und die Überlappung in der Stromführung von Diode und Thyristor bis auf fast eine Halbperiode vergrößern. Selbst wenn die Freiwerdezeit dabei eingehalten werden könnte, würde dies vermeidbare Verluste verursachen und eine Überdimensionierung der Drossel und der Ventile erfordern.

Das Einfügen von ohmschen Widerständen in die Diodenzweige zum Zweck der Abmagnetisierung der Drossel L_K kostet ebenfalls zusätzliche Verluste.

Ohmsche Belastung

Ist die Last rein ohmisch, so können die Ausgleichsvorgänge nach Gln. (17.6) bis (17.10) ermittelt werden. Sie verlaufen jetzt in Form von gedämpften Schwingungen. Die Schaltzustände entsprechend Bild 18.8a bis c ergeben bei ohmscher Last ein Differentialgleichungssystem nur zweiter Ordnung, die Lösungen sind die gedämpften Fälle, Gl. (17.6). Solange Diode D_1 oder Diode D_2 leitet und zwei entkoppelte Differentialgleichungen vorliegen, ist

$$u_2 = \frac{1}{ü} U, \quad i_2 = \frac{u_2}{R} = \text{constant},$$

danach strebt $u_2 \to + U$ bzw. $- U$. Im aperiodischen Grenzfall,

$$d = \frac{1}{2} \frac{\sqrt{L/C}}{R} = 1$$

wird mit

$$u_C(0) = + U \qquad \text{und} \qquad i_1(0) = -\frac{U}{R}$$

$$u_C = U \left[2\, e^{-t/T} - 2 \cdot \frac{t}{T} \cdot e^{-t/T} - 1 \right]$$

wobei T = 2RC; wie Bild 18.10 zeigt, wird die Schonzeit dann ≈ 0,3 T.

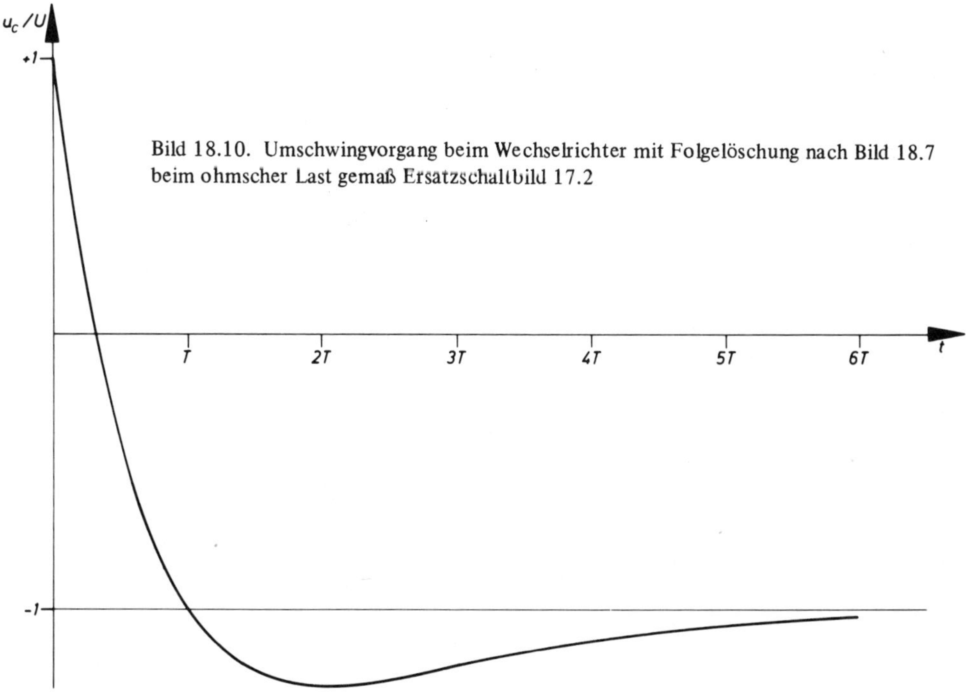

Bild 18.10. Umschwingvorgang beim Wechselrichter mit Folgelöschung nach Bild 18.7 beim ohmscher Last gemäß Ersatzschaltbild 17.2

Man kann auch bei ohmscher Last $L_1 = L_K$ nicht zu Null machen, weil dann auch die Schonzeit Null wird. Der Wechselrichter mit Folgelöschung ist daher praktisch nur mit gleichstromseitiger Drossel und Rückstromdioden zu betreiben. Zweckmäßig wählt man L_K und C so, daß bei dem kleinsten rein ohmschen Belastungswiderstand etwa der aperiodische Grenzfall erreicht ist und in diesem Fall sowie bei dem kleinsten rein induktiven Belastungswiderstand die Schonzeit eingehalten wird.

Hinweis: Wenn mit dem Strom i_2 die Verbraucherleistung ihr Vorzeichen wieder zum Positiven ändert, muß Thyristor T_2 den Strom wieder übernehmen. Er muß daher zu diesem Zeitpunkt noch durch einen Zündstrom über die Torelektrode geöffnet sein ($t_5 < t < t_6$ in Bild 18.9).

Steuerbarer Gleichspannungs-Umsetzer

An die Klemmen A und B in Bild 18.7 kann man einen gesteuerten Stromrichter gemäß Kap. 5 ff anschließen, da die Schaltung nacheilenden Blindstrom abgeben kann. Diese Einrichtung ist als steuerbarer Gleichspannungs-Umsetzer zu verwenden. Bei jeder Kommutierung des angeschlossenen Stromrichters würde jedoch der Kondensator kurzgeschlossen und seine Spannung über die Streuinduktivität umschwingen (Bild 18.11a).

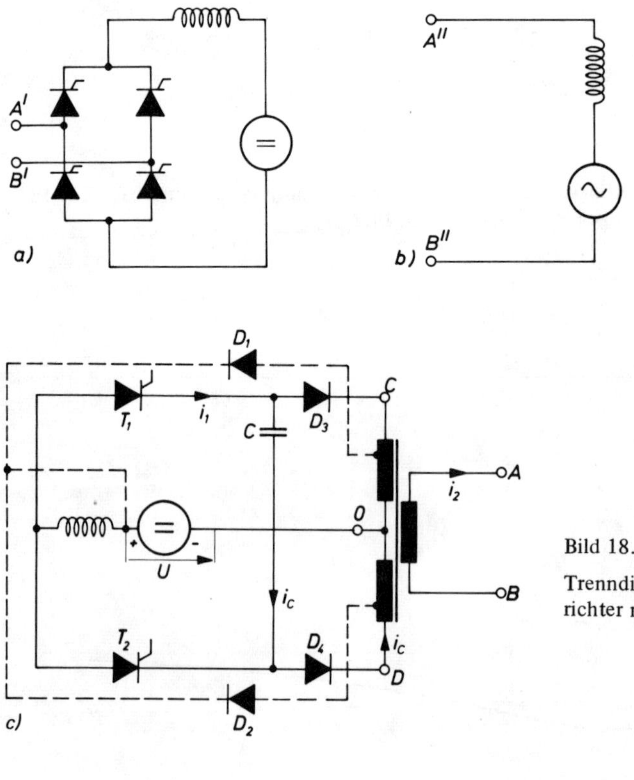

Bild 18.11

Trenndioden (D3, D4) beim Wechselrichter mit Folgelöschung nach Bild 18.7

Trenndioden

Die Kondensatorspannung kann ebenfalls in unerwünschter Weise beeinflußt werden, wenn die Last eine Gegenspannung mit niedrigem Innenwiderstand darstellt (Bild 18.11b). Trenndioden gemäß Bild 18.11c unterbinden dieses.

Wird T_1 eingeschaltet, so liegt positive Spannung zwischen C und 0, und damit zwischen 0 und D. Wenn $u_C(0) < u_{CD}$ ist, wird also D_4 leitend, und es ist die Ersatzschaltung Bild 18.8a gültig, der Kondensator C kann von der Primärseite bis auf den Wert $\frac{1}{\ddot{u}}$ U bzw. auf $2 \cdot \frac{1}{\ddot{u}}$ U aufgeladen werden. Bei einem Kurzschluß auf der Sekundärseite verschwinden alle Wicklungsspannungen, die Kondensatorspannung wird von D_3 oder D_4 aufgenommen. Entsprechendes gilt, wenn u_{AB} niedrigen Innenwiderstand hat und im Augenblickswert von u_C abweicht. Man überzeugt sich leicht, daß auch das Umschwingen von u_C nach Übernahme des Stroms i_K durch T_2 wie vorher besprochen vor sich gehen kann.

Wechselrichter mit Folgelöschung in Brückenschaltung

Der Vierquadrantensteller nach Bild 17.19 kann als Wechselrichter in Brückenschaltung mit Einzellöschung und Rückleistungsdioden angesehen werden. Auch der Wechselrichter mit Folgelöschung (Bild 18.7) kann, wie in Bild 18.12a gezeigt, in Brückenschaltung ausgeführt werden. Die Funktion und die beschriebenden Differentialgleichungen sind die gleichen wie bei dem Wechselrichter zu Bild 18.7. Aus Symmetriegründen sind jeweils zwei Ventile leitend für jeweils ein Ventil nach der Schaltung Bild 18.7, z.B. T_1 und T_3 in Bild 18.12a an Stelle von T_1, Dioden D_1 und D_3 an Stelle von D_1 in Bild 18.7. Der Spartransformator ist lediglich vorhanden, um die Dioden mit einem Übersetzungsverhältnis $ü < 1$, an die Spannung U anschließen zu können.

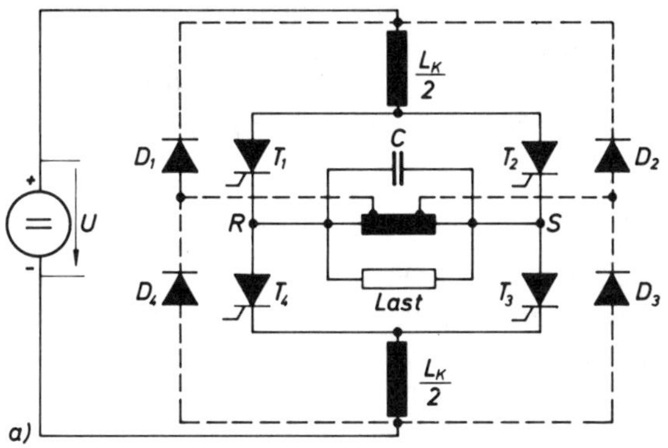

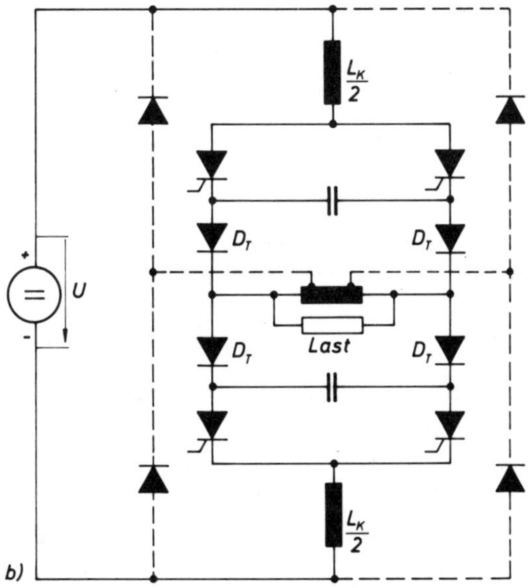

Bild 18.12

Selbstgeführter Wechselrichter mit Folgelöschung in Brückenschaltung

a) ohne Trenndioden

b) mit Trenndioden (D_T)

Sollen die Trenndioden gemäß Bild 18.11c auch beim Wechselrichter in Brückenschaltung verwendet werden, so erfordert dies eine Aufteilung des Kommutierungskondensators, wie in Bild 18.12b gezeigt. (Die Trenndioden sind hier mit D_T bezeichnet.)

Auf eine Möglichkeit sei hier schon anhand der Bilder 18.7 bis 18.9 und der Ausführungen am Anfang dieses Abschnittes hingewiesen: Die Umschaltung der Spannung kann auch schon vor dem Ende jeder Halbschwingung vorgenommen werden, z.B. in Bild 18.9 zwischen den Zeitpunkten t_1 und t_3, oder statt zum Zeitpunkt t_7 irgendwann zwischen t_4 und t_7. Dabei ergibt sich jeweils nach der Umschaltung eine Überlappung in den Strömen von Thyristor und Diode, und die Spannung ist mit Bezug auf die jeweilige Stromrichtung negativ. Wenn die Diode die umschwingende Spannung begrenzt ($t > t_1$ oder $t > t_4$), hat der vorher gelöschte Thyristor die Kondensatorspannung als positive Sperrspannung und ist wieder zündbereit. Damit kann man nicht nur die Frequenz verändern, sondern auch innerhalb einer Halbperiode die Spannung hin- und herschalten. Die damit gegebenen Steuerungsmöglichkeiten sind in den Abschnitten 18.2 und 18.10 für den Wechselrichter mit Einzel-Löschung erklärt. Wegen des Transformators, der für den Anschluß der Dioden erforderlich ist, muß die geschaltete Spannung eine reine Wechselspannung sein. Das ist eine Einschränkung gegenüber dem Wechselrichter mit Einzel-Löschung.

18.4. Schwingkreiswechselrichter

Beim selbstgeführten Wechselrichter mit Folgelöschung liegt der für die Löschung benötigte Kondensator parallel zur Belastung. Nach *M. Depenbrock* kann man gemäß Bild 18.13 auch einen Kondensator in Reihe zu einer induktiven Last schalten. Der Grundgedanke dabei ist, die induktive Verbraucherblindleistung durch den Serienkondensator zu kompensieren und damit die Grundschwingung der speisenden Spannung auf etwa den Spannungsabfall am ohmschen Verbraucherwiderstand zu vermindern. Wegen der Siebwirkung des Reihenschwingkreises wird im eingeschwungenen Zustand, auch wenn zwischen den Punkten A und B eine Rechteckwechselspannung anliegt, ein annähernd sinusförmiger Strom fließen. Bei genauer Kompensation wäre dieser mit der Rechteckwechselspannung in Phase, Rückleistung würde niemals auftreten, und der Strom könnte von den Thyristorpaaren T_1 und T_4, bzw. T_2 und T_3 geführt werden. Dann wäre jedoch beim Stromnulldurchgang die Schonzeit für den stromabgebenden Thyristor gleich Null, und dieser müßte unmittelbar nach dem Nulldurchgang, wie man leicht erkennt, die volle Spannung U als positive Sperrspannung aufnehmen. Um jedem Thyristor eine Schonzeit mit negativer Sperrspannung gewähren zu können, wird daher etwas überkompensiert, d. h. der Kondensator so gewählt, daß im eingeschwungenen Zustand der annähernd sinusförmige Verbraucherstrom der Rechteckspannung zwischen

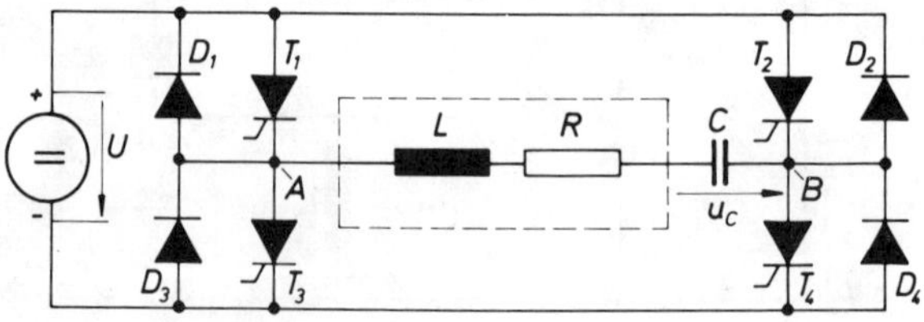

Bild 18.13
Schwingkreiswechselrichter (nach *Depenbrock*)

den Punkten A und B etwas voreilt. Damit ist der Leistungsfaktor leicht kapazitiv. Es tritt Rückleistung auf, wie man an Hand von Bild 18.14 erkennt. Der Strom muß nach dem Nulldurchgang durch die Rückleistungsdioden D_1 und D_4 übernommen werden, wenn T_1 und T_4 vorher Strom geführt haben. Während der Dauer der Stromführung der Dioden D_1 und D_4, die dem Voreilwinkel der Grundschwingung des Verbraucherstromes entspricht, erhalten die Thyristoren T_1 und T_4 nur die Durchlaßspannung der Dioden als negative Sperrspannung, wodurch die Freiwerdezeit vergrößert wird.

Im Gegensatz zum Abschnitt 18.3 wurde hier von einer quasistationären Betrachtung des eingeschwungenen Zustandes ausgegangen und die Grundschwingung des Verbraucherstroms betrachtet. Das ist hier zweckmäßig, weil der eingeschwungene Zustand, insbesondere bei schwacher Dämpfung des Schwingkreises, unter Umständen erst nach mehreren Halbperioden erreicht wird. Für die Berechnung der Einschwingvorgänge müssen die Gln. 17.1 für den Fall mit Dämpfung verwendet, d. h. in der ersten Differentialgleichung muß der Spannungsabfall $i \cdot R$ hinzugefügt werden. Da die Verbraucherinduktivität unter Umständen nicht genau bekannt ist oder sich im Betrieb ändern kann, wird dieser Wechselrichter zweckmäßig nicht mit konstanter Frequenz gesteuert, sondern es wird der Stromnulldurchgang im Thyristor erfaßt, eine voreingestellte Schonzeit abgewartet und danach das andere Thyristorpaar gezündet. Hierdurch stellt sich von selbst die Frequenz ein, bei der die oben erläuterte Bedingung einer Überkompensation des induktiven Spannungsabfalls in der Last erfüllt wird. (Weiteres zur Steuerung dieses Wechselrichters s. Abschnitt 18.10).

Auch in dieser Schaltung sind die Dioden, wie erläutert, Rückleistungsdioden. T_1 löscht beim Zünden mit sehr großer Stromsteilheit D_3, ebenso T_4 die Diode D_2, sofern keine Zusatzdrosseln zur Begrenzung der Stromsteilheit vorgesehen werden. Der steile Anstieg der Sperrspannung an D_2 und D_3 bedeutet einen entsprechenden Anstieg der positiven Sperrspannung an T_2 und T_3. Die gleichen Überlegungen gelten bei der Zündung von T_2 und T_3 hinsichtlich D_1, D_4, T_1 und T_4.

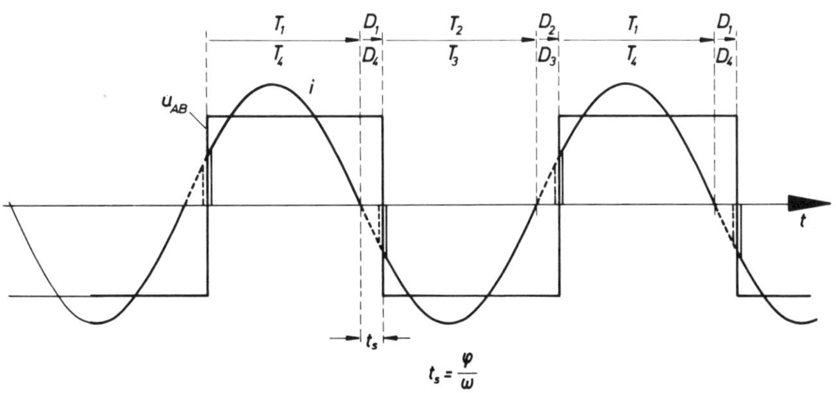

Bild 18.14. Strom- und Spannungsverläufe (näherungsweise) beim Wechselrichter nach Bild 18.13

Auch der Wechselrichter mit Kondensator parallel zur Last (ähnlich wie in den Bildern 18.7 und 18.12) wird bisweilen als Wechselrichter mit Parallelschwingkreis bezeichnet. Dieser Wechselrichter entspricht jedoch offenbar weitgehend dem Wechselrichter mit Folgelöschung nach Abschnitt 18.3.

18.5. Dreiphasiger Wechselrichter mit Folgelöschung

Für den Übergang zur Wechselrichterschaltung mit dreiphasigem Ausgang gehen wir am besten von der Einphasenbrückenschaltung nach Bild 18.12 aus. Wir fügen zu den beiden Thyristorsträngen einen dritten hinzu und erhalten drei Verbraucher-Anschlußklemmen, die mit R, S, T bezeichnet sind (Bild 18.15a). Zwischen je zwei dieser Klemmen wird ein Kommutierungskondensator geschaltet, so daß in jeder Brückenhälfte die Thyristoren zyklisch miteinander kommutieren können. Die speisende Spannung U teilen wir (in Gedanken) auf und gewinnen damit einen günstigen Potentialbezugspunkt 0. Es können nun

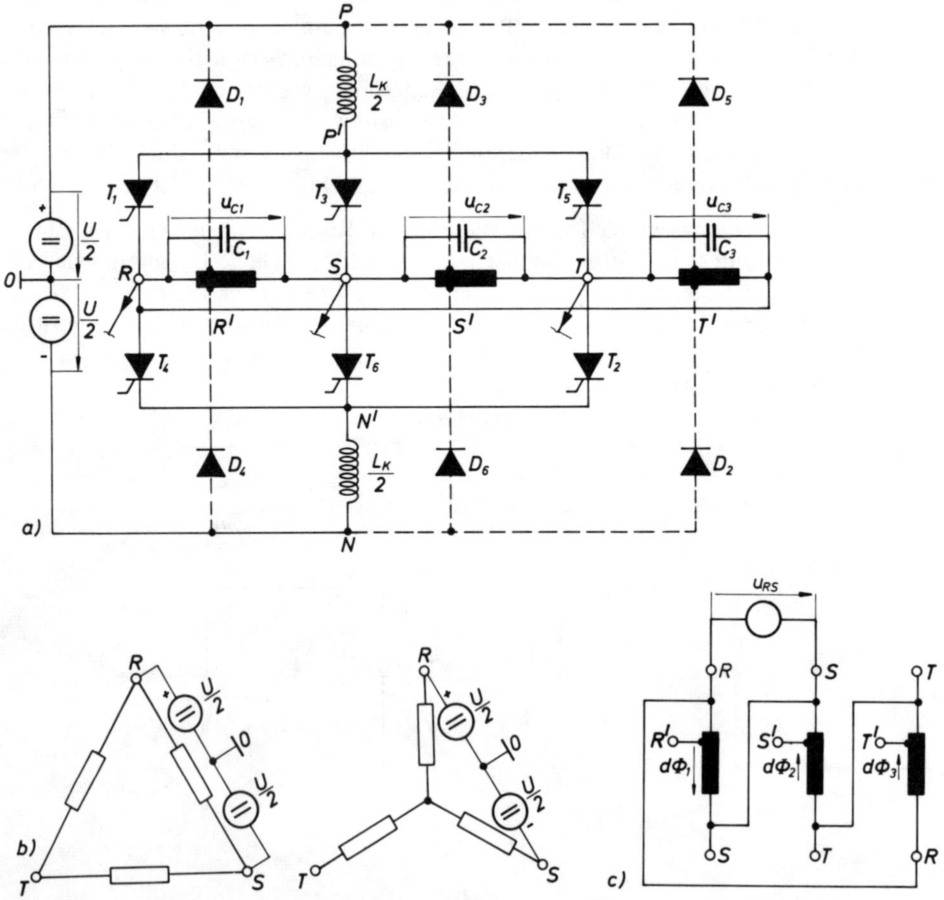

Bild 18.15. Selbstgeführter Wechselrichter mit Folgelöschung, dreiphasige Brückenschaltung

die Punkte R, S. T durch Zünden der Thyristoren T_1, T_3, T_5 mit dem Punkt P, über die Thyristoren T_4, T_6, T_2 mit dem Punkt N verbunden werden, wenn man zunächst einmal von dem Spannungsabfall an der Kommutierungsdrossel absieht. Die Thyristoren sind gemäß ihrer Zündfolge numeriert. Dann ergeben sich für den Fall rein ohmscher, symmetrischer Last die in Bild 18.16 idealisiert dargestellten Verläufe für die Potentiale der Punkte R, S, T, bezogen auf den Bezugspunkt 0. Man erkennt mit Hilfe von Bild 18.15b, daß die jeweils freie Klemme das Nullpotential annimmt, gleichgültig ob die Last im Dreieck oder im Stern geschaltet ist. Zu den Sternspannungen an der Last u_{R0}, u_{S0}, u_{T0}, ergeben sich die Dreieckspannungen jeweils als Differenzen, wie in Bild 18.16b für die Spannung $u_{RS} = u_{R0} - u_{S0}$ herausgezeichnet. Mit den Grundlagen aus Kapitel 10 erkennt man, daß beide Spannungen den gleichen Grundschwingungsgehalt haben, ihr Oberschwingungsspektrum dem des Netzstroms eines sechspulsigen Stromrichters entspricht ($n = 6 \cdot g \pm 1$,

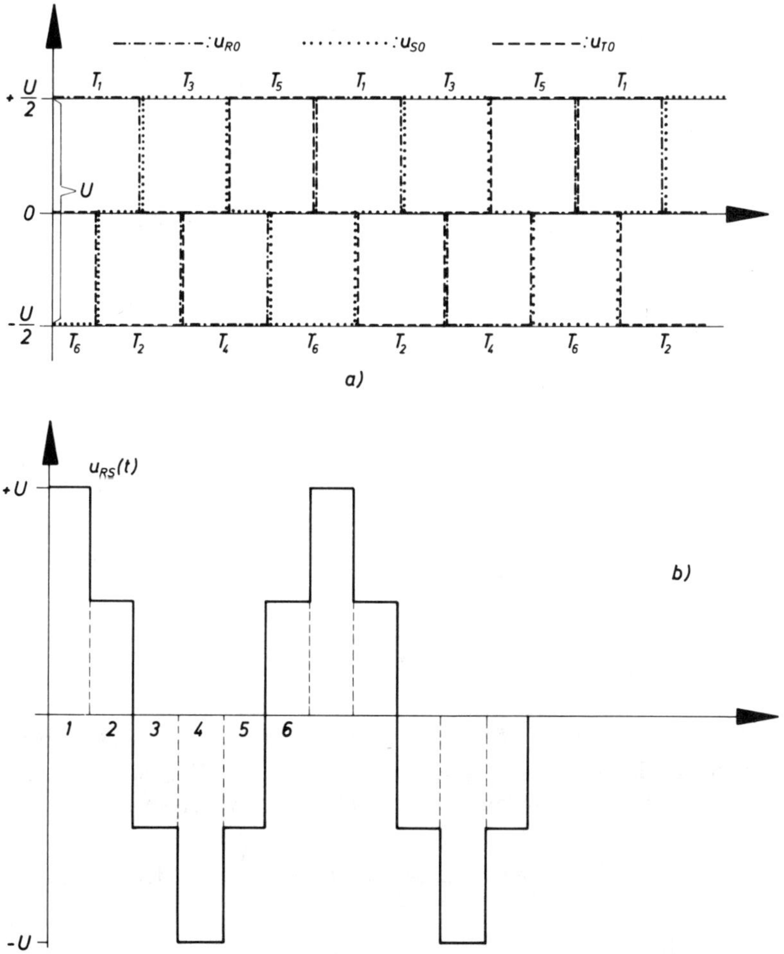

Bild 18.16. Konstruktion der Stern- und Dreieckspannungen beim Wechselrichter nach Bild 18.15

$|b_n|/b_1 = 1/n$). Diese Erkenntnis legt die Verbesserung der Kurvenform durch Reihenschaltung von in der Phase gegeneinander versetzt gesteuerten Teilwechselrichtern nahe.

In Bild 18.15 hat der Spartransformator zum Anschluß der Rückleistungsdioden, im Gegensatz zu Bild 18.12a, nur eine Anzapfung, so daß die Anzahl der Rückleistungsdioden gleich der Anzahl der Hauptthyristoren bleibt. Es bleibt zu überprüfen, ob das möglich ist und auf welchen Wert die Kondensatorspannung, und damit die Lastspannung, begrenzt wird, wenn mit ü das Übersetzungsverhältnis bezeichnet wird ($ü < 1$). Dazu ist in Bild 18.15c die Wicklungsanordnung mit einem Dreischenkelkern nochmals herausgezeichnet. Wegen der Dreieckschaltung der drei Kondensatoren muß stets gelten:

$$u_{C1} + u_{C2} + u_{C3} = 0,$$

so daß höchstens zwei der Spannungen unabhängig vorgegeben werden können. Würde nur *eine* Spannung anliegen, z. B. zwischen R und S, so ergäbe sich die in Bild 18.15c angedeutete Flußänderung in den drei Schenkeln, und für die Spannung an den beiden anderen Wicklungen würde gelten:

$$u_{ST} = u_{TR} = -\frac{1}{2}\, u_{RS}.$$

Die Maschenbedingung ist erfüllt, und die freie Klemme nimmt das Nullpotential an. Gesucht ist die Spannung zwischen den Punkten R′ und S′. Sie ergibt sich für diesen Fall wie folgt:

$$u_{R'S'} = u_{R'S} + u_{SS'}$$

$$u_{R'S} = ü \cdot u_{RS}$$

$$u_{SS'} = (1 - ü) \cdot u_{ST} = -(1 - ü) \cdot \frac{1}{2}\, u_{RS}$$

$$u_{R'S'} = u_{RS} \left[ü - \frac{1}{2} + \frac{ü}{2}\right]$$

$$u_{R'S'} = ü' \cdot u_{RS}.$$

Für $ü < 1$ ist der in der eckigen Klammer stehende Ausdruck $ü' < 1$, und es tritt ü′ an die Stelle des Übersetzungsverhältnisses ü des Anzapftrafos bei der einphasigen Mittelpunkt- oder Brückenschaltung:

$$ü' = \frac{3ü - 1}{2}.$$

Die Rückleistungsdioden begrenzen die Kondensatorspannung auf einen Wert etwas oberhalb der Batteriespannung, der durch das Übersetzungsverhältnis $ü' = \frac{3ü-1}{2}$ bestimmt ist, und jeder Kondensator wird bei der Zündung des Folge-Thyristors wie in Abschnitt 18.3 beschrieben, umgeladen.

Werden z. B. die Dioden D_1 und D_6 leitend und begrenzen damit die Kondensatorspannung auf

$$u_{C1} = \frac{1}{ü'} \cdot U,$$

so müssen die beiden anderen Kondensatoren die halbe Spannung annehmen, und wiederum ergibt sich für die freie Klemme (T) Nullpotential. Die wirksame Kapazität zwischen zwei Klemmen hat den Wert $\frac{3}{2}$ C.

Weitere Varianten dieser Schaltung erhält man, wenn man die Kondensatoren, die Wicklungen des Spartransformators oder beides im Stern schaltet. Man kann auch zwei Kondensator-Sterne vorsehen und die Sternpunkte mit P′ und N′ verbinden.

Die Abwandlung der Schaltung nach Bild 18.15 mit Trenndioden (D_{Ti}) zeigt Bild 18.17.

Abschließende Bemerkung: Die Kombination von Einphasen-Brückenschaltungen nach Abschnitt 18.3 zu einem dreiphasigen Wechselrichter ergibt, insbesondere bei stark veränderlichem Leistungsfaktor der Belastung, eine bessere Kurvenform der Ausgangsspannung und ein besseres Betriebsverhalten als die dreiphasige Schaltung!

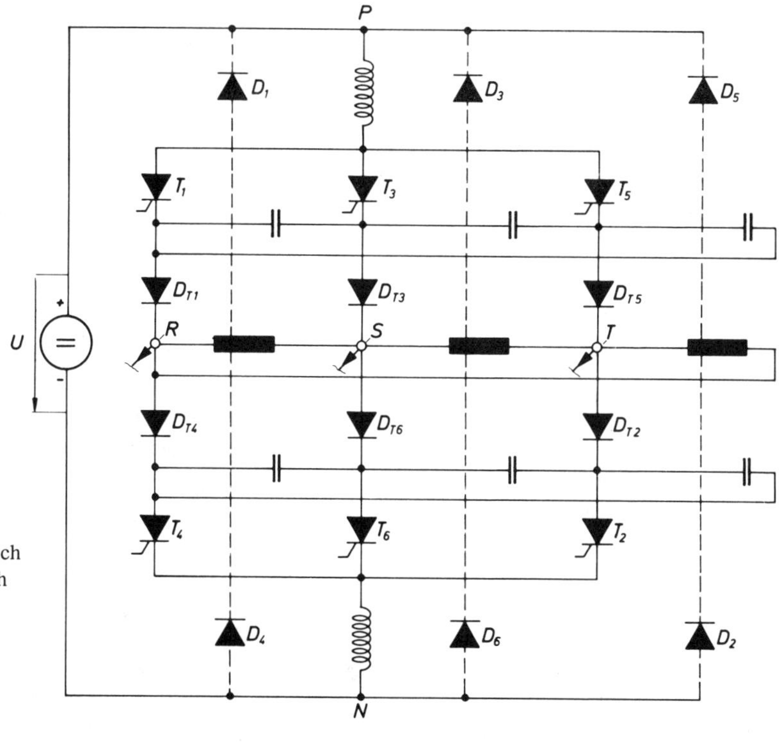

Bild 18.17
Dreiphasiger Wechselrichter nach Bild 18.15, jedoch mit Trenndioden

18.6. Dreiphasiger Wechselrichter mit Einzellöschung

Der Vierquadrantensteller nach Bild 17.19 wurde oben schon als Wechselrichter mit Einzellöschung und Rückleistungsdioden angesprochen. Er kann von der Einphasenbrückenschaltung zur Dreiphasenbrückenschaltung erweitert werden entsprechend Bild 18.18. Auch hier wurde die speisende Spannung U gedanklich in zwei Hälften aufgeteilt, um einen Potentialbezugspunkt zu gewinnen, bezüglich dessen die Schaltung symmetrisch ist. An Stelle der Einzeldrosseln in Bild 17.19, die den Kurzschluß des Löschimpulses über die antiparallel geschaltete Diode verhindern sollen, sind hier mittelangezapfte Drosseln verwendet. An Stelle der Thyristoren T_i mit ihren Löschzweipolen L_i können auch Thyristorquartette mit Löschkondensatoren gemäß Bild 17.8b verwendet werden. Im übrigen kann man sich irgendeine der angegebenen Löschschaltungen unter den L_i vorstellen, insbesondere die nach Bild 17.9. Durch Einschalten der Thyristoren, die nach ihrer Zündfolge numeriert sind, können die Punkte R, S, T, vom Spannungsabfall an der Trenndrossel abgesehen, auf das Potential des Punktes P (+ U/2) oder N (− U/2) gelegt werden. Die jedem Thyristor gegenüberliegende Diode (z. B. D_4 zu T_1) begrenzt die Spannung am Thyristor, die nach der Schonzeit positiv wird, auf den Wert der Spannung U. Sie ist gleich der Spannung am Löschzweipol, und diese muß im weiteren Verlauf, wie in Kap. 17 beschrieben, wieder umgepolt werden, damit der Thyristor erneut löschbereit ist. Hat die gegenüberliegende Diode auf diese Weise den Strom übernommen, so liegt der Anschlußpunkt (im Beispielsfalle R) auf dem Potential von N (− U/2). Die Schaltung ermöglicht zwar nicht, die Klemmen R, S, T unmittelbar auf das Nullpotential zu bringen, jedoch können die Spannungen zwischen jeweils zwei Klemmen auf Null gebracht werden. Hat sich z. B. nach Zündung von T_1 und T_6 bei positiver Spannung zwischen R und S ein positiver Strom $i_R = -i_S$, $i_R > 0$ aufgebaut, so wird nach Löschen von T_6 und Umladung des Löschzweipols die Diode D_3 leitend; die Punkte R und S nehmen, vom Spannungsabfall an der Trenndrossel abgesehen, beide das Potential des Punktes P (+ U/2) an. Der Laststrom fließt im Kurzschluß über T_1, D_3 und die Last (RS). Die Spannung zwischen zwei Verbraucherklemmen kann also, bei jeder Stromrichtung, gleich + U, − U oder Null gemacht werden.

Der Vorteil des Wechselrichters mit Einzellöschung liegt in seiner leichten Steuerbarkeit in Spannung oder Strom und Ausgangsfrequenz bis zur Frequenz Null (s. Abschnitt 18.10).

In Bild 18.19 ist ein Strang des Pulswechselrichters nach Bild 18.18, ausgeführt mit der Löschschaltung nach Bild 17.9, nochmals herausgezeichnet. Etwas abweichend von der Darstellung in Bild 18.18 sind die Rückleistungsdioden so angeschlossen, daß die Kondensatorspannungen auf den Wert U begrenzt werden (*U. Kunz* [3.124]).

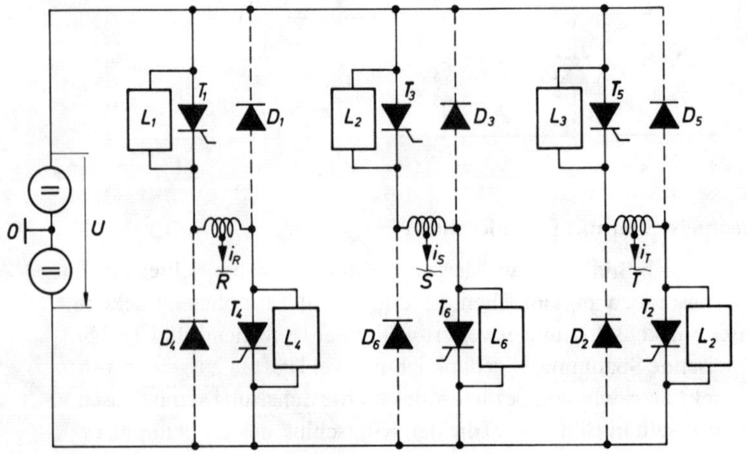

Bild 18.18 Dreiphasiger Wechselrichter mit Einzellöschung

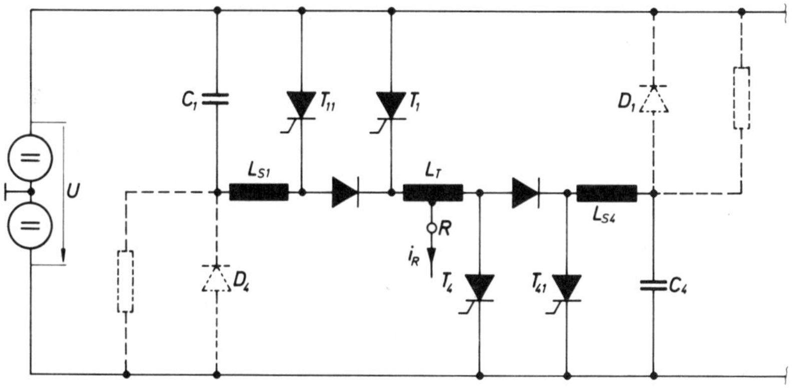

Bild 18.19. Ein Strang eines dreiphasigen Wechselrichters (Löschschaltung ähnlich Bild 17.8)

18.7. Mehrphasige Wechselrichter mit Phasenlöschung

Der Wechselrichter mit Einzellöschung erfordert höheren Aufwand als der Wechselrichter mit Folgelöschung. Dieser ist jedoch nicht zu umgehen, wenn sehr niedrige Frequenzen bis herab auf Null erforderlich werden, da der Wechselrichter mit Folgelöschung stets einen Anzapftransformator benötigt, um die Abmagnetisierung der Kommutierungsinduktivität sicherzustellen. Der Aufwand für die Löschung läßt sich vermindern, indem man beim dreiphasigen Wechselrichter zur Phasenlöschung übergeht.

In Bild 18.20 sind die Hauptthyristoren T_1 bis T_6 gemäß ihrer Zündfolge bezeichnet. Zu jedem Hauptthyristor ist ein Löschthyristor (T_{11} bis T_{66}) vorgesehen, jedoch für jede Phase nur ein Kommutierungskondensator mit Umschwingdrossel.

Diese Art der Zwangskommutierung mit Hilfe eines LC-Zweiges ist von *Tröger* schon 1936 angegeben, in jüngerer Zeit insbesondere durch *McMurray* angewendet und beschrieben worden. („Impulslöschung")

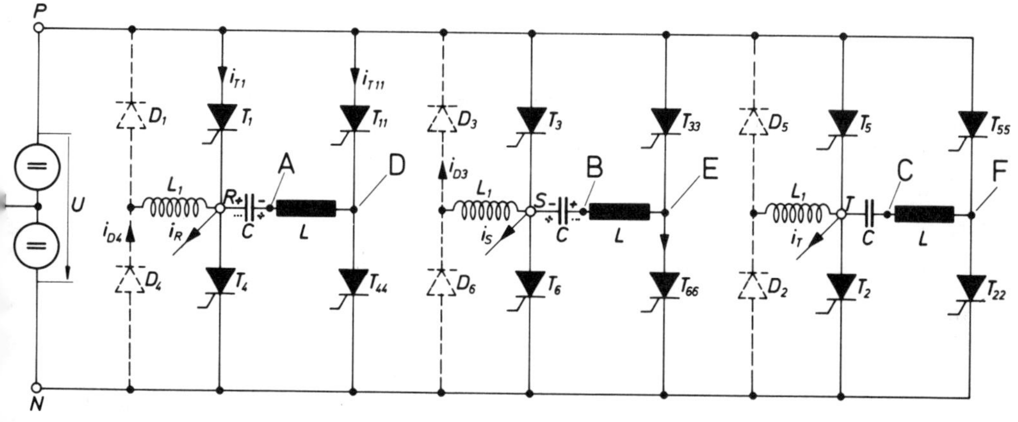

Bild 18.20. Dreiphasiger Wechselrichter mit Phasenlöschung

Im unbelasteten Zustand des Wechselrichters können die Kommutierungskondensatoren wahlweise auf eine positive oder negative Anfangsspannung aufgeladen werden, z.B. im ersten Strang durch Zünden von T_1 und T_{44} (oder T_{11} und T_4). Durch das Überschwingen erreicht die Kondensatorspannung dabei fast den Betrag der zweifachen Speisespannung, wenn der Strom durch Null geht (s. Gl. (17.4)). Ein Rück-Umschwingen über D_1 verhindert das Sperren von T_{44}. Für die folgende Betrachtung sei angenommen, daß T_1 und T_6 eingeschaltet sind, so daß der Punkt R auf dem Potential von P(+ U/2) und der Punkt S auf dem Potential von N(− U/2) liegt. Ferner sei mit den Zählpfeilen in der Schaltung der Verbraucherstrom i_R positiv und damit i_S negativ, i_T sei gleich Null. Zur Vereinfachung der Analyse sei $i_R = -i_S = \text{const.}$ angenommen (Intervall 6 in Bild 18.22). Ist die Spannung u_{RA} am ersten Löschkondensator positiv, so wird durch Zünden von T_{11} ein Umschwingvorgang eingeleitet, der den Strom i_{T1} zu Null macht. Das ist dann erreicht, wenn $i_{T11} = i_R$ geworden ist. Der Laststrom fließt weiter über den Kondensator und lädt diesen um. Da $i_R = \text{const.}$ angenommen ist, fällt an L keine Spannung mehr ab, und die Punkte A und D sind potentialgleich mit Punkt P, und es beginnt die Kommutierung des Stroms i_R auf die Diode D_4, sobald das Potentail der Klemme R negativer wird als das des Punktes N. Die Kondensatorspannung u_{AR} steigt infolge L_1 und L etwas über den Wert der Speisespannung U (vgl. die Ausführungen zu Gl. (17.20). (Man kann $L_1 \ll L$ annehmen.) In diesem Betriebszustand sind die Punkte R und S gegeneinander kurzgeschlossen, beide Klemmen liegen auf dem Potential N und der Kurzschlußstrom fließt über D_4 und T_6 (Freilaufbetrieb). Damit auch T_6 gelöscht werden kann, muß die Kondensatorspannung u_{BS} (im mittleren Strang) positiv sein. Nach Zündung von T_{66} wird der Strom $i_{T6} = -i_S$ von T_{66} übernommen, und auch dieser Kondensator wird wie oben beschrieben umgeladen, bis der Strom $-i_S$ auf die Diode D_3 kommutiert. Bei unveränderter Stromrichtung von R nach S durch den Verbraucher hat sich die Spannung zwischen R und S umgekehrt (Rückleistungsbetrieb).

Nach Löschung eines Hauptthyristors, z.B. auf der P-Seite, führt also jeweils eine zugeordnete Diode auf der anderen Seite, in diesem Falle der N-Seite, den Strom. Die Kondensatorspannung ist dann so gepolt, daß der Hauptthyristor des gleichen Stranges auf der anderen Seite, in diesem Falle der N-Seite, gelöscht werden kann. Das paßt zu der zyklischen Zündfolge der Hauptthyristoren, in der diese im Bild numeriert sind. Man kann aber auch z.B. T_1 von D_4 wieder übernehmen lassen. Damit T_1 wieder löschbar ist, muß jedoch zuvor durch Zünden von T_{44} ein Umschwingen der Kondensatorspannung u_{AR} eingeleitet werden. So ist auch bei diesem dreiphasigen Wechselrichter mit Phasenlöschung „Pulsen" eines Klemmenstromes möglich (s. Abschnitt 17.4, Bild 17.16; Abschnitte 18.2, 18.3 (Schluß), 18.6, 18.10).

Grundschwingungs-Blindleistung beim dreiphasigen Wechselrichter

An dieser Stelle ist eine Betrachtung über die Grundschwingungsleistung und die Leistungsbilanz beim dreiphasigen Wechselrichter am Platze. Bei einem symmetrischen dreiphasigen Verbraucher, der mit sinusförmigen Phasenströmen gespeist wird, ist die Summe der Leistungen in jedem Augenblick konstant und gleich der Summe der Wirkleistungen der drei Stränge. Wird jedem Strang nur Blindleistung zu geführt, so ist die Summenleistung Null, obwohl die Leistung in den drei Strängen pulsiert. Die gleichstromseitige Leistung pulsiert bei einem symmetrischen Drehstromverbraucher also nur infolge der Oberschwingungsanteile in Strom und Spannung. An den Klemmen der Gleichspannungsquelle ist die mittlere Leistung $U \cdot \overline{i_d}$, wobei $\overline{i_d}$ der Mittelwert des von der Spannungsquelle abgegebenen Stroms ist. Würde nur Grundschwingungs-Blindleistung übertragen, so müßte $\overline{i_d}$ oder U gleich Null werden. Die Rückleistungsdioden sind also bei einem symmetrischen dreiphasigen Verbraucher erst dann unbedingt notwendig, wenn die Wirkleistung sich bei gleichbleibender Spannungs-Richtung umkehrt und bieten im übrigen lediglich die Möglichkeit des Ausgleichs der Leistungspulsation der drei Stränge des Verbrauchers sowie der durch die Oberschwingungen übertragenen Leistungsanteile.

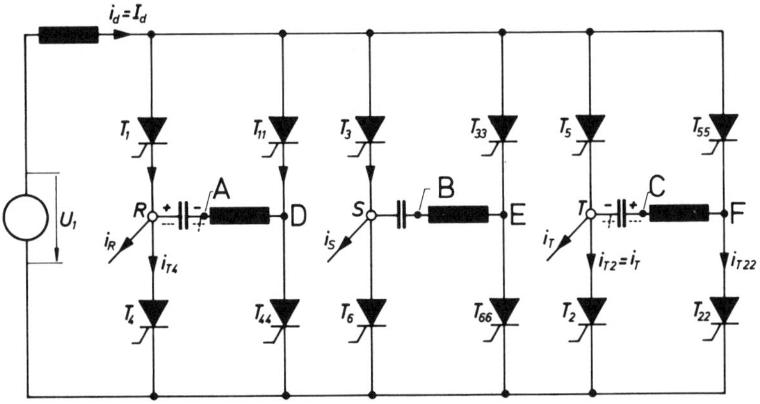

Bild 18.21. Dreiphasiger Wechselrichter mit Phasenlöschung und sehr gut geglättetem Gleichstrom, ohne Rückleistungsdioden

Wechselrichter mit Phasenlöschung und konstantem Gleichstrom

Bild 18.21 unterscheidet sich von Bild 18.20 dadurch, daß im Gleichstromkreis eine sehr große Glättungsdrossel vorgesehen ist, so daß i_d, und damit $U \cdot i_d$, nahezu konstant ist. Ferner fehlen die Rückleistungsdioden. Für die folgende Betrachtung sei der Strom $i_d = I_d$ als konstant angenommen. Er fließe über T_1 und die Klemme R dem Verbraucher zu. Auf der N-Seite (K-Seite) fließt der gleiche Strom $i_{T2} = -i_T$ über den Thyristor T_2 wieder ab. (Intervall 1 in Bild 18.22). Der Thyristor T_3 kann gezündet und der Strom I_d auf den Strang S kommutiert werden, wenn der Verbraucher zwischen R und S eine positive Spannung zur Verfügung stellt (natürliche Kommutierung von i_{T1} auf i_{T3}). Liefert der Verbraucher diese Spannung nicht, ist sie zu gering oder liefert er eine Spannung mit unpassendem Vorzeichen, so ist eine Zwischenkommutierung auf den Löschthyristor T_{11} möglich, falls die Spannung am ersten Kondensator u_{RA} positiv ist. Die Kondensatorspannung bewirkt die Kommutierung auf T_{11}, der Konstantstrom lädt den Kondensator auf die gestrichelt angegebene Polarität um. Nimmt dabei der Punkt A gegenüber der Klemme S positives Potential an, so erhält T_3 positive Sperspannung, kann gezündet werden und den Strom von T_{11} übernehmen. Auf der P-Seite ist der Strom vom Strang

R auf den Strang S weitergeschaltet worden. Nun kann in gleicher Weise auf der N-Seite der Strom vom Thyristor T_2 durch Zwischenkommutierung auf T_{22} übernommen werden, falls die Anfangsspannung u_{CT} positiv ist, und nach Umladung auf die gestrichelte Polarität kann der negative Strom vom Strang T z.B. auf den Strang R und T_4 übergehen. Bild 18.22 veranschaulicht (idealisiert) die 6 Leitphasen einer Peride und den Strom i_R. Nimmt man an, daß diese Zwangs- und Zwischenkommutierung jeweils im Scheitelwert der betreffenden Phasenspannung erfolgt, so liegt für jeden Strang zweifellos Grundschwingungs-Blindleistung vor, die geführt werden kann, obwohl keine Rückleistungsdioden vorhanden sind. Mit dieser Schaltung kann also zwar ein induktiver Drehstromverbraucher gespeist werden, Rückarbeit ist jedoch nicht ohne weiteres möglich, weil mit den vorhandenen Ventilen die Richtung des Gleichstroms sich nicht umkehren kann und bezüglich der speisenden Spannung ihre Richtung beibehält. Aus der Leistungsbetrachtung folgt, daß bei diesem Wechselrichter, wenn jeder Strang des Verbrauchers nur Blindleistung aufnimmt, also z.B. aus einer Stern- oder Dreieckschaltung von drei Induktivitäten besteht, die Spannung U sich sehr stark vermindern (im Grenzfall: gegen Null gehen muß), weil als mittlere Leistung nur die Verluste zuzuführen sind und der Leistungsaustausch im wesentlichen zwischen den drei Wicklungssträngen und den Kommutierungskreisen vor sich geht. Eine Umkehr des (mittleren) Leistungsflusses ist hier nur möglich durch Umkehr der Spannung U (s. dazu Abschnitt 19.3, Zwischenkreisumrichter).

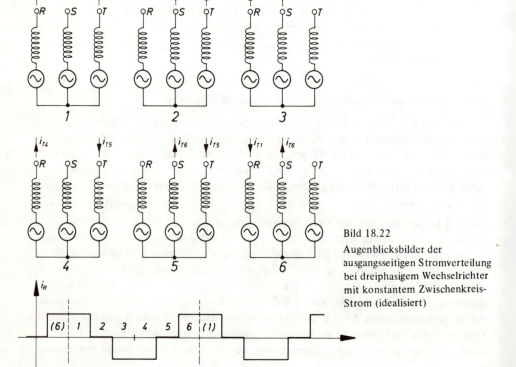

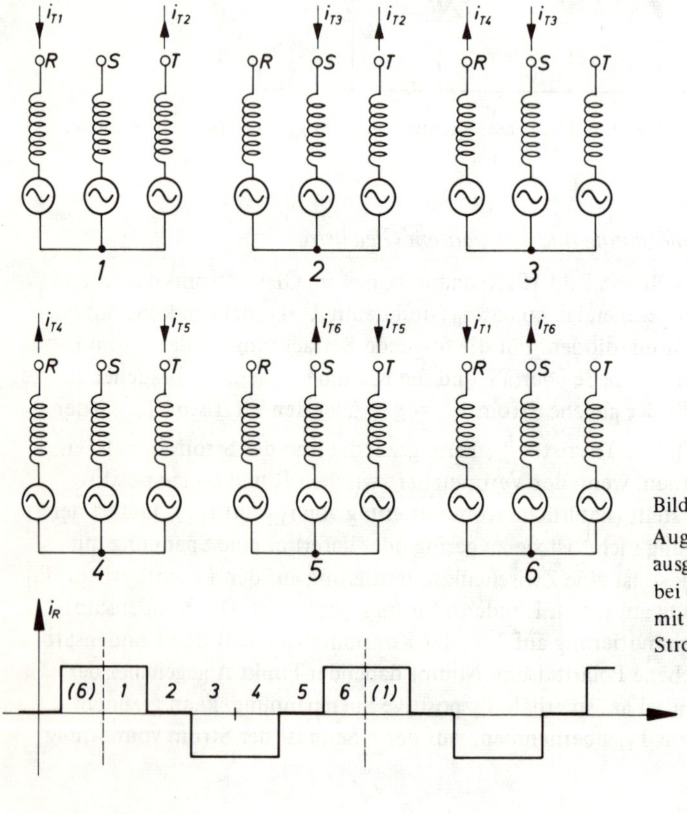

Bild 18.22
Augenblicksbilder der ausgangsseitigen Stromverteilung bei dreiphasigem Wechselrichter mit konstantem Zwischenkreis-Strom (idealisiert)

Mehrphasiger Wechselrichter mit Phasenlöschung und stromabhängiger Löschkondensator-Aufladung

Wenn die Größe der Gleichspannung U sich ändert, so ändert sich in der Schaltung nach Bild 18.20 die Löschkondensatorspannung in unerwünschter Weise. Es ist gefordert, daß die Löschkondensatorspannung mit dem zu kommutierenden Strom wächst. Dies leistet die von *Bystron* (ohne den strichpunktierten Teil) angegebene Schaltung in Bild 18.23. Sie enthält für jede Phase einen Löschkondensator und zu jedem Hauptthyristor einen Löschthyristor, ferner in der gemeinsamen Zuleitung der beiden eine in Reihe geschaltete Umschwingdrossel. Es ist möglich, vorab eine positive oder negative Spannung von der Größe $U < |u_C| < 2U$ an den Löschkondensatoren bereitzustellen, z.B. indem man im Strang 1 die Thyristoren T_1 und T_{44} zündet ($u_{RA} > +U$) oder T_{11} und T_4 ($u_{RA} < -U$). Entsprechendes gilt für die Spannungen u_{SB} und u_{TC}. Haben die genannten Kondensatorspannungen positive Werte so lassen sich durch Zünden von T_{11}, T_{33}, T_{55} die Hauptthyristoren T_1, T_3 bzw. T_5 löschen. Haben die drei genannten Kondensatorspannungen negative Werte so lassen sich durch Zünden von T_{44}, T_{66}, T_{22} die Hauptthyristoren T_4, T_6 bzw. T_2 löschen.

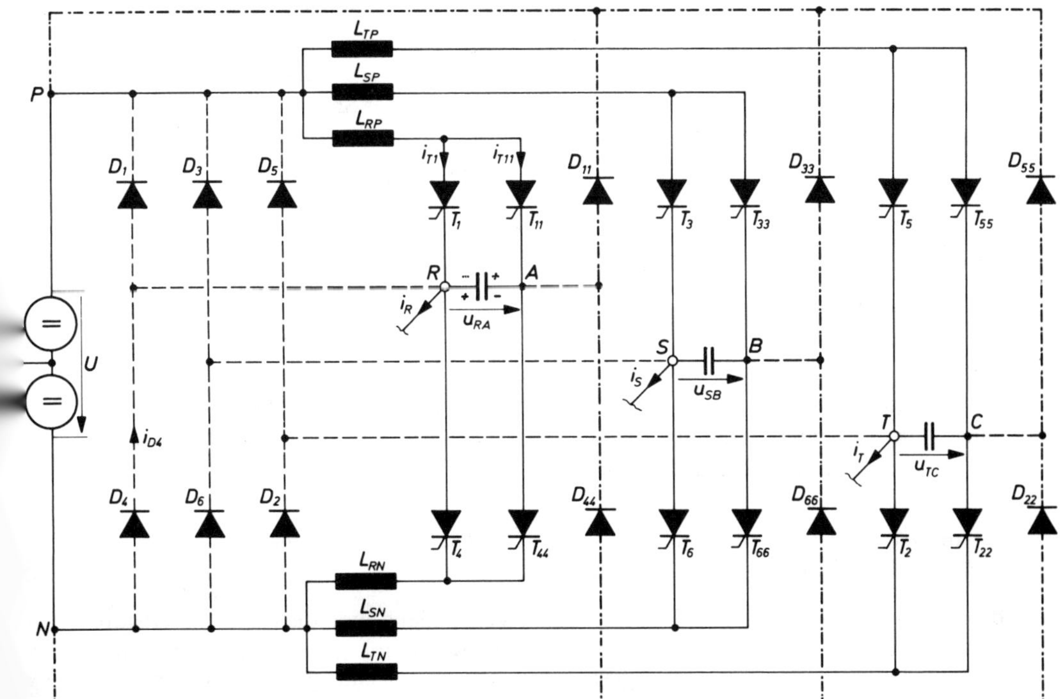

Bild 18.23. Mehrphasiger Wechselrichter mit Phasenlöschung und stromabhängiger Kondensator-Aufladung nach *Bystron*

Die Thyristoren T_1 und T_6 seien eingeschaltet, und es fließe zwischen R und S im Verbraucher ein positiver Strom von R nach S, so daß i_R mit den Zählpfeilen in der Schaltung positiv, i_S negativ ist. Dann fließt i_R über L_{RP} und T_1 zu und $-i_S$ über T_6 und L_{SN} zur Spannungsquelle zurück. R sei positiv gegen A, so daß durch Zünden von T_{11} der Strom von T_1 augenblicklich auf den Löschthyristor übernommen werden kann und nun über T_{11}, A, R dem Verbraucherstrang R zufließt. Mit der Löschung von T_1 entsteht jedoch für den Kondensator die Möglichkeit sich über D_1, L_{RP}, T_{11} in Form einer Halbschwingung umzuladen. Die allgemeine Lösung gemäß Gl. (17.4) kann benutzt werden, und Kondensatoranfangsspannung $u_{RA}(0)$ und der Drosselanfangsstrom $i_R(0)$ gehen in den Umschwingvorgang ein. Der Fall rein induktiver Last führt auf das Schaltbild und die Lösung der Differentialgleichung (17.14). Wird zur Vereinfachung der Analyse i_R = const. angenommen, so überlagert sich in der Wirkung auf die Kondensatorspannung der Umschwingvorgang über D_1 und eine zeitlineare Umladung durch den konstanten Strom i_R. D_1 führt nur den Umschwingstrom, Löschthyristor T_{11} die Summe von i_R und Umschwingstrom. Der Strom durch D_1 wird daher zuerst zu Null, und beim Nulldurchgang des Stroms durch den Löschthristor T_{11} hat sich die Kondensatorspannung in der Polarität umgekehrt. Die Abnahme von $i_{T_{11}}$ auf Null bei konstantem Strom i_R bedeutet eine Kommutierung des Stroms i_R auf die Diode D_4 mit Hilfe der umgepolten Kondensatorspannung als Kommutierungsspannung. Der Strom i_R ist also nach einer Zwischenkommutierung ($i_{T_{11}}$) auf die Diode D_4, Strom i_{D4}, kommutiert worden, die Klemme R vom Potential $+U/2$ auf das Potential $-U/2$ umgeschaltet. Die Kondensatorspannung ist dabei, falls $i_R > 0$, nach der Umladung dem Betrage nach größer als vorher, wenn die Verluste in der Schaltung vernachlässigt werden. Auch bei kleiner Speisespannung erfolgt eine stromabhängige Aufladung. Man ist darauf angewiesen, daß die mit dem Belastungsstrom wachsenden Verluste den Anstieg der Kondensatorspannung mit dem Strom gerade ausgleichen. Werden die Werte für Umschwingdrosseln und Löschkondensatoren so gewählt, daß die Kondensatorspannung groß im Vergleich zu U wird, so wird sie überwiegend strom- und wenig spannungsabhängig.

Um auch bei dieser Schaltung die Kondensatorspannung unter Kontrolle zu bekommen, kann man an die Punkte A, B, C, wie strichpunktiert angedeutet, weitere Begrenzungsdioden D_{11}, D_{33} usw. anschließen und zu den Punkten P und N führen. Jetzt kann die Kondensatorspannung in beiden Polaritäten dem Betrag nach nicht größer als die Spannung U werden, und die Begrenzung wird schon bei der ersten Aufladung des Kondensators im laststromlosen Zustand wirksam.

Bereitstellung der Löschkondensator-Spannung bei Phasenlöschung mit zusätzlichen Thyristoren (Um- und Nachlade-Thyristoren)

Bild 18.24 zeigt, wie bei Phasenlöschung durch Verwendung zusätzlicher Ladethyristoren (T_{13}, T_{43}) die Löschkondensatorspannung in jedem Betriebszustand sichergestellt werden kann. Es ist nur ein Strang der dreiphasigen Schaltung dargestellt. Über T_{13} und T_{42} oder T_{12} und T_{43} kann eine positive oder negative Löschkondensatorspannung u_{AB} bereitgestellt werden. Fließt positiver Strom i_R der Klemme R über T_1 zu, so kann dieser bei positivem Anfangswert von u_{AB} durch Zünden von T_{11} und T_{12} gelöscht werden. Der

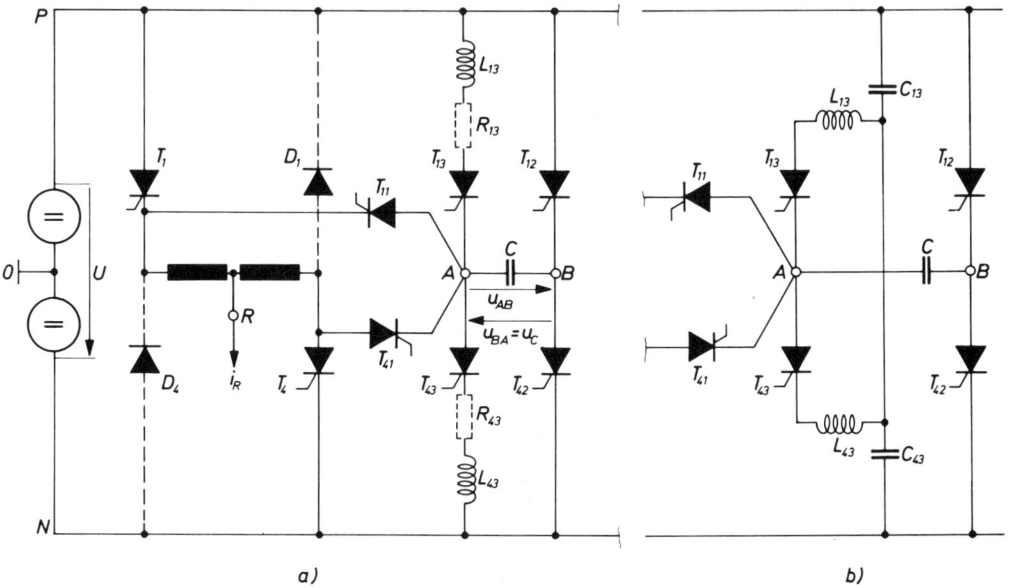

Bild 18.24. Phasenlöschung mit zusätzlichen Ladethyristoren (T_{13}, T_{43})
a) Darstellung eines Stranges
b) Herabsetzung der Nachladespannung durch kapazitive Teilung (C_{13}, C_{43})

Strom fließt über diese beiden Thyristoren und den Löschkondensator weiter und lädt diesen um. Erreicht dabei u_{AB} den Wert $-U$, so übernimmt die Diode D_4, und die Klemme R ist vom Potential des Punktes P auf das von N umgeschaltet. Die Kondensatorspannung u_{AB} ist jetzt negativ, und wenn zu einem späteren Zeitpunkt i_R negativ ist und von T_4 geführt wird, so kann durch Zündung von T_{42} und T_{41} dieser Thyristor gelöscht und der negative Strom auf die Diode D_1 überführt werden. Ist der Strom i_R zu klein, um den Kondensator in der verfügbaren Zeit umzuladen, oder ist er sogar gleich Null, so kann die schnelle Umladung erzwungen werden, indem kurz nach dem Löschen von T_1 und Abwarten einer Schonzeit der Nach- und Umladethyristor T_{43} gezündet wird. Punkt B bleibt bei dem Umladevorgang (zünden von T_{43}) auf dem Potential von P. Wegen der Vordrossel L_{43} und der treibenden Spannung U im Umschwingkreis sinkt dabei das Potential des Punktes A unter das N-Potential. Es ist jedoch zu beachten, daß die Kondensatorspannung für die Dauer der gewünschten Schonzeit ihre ursprüngliche Polarität behalten soll. Daher wird die Zündung von T_{43} gegenüber T_{11} und T_{12} um die Umladezeit bei höchstem Strom, die der gewünschten Schonzeit entsprechen muß, verzögert. Auf diese Weise erfolgt die Umladung im allgemeinen durch den Laststrom, über T_{43} nur eine Nachladung. Anwendung der Lösung Gl. (17.4) für den Umladevorgang ergibt für $i_R = 0$ mit $u_{BA} = u_C$:

$$\begin{aligned} u_C &= U(1 - \cos \omega_0 t) + u_C(0) \cdot \cos \omega_0 t \\ &= U - (U - u_C(0)) \cdot \cos \omega_0 t. \end{aligned} \qquad (18.4)$$

Daraus ist ersichtlich, daß die Amplitude des Überschwingens im dämpfungsfreien Fall gleich der Differenz zwischen U und dem Anfangswert von $u_C(0) = u_{BA}(0)$ ist. Sie ist also dann am größten, wenn überhaupt keine Umladung durch den Laststrom erfolgt und $u_C(0)$ negativ ist. In diesem Falle wird die Spannung mit jedem Umschwingen größer und schließlich nur durch die Umschwingverluste begrenzt. Das ist unerwünscht, weil es eine spannungsmäßige Überdimensionierung aller Ventile erforderlich macht. Der Nachladekreis muß also passend bedämpft werden, am besten durch die Zusatzwiderstände R_{13} und R_{43} oder passend bemessenen Widerstand der Drosseln. Es liegt nahe, den Punkt A mit Hilfe von T_{43} bzw. T_{13} auf ein mittleres Potential, das Nullpotential, statt auf P oder N zu schalten, z. B. mittels eines kapazitiven Teilers, wie in Bild 18.24b angedeutet. Dann erhält man statt Gl. (18.4) näherungsweise

$$u_C \approx \frac{U}{2}(1 - \cos\omega_0 t) + u_C(0) \cdot \cos\omega_0 t$$

$$\approx \frac{U}{2} - \left(\frac{U}{2} - u_C(0)\right) \cdot \cos\omega_0 t.$$

Jetzt erfolgt das Überschwingen bei $u_C(0) = 0$ gerade auf den Wert U, bei $u_C(0) = -U$ z. B. auf den Wert

$$\frac{U}{2} + \frac{3}{2}U = 2U.$$

Als weitere Möglichkeit bietet sich an, den Punkt A über Begrenzungsdioden gegen P und N anzuschließen. Das muß jedoch über Widerstände oder eine Reihenschaltung von Widerstand und Drossel geschehen, damit die Diode keinen Kurzschluß für den Löschstromimpuls bildet.

18.8. Dreiphasiger Wechselrichter mit Summenlöschung

Statt jeder Phase kann man auch jeder Kommutierungsgruppe des Wechselrichters eine Löscheinrichtung zuordnen, d. h. eine für die A-Seite (P-Seite) und eine für die K-Seite (N-Seite). Dies sei als „Gruppenlöschung" bezeichnet. Man kann sogar mit einer einzigen Löscheinrichtung für alle Phasen auskommen, die nach Bild 18.25 nur einen Löschkondensator, aber vier Löschthyristoren enthält. Die Hauptthyristoren sind wiederum mit T_1 bis T_6 bezeichnet, die Rückarbeitsdioden mit D_1 bis D_6. T_a bis T_d sind die Löschthyristoren. Die Kommutierungsdrosseln L_{KP} und L_{KN} sind als angezapfte Drosseln ausgeführt (s. hierzu Abschnitt 18.1). Man überzeugt sich zunächst leicht, daß man über die Thyristoren T_a und T_b oder T_c und T_d den Löschkondensator aufladen kann. Dabei ist nur der Teil der Drossel mit der Windungszahl w_1 und der Induktivität $w_1^2 \cdot \Lambda$ wirksam. Der Aufladevorgang verläuft gemäß Gl. (17.4). In der ersten Viertelperiode der Aufladeschwingung, solange $u_{AB} < U$ ist, ist die Spannung an der Wicklung w_1 (P gegen P') positiv, entsprechend die Spannung an der Wicklungsverlängerung zwischen Q_P und P. Die Diode D_N sperrt. Danach wird $u_{AB} > U$, die Spannung an der Kommutierungsdrossel (P gegen P') wird negativ und damit auch die Spannung zwischen Q_P und P. Erreicht diese Spannung den Wert U so wird die Diode D_N leitend, und die Kondensatorspannung u_{AB} wird auf den Wert $\ddot{u}U_1$ begrenzt, wobei $\ddot{u} = (w_1 + w_2)/w_2$ ist.

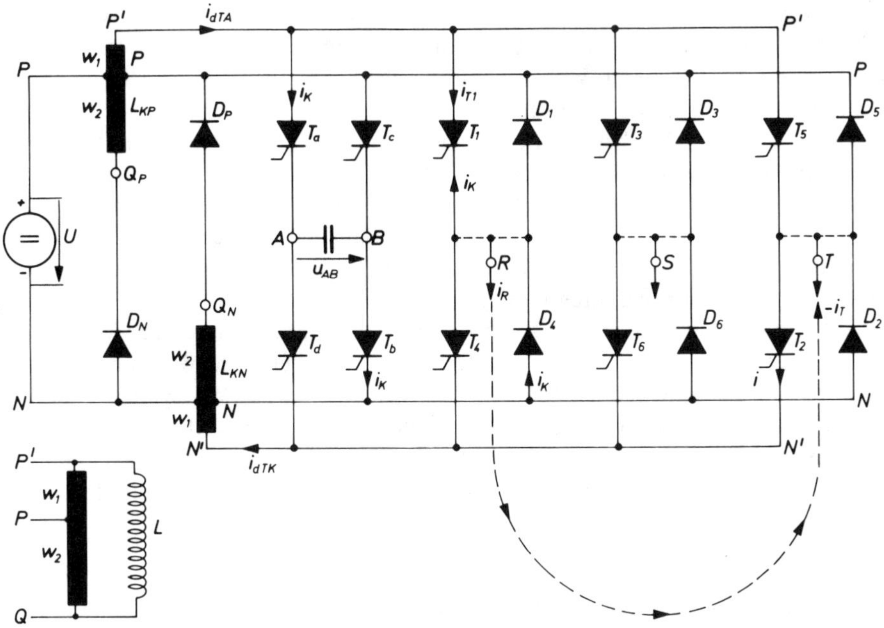

Bild 18.25. Dreiphasiger Wechselrichter mit Summenlöschung

Wegen der gleichartigen Wirkung der Anzapfdrossel L_{KN} bei positiver Kondensatorspannung u_{AB} kann durch Zünden von T_c und T_d ein Hauptthyristor der unteren Kommutierungsgruppe, der K-Seite, gelöscht werden, z. B. T_4, wobei sich der Stromkreis über die Diode D_1 (bzw. D_3, D_5 bei Löschung der Thyristoren T_6 bzw. T_2) schließt. Entsprechend kann bei umgekehrter, positiver Spannung u_{BA} durch Zündung von T_a und T_b ein Thyristor der oberen Kommutierungsgruppe, der A-Seite, gelöscht werden, wobei der Stromkreis sich über eine der Dioden D_4, D_6, D_2 schließt. Die Drosseln zwischen der Spannungsquelle und dem Löschkondensator sind aus verschiedenen Gründen notwendig. Sie begrenzen die Stromsteilheit für die Löschthyristoren bei der Aufladung des Löschkondensators und den Scheitelwert des Ladestroms auf die für die Thyristoren zulässigen Werte. Sie trennen weiterhin die Löschkondensatorspannung von der Spannungsquelle U. Ist nämlich beispielsweise die Spannung u_{AB} positiv und werden dann die Thyristoren T_c und T_d gezündet, so würden, wenn N' auf N läge, die treibende Spannung U und die Kondensatorspannung unmittelbar in Reihe geschaltet sein und eine kurzschlußartige Umladung auf U erfolgen.

Das wird durch die in dem Kreis liegende Induktivität verhindert. Bei jedem Löschvorgang bekommt die Drossel also einen aufmagnetisierenden Spannungsimpuls und muß periodisch abmagnetisiert werden. Dies geschieht, wenn die Dioden D_N bzw. D_P leitend werden, durch die Differenz zwischen der Kondensatorspannung $\ddot{u} \cdot U$ und der treibenden Spannung U. Da die Ströme i_{dTA} und i_{dTK} sich nicht umkehren können, ebensowenig der Strom über die Wicklungsverlängerungen und die Dioden (D_P, D_N), kehrt sich die Magnetisierung der Drosseln niemals um.

Im folgenden sei angenommen, daß der Strom z.B. über T_1 zur Klemme R und von der Klemme T über T_2 und den Punkt N' zur Spannungsquelle zurückfließt, also im Verbraucher von der Klemme R zur Klemme T. Wird nun z.B. T_1 über T_a, T_b, D_4 gelöscht, (Kommutierungsstrom i_K) so ist damit der Strom i_R von T_1 auf den Kommutierungskreis übernommen und fließt statt über T_1 über T_a, T_b, D_4 der Klemme R zu. Der Löschkondensator wird daher umgeladen, und u_{AB} wird positiv. Die Klemme T hat dabei das Potential des Punktes N', die Klemme R über D_4 das Potential des Punktes N. Wird die Löschkondensatorspannung u_{AB} größer als $ü \cdot U$, so wird D_N leitend und die Kondensatorspannung auf den Wert $ü \cdot U$ begrenzt. Sie hat jetzt die richtige Polarität für eine Löschung eines Thyristors in der unteren Kommutierungsgruppe. Ist das Potential des Punktes P' höher als das der Klemme S, so kann in der oberen Kommutierungsgruppe der folgende Thyristor T_3 gezündet werden und mit einer über den Verbraucher führenden Kommutierung den Strom von der Phase R und der Diode D_4 übernehmen. Da u_{AB} die Sperrspannung des gerade gelöschten Thyristors ist, bestimmt die Höhe des größten Verbraucherstroms zusammen mit der Größe des Kommutierungskondensators die Freiwerdezeit bei induktiver Last. Bei ohmsch-induktiv gemischter Last gelten für die Freiwerdezeit die gleichen Überlegungen wie in Abschnitt 18.2.

18.9. Dreiphasiger Wechselrichter mit Gruppenlöschung und Rückarbeitsthyristoren

Bild 18.26 zeigt die Schaltung eines dreiphasigen Wechselrichters mit Gruppenlöschung, der von *W. Wirtz* angegeben wurde. Er ist für die Speisung des dreiphasigen Verbrauchers mit einem aus Rechteckblöcken bestehenden Strom nach dem Leitschema von Bild 18.22 oder für die Speisung mit einer ebensolchen Spannung konzipiert, ersteres bei niedrigen, letzteres bei höheren Frequenzen. Von Überlappung abgesehen sind also immer nur zwei der drei Stränge des Verbrauchers zugleich stromführend. T_1 bis T_6 sind wiederum die Hauptthyristoren, numeriert nach ihrer Zündfolge, T_{21} bis T_{28} die Löschthyristoren, C_{41} und C_{42} die Löschkondensatoren. Statt Rückarbeitsdioden sind hier Thyristoren (T_{11} bis T_{16}) vorgesehen, die über die Dioden D_{31}, D_{32} rückarbeiten. Die letzteren übernehmen gleichzeitig die Begrenzung der Löschkondensatorspannung der beiden Löschschaltungen. Die Löschkondensatoren können auch bei unbelastetem Wechselrichter über die Ladedrosseln L_{58} und L_{57} aufgeladen und bei Schwachlast nachgeladen werden. Aus Gründen die in Abschnitt 18.7 besprochen wurden, sind sie an einen durch die Kondensatoren C_{44} und C_{43} gebildeten künstlichen Mittelpunkt (vgl. Abschnitt 18.1) angeschlossen. Zur Löschung eines der Hauptthyristoren muß neben zwei Löschthyristoren auch der Rückspeisethyristor des entsprechenden Stranges angesteuert werden, z.B. T_{11}, wenn T_1 gelöscht werden soll. Für die Um- und Nachladung des Löschkondensators bei Schwachlast werden die Nachladeventile nach jeder Löschung eines Hauptthyristors erst nach einer Wartezeit gezündet, die der erwünschten Schonzeit entspricht. Eine Nachladung erfolgt nur dann, wenn die Kondensatorspannung nach der Umladung kleiner als die halbe Speisespannung ist oder sogar noch das alte Vorzeichen hat.

Eine weitere Besonderheit dieser Schaltung ist auf der Drehstromseite die Anordnung der Drossel, die die Stromschwankung beim Takten kleinhalten soll, Damit wird erreicht, daß die Wege für den Kommutierungsstrom induktivitätsarm sind und der Gleichstrom und

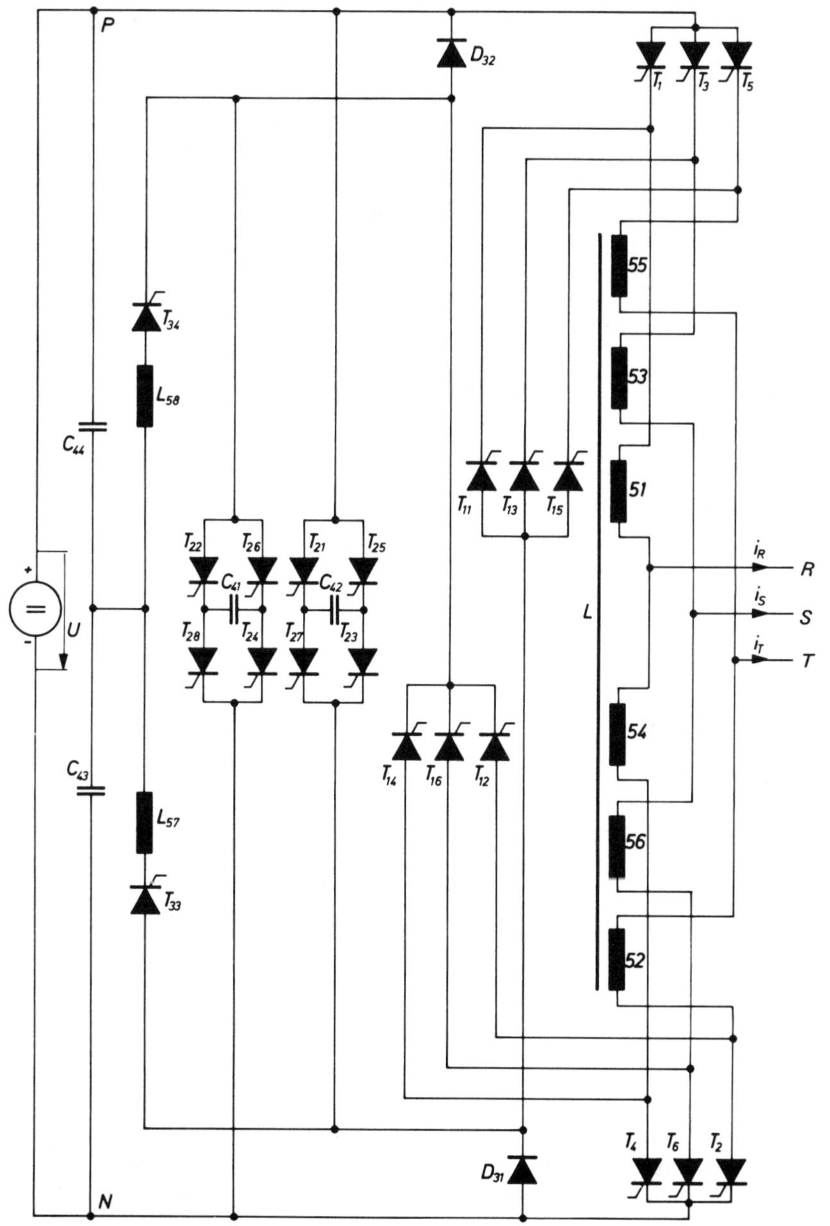

Bild 18.26. Dreiphasiger Wechselrichter mit Gruppenlöschung, Rückspeisethyristoren und verketteter Drossel (nach *Wirtz*) [3.122]

damit die Leistungsrichtung sich schnell umkehren kann. Für die Kommutierung zwischen zwei Haupt- oder zwei Rückarbeitsthyristoren ist jeweils nur die magnetische Streuung zwischen zwei Teilwicklungen maßgebend. Für die Alleinzeit, z. B. Klemmen R und S stromführend ($i_R = - i_S$), ist die Hauptindukivität von zwei in Reihe geschalteten Wicklungen im Sinne einer Konstanthaltung des Verbraucherstroms und des Gleichstroms wirksam. Bei Stromregelung wie bei einfacher Spannungsfortschaltung nimmt diese Drossel die Differenzen zwischen den geschalteten Spannungen und der Gegenspannung auf, d.h. also vor allem die Oberschwingungen der geschalteten Spannung, falls ihre Induktivität groß gegen die Verbraucherinduktivität ist.

Aus wirtschaftlichen Gründen wird man natürlich Dioden, wo immer möglich, gegenüber Thyristoren bevorzugen, so z. B. bei der Nachladeeinrichtung, falls der Mindeststrom hinreichend groß ist. Die Verwendung von Rückspeisethyristoren erweitert jedoch die Möglichkeiten für die Steuerung des Wechselrichters, wie in Abschnitt 18.10 und Kapitel 20 noch näher gezeigt wird.

18.10. Steuerung von selbstgeführten Wechselrichtern

Man beachte in diesem Zusammenhang die allgemeinen Ausführungen zu Steuerung und Regelung in Abschnitt 13.1. Sie haben auch hier Gültigkeit, d. h., die im Folgenden beschriebenen Steuerverfahren werden meist in Verbindung mit einer Regelung angewendet.

Alle selbstgeführten Wechselrichter erlauben eine Veränderung der Frequenz, für die die Grenze nach unten durch u. U. vorhandene Transformatoren, nach oben durch Lösch- und Schonzeit, also durch Eigenschaften der Ventile bedingt sind. Man erreicht wirtschaftlich einige hundert Hz mit Leistungsthyristoren, kHz (in besonderen Kunstschaltungen) mit Spezialthyristoren mit besonders kurzer Freiwerdezeit (s. Band 2). Sie erlauben ferner damit auch eine Verstellung der abgegebenen, aus Rechteckblöcken zusammengesetzten Spannung in der Phasenlage. Ist die speisende Spannung (in den vorhergehenden Abschnitten U genannt) veränderlich, so ändert sich die Ausgangsspannung entsprechend, sofern die Kommutierung bei allen vorkommenden Werten der Speisespannung gesichert ist. Auf diesen Fall kommen wir in Kap. 19 zurück, im folgenden wird zunächst $U = \text{const.}$ angenommen.

Steuerung des Wechselrichters mit Folgelöschung

Beim Wechselrichter mit Folgelöschung kann bei konstanter Speisespannung zwecks Steuerung der Ausgangsspannung ein Wechselstromsteller, bzw. Drehstromsteller (s. Kap. 16) nachgeschaltet werden.

Darüber hinaus kann die Verstellbarkeit in der Phase für die Spannungssteuerung ausgenutzt werden. Dazu müssen mindestens zwei Wechselrichter in Reihe geschaltet sein. Bei gleichphasiger Steuerung ergibt sich die volle Ausgangsspannung. Bei phasenverschobener Ansteuerung entsteht in jeder Halbschwingung ein Intervall mit der Spannung Null, das mit der Phasendifferenz $\Delta\varphi$ wächst, und für $\Delta\varphi \rightarrow 180°$ strebt die Ausgangsspannung nach Null, wobei für die Grundschwingung gilt:

$$U_{II\,1} = \frac{1}{\sqrt{2}} \cdot \frac{4}{\pi} \cdot 2 \cdot U \cdot \cos\frac{\Delta\varphi}{2} \qquad (18.5)$$

Der Grundschwingungsgehalt durchläuft ein Maximum bei $\Delta\varphi = 60°$, weil dann die Halbschwingung einen 120°-Block darstellt und nur noch die Harmonischen mit den Ordnungszahlen $n = 6g \pm 1$ mit dem bezogenen Anteil $1/n$ übrigbleiben (vgl. Abschnitte 10.1 und 10.8, s. Bild 18.27).

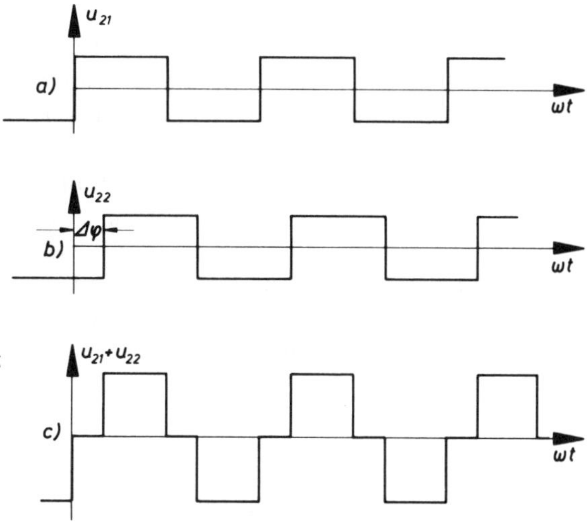

Bild 18.27

Steuerung von Wechselrichtern mit Folgelöschung durch Phasenverschiebung zwischen Teilwechselrichtern

Der einphasige Wechselrichter in Brückenschaltung kann dabei als Reihenschaltung von zwei Wechselrichtern aufgefaßt werden, wenn zwei Kommutierungskondensatoren und Trenndioden vorhanden sind, wie in Bild 18.12b. Beim dreiphasigen Wechselrichter mit Folgelöschung liegt es nahe, einen von zwei in Reihe geschalteten Wechselrichtern ausgangsseitig im Dreieck, den zweiten im Stern zu schalten. Dann hat bei gleichphasiger Steuerung jede der beiden Ausgangsspannungen nur Oberschwingungen der Ordnung $n = 6g \pm 1$ s. Bild 18.16, die Reihenschaltung bei passend gewählten Übersetzungsverhältnissen, nämlich so, daß sich gleiche Werte für die Grundschwingung ergeben, der Ordnung $n = 12g \pm 1$, mit $b_n : b_1 = 1/11, 1/13$ usw. Die resultierende Grundschwingung ändert sich, ebenso wie beim einphasigen Wechselrichter, mit $\cos(\Delta\varphi/2)$. Wird ein Wechselrichter, ob ein- oder dreiphasig, mit nacheilendem Strom belastet, z.B. durch einen nachgeschalteten gesteuerten Stromrichter gemäß Bild 18.11a, so ist die Gleichspannungsquelle mit einem pulsierenden Strom oder einem Wechselstromanteil belastet. Hat die Spannungsquelle U, abweichend von den bisherigen idealisierten Annahmen, induktiven Innenwiderstand, so gibt es auch hier „Netzrückwirkungen" (vgl. Abschnitt 11.4). Sie können vermindert werden, wenn man die Leistung auf mehrere gleich belastete Wechselrichter aufteilen kann und die Teilwechselrichter symmetrisch gegeneinander in der Phase versetzt steuert.

Die Teilwechselrichter können dabei gleichspannungsseitig in Reihe oder parallel geschaltet sein. Es ergibt sich dadurch eine Erhöhung der Rückwirkungsfrequenz und eine Verminderung der Größe der Wechselstromanteile. Das vereinfacht und verbilligt gegebenenfalls notwendige Filtereinrichtungen.

Am Schluß von Abschnitt 18.3 wurde schon darauf hingewiesen, daß auch mit diesem Wechselrichter Pulssteuerung möglich ist, auf die im folgenden Abschnitt näher eingegangen wird. Der zum Anschluß der Dioden benötigte Anzapftransformator verbietet eine Gleichkomponente in Strom und Spannung, auch bei der Brückenschaltung.

Steuerung des Wechselrichters mit Einzellöschung

Bei diesem Wechselrichter nach den Bildern 18.5, 17.19 (Vierquadranten-Gleichstromsteller), 18.6 und 18.18 bieten sich dadurch besondere Möglichkeiten, daß jeder Hauptthyristor in seiner eigentlichen Leitphase schon gelöscht und wieder gezündet werden kann, noch bevor die Leitphase des Folgethyristors beginnt. In einem gelöschten Intervall während der eigentlichen Leitphase ist der Belastungsstrom auf die Rückspeisediode kommutiert, und in diesem Intervall liegt daher die Spannung − U statt + U an der Last, wenn man vom Spannungsabfall an den Vordrosseln absieht. Bild 18.28 veranschaulicht, wie auf diese Weise z. B. mit einer zusätzlichen Löschung je Viertelperiode die Grundschwingung der Ausgangsspannung vermindert werden kann. Nach Abschnitt 10.1 ergibt sich hierbei für die Grundschwingung:

$$\sqrt{2} \cdot U_1 = \frac{4}{\pi} \cdot U(1 - 2 \cdot \cos\delta_1 + 2\cos\delta_2). \tag{18.6}$$

Unter der idealisierenden Annahme einer rein induktiven Belastung ohne Gegenspannung ist der Laststrom für den eingeschwungenen Zustand darunter gezeichnet. Der Grundschwingungsgehalt bei Herabsteuerung wird verbessert, wenn man statt auf die Rückarbeitsdiode, und damit auf negative Spannung, auf ein Nullventil oder einen „Freilaufkreis" kommutieren kann. Für diesen Fall zeigt Bild 18.29a schematisch die Verhältnisse bei nur einer Löschung je Viertelperiode. Für die Grundschwingung ergibt sich jetzt:

$$\sqrt{2} \cdot U_1 = \frac{4}{\pi} \cdot U(1 - \cos\delta_1 + \cos\delta_2). \tag{18.7}$$

Wenn die Möglichkeit besteht, auf Freilauf (Kurzschluß) zu schalten, wird die Ansteuerung des Frelaufintervalls zweckmäßig symmetrisch zum Nulldurchgang der Grundschwing vorgenommen, wie in Bild 18.29b, und damit die gleiche Kurvenform wie in Bild 18.27c bei $\Delta\varphi = 60^\circ$ erhalten. Bei dieser Art der Ansteuerung wird offenbar die größte Grundschwingung bei einer gegebenen resultierenden Spannungszeitfläche je Halbwelle erhalten. Mit dem Winkel δ in Bild 18.29b erhält man für die Amplitude der Grundschwingung

$$\sqrt{2} \cdot U_1 = \frac{4}{\pi} \cdot U \cdot \cos\delta. \tag{18.8}$$

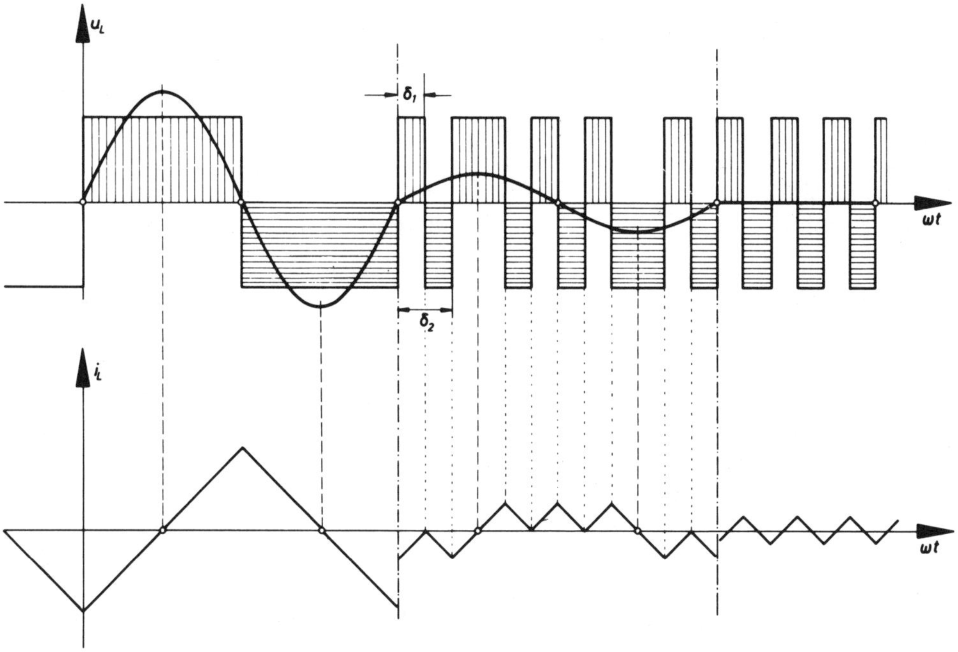

Bild 18.28. Steuerung eines Wechselrichters mit Einzellöschung, ohne Freilauf, schematisch

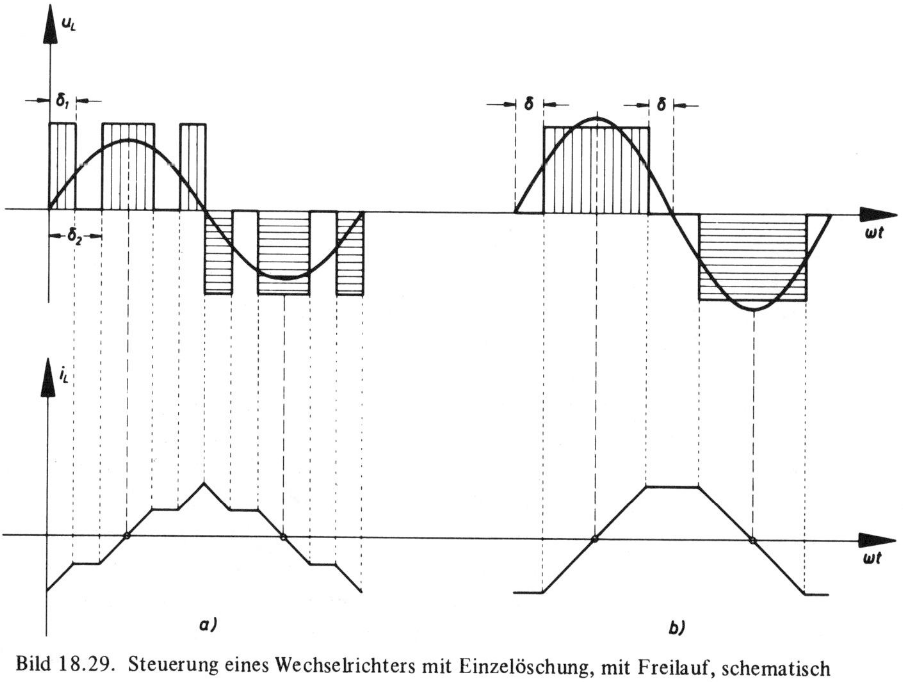

Bild 18.29. Steuerung eines Wechselrichters mit Einzelöschung, mit Freilauf, schematisch

Bei Wechselrichtern in Mittelpunktschaltung müßten für diesen Zweck zwei steuerbare Kurzschlußventile parallel zur Last vorhanden sein. Bei Wechselrichtern mit Einzellöschung in Brückenschaltung läßt sich dagegen ohne zusätzliche Ventile ein Freilaufweg schalten, z.B. bei dem einphasigen nach Bild 17.19 (dem Vierquadranten-Gleichstromsteller), wenn T_1 und T_3 Strom führen, durch Löschen von T_3 und Kommutierung auf D_3, bei der dreiphasigen Schaltung nach Bild 18.18 bei Stromführung von T_1 und T_6 durch Löschen von T_6 und Kommutierung des Stroms $-i_S$ auf die Diode D_3.

Ist die speisende Spannung U variabel und Aufgabe der Steuerung des Wechselrichters nur die Einstellung von Frequenz und Phasenlage, so wird zweckmäßig $\delta = 30^\circ$ gemacht, weil dann die 5. und 7. Harmonische in der Ausgangsspannung verschwinden und der höchste Grundschwingungsgehalt von 0.953 erreicht wird. Die Grundschwingung ist 0,867mal so groß wie die der 180°-Rechteckspannung. Kann +U und −U angesteuert werden, wie in Bild 18.28, so kann man nach einem Vorschlag von *Turnbull* [3.46; 1.9; 4.12] mit dem Steuerschema von Bild 18.28, d.h. einer zusätzlichen Umschaltung je Viertelperiode, zwei Harmonische zu Null machen. Mit $\delta_1 = 23{,}62^\circ$ und $\delta_2 = 33{,}30^\circ$ verschwinden die 3. und 5. Harmonische, mit $\delta_1 = 16{,}25^\circ$ und $\delta_2 = 22{,}07^\circ$ verschwinden die 5. und 7. Harmonische. Die 3. Harmonische verschwindet beim dreiphasigen Wechselrichter in Brückenschaltung auch dann schon, wenn die Klemmen R, S, T einer 180°-Rechteckspannung folgen. Man wird dann die 5. und 7. Harmonische zum Verschwinden bringen. Bei den Steuerverfahren nach Bild 18.28 und Bild 18.29 können allgemein die Harmonischen niedriger Ordnungszahl weitgehend unterdrückt werden, wenn dafür höhere Harmonische in Kauf genommen werden. Für die Harmonische mit der Ordnungszahl n erhält man nämlich an Stelle von Gl. (18.6), s. Bild 18.28

$$\sqrt{2} \cdot U_n = \frac{4}{\pi}\frac{1}{n}\; U\,(1 - 2\cos n\delta_1 + 2\cos n\delta_2) \tag{18.9}$$

und an Stelle von Gl. (18.17, s. Bild 18.29

$$\sqrt{2} \cdot U_n = \frac{4}{\pi}\frac{1}{n}\; U\,(1 - \cos n\delta_1 + \cos n\delta_2)\,. \tag{18.10}$$

Mit den beiden Parametern δ_1 und δ_2 kann man für zwei verschiedene Werte von n den Klammerausdruck in den Gln. (18.9) und (18.10) zu Null machen. Für ein gegebenes Wertepaar n_1, n_2 erhält man ein transzendentes Gleichungssystem für δ_1 und δ_2. Die Steuerung nach Bild 18.29a liefert den größeren Grundschwingungsgehalt. Wählt man die Umschaltfrequenz sehr hoch, z.B. etwa größer als die 12-fache Grundfrequenz, so kann man, wie von *M. Depenbrock* vorgeschlagen, mittels Pulsbreitenmodulation einem jeden vorgegebenen Verlauf, insbesondere einer Sinuskurve, nachfahren. Dem Verfahren kommt entgegen, daß die Last meist Induktivität enthält und sich Oberschwingungen hoher Ordnungszahl auch bei großer Amplitude im Strom wenig bemerkbar machen. Das scheint auf den ersten Blick auch aus den schematischen Darstellungen der Bilder 18.28 und 18.29 hervorzugehen. Die Wirklichkeit ist nicht ganz so günstig. So sind z. B. Drehfeldmaschinen als Verbraucher in erster Näherung als Quellen sinusförmiger Spannung mit induktivem Innenwiderstand anzusehen. Sie bieten den Oberschwingungen der Spannung im wesentlichen ihre Kurzschlußreaktanz dar. Obwohl diese mit der Frequenz wächst, sind die Oberschwingungsanteile im Strom einer Drehfeldmaschine erheblich größer als bei rein induktiver, passiver Last. Einen typischen Spannungs- und Stromverlauf bei Speisung einer Asynchronmaschine mit einer gepulsten Spannung zeigt Bild 18.30 (Oszillogramm). Ferner ist zu beachten, daß unmittelbar nach jeder Löschung die Spannung des Löschkondensators sich zur Eingangsspannung addiert und der Stromanstieg zunächst sogar noch zunimmt, bis der Kondensator entladen bzw. umgeladen ist. Jede Löschung ist mit zusätzlichen Verlusten in der Schaltung verbunden. Wegen der benötigten Schonzeit der Thyristoren und der begrenzten zulässigen Stromsteilheit benötigt schließlich jede Zwangslöschung Zeit, und die erreichbare Umschaltfrequenz ist begrenzt. Aus allen diesen Gründen ist diejenige Kombination von Steuerverfahren und Schaltung zu bevorzugen, die bei höheren Frequenzen mit möglichst wenig Zwangslöschungen je Periode auskommt und bei tiefen Frequenzen eine Mindest-Schaltfrequenz aufweist.

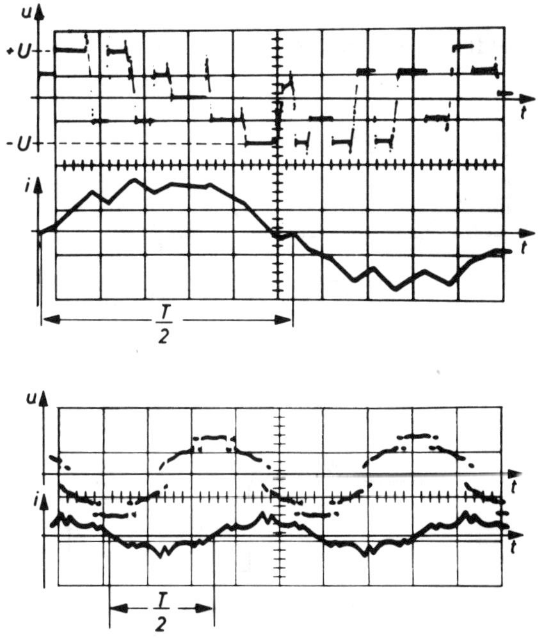

Bild 18.30

Vergleich der Stromkurvenformen bei ohmsch-induktiver Last (oben) und einer leerlaufenden Asynchronmaschine als Belastung (unten)

Frequenzen: 35 Hz (oben),
22 Hz (unten)

Der Asynchronmaschine ist eine Drossel in der Größe der 0,66-fachen Stillstands-Reaktanz vorgeschaltet, jedoch die Spannung an den Maschinenklemmen oszillographiert worden

Die Schalt-Intervalle können z. B. gemäß Bild 18.31 bestimmt werden. Eine Dreieckspannung mit der gewünschten Schaltfrequenz wird mit der Steuerspannung u_{st} verglichen. Wenn $u_{st} > u_D$, wird auf + U, sonst auf − U bzw. Freilauf (Spannung Null) geschaltet. Kommt die Modulationsfrequenz, d. h. die Frequenz, mit der u_{st} verändert wird, in die Größenordnung der Schaltfrequenz, so treten störende Schwebungserscheinungen auf, die nur dann verschwinden, wenn die Schaltfrequenz ein ganzzahliges Vielfaches der Steuer- oder Modulationsfrequenz ist. Daher ist notwendig, bei höheren Frequenzen Steuerfrequenz und Schaltfrequenz zu synchronisieren. Das Verhältnis Schaltfrequenz zu Steuerfrequenz muß dabei aus den oben angeführten Gründen mit der Steuerfrequenz abnehmen und kann z. B. mit wachsender Frequenz die Werte 24, 12, 9, 6, 3 annehmen.

Durch drei teilbare Frequenzverhältnisse haben den Vorteil, daß die resultierende Kurvenform die Symmetriebedingung für das Verschwinden der Harmonischen mit gerader Ordnungszahl einhält, wie in Bild 18.32 für eine rechteckförmige Steuerspannungsvorgabe veranschaulicht ist.

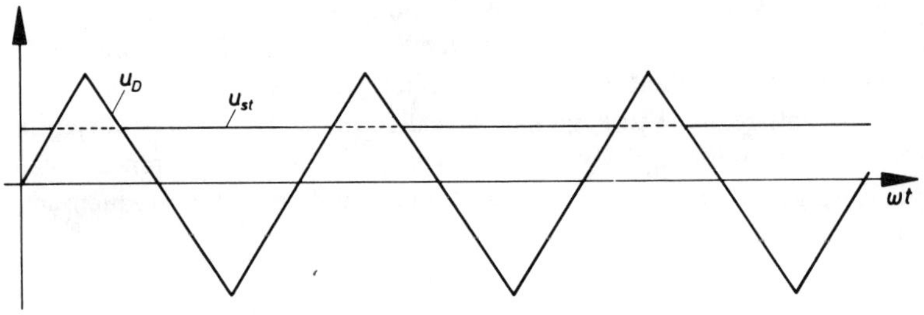

Bild 18.31. Festlegung von Aus- und Einschaltintervallen bei konstanter Taktfrequenz

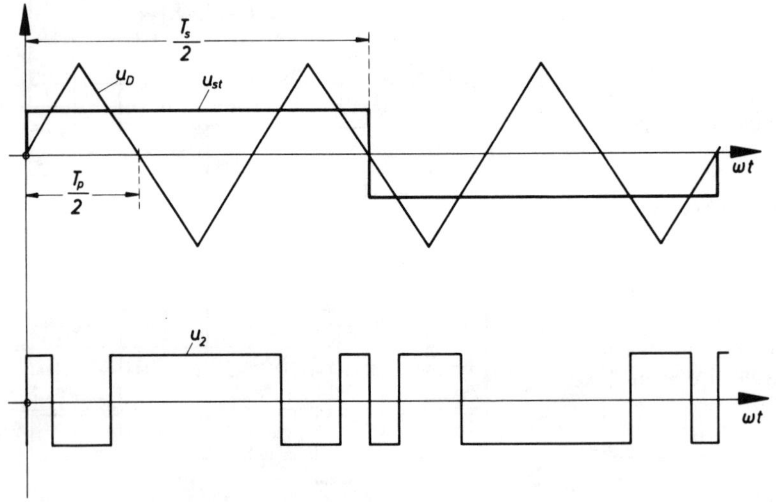

Bild 18.32. Verfahren von Bild 18.5, Beispiel: rechteckförmige Ansteuerung

Zweipunkt-Stromregelung

In manchen Fällen ist eine unterlagerte Stromregelung, z. B. zum Zwecke der Strombegrenzung, erwünscht. In diesem Falle werden die Lösch- und Umschalt-Zeitpunkte in Form einer Zweipunkt- oder Dreipunkt-Regelung, wie in Abschnitt 17.4 für den Gleichstromsteller beschrieben, vom Stromverlauf abgeleitet. Die Schaltfrequenz ist jetzt nicht mehr konstant, sie stellt sich vielmehr nach Maßgabe ihrer Auswirkung auf den Strom ein. Auf diese Weise ist es z. B. möglich, mit einer Schaltung nach Bild 18.18 die drei Ströme einer Drehfeldmaschine sinusförmig veränderlichen Strom-Sollwerten nachzuführen.

Was im vorstehenden für den Wechselrichter mit Einzel-Löschung ausführlich beschrieben wurde, ist in einem weiten Umfang auch beim Wechselrichter mit Folgelöschung (s. den Hinweis am Schluß von Abschnitt 18.3) und dem Wechselrichter mit Phasenlöschung (s. den Hinweis in Abschnitt 18.7) möglich!

Steuerung von Wechselrichtern mit Phasenlöschung

Aus der Besprechung von Bild 18.20 ging hervor, daß bei Phasenlöschung die Steuerung einfach wird, wenn die Löschungen auf der A-Seite (P-Seite) und der K-Seite (N-Seite) miteinander abwechseln. Daher sind diese Schaltungen für ein Pulsen, und damit eine Spannungsverstellung, bisher weniger gebräuchlich. Diese erfolgt meist durch Veränderung der Spannung U. Dazu ist die Sicherstellung einer ausreichenden Löschkondensatorspannung erforderlich. Der Wechselrichter ermöglicht so nur die Verstellung der Frequenz und der Phasenlage. (Wie in Abschnitt 18.7 gezeigt, ist jedoch bei Phasenlöschung mit LC-Löschkreis auch Pulsen möglich!) Für die Schaltung mit Konstantstromeinspeisung nach Bild 18.21 gilt entsprechendes. Der Gleichstrom I_d kann hier nur über U verstellt werden, der Wechselrichter ermöglicht nur die Einstellung der Fortschaltfrequenz und der Phasenlage des Rechteckblockstroms zu einer auf der Dreiphasenseite vorhandenen Gegenspannung. Diese hat über die Leistungsbilanz einen Einfluß auf die jeweils erforderliche Spannung U, wie in Abschnitt 18.7 ausgeführt.

Ist die Speisespannung U veränderlich und Stellglied einer Zwischenkreisstrom-Regelung, so paßt sie sich infolge der Regelung den Betriebsbedingungen selbsttätig an, und es gilt sinngemäß das in Abschnitt 19.3 über den Zwischenkreisumrichter gesagte.

Steuerung von Wechselrichtern mit Gruppen- und Summenlöschung

In der Schaltung nach Bild 18.25 müssen sich Löschungen auf der A- oder P-Seite einerseits, der K- oder N-Seite andererseits, abwechseln, so daß Ausgangsspannung und Ausgangsstrom durch Verstellung von U beeinflußt werden müssen. Der Wechselrichter kann nur Frequenz, Phase und Phasenfolge verstellen. Es ist also nur ein Weiterschalten von Rechteckspannungen und z.B. keine Einzelregelung der Phasenströme möglich. Man beachte jedoch in diesem Zusammenhang Kapitel 19.

Steuerung von Wechselrichtern mit Rückspeisethyristoren

Die Schaltung nach Bild 18.26, Gruppenlöschung und Rückspeisethyristoren, kommt in ihren Steuerungsmöglichkeiten der Einzellöschung sehr nahe. Neben der Frequenz, der Phasenlage und der Phasenfolge läßt sich auch der Strom und die Grundschwingung der Spannung verstellen. Bei Gegenspannung im Verbraucher sind beide Leistungsrichtungen ansteuerbar. Der einzige Nachteil gegenüber der Schaltung mit Einzellöschung besteht darin, daß die Phasenströme nicht einzeln geregelt und einer sinusförmigen Sollwertvorgabe nachgeführt werden können. Der aus Rechteckblöcken zusammengesetzte Strom kann zwar nach Größe und relativer Phasenlage eingestellt und weitergeschaltet werden, wobei, von Überlappung abgesehen, stets nur zwei Stränge des Verbrauchers beteiligt sind und damit zwei Wicklungen der Mehrwicklungsdrossel (vgl. das Leitschema von Bild 18.22).

Diese hat im Rahmen der Steuerung bzw. Regelung die Aufgabe, die Stromschwankung und damit die Pulsfrequenz bei der Dreipunkt-Stromregelung kleinzuhalten, ohne den Phasenwechsel in der Last merklich zu verzögern. Sie nimmt die Spannungsdifferenzen zwischen Wechselrichter- und Verbraucherspannung und damit einen Teil der Spannungsoberschwingungen auf. Die Schaltfrequenz für die Hauptthyristoren (T_1 bis T_6) wird weiterhin dadurch gering gehalten, daß jeweils nur ein Thyristor in der zweiten Hälfte seiner insgesamt 120° langen Leitphase zum Takten herangezogen wird (vgl. Bild 18.22).

Steuerung und Regelung des Schwingkreiswechselrichters

Wie in Abschnitt 18.4 ausgeführt, eignet sich dieser Wechselrichter zur Speisung von induktiver Last, und seine Wirkungsweise beruht auf der Serienkompensation der Lastinduktivität. Es wurde festgestellt, daß die Größe des Löschwinkels den Grad der Überkompensation kennzeichnet und die Frequenz bestimmt. Der Betriebspunkt liegt also auf der Resonanzkurve unterhalb des Resonanzpunktes. Dies legt es nahe, den Löschwinkel und seinen Einfluß auf die Frequenz als Steuergröße zu benutzen. Man kann z. B. den Verbraucherstrom regeln, indem bei zu kleinem Verbraucherstrom der Löschwinkel verkleinert, bei zu großem Verbraucherstrom der Löschwinkel vergrößert wird. Bei schwacher Dämpfung kann auf diese Weise der Verbraucherstrom in einem weiten Bereich verstellt werden.

19. Umrichter

19.1. Einige Bemerkungen zur Bezeichnungsweise

Im Kapitel 18 wurden selbstgeführte Wechselrichter behandelt. Sie werden so bezeichnet, weil ihre hauptsächliche Aufgabe die Energieübertragung von der Gleichspannungs- zur Wechselspannungsseite ist. Soweit die Schaltungen Energie auch in umgekehrter Richtung, also von der Wechselspannungs- zur Gleichspannungsseite übertragen können, sollten sie richtiger als selbstgeführte Stromrichter bezeichnet werden. Der jetzt zusätzlich einzuführende Begriff „Umrichten“ und „Umrichter“ wurde in Anlehnung an die in der Technik der elektrischen Maschinen gebräuchlichen Bezeichnung „Umformen“ und „Umformer“ gebildet. Damit ist eine Maschine (oder ein Satz aus mehreren Maschinen) gemeint, die in Verbindung mit einer Energieübertragung die Frequenz und die Spannung, gegebenenfalls noch weitere Größen, z. B. die Phasenzahl, verändern kann. Das Wort „Umrichter“ bezeichnet dagegen ein Gerät mit ruhenden Bauelementen (Stromrichterventilen), das die gleiche Aufgabe erfüllen kann. Beispiele für (Maschinen)-Umformer sind der Einanker-Umformer, der Leonard-Umformer, die Scherbiuskaskade usw. Wie der Begriff des Umformens soll auch der des Umrichtens die Frequenz Null (Gleichspannung und Gleichstrom) mit einschließen. Demnach ist z. B. die Kombination eines selbstgeführten Wechselrichters mit einem netzgeführten („natürlich“ kommutierenden) Stromrichter, der auf eine Gleichstrommaschine arbeitet, ein „Gleichstrom-Gleichstrom-Umrichter“. Im Vorstehenden und Folgenden kann man überall statt „-strom“ auch „-spannung“ sagen, da stets beides umgerichtet wird. Wie man sieht, ist „Umrichter“ ein sehr umfassender Begriff der Stromrichtertechnik, enthält er doch alle Schaltungen und alle denkbaren Schaltungskombinationen. Er wird aber vorzugsweise für Drehstrom-Drehstrom-, Drehstrom-Wechselstrom- und Wechselstrom-Drehstrom-Umrichter verwendet.

19.2. Netzgeführte Antiparallel-Umrichter

Eine Gegenparallelschaltung von zwei netzgeführten Stromrichtern nach Kap. 12 kann einem Verbraucher-Zweipol Strom und Spannung in beiden Richtungen zuführen. Wird die Schaltung spannungs- oder stromgeregelt betrieben, so gibt sie bei sinusförmiger Sollwertvorgabe Wechselspannung und Wechselstrom an einen Wechselstromverbraucher ab. Bild 19.1 zeigt das Prinzip, wobei für die Teilstromrichter eine vereinfachte symbolische Darstellung angewandt ist. Das Schaltungsprinzip wurde ursprünglich als „Steuerumrichter“ bezeichnet. Dieser Name ist nicht mehr ganz passend, weil man heute stets Regelung statt Steuerung anwendet (s. die Ausführungen in Kap. 13). Er gehört zur Gruppe der Direktumrichter, ist jedoch nicht der einzige Vertreter dieser Gruppe (s. Abschnitt 19.4). Das Bild zeigt als Beispiel einen Drehstrom-Einphasenstrom-Umrichter. Mit diesem Umrichter sind Ausgangsfrequenzen bis in die Größenordnung von 1,5 mal der Netzfrequenz (bei sechspulsigem Stromrichter) zu erreichen. Da es bei Durchgang durch die Netzfrequenz zu Schwebungserscheinungen kommt, bleibt seine Verwendung bisher praktisch auf den Bereich bis etwa 2/3 der Primärfrequenz beschränkt. Er ist also z. B. für eine 50 Hz/16 $\frac{2}{3}$ Hz

Bild 19.1

Netzgeführter Antiparallel-Regelumrichter, schematisch

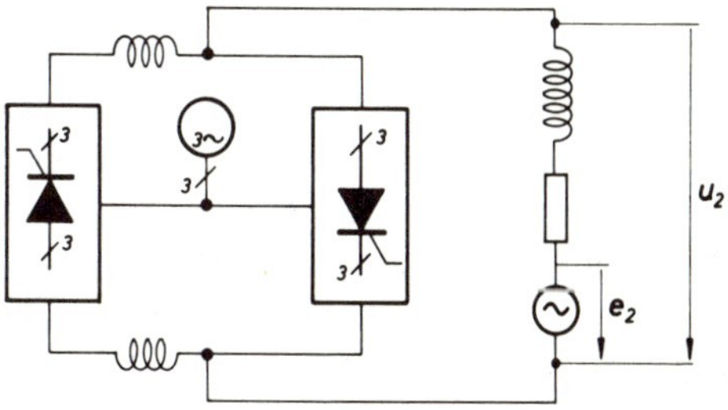

Umrichtung zur Bahnstromversorgung geeignet. Vorteilhaft ist bei diesem Umrichter seine Einfachheit und seine leichte Steuerbarkeit. Man kann z. B. beim Arbeiten auf eine Gegenspannung (z. B. ein Wechselstromnetz) Blindstrom und Wirkstrom getrennt vorgeben und regeln und weitere Regelkreise, z. B. für Frequenz und Spannung des Sekundärnetzes, überlagern. Da der Umrichter keine Energiespeicher hat, übertragen sich die Leistungspulsationen des einphasigen Verbrauchers voll auf die Primärseite, wodurch ein besonderes Netzrückwirkungsproblem entsteht. Der Primärstrom erscheint mit der sekundären Frequenz, die Primärleistung mit der doppelten sekundären Frequenz moduliert. Bedingt durch die Anschnittsteuerung wird der Grundschwingungs-Leistungsfaktor schlecht, infolge der niederfrequenten Rückwirkung verschlechtert sich auch der Grundschwingungsgehalt und damit der totale Leistungsfaktor ($\lambda_I = 0{,}7$ bei $\cos\varphi_{II} = 1$; $\lambda_I = 0{,}63$ bei $\cos\varphi_{II} = 0{,}9$; siehe [4.1]).

Erfolgt die Einspeisung in ein Hochspannungsnetz (15 kV, 100 kV), bietet sich Reihenschaltung von Teilstromrichtern und deren blindleistungssparende Steuerung an (s. Abschnitt 11.3). Eine hinsichtlich der Blindleistung vorteilhaftere Variante des netzgeführten Antiparallel-Umrichters ist der von *Löbl* angegebene (in Frequenz und Phase starre), von *Stahl* und *Kanngießer* verbesserte (in Frequenz und Phase variable) Trapezkurven-Umrichter ($\lambda_I = 0{,}91$ bei $\cos\varphi_{II} = 1$; $\lambda_I = 0{,}8$ bis 0.83 bei $\cos\varphi_{II} = 0{,}9$).

Das Prinzip besteht darin, daß möglichst viele Kommutierungen im natürlichen Zündzeitpunkt begonnen werden und erst beim beabsichtigten Wechsel der Spannungsrichtung voll in den Wechselrichterbetrieb zurückgesteuert wird, so daß die Ausgangsspannung mit einer Phasenspannung des Primärnetzes ihre Richtung wechselt. Soll die Phase bzw. Frequenz der Ausgangsspannung verändert werden, so wird die stromführende Phase beim beabsichtigten Richtungswechsel nicht voll zurückgesteuert, wofür ein Spielraum von $180° - (\gamma + u)$ zur Verfügung steht. Auf diese Weise ist eine quasistetige Änderung der Ausgangsfrequenz und der Phasenlage der Ausgangsspannung, und damit eine Wirkstromregelung möglich. Blindleistung und Spannung des gespeisten Netzes können bei diesem Verfahren aber nur mittels eines vorgeschalteten Stelltransformators beeinflußt werden. Schaltet man solche Umrichter in Reihe, so kann man, wie in Abschnitt 18.10 beschrieben, durch Phasenversetzung der Teilumrichter auch die Amplitude steuern, und damit in einem gewissen Umfang die Blindleistung.

19.3. Zwischenkreis-Umrichter

Verschiedene Nachteile der netzgeführten Antiparallel-Umrichter können vermieden werden, wenn man zunächst mit einem netzgeführten Stromrichter gleichrichtet, in einem Gleichstromzwischenkreis die Energie mit Gleichstrom und Gleichspannung überträgt und dann in einem zweiten Stromrichter wieder wechselrichtet. Bild 19.2 veranschaulicht dieses Verfahren, wiederum in einer symbolisch vereinfachten Darstellung. Es ist hier angenommen, daß sekundär eine Spannungsquelle zur Verfügung steht, die Kommutierungsspannung und Kommutierungsblindleistung liefert, so daß auch der zweite Stromrichter „netzgeführt" arbeiten kann. In diesem Fall kann die Energierichtung ohne Stromrichtungswechsel umgekehrt werden, d. h. mit zwei Einfach-Stromrichtern.

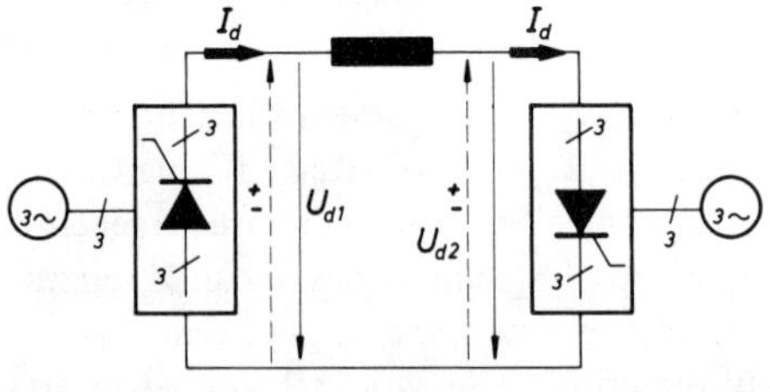

Bild 19.2

Zwischenkreis-Umrichter mit zwei netzgeführten Stromrichtern und Glättungsdrosseln für den Gleichstrom

Beim Energierichtungswechsel wird die Zwischenkreisspannung, d. h. U_{d1} und U_{d2}, umgekehrt, indem der erste Stromrichter vom Gleichrichterbetrieb in den Wechselrichterbetrieb, der zweite Stromrichter vom Wechselrichterbetrieb in den Gleichrichterbetrieb umgesteuert wird. Die Kupplung zweier Drehstromnetze über Gleichstrom (HGÜ-Kurzkupplung oder HGÜ-Übertragung zwischen zwei Drehstromnetzen gleicher oder verschiedener Frequenz) kann als Zwischenkreis-Umrichter mit zwei netzgeführten Stromrichtern betrachtet werden. Die Blindleistung bleibt bei diesem Verfahren auf die Kommutierungsblindleistung des jeweiligen Gleichrichters (falls dieser mit $\alpha = 0^\circ$ betrieben wird) und die Kommutierungsblindleistung und unvermeidliche Steuerblindleistung des Wechselrichters beschränkt. Zweckmäßig überträgt man dem jeweiligen Wechselrichter durch Löschwinkelregelung die Spannungshaltung, dem jeweiligen Gleichrichter durch Stromregelung die Steuerung der zu übertragenden Leistung und die Strombegrenzung. Vorteilhaft ist es, wenn dazu die Drehspannungen auf beiden Seiten in den Grenzen verändert werden können, die notwendig sind, um die wechselnde Richtung des Gleichspannungsabfalls auszugleichen, damit der stromregelnde Gleichrichter mit einem möglichst kleinenSteuerwinkel und geringer Kommutierungsblindleistung betrieben werden kann. Das kann durch Regelung der Drehspannung in den Netzanschlußpunkten und durch zusätzliche Stelltransformatoren mit begrenztem Stellbereich geschehen. Wenn die Sekundärfrequenz, und damit die Sekundärspannung, sich bis auf Null herunter ändert, z. B. wenn sekundärseitig eine Synchronmaschine als Motor gespeist wird, ist netzgeführter Betrieb nicht herab bis auf Null möglich. In diesem Bereich hat der erste Stromrichter (Gleichrichter) jedoch eine hohe Stellreserve und kann vorübergehend den Gleichstrom zu Null machen, bevor der zweite Stromrichter (Wechselrichter) den Gleichstrom in der Phase weiterschaltet. Dieser Vorgang kann durch einen Zusatzthyristor, mit dem negative Spannung an der Zwischenkreisdrossel kurzgeschlossen werden kann, beschleunigt werden. (Dieses Zusatzventil ist in dem schematischen Bild 19.2 nicht mit dargestellt.)

Wird der zweite Stromrichter mit einer Zwangslöschung, z.B. nach den Bildern 18.18 bis 18.23, versehen, die herab bis zur Zwischenkreisspannung Null arbeiten kann, so löst das die Aufgabe der Kommutierung bei kleinsten Frequenzen und ermöglicht gleichzeitig eine Verbesserung des Leistungsfaktors des Wechselrichters bei höheren Frequenzen und im Bereich der Nennfrequenz, weil die Zwangskommutierung die Kippung auch dann verhindert, wenn der Steuerwinkel sich dem Wert 180° nähert oder ihn überschreitet. Fehlt auf der sekundären („Verbraucher-") Seite eine Spannungsquelle, die netzgeführten Betrieb ermöglichen könnte, so muß hier ein zwangskommutierter Stromrichter verwendet werden. Bild 19.3 zeigt schematisch diese Anordnung. Häufig sollen Frequenz und Spannung veränderlich sein. Wird der erste, netzgeführte Stromrichter zur Verstellung der Zwischenkreisspannung benutzt, so kann nach den Ausführungen in Abschnitt 18.10 der zweite Stromrichter mit Folge-, Phasen- oder Summenlöschung versehen sein.

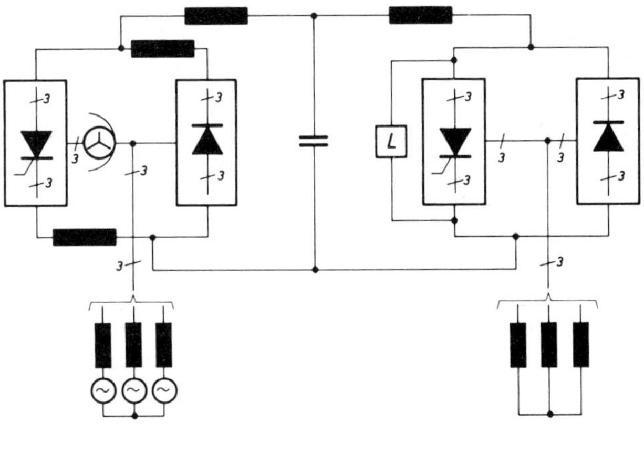

Bild 19.3

Zwischenkreis-Umrichter, bestehend aus netzgeführtem Stromrichter in Gegenparallelschaltung, Entkopplung durch Strom- und Spannungsflättung, Stromrichter mit Zwangslöschung (Puls-Wechselrichter) auf der Ausgangsseite

Da mit Folgelöschung (Abschnitt 18.3) und Phasenlöschung (Impulslöschung, Abschnitt 18.7) auch ein „Pulsen“ möglich und die Bereitstellung der benötigten Löschkondensatorspannungen bei konstanter Zwischenkreisspannung leichter ist, bietet sich auch bei diesen Schaltungen an, ebenso wie beim Wechselrichter mit Einzel-Löschung den primären Stromrichter „voll offen“ zu betreiben. Dabei wird zweckmäßig der Wechselrichter an eine etwas höhere Phasenspannung angeschlossen, so daß er mit dem benötigten Löschwinkel die gleiche Spannung liefert wie der Gleichrichter beim Steuerwinkel Null. Nach den Ausführungen in Abschnitt 18.7 ist für eine Energierichtungsumkehr eine Umkehr des Gleichstroms im Zwischenkreis notwendig, wenn der sekundäre Stromrichter seine Gleichspannung nicht dauernd umkehren kann. Das macht primärseitig den Antiparallel-Stromrichter erforderlich. Zur Verbesserung der Entkopplung für die Oberschwingungen ist neben der Glättung des Zwischenkreisstroms auch eine Spannungsglättung vorgesehen (Bild 19.3).

Die Vorteile der Zwischenkreis-Umrichter liegen in dieser Entkopplung, dem besseren Blindleistungsverhalten und der Freizügigkeit in der sekundären Frequenz, die nur durch die Eigenschaften der Ventile und die gewählte Löschschaltung begrenzt ist. Umrichter für hohe Ausgangsfrequenzen sind daher stets Zwischenkreis-Umrichter. Da u. U. bei Verwendung eines Pulsumrichters (auf der sekundären Seite) in beiden Stromrichtern je ein Teilstromrichter mit Dioden bestückt sein kann, ist der Ventilaufwand erträglich. Aus diesen Gründen ist der Zwischenkreis-Umrichter der am meisten verwendete Umrichter.

19.4. Direkt-Schaltumrichter

Umrichter ohne Gleichstromzwischenkreis werden unmittelbare oder Direkt-Umrichter genannt. Der netzgeführte Antiparallel-Umrichter gehört zu dieser Gruppe. Man kann die Antiparallelschaltung auch mit Einzel- oder Summenlöschung zwangsgelöscht ausführen. Dazu ist in Bild 19.1 das Symbol für die Löscheinrichtungen hinzuzufügen. Zur Unterscheidung vom netzgeführten Antiparallel-Umrichter sei die neue Anordnung als Direkt-Schaltumrichter bezeichnet. Für jede Stromrichtung ist ein Teilstromrichter vorgesehen, der auf größte positive Spannung geschaltet und durch Zwangskommutierung auf Freilauf oder auf die größte Gegenspannung (Wechselrichterspannung) geschaltet werden kann. Die Kommutierung von der Wechselrichterspannung auf den Freilauf oder von dem Freilauf auf die Gleichrichterspannung erfolgt dabei als natürliche Kommutierung. Zwangskommutierung aus dem Wechselrichterbetrieb ist im Prinzip auch möglich, sie würde den Leistungsfaktor verbessern. Bild 19.4 zeigt eine vorgeschlagene und experimentell verwirklichte Anordnung zunächst für einen einphasigen Verbraucher [3.56; 4.13]. Die Teilstromrichter, Gruppe A (in K-Schaltung) für positive, Gruppe B (in A-Schaltung – für negative Stromrichtung) sind dreiphasige Mittelpunktschaltungen. Für Freilaufbetrieb wären in dieser Schaltung zusätzlich gesteuerte Nullventile (s. Abschnitt 11.3) erforderlich, die hier fehlen. Die Gruppen- oder Summenlöschung erfolgt über die Löschthyristoren LA, LB, die zugehörigen Löschkondensatoren sind C_{KA} und C_{KB}. Die Löschkondensatoren werden über die Ladedrosseln L_{KA} und L_{KB} aus den Speicherkondensatoren $C_{sp\,A}$ und $C_{sp\,B}$ über die Thyristoren LGA und LGB auf, bzw. umgeladen. Die Speicherkondensatoren können billige, monopolare Kondensatoren sein, und ihre Kapazität ist groß gegen die der

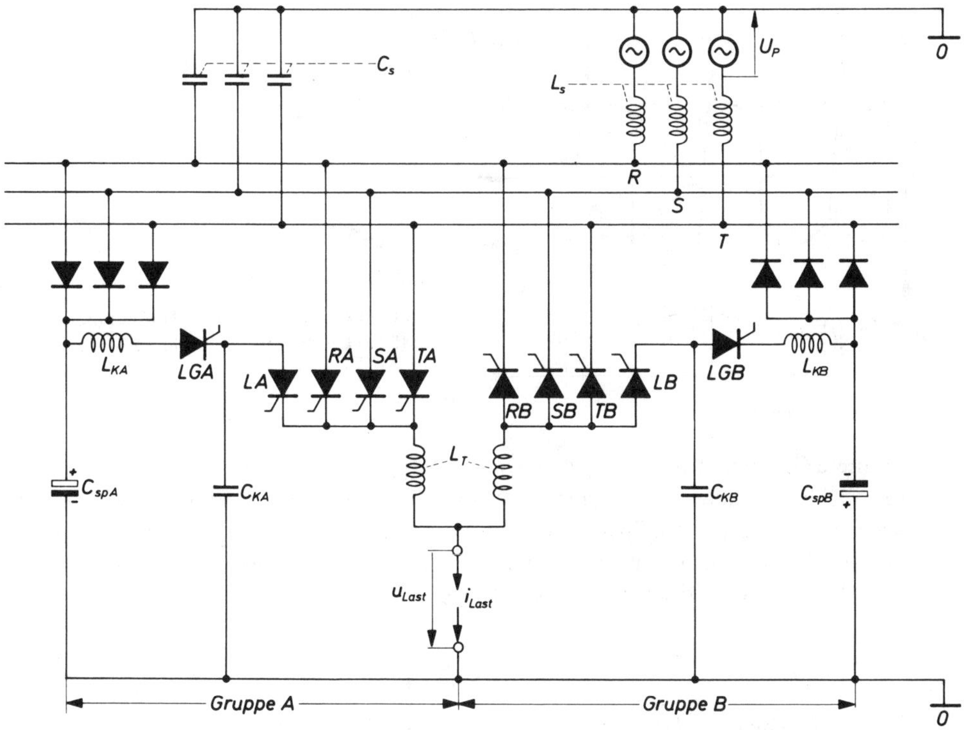

Bild 19.4. 3/1-phasiger Direkt-Schaltumrichter

Löschkondensatoren. Die Speicherkondensatoren werden über Dioden auf den Spitzenwert der Phasenspannung aufgeladen bzw. nachgeladen. Die Betriebsweise veranschaulicht Bild 19.5 für eine Taktfrequenz, die ungefähr gleich der Pulsfrequenz des dreipulsigen Stromrichters ist, und für eine niedrige Sekundarfrequenz bzw. positiven Gleichstrom im Ausgang, so daß sich alle Vorgänge in der Gruppe A abspielen. Im Intervall G ist die am meisten positive Phasenspannung wirksam. Zu Beginn der Zwangskommutierung von der am meisten positiven auf die am meisten negative Phasenspannung, Intervall L, erkennt man die charakteristische Spannungsspitze (vgl. Abschnitt 17.3) die durch die Addition der Kondensatorspannung zur treibenden Spannung entsteht. Im Intervall L wird der Löschkondensator umgeladen und der Laststrom bei gleichbleibender Stromrichtung auf die am meisten negative Phasenspannung kommutiert. Es folgt das Intervall W (Wechselrichterbereich belastet). Im Beispielsfalle ist die mittlere Ausgangsspannung nur wenig größer als Null.

Bei negativer Stromrichtung spielt sich entsprechendes für die Ventilgruppe B ab. Da sie in A-Schaltung (mit verbundenen Anoden) arbeitet, sind für diesen Betriebszustand in Bild 19.5 der Strom- und der dick ausgezogene Spannungsverlauf an der Null-Linie zu spiegeln. Stütz- oder Siebkondensatoren C_s wirken zusammen mit dem induktiven Innenwiderstand der Spannungsquelle als Filter für die schaltfrequente Netzrückwirkung, zu der auch die Kondensatornachladung über die Dioden beiträgt. Die letztere kann durch

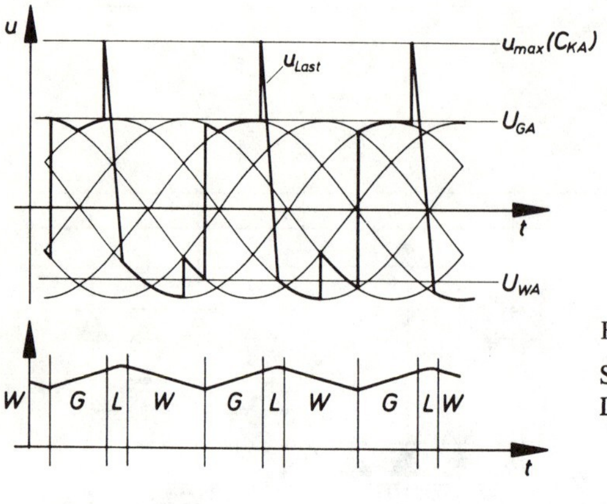

Bild 19.5

Spannungsverlauf, Stromverlauf bei induktiver Last des Umrichters nach Bild 19.4

eine weitere Glättungsdrossel vor jedem Diodenstern weiter vermindert werden; werden für die Nachladung außerdem Thyristoren verwendet, so kann diese geregelt erfolgen. Der Umschwingvorgang, an dem Speicherkondensator, Löschkondensator und Umschwingdrossel beteiligt sind, kann wie in Abschnitt 17.2 im Prinzip beschrieben analysiert werden. Die Eigenfrequenz des Umschwingvorgangs ergibt sich zu

$$\omega_0 = \frac{1}{\sqrt{L\,C_r}}, \qquad \text{mit} \qquad \frac{1}{C_r} = \frac{1}{C_{sp}} + \frac{1}{C_K}. \tag{19.1}$$

Auch für den Schwingwiderstand Z ist die Serienersatzkapazität C_r maßgebend, die kleiner als C_K ist, und damit für den Scheitelwert des Umschwingstroms

$$i = \frac{u_{C1}(0) - u_{C2}(0)}{Z} \sin \omega_0 t \tag{19.2}$$

und dessen Zeitintegral ΔQ über eine Halbwelle. Daraus ergeben sich die Spannungsänderungen $-\Delta Q/C_{sp}$ und $+\Delta Q/C_K$ an den beiden Kondensatoren. Ist $C_{sp} \gg C_K$ und $u_{C2}(0) = 0$, so ist der Speicherkondesator nur wenig von seiner Anfangsspannung $u_{C1}(0) = (1\ldots2)\cdot\sqrt{2}\,U_p$ (U_p ist der Effektivwert der Phasenspannung) entladen, der Kommutierungskondensator annähernd auf die zweifache Anfangsspannung des Speicherkondensators aufgeladen. Nach der Löschung gibt er seine Energie zunächst an den Lastkreis ab, und wird dann durch den Laststrom umgeladen, bis die Kommutierung auf die am meisten negative Phasenspannung erfolgt ist. Dann hat er eine negative Spannung, die maximal etwa dem Scheitelwert der verketteten Spannung entspricht. Die nächste Umladung erfolgt mit einem größeren Scheitelwert des Stroms, da in Gl. (19.2) für den Umschwingstrom $u_{C2}(0)$ negativ ist, nämlich annähernd $-\sqrt{2}\cdot\sqrt{3}\cdot U_p$, während $u_{C1}(0)$ wegen der Nachladung über die Dioden den Wert $+\sqrt{2}\cdot U_p$ hat. Daß die Kondensatorspannung nicht mit jeder Umladung unbegrenzt steigt, bewirken die Umschwingverluste. Wenn nicht von der oben erwähnten Möglichkeit der Regelung Gebruach gemacht wird, sondern Nachladedioden verwendet werden, so ergibt sich, daß die Spannung des Löschkondensators mit der Belastung um $0{,}1\ldots0{,}2\cdot\sqrt{2}\cdot U_p$ ansteigt. Eine geregelte Nachladung, z. B. über Thyristoren und Glättungsdrossel statt über Dioden, erscheint demnach nicht unbedingt notwendig.

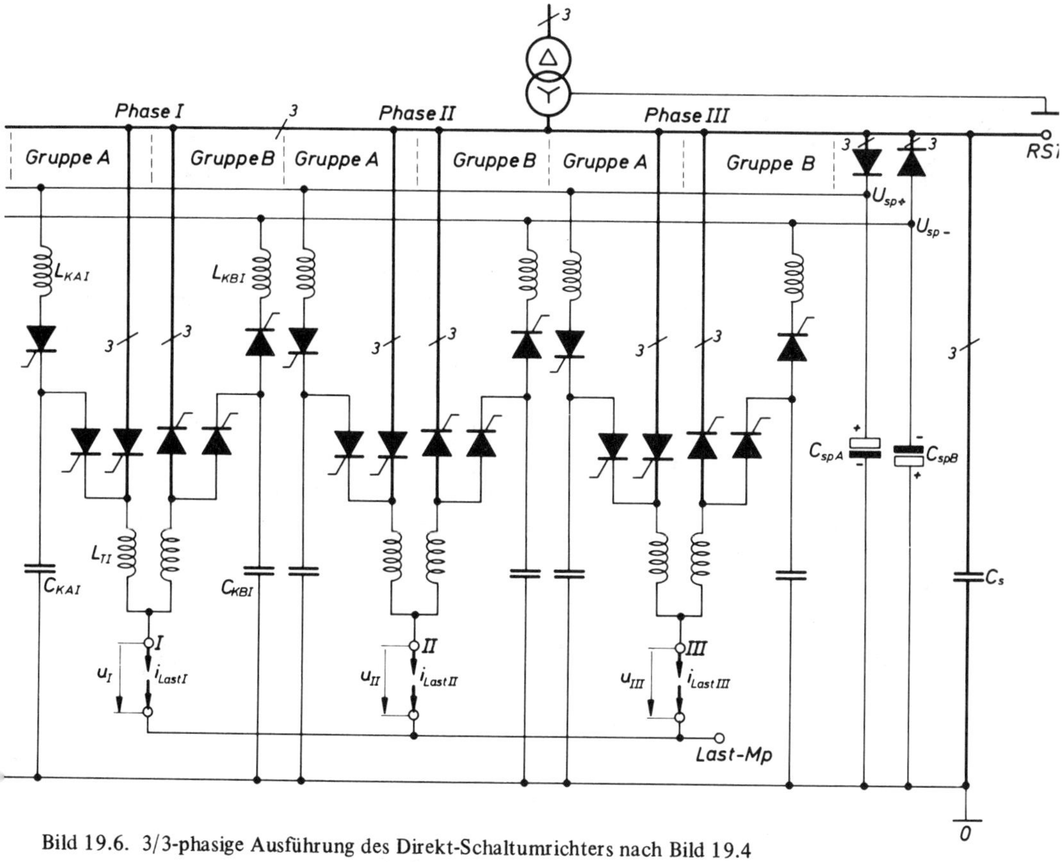

Bild 19.6. 3/3-phasige Ausführung des Direkt-Schaltumrichters nach Bild 19.4

Einen dreiphasigen Umrichter nach dem gleichen Prinzip zeigt Bild 19.6. Die Darstellung ist vereinfacht, indem auf der Primärseite dreiphasige Anordnungen als Einstrichschemata dargestellt sind. Es sind nur zwei Speicherkondensatoren, einer für die drei A-Gruppen (in K-Schaltung) und einer für die drei B-Gruppen (in A-Schaltung) vorhanden. Der dreiphasige Verbraucher kann im Stern oder im Dreieck geschaltet sein, bei Sternschaltung kann eine Nullpunktverbindung vorhanden sein oder fehlen. Überraschenderweise erweist sich die Mittelpunktschaltung für den vorliegenden Umrichter als am besten geeignet. Sie läßt sich für dreiphasigen Ausgang mit nur einer Wicklung des Primärtransformators ausführen und hat als Nachteile nur die dreipulsige Welligkeit für die Last und die Notwendigkeit zustäzlicher Nullventile, wenn Freilaufbetrieb gefordert wird. Bei symmetrischer Belastung ergibt sich trotz der Mittelpunktschaltung primär im wesentlichen sechspulsige Netzrückwirkung. Dazu kommt die schaltfrequente Rückwirkung durch das Takten. Im Gesamtaufwand ist dieser Umrichter etwas vorteilhafter als der Zwischenkreis-Umrichter mit ausgangsseitigem Puls-Wechselrichter nach Bild 19.3. Nachteilig ist die schlechtere Oberschwingungs-Entkopplung.

19.5. Signalverarbeitung bei Wechselrichtern und Umrichtern

Bei den netzgeführten Stromrichtern ist die Signalverarbeitung zum überwiegenden Teil als Analogsignalverarbeitung ausgeführt (vgl. Kap. 13). Lediglich bei der kreisstromfreien Gegenparallelschaltung und beim nicht mit der Netzspannung synchronisierten Steuersatz (Abschnitt 13.3) wurden zweiwertige („binäre“ „logische“) Signale verwendet. Bei den Wechsel- und Umrichtern ist das zwangsläufig in größerem Umfang der Fall. Das soll an dem im Abschnitt 19.4. als Beispiel behandelten Direkt-Schaltumrichter verdeutlicht werden. Wir gehen davon aus, daß z. B. der Ausgangsstrom, bzw. die Ausgangsströme bei der dreiphasigen Schaltung, geregelt werden sollen. Geschieht dies mit Hilfe von Zweipunktreglern, so verlangen diese je nach Richtung des Stroms Ansteuerung einer der beiden Gruppen je Phase, und je nach Größe und Vorzeichen der Regelabweichung größte positive oder größte negative Spannung. Dazu ist, abhängig von der verlangten Stromrichtung, die Ventilgruppe A (in K-Schaltung für positiven Strom) oder B (in A-Schaltung für negativen Strom) anzusteuern. Beim Nulldurchgang des Stroms muß die Zündung in der übernehmenden Gruppe so lange gesperrt bleiben, bis das Nullwerden des Stroms erfaßt und eine Schonzeit für das vorher stromführende Ventil abgelaufen ist. Welche Phase in irgend einem Augenblick gerade die größte negative oder positive Spannung liefert, muß zwecks Auswahl des innerhalb der Gruppe zu zündenen Ventils erfaßt werden. Es müssen aber nicht nur die Zündimpulse für die Hauptthyristoren, sondern auch für die Lösch- und Umladethyristoren gegeben werden. Der Zündimpuls für die Löschthyristoren wird gegeben, wenn bei positivem Strom der Übergang auf die am meisten negative Spannung erfolgen soll, bzw. bei negativem Strom auf die am meisten positive Spannung (Übergang von G über L nach W in Bild 19.5). Der Zündbefehl für den Umladethyristor wird zu Beginn des Intervalls G in Bild 19.5 gegeben. Damit ist eine Schaltfrequenzbegrenzung notwendig, weil die Umschwing- und Nachladezeit des Löschkondensators im Zustand G abgewartet werden muß, bevor erneut zwangsgelöscht wird. Man könnte den Zündimpuls für den Umladethyristor auch unmittelbar anschließend an das L-Intervall geben, würde dann aber eine zusätzliche Rückmeldung aus der Schaltung (z. B. das Nullwerden des Stroms im Löschthyristor) benötigen. Für die hier andeutungsweise beschriebene Signalverarbeitung wurden folgende Bausteine benötigt: 13 Komparatoren, 43 Kippstufen, 121 logische Und-Nicht-Glieder. Dabei sind die Einrichtungen zur Strommessung und zur Stromnullerfassung außer Betracht geblieben. Bei der Aufwandsabschätzung kann man davon ausgehen, daß Rückmeldungen aus der Schaltung im allgemeinen aufwendiger sind als zusätzliche Funktionen in der Logikschaltung.

19.6. Anwendungsmöglichkeiten der Wechselrichter und Umrichter

Die Anwendung der selbstgeführten Wechselrichter und der Umrichter hat bei weitem nicht den Umfang wie die Anwendung der netzgeführten Stromrichter, die in den Stromversorgungsanlagen der chemisch-metallurgischen Industrie, in der Antriebstechnik mit Gleichstrommaschinen und in der Hochspannungs-Gleichstrom-Übertragung eine nach installierter Leistung und Höhe des Umsatzes unvergleichlich viel größere Bedeutung haben.

Anwendung in der Antriebstechnik

Die Anwendung der selbstgeführten Wechselrichter und Umrichter wird auf lange Sicht voraussichtlich zunehmen, insbesondere in der Antriebstechnik. Bekanntlich hat der Gleichstrommotor die Einführung des Drehstromsystems deswegen so lange und erfolgreich überlebt, weil der Drehstrommotor viel schwieriger und nur mit größerem Aufwand in der Drehzahl verlustarm stellbar ist. Die Drehstrommaschine, insbesondere der asynchrone Käfigläufer, hat die bekannten Vorteile: einfacher Aufbau, kein Kollektor, geringerer Preis gegenüber der Gleichstrommaschine, kleines Trägheitsmoment, gute Maschinenausnutzung, hohe Grenzleistungen und Grenzdrehzahlen, die nicht durch Rücksichten auf Kollektor und Kommutierung begrenzt sind. Noch höhere werden erreichbar, wenn hohe Speisefrequenzen zur Verfügung stehen. Einer allgemeinen Einführung anstelle des geregelten Gleichstrom-Antriebs steht der hohe Aufwand für den Umrichter wie für Steuerung, Regelung und Signalverarbeitung entgegen, und eine Änderung ist hier noch nicht abzusehen. Eine Einsatzmöglichkeit für Wechsel- und Umrichter mit Drehfeldmaschinen ist also nur dort gegeben, wo trotz des Preises einer oder mehrere der angeführten Vorteile für die Verwendung einer Drehfeldmaschine mit Umrichter sprechen, oder wo der Einsatz der Gleichstrommaschine nicht mehr möglich ist, z. B. wenn hohe Leistung bei hoher Drehzahl verlangt wird.

In der Textiltechnik kommen bei Spinnereimaschinen synchrone Antriebe kleiner Leistung mit hoher Drehzahl in einer großen Anzahl von Einzelmaschinen vor. Ferner wird eine Verstellbarkeit dieser Drehzahl gefordert. Hier ist Sammelschienenspeisung über einen Zwischenkreisumrichter am Platze; Spannung und Frequenz werden proportional zueinander verstellt. Es werden permanenterregte Synchronmaschinen und ständererregte Reluktanzmotoren mit wicklungslosem Läufer verwendet. Der Zwischenkreisumrichter ermöglicht extrem schnellläufige Antriebe. 1972 wurden z. B. 300 kW bei 4000 Umdr./min mit ständererregtem Reluktanzmotor und wicklungslosem Läufer, 430 kW bei 18000 Umdr./min. mit ständererregtem, homopolarem Synchronmotor mit wicklungslosem Massivläufer ausgeführt. Pumpenantriebe für Kernkraftwerke müssen einen gewissen Stellbereich haben und kommen heute mit Leistungen von 10 MW bis 20 MW vor; hierfür kommt die Synchronmaschine mit Zwischenkreisumrichter, u. U. mit bürstenloser Erregung über einen Außenpol-Drehstrom-Wellengenerator und mitrotierendem Erregerstromrichter, infrage. In Gasturbinen-Spitzenkraftwerken kann man den Maschinensatz über einen Zwischenkreis-Umrichter mit dem Generator als Anwurfmotor hochfahren. In Verbindung mit dem asynchronen Schleifringläufer kommt der Zwischenkreis-Umrichter im Läuferkreis bei kleinen Stellbereichen in Frage, und zwar in der natürlich kommutierenden wie in der zwangskommutierten Variante (Stromrichterkaskade und doppeltgespeiste Asynchronmaschine, letztere bei übersynchronem Betrieb). Auch der Antiparallel-Umrichter wird bei der Stromrichterkaskade bzw. der doppeltgespeisten Maschine angewandt. Wegen der bei großem Stellbereich auftretenden hohen Blindleistung wird die Stromrichterkaskade nur bei kleinem Stellbereich angewandt. Dann ist auch die Läuferfrequenz gering, und die Frequenzbegrenzung des Antiparallel-Umrichters ist nicht hinderlich.

Gleichstrom-Gleichstrom-Umrichtung

Hierfür sei die Viersystem-Lokomotive der Deutschen Bundesbahn als Beispiel angeführt. Sie speist und steuert ihre Gleichstromfahrmotoren bei 50 Hz- und 16 2/3 Hz-Speisung über netzgeführte Stromrichter in halbgesteuerter Brückenschaltung. Bei Gleichstromspeisung wird die Gleichspannung mit einem selbstgeführten Wechselrichter mit Folgelöschung in eine Wechselspannung von 100 Hz verwandelt. Die Teil-Wechselrichter sind bei 1,5 kV Fahrdrahtspannung parallel-, bei 3 kV Fahrdrahtspannung in Reihe geschaltet, und werden zur Verbesserung der Netzrückwirkung und Verminderung des Siebungsaufwandes 90° gegeneinander phasenversetzt gesteuert. Für die motorseitigen Stromrichter ändert sich nur die Frequenz, nicht die Betriebsweise.

Stromrichtermotor

Hierunter wird die Kombination eines Wechsel- oder Umrichters (je nachdem, ob Gleichspannung oder Drehspannung für die Einspeisung vorliegt) mit einer Drehfeldmaschine (des synchronen oder asynchronen Typs) verstanden, wobei dem Umrichter die Aufgabe der Frequenzwandlung und der Spannungsverstellung zufällt und die Steuerfähigkeit der Gleichstrommaschine (Vierquadrantenbetrieb einschließlich Feldschwächung) erreicht wird. Hierbei müssen Frequenz und Spannung, bzw. Strom, unabhängig voneinander verstellbar sein. Daher kommen im Prinzip Antiparallel-Umrichter, Zwischenkreis-Umrichter, vorzugsweise mit Pulswechselrichter, und Direkt-Schaltumrichter infrage.
Neben dem Aufwand für den Stromrichter benötigt der Stromrichtermotor eine Signalverarbeitung für die Steuerung und Regelung, die erheblich umfangreicher als bei der Gleichstrommaschine ist. Die Ausführung mit Antiparallel-Umrichter ist für Langsamläufer des synchronen Typs mit großem Bohrungsdurchmesser und großer Polzahl (Zementmühlenantriebe) angewendet worden. Der Zwischenkreis-Umrichter mit Pulswechselrichter und Asynchronmaschine wird bei Prüfständen für schnelläufige Maschinen (Gasturbinen, schnelläufige Triebwerke) eingesetzt.
Für die Speisung batteriebetriebener Fahrzeuge ist die Speisung über Asynchronmotor und Wechselrichter interessant, ferner in der Traktion überall dort, wo zwecks Verminderung des Leistungsgewichts der Motoren die Erhöhung der Rotorumfangsgeschwindigkeit angestrebt wird.

Sonstige Anwendungen

Wechselrichter werden weiter eingesetzt für die Speisung von Leuchtstofflampen aus Batterien, batteriegespeiste Versorgung von Anlagen der Nachrichtentechnik und von Rechenanlagen, Wechselspannungslieferung aus Batterien bei Netzausfall, Regelung stark schwankender Batteriespannungen durch Zusatz eines Gleichstrom-Gleichstrom-Umrichters, Tonfrequenz-Rundsteuerung in Energieversorgungsnetzen, Speisung von Schiffs-Bordnetzen. Für Anlagen zur induktiven Erwärmung in der metallurgischen Technik werden sowohl Schwingkreiswechselrichter als auch Wechselrichter mit Parallelkondensator zur Last eingesetzt. Dabei kommen Frequenzen von 300...4000 Hz, in Sonderschaltungen 10...25 kHz und Leistungen bis 800 kW vor, wobei bei gleichem Ventilaufwand die Leistung mit steigender Frequenz zurückgeht, bzw. bei steigender Frequenz der Ventilaufwand zunimmt.

20. Aufwandsbetrachtungen bei selbstgeführten Wechselrichtern und bei Umrichtern

Bei netzgeführten Stromrichtern wurden für die Hauptbestandteile einer Schaltung, Transformatoren, Drosseln und Ventile, gewisse Kennzahlen eingeführt, nämlich die Transformator- und Drossel-Typengrößen und der Ventilaufwand, ausgedrückt durch das Produkt aus Anzahl der Ventile, mittlerem Strom je Ventil und größter Sperrspannung des Ventils. Bei selbstgeführten Wechselrichtern und bei Umrichtern kommen als weitere Leistungsbauteile Kondensatoren für Gleichspannungs-, Wechselspannungs- und gemischte Beanspruchung vor, weiterhin verschiedene Arten von Ventilen, nämlich neben den in netzgeführten Stromrichtern verwendbaren Thyristoren und Dioden besondere Thyristoren mit kurzer Freiwerdezeit, die bei gleicher Elementengröße eine geringere Schaltleistung haben (s. Bd. 2). Ferner kommen neben Drosseln mit Eisenkern solche mit Schnittbandkern oder Ferritkern sowie Luftdrosseln vor. Die Bauelemente und Geräte zur Signalverarbeitung, die bisher völlig außerhalb der Betrachtung geblieben sind, spielen eine größere Rolle, (s. Abschnitt 19.4), doch hatte dieser Anteil in der jüngsten Vergangenheit die am stärksten rückläufige Tendenz im Verhältnis Leistung/Preis. Die Bewertungsgesichtspunkte für eine Schaltung sind vielfältiger als bei den netzgeführten Schaltungen, (Preis, Gewicht, Voll- und Teillast-Wirkungsgrad, Oberschwingungsgehalt von Spannung und Strom, Steuerbarkeit von Spannung, Strom, Phase, Frequenz, obere Frequenzgrenze u.a.m.) Auch fehlt eine sich so offensichtlich als Bezugsgröße anbietende Größe wie die ideelle Gleichstromleistung bei den netzgeführten Stromrichtern. Aus allen diesen Gründen kann ein Vergleich verschiedener Schaltungen mit genügender Sicherheit nur auf der Grundlage einer genauen Durchrechnung geschehen, die häufig noch durch Versuche oder wenigstens Modellversuche zu erhärten ist. Trotzdem ist es nützlich, zu versuchen, die überschlägige Bewertung mittels Aufwandszahlen für die verschiedenen Bauelementengruppen auch auf die selbstgeführten Wechselrichter und die Umrichter auszudehen, um so wenigstens eine Vorauswahl zwischen verschiedenen Varianten treffen zu können.

Da die Aufwandsabschätzung für *Transformatoren* und *Drosselspulen* in den Kapiteln 8 bis 10 sowie 15 schon behandelt wurde, ist an dieser Stelle noch auf die Kondensatoren einzugehen.

Kondensatoren

Für die Beanspruchung eines Kondensators gibt es drei Größen, von denen jede für sich kritisch werden kann: Die elektrische Feldstärke, die dieelektrischen Verluste und die vom Effektivwert des Stroms abhängige Erwärmung der Zuleitungsstelle zum Wickel. Bei reiner Gleichspannungsbeanspruchung tritt nur die Feldstärkebeanspruchung auf. Eine Maßzahl für das Leistungsvermögen des Kondensators in dieser Hinsicht ist der Energieinhalt $W = C \cdot u_{C\,max}^2/2$. Bei Beanspruchung durch sinusförmige Wechselspannung treten die dielektrischen Verluste in Erscheinung. Sie äußern sich in einer Phasenverschiebung $\varphi = (90^\circ - \delta)$ zwischen Strom und Spannung, wobei der Verlustwinkel δ von der Frequenz abhängt und sich die Verlustleistung zu

$$P_v = U \cdot I \cdot \cos\varphi = U \cdot I \cdot \sin\delta \approx U \cdot I \cdot \tan\delta = Q_C \cdot \tan\delta \qquad (20.1)$$

ergibt. Dabei ist $\delta \ll \frac{\pi}{2}$, Größenordnung 10^{-3}. Es kommen im wesentlichen vier Bauarten infrage: der Papier-Clophen-Kondensator, der Metallpapier-Kondensator, der Kunststoff-Folien-Kondensator und der Elektrolyt-Kondensator. Die Energieinhalte je Liter Volumen liegen beim Papier-Clophen-Kondensator und beim Metallpapier-Kondensator bei etwa 20 Ws/l, der Kunststoff-Folien-Kondensator erreicht den doppelten Wert von etwa 40 Ws/l.

Der Elektrolyt-Kondensator erreicht etwa 100...120 Ws/l. Er darf nur in einer Polung betrieben werden, in der falschen Polung sind Augenblickswerte bis zu etwa 15 % der Nennspannung periodisch möglich. Mit gewissen Einschränkungen kommt er für große Kapazitäten bei niedrigen Spannungen (< 100 V) infrage. Reihenschaltung (mit Parallelwiderständen zur Sicherung einer gleichmäßigen Spannungsaufteilung) ist möglich. (Anwendung bis zu einigen hundert Volt).

Von einer bestimmten Frequenz und Spannung ab ist für den Kondensator die abführbare Verlustleistung die maßgebende Beanspruchungsgröße. Ebenso wie beim Transformator ist hier die Aufteilung der Leistung von Bedeutung, weil die Wärmeabfuhr bei gleicher je Volumeinheit erzeugter Leistung um so leichter ist, je kleiner das Volumen ist. Die wärmeabführende Fläche wächst quadratisch, das Volumen mit der dritten Potenz der Längenausdehnung. Die folgenden Zahlen gelten für eine Einheit von etwa 10 bis 100 kVA bei 50 Hz und dem für den jeweiligen Kondensator gültigen Verlustwinkel (Anhaltswerte für die Blindleistung). Papier-Clophen-Kondensator und Metallpapier-Kondensator: 2,5 kVA/l. Der Kunststoff-Folien-Kondensator erreicht 4,5 kVA/l, weil er einen günstigeren Verlustwinkel hat. Der Elektrolyt-Kondesator kann etwa 0,4...0,5 kVA/l als Blindleistung bei 50...100 Hz führen, doch hängt hier der zulässige Wert in viel stärkerem Maße als bei den anderen Kondensatorbauformen von der Umgebungstemperatur ab. Weitere Nachteile sind größere Kapazitätstoleranzen, eine größere Änderung der Kapazität und des Verlustwinkels mit der Temperatur und Lebensdauer sowie eine geringere Zuverlässigkeit und mittlere Lebensdauer. Beim Papier-Clophen-Kondensator und beim Metallpapier-Kondensator ist der Verlustwinkel in einem weiten Bereich (bis etwa 4000 Hz) nahezu konstant und steigt erst danach an, beim Kunststoff-Folien- und Elektrolyt-Kodensator nimmt er mit der Frequenz zu. Wenn man annimmt, daß sich das Verhalten des Kondensators durch ein lineares Ersatzschaltbild wiedergeben läßt, so kann man auch annehmen, daß man zur Verlustleistungsermittlung die von den einzelnen harmonischen Komponenten hervorgerufenen Verluste einzeln berechnen und überlagern kann. Für die Verlustleistung gilt dann:

$$P_v = \sum_{n=1}^{\infty} U_n^2 \cdot n\omega_1 C \cdot \tan\delta(n) = \sum_{n=1}^{\infty} I_n^2 \cdot \frac{1}{n\omega_1 C} \cdot \tan\delta(n) \qquad (20.2)$$

wobei $\tan\delta(n)$ eine Funktion der Fequenz $n\omega_1$ ist. Man beachte, daß man auch bei konstantem Verlustwinkel nicht einfach mit dem resultierenden Effektivwert von Strom oder Spannung rechnen kann, weil in der Summe die einzelnen Summanden noch das Gewicht $n \cdot \tan\delta(n)$ bzw. $(1/n) \cdot \tan\delta(n)$ haben.

Ist der Grundschwingungsgehalt gering, konvergieren die Summen in Gl. (20.2) schlecht. Dann kann auch die oben erwähnte Stromgrenze maßgebend werden. Die Hersteller geben mitunter für eine trapezförmige Spannung den zulässigen Scheitelwert als Funktion der Frequenz und der Flankensteilheit an.

Für $\tan\delta$ = const. bedeutet Gl. (20.2), daß bei sinusförmiger Beanspruchung mit nur einer Frequenz die Kondensator-Scheinleistung unabhängig von der Frequenz maßgebend ist. Eine rein sinusförmige Beanspruchung kommt aber so gut wie nie vor. Bei drehstromseitigen Filterkreisen (vgl. Kap. 10 und 11) ist stets eine Konstantspannungsbelastung durch die Grundschwingung der am Kondensator liegenden Spannung und eine Konstantstrombelastung durch den Oberschwingungsstrom, für den der Filterkreis ausgelegt ist, vorhanden. U. U. müssen auch benachbarte Harmonische beachtet werden. Da

$$i = C \cdot \frac{du}{dt} \tag{20.3b}$$

bzw.

$$I_n = U_n \cdot n \cdot \omega_1 \cdot C \tag{20.3a}$$

ist bei oberschwingungshaltiger Netzspannung der Oberschwingungsgehalt des Stroms stets größer als der Oberschwingungsgehalt der Spannung. – Auch in Wechselrichterschaltungen sind Kondensatorströme und -spannungen nicht sinusförmig. – Bei gemischter Gleich- und Wechselspannungsbeanspruchung müssen stets Energieinhalt (maximale Spannung) und Verlustleistung geprüft werden, und die ungünstigere Beanspruchung bestimmt das Volumen und damit den Preis und das Gewicht.

Das Litergewicht von Papier- und Kunststoff-Folien-Kondensatoren liegt bei 1,8...1,9 kg/l, das des Metallpapier-Kondensators bei 1,2...1,4 kg/l, das des Elektrolyt-Kondensators bei 0,7 kg/l. Damit kann man folgende auf das Gewicht bezogene Zahlen angeben: Die 50 Hz Blindleistung beträgt 1,25 kVA/kg beim Papier-Kondensator, 1,7...2,2 kVA/kg beim Metallpapier-Kondensator und 2,5 kVA/kg beim Kunststoff-Folien-Kondensator, jedoch nur 0,25 kVA/kg beim Elektrolyt-Kondensator, sofern sie neben der Gleichspannungsbeanspruchung zulässig ist. Die auf das Gewicht bezogenen Energieinhalte sind:

10,5 Ws/kg beim Papier-Clophen-Kondensator,
15 Ws/kg beim Metallpapier-Kondensator,
22 Ws/kg beim Kunststoff-Folien-Kondensator und
80...100 Ws/kg beim Elektrolyt-Kondensator.

Preisvergleiche für Aufwandsabschätzungen

Die aufgezählten Bauelemente haben hinsichtlich Gewicht und Preis verschiedene Wachstumsgesetze. Bei Transformatoren können Einheiten bis zu einigen hundert MVA, ausgeführt werden. Unterhalb 100 kVA wächst der Preis etwa mit $S^{0,5}$ (S Scheinleistung), zwischen 100 kVA und 1 MVA etwa mit $S^{0,7}$, zwischen 1 MVA und 10 MVA etwa mit $S^{0,8}$. Blindleistungskondensatoren führt man in Einheiten aus, die nicht größer als 50...100 kVA sind, folglich steigt darüber der Preis etwa proportional mit der Leistung. Bei Thyristoren und Dioden muß man zwischen der aus der Prüfspannung errechneten Schaltleistung und der im Betrieb tatsächlich anzuwendenden, die von der jeweils notwendigen Sicherheit gegen Überspannungen abhängt, unterscheiden. Die größten Einheiten liegen in der Größenordnung von einigen hundert kW (800 kW) Prüf-Schaltleistung. Beim Thyristor wächst der Preis ziemlich genau proportional mit der Schaltleistung, bei der Diode etwa mit der 0,4ten

Potenz. Aus diesen Gründen sollen unten angegeben Verhältniszahlen für die Preise sich auf den Leistungsbereich um 100 kVA für Transformatoren, Drosseln und Kondensatoren und 100 kW *Prüfschaltleistung* für Dioden und Thyristoren beziehen. Beim Gleichspannungskondensator wird 1 kWs Energieinhalt als Bezugsgröße angenommen. Dann erhält man folgende Verhältniszahlen für den preislichen Aufwand:

Transformator oder Drossel:	1.00
Basis: 100 kVA bei 50 Hz,	
Wechselspannungskondensator:	
Aufwand durch die Verlustleistung bestimmt. Basis: 100 kVA Blindleistung 50 Hz	
Papier-Clophen-Kondensator	0,36
Metallpapier-Kondensator	0,30
Kunststoff-Folien-Kondensator	0,17
Gleichspannungskondensatoren:	
Basis: 1 kWs Energieinhalt	
Papier-Clophen-Kondensator	0,45
Metallpapier-Kondensator	0,50
Kunststoff-Folien-Kondensator	0,20
Elektrolyt-Kondensator	0,11
Dioden:	0,006
Basis: 100 kW (Prüf)-Schaltleistung	
Thyristoren:	0,028
Basis: 100 kW (Prüf)-Schaltleistung	
Schnelle Thyristoren:	0,045
Basis: 100 kW (Prüf)-Schaltleistung	
Einfacher Dioden- oder Thyristoraufbau mit Kühlkörpern für Luftkühlung, normale RC-Beschaltung – für 100 kW (Prüf)-Schaltleistung	0,006
Aufwendiger Thyristoraufbau mit Kühlkörpern für Luftkühlung, spezielle Beschaltung mit Spannungsbegrenzungsdioden, RC-Beschaltung für Serienschaltung, Drosseln zur Stromsteilheitsbegrenzung, Basis: für 100 kW (Prüf)-Schaltleistung	0,015 ... 0,03 ... 0,075 [1])

[1]) Je nach Spannungshöhe und Zahl der in Reihe und parallel zu schaltenden Thyristoren.

Es sei abschließend nochmals betont, daß die vorstehend genannten Verhältniszahlen nur zu einer rohen Abschätzung für den Vergleich verschiedener Lösungsmöglichkeiten dienen können. Sie können sich sowohl mit der Zeit als auch mit den Produktions- und Einkaufsbedingungen beträchtlich ändern. So war z. B. zur Zeit des Quecksilberdampfventils und in der Anfangszeit des Halbleiterventils (etwa 1958) die Verhältniszahl für die Kosten der Ventil-Schaltleistung zur Transformator-Typenleistung noch in der Größenordnung 1!

D. Anhang

21. Die Aufstellung und Lösung der bei der Analyse von Stromrichterschaltungen auftretenden Differentialgleichungen

21.1. Aufstellung der Differentialgleichungen

Die Funktion einer Stromrichterschaltung besteht in einer Aneinanderreihung von Einschalt- und Ausschaltvorgängen. Diese werden im allgemeinen durch mehrere Differentialgleichungen und algebraische Gleichungen beschrieben. Ein Lösungsweg besteht darin, die algebraischen Gleichungen zu eliminieren und das Differentialgleichungssystem durch Elimination von Variablen in eine Differentialgleichung höherer Ordnung umzuwandeln. In den Abschnitten 3.1 und 17.2 wurde schon darauf hingewiesen, daß es meist zweckmäßiger ist, den zweiten Schritt nicht zu tun, sondern das Differentialgleichungssystem in die Form

$$\dot{\mathbf{x}} = (\mathbf{A}) \cdot \mathbf{x} + (\mathbf{B}) \cdot \mathbf{u} \tag{21.1}$$

zu bringen.

Für ein System 2. Ordnung bedeutet dies beispielsweise, ausführlich geschrieben:

$$\begin{aligned} \dot{x}_1 &= a_{11} \cdot x_1 + a_{12} \cdot x_2 \quad + b_{11} \cdot u_1 + b_{12} \cdot u_2 \\ \dot{x}_2 &= a_{21} \cdot x_1 + a_{22} \cdot x_2 \quad + b_{21} \cdot u_1 + b_{22} \cdot u_2 \end{aligned} \tag{21.2}$$

Wenn dies möglich ist, so heißen x_1 und x_2, ... x_i „Zustandsvariable" und sind die Komponenten des „Zustandsvektors" **x**. Die Funktionen $u_i(t)$ sind die Störfunktionen des Differentialgleichungssystems, bzw. die Komponenten des „Steuervektors" **u**. (**A**) heißt „System-Matrix", (**B**) heißt „Steuer-Matrix". Die Matrizenrechnung ist für das Verständnis nicht unbedingt notwendig. Sie verkürzt jedoch die Schreibweise. Im folgenden wird der Lösungsweg, soweit als möglich, auch ohne Matrizenrechnung angegeben. Die elementare Lösung von linearen Differentialgleichungen mit konstanten Koeffizienten wird dabei vorausgesetzt.[1])

In unserem Falle sind die Zustandsvariablen oder Systemvariablen stets Ströme durch Induktivitäten oder Spannungen von Kondensatoren, die Steuergrößen u_i sind eingeprägte Spannungen und eingeprägte Ströme. Ströme durch ohmsche Widerstände müssen durch Systemvariable ausgedrückt werden. Der Strom durch einen Widerstand ist z. B. gleich einem Induktivitätsstrom bei Reihenschaltung zur Induktivität, proportional der Kondensatorspannung bei Parallelschaltung zum Kondensator, oder proportional einer Kondensatorspannungsdifferenz, u.s.w.

Im einfachsten Fall sind alle Induktivitätsströme Zustandsvariable, nämlich dann, wenn es keine „algebraischen Nebenbedingungen" zwischen ihnen gibt, sie also nicht z. B. durch eine Knotenpunktsbedingung miteinander verknüpft sind sondern ihre Anfangs-

---

1) Siehe z.B. auch *Jötten-Zürneck,* Einführung in die Elektrotechnik, Bd. I, Vieweg 1970.

werte unabhängig voneinander vorgegeben werden können. In diesem Fall kann die Spannung an der i-ten Induktivität durch die übrigen Zustandsvariablen und die Steuergrößen ausgedrückt werden:

$$L_i \cdot \frac{di_i}{dt} = f_i(i_1 \ldots i_n, u_{C1} \ldots u_{Cn}, u_1 \ldots u_n) \tag{21.3}$$

Die rechte Seite ist eine lineare Funktion der x_k und der u_k, so daß Division durch L_i sofort eine der Differentialgleichungen in der Normalform (21.1), beispielsweise Gl. (21.2) liefert.

Auch die Kondensatorspannungen sind im einfachsten Fall alle Zustandsvariable, nämlich dann wenn es keine algebraischen Nebenbedingungen, z. B. in Form einer Maschen-Umlaufgleichung beim Bestehen einer reinen Kapazitätsmasche, zwischen ihnen gibt und alle Kondensatorspannungen unabhängig voneinander als Anfangswerte vorgegeben werden können. In diesem Falle kann der Strom durch die Kapazität C_j durch die Knotenpunkts-Gleichung eines benachbarten Knotens in der Form

$$C_j \cdot \frac{du_{Cj}}{dt} = g_j(i_1 \ldots i_n, u_{C1} \ldots u_{Cn}, u_1 \ldots u_n) \tag{21.4}$$

angegeben werden. Die Funktion auf der rechten Seite ist linear, und Division der Gleichung durch C_j liefert eine Zustands-Differentialgleichung. In diesem einfachsten Falle, – weder Nebenbedingungen bei Induktivitätsströmen noch bei Kondensatorspannungen – der in Abschnitt 17.2 als Beispiel vorkommt, ist die Ordnung des Systems gleich der Anzahl der Energiespeicher (Induktivitäten und Kapazitäten).

Liegen Nebenbedingungen zwischen den Induktivitätsströmen vor, so vermindert sich die Anzahl der Zustandsvariablen um die Anzahl dieser (voneinander unabhängigen) Nebenbedingungen. Nachdem man sich für die als Zustandsvariable beizubehaltenden Induktivitätsströme entschieden hat, führt man sie als Maschenströme in der Schaltung weiter. Die ausgeschiedenen Induktiviätsströme sind jetzt Summen, bzw. Linearkombinationen, von unabhängigen Induktivitäts-(Maschen)-Strömen, die betreffenden Induktivitäten (oder Gegeninduktivitäten) sind Kopplungsinduktivitäten.[1]) Man faßt nun Gleichungen, zwischen denen induktive Kopplungen bestehen in der Form

$$\mathbf{(L)} \cdot \dot{\mathbf{i}} = \mathbf{f}(i_1 \ldots i_n; u_{C1} \ldots u_{Cn}; u_1 \ldots u_n) \tag{21.5}$$

zusammen, wobei wiederum die rechte Seite ein System von linearen Gleichungen ist. Die Umkehrung in die Normalform lautet jetzt in Matrizenschreibweise

$$\dot{\mathbf{i}} = \mathbf{(L)}^{-1} \cdot \mathbf{f}. \tag{21.6}$$

Abschnitt 3.1 behandelt ein Beispiel, in dem Gl. (21.6) das ganze Zustands-Differentialgleichungssystem darstellt. Nur selten kommen in praktischen Fällen mehr als zwei miteinander induktiv gekoppelte Maschen vor. Bei zwei induktiv gekoppelten Maschen nimmt Gl. (21.5) die Form an:

$$\begin{aligned} L_{11} \cdot \dot{i}_1 + L_{12} \cdot \dot{i}_2 &= f_1 \\ L_{21} \cdot \dot{i}_1 + L_{22} \cdot \dot{i}_2 &= f_2 \end{aligned} \tag{21.7}$$

---

[1]) Man beachte, daß auch ein idealer Transformator algebraische Nebenbedingungen liefert. Beispiele in Abschnitt 18.1!

Die Multiplikation mit $(\mathbf{L})^{-1}$ liefert nichts anderes als die Auflösung von Gl. (21.7) nach der Kramerschen Regel, nämlich:

$$\dot{i}_1 = \frac{\begin{vmatrix} f_1 & L_{12} \\ f_2 & L_{22} \end{vmatrix}}{\begin{vmatrix} L_{11} & L_{12} \\ L_{21} & L_{22} \end{vmatrix}} \; ; \quad \dot{i}_2 = \frac{\begin{vmatrix} L_{11} & f_1 \\ L_{21} & f_2 \end{vmatrix}}{\begin{vmatrix} L_{11} & L_{12} \\ L_{21} & L_{22} \end{vmatrix}} \tag{21.8a}$$

d. h.

$$\begin{aligned} \dot{i}_1 &= \frac{1}{L_{11} L_{22} - L_{12} L_{21}} (f_1 \cdot L_{22} - f_2 \cdot L_{12}) \\ \dot{i}_2 &= \frac{1}{L_{11} \cdot L_{22} - L_{12} \cdot L_{21}} (- f_1 \cdot L_{21} + f_2 \cdot L_{11}) \end{aligned} \tag{21.8b}$$

Da f_1 und f_2, wie oben erklärt, Linearkombinationen von Zustandsvariablen und Steuergrößen sind, sind diese Gleichungen vom Typ (21.2). Es sei daran erinnert, daß $L_{ik} = L_{ki}$ ist.

Ist eine reine Kapazitätsmasche vorhanden, z. B. aus drei Kapazitäten, so gilt eine Nebenbedingung, z. B. von der Form $u_{C1} + u_{C2} + u_{C3} = 0$, und es werden nur zwei dieser Kapazitätsspannungen als Zustandsvariable beibehalten und die dritte durch die beiden gewählten Variablen ausgedrückt. Ein Beispiel für diesen Fall enthält Abschnitt 18.1. Schließlich ist noch der Fall zu beachten, daß bei einem oder mehreren der Knotenpunkte, die eine Gleichung der Art Gl. (21.4) liefern, Zweige beteiligt sind, die *eine Kapazität* aber keine Induktivität enthalten. Dann enthält Gl. (21.4) auf der rechten Seite Summanden von der Form $C_k \cdot du_{Ck}/dt$. Werden diese, da sie ja Ableitungen von Zustandsgrößen enthalten, auf die linke Seite genommen, so erhält man mehrere lineare Gleichungen, die sich zu

$$(\mathbf{C}) \cdot \dot{\mathbf{u}}_C = \mathbf{g} \tag{21.9}$$

zusammenfassen lassen, und die entsprechenden Zustands-Differentialgleichungen werden zu

$$\dot{\mathbf{u}}_C = (\mathbf{C})^{-1} \cdot \mathbf{g} \tag{21.10}$$

erhalten, ganz ähnlich wie bei den Gln. (21.5) und (21.6) und den folgenden Beispielen.[1]

Ist die Bildung von $(\mathbf{C})^{-1}$ nicht möglich, weil die Determinante von $(\mathbf{C})$ verschwindet, so ist das ein Zeichen dafür, daß Nebenbedingungen übersehen wurden und die u_{CK} nicht alle unabhängige Zustandsvariable sein können. (Der Rangabfall von (C), der sich aus der größten von Null verschiedenen Unterdeterminante ergibt, gibt dann die Zahl der zu berücksichtigenden Nebenbedingungen an.) Liegt ein Teilnetz vor, das nur Kapazitäten enthält, so wählt man zweckmäßig in diesem einen vollständigen Baum und nimmt die Kondensatorspannungen in den Baumzweigen als unabhängige Variable (Zustands-Variable). Gl. (21.1) wird also im allgemeinen in der Form

$$\begin{aligned} \dot{\mathbf{i}} &= (\mathbf{L})^{-1} \cdot \mathbf{f} \\ \dot{\mathbf{u}}_C &= (\mathbf{C})^{-1} \cdot \mathbf{g} \end{aligned} \tag{21.11}$$

[1]) Näheres zur mathematisch-formalen Behandlung siehe z. B. *Unbehauen, R.*, Systemtheorie, R. Oldenbourg Verlag 1969/1971

erhalten, wobei die f_i und g_i Linearkombinationen der Zustandsgrößen (i_j, u_{Ck}) und der Störfunktionen oder Steuervektorkomponenten (u_i) sind. Dabei liegen die Matrizen (**L**) und (**C**) glücklicherweise meist weitgehend entkoppelt vor.

In einfachen Fällen ist das vorstehend beschriebene Vorgehen möglich, ohne daß man sich auf die Auswahl eines vollständigen Baumes festlegt.

Es wird erleichtert, wenn man bei der Auswahl eines Baumes und der Festlegung der *Baumzweige (Kopplungszweige)* die folgende Reihenfolge der Prioritäten einhält:

1. Nur treibende Spannung enthaltende Zweige, weil sie völlige Entkopplung bedeuten.
2. Kapazitäten, aber keine Induktivitäten enthaltende Zweige, weil so induktive Kopplungen vermieden werden, soweit das überhaupt möglich ist.
3. Widerstände, aber keine Induktivitäten enthaltenden Zweige, aus dem gleichen Grund.
4. Induktivitätszweige nur dann, wenn eine andere Führung der Induktivitätsmaschenströme nicht möglich ist.

Für die Wahl der Verbindungszweige (Maschenströme) gilt die umgekehrte Reihenfolge der Prioritäten:

1. Induktivitätszweige
2. Widerstandszweige
3. Kapazitätszweige
4. Zweige, die nur eine innenwiderstandsfreie Spannungsquelle enthalten.

Ferner sei daran erinnert, daß auf eine Kapazität keine Spannung in Form einer Sprungfunktion, auf ein Klemmenpaar, zwischen dem nur Induktivität enthaltende Wege liegen, kein Strom in Form einer Sprungfuktion aufgeschaltet werden darf, weil das entartende Lösungen (unendlich große Ströme, bzw. Spannungen) ergibt.

21.2. Lösung des Differentialgleichungssystems

Die Form (21.1) Beispiel (21.2), hat verschiedene Vorteile. Zur Zeit $t = 0$ ist mit den Anfangswerten und zu jedem Zeitpunkt mit den Augenblickswerten von Zustandsvariablen und Steuergrößen der Differentialquotient, die Änderungstendenz, von allen Variablen bekannt. Ferner ist das Differentialgleichungssystem in einer Form, die für eine Lösung auf dem Analogrechner geeignet ist. Jede Variable erfordert einen Integrator. Auch für eine numerische Lösung z. B. nach dem Runge-Kutta-Verfahren oder der Trapezregel, ist die Schreibweise gut geeignet. Letzteres gilt auch für den Fall, daß in Gl. (21.1) die rechte Seite in den x_i oder u_i nichtlinear ist (vgl. das Beispiel der nichtlinearen Drossel in Abschnitt 10.7).

Aus der Form (21.1) gewinnt man auch am übersichtlichsten geschlossene Lösungen, wobei nur die Anfangswerte der Variablen, und nicht die Anfangswerte der Ableitungen benötigt werden. Besonders übersichtlich werden die geschlossenen Lösungen erhalten, wenn man die Laplace-Transformation verwendet.[1]) Bezeichnen X_i, U_i die Transformierten von

---

[1]) siehe z.B. *Doetsch, G.*, Anleitung zum praktischen Gebrauch der Laplace-Transformation. R. Oldenbourg Verlag 1956/1961

x_i und u_i, s die Variable im Bildbereich (die komplexe Frequenz, häufig auch mit p bezeichnet) so gilt $\mathcal{L}\{x_i\} = s \cdot X_i - x_i(0)$. Anwendung auf die Gl. (21.2) liefert z.B. nach Umordnung:

$$\begin{aligned} (s - a_{11}) \cdot X_1 - a_{12} \cdot X_2 &= b_{11} \cdot U_1 + b_{12} \cdot U_2 + x_1(0) \\ - a_{21} \cdot X_1 + (s - a_{22}) X_2 &= b_{21} \cdot U_1 + b_{22} \cdot U_2 + x_2(0) \end{aligned} \qquad (21.12)$$

Dies ist ein lineares Gleichungssystem in X_1 und X_2 und kann mit der Kramerschen Regel aufgelöst werden (vgl. Gln. (21.7) und (21.8a)). Damit sind die Bildfunktionen der Lösungen gefunden, die explizit die Anfangsbedingungen $x_1(0)$ und $x_2(0)$ enthalten. Die charakteristische Gleichung in s lautet:

$$(s - a_{11})(s - a_{22}) - a_{12} \cdot a_{21} = 0 \qquad (21.13)$$

(Siehe hierzu die Beispiele in den Abschnitten 17.2 und 3.1)

Für das System Gl. (21.1) liefert die Matrizenschreibweise kurz und allgemeiner, mit

$$\mathcal{L}\{\mathbf{x}\} = \mathbf{X}$$

und

$$\mathcal{L}\{\mathbf{u}\} = \mathbf{U}$$

sowie

$$\mathcal{L}\{\dot{\mathbf{x}}\} = s \cdot \mathbf{X} - \mathbf{x}(0)$$

$$s \cdot \mathbf{X} - \mathbf{x}(0) = (\mathbf{A}) \cdot \mathbf{X} + (\mathbf{B}) \cdot \mathbf{U} \qquad (21.14a)$$

und mit der Einheitsmatrix (**E**):

$$[s(\mathbf{E}) - (\mathbf{A})] \cdot \mathbf{X} = (\mathbf{B}) \cdot \mathbf{U} + \mathbf{x}(0)\,. \qquad (21.14b)$$

Daraus folgt:

$$\mathbf{X} = [s(\mathbf{E}) - (\mathbf{A})]^{-1} (\mathbf{B}) \cdot \mathbf{U} + [s(\mathbf{E}) - (\mathbf{A})]^{-1} \cdot \mathbf{x}(0)\,. \qquad (21.14c)$$

Der in Gl. (21.14c) bei **U** stehende Faktor enthält alle Übertragungsfunktionen (Frequenzgänge mit $s = j\omega$) des Systems. Der zweite Summand auf der rechten Seite von Gl. (21.14c) enthält die Bildfunktionen der Ausgleichsvorgänge des homogenen Systems (d.h. für $u = 0$).

Die der Gl. (21.13) entsprechende charakteristische Gleichung in s wird durch Nullsetzen der Determinante des in Gl. (21.14b) bei **X** stehenden Faktors erhalten. Sie lautet:

$$\det[s(\mathbf{E}) - (\mathbf{A})] = 0$$

und ergibt ein Polynom nten Grades in s.

Die Beispiele in Abschnitt 17.2 zeigen, daß man in der hier beschriebenen Weise bei der Ordnung $n = 3$ noch erträglich übersichtliche geschlossene Lösungen erhält, jedenfalls dann, wenn man die ohmschen Widerstände Null setzt und die Stör- oder Steuerfunktionen Konstanten sind oder im betrachteten Zeitintervall näherungsweise als konstant angenommen werden dürfen. Prinzipiell kann man für jedes lineare System mit konstanten Koeffizienten eine geschlossene Lösung angeben. Die Beispiele lassen jedoch auch erkennen, warum man bemüht ist, bei sehr komplexen Systemen die Aufstellung wie die Lösung des Dgl.-Systems mit dem Digitalrechner durchzuführen. Siehe z.B. [4.11; 4.14; 4.18; 4.19].

Literaturverzeichnis

1. Bücher und zusammenfassende Berichte über Stromrichtertechnik
2. Bücher über Hochspannungs- Gleichstrom-Übertragung
3. Einzelaufsätze
4. Einige Dissertationen aus den Jahren 1962 bis 1975

Vorbemerkungen zum Literaturverzeichnis

Das Gebiet der Stromrichtertechnik ist seit etwa 50 Jahren in einer lebhaften Entwicklung. Im Rahmen eines kurzen Lehrbuches Vollständigkeit in den Literaturangaben anzustreben ist angesichts der großen Zahl der Veröffentlichungen unmöglich, jede Auswahl beruht auch auf zufälliger Kenntnis. Die meisten der angeführten Bücher enthalten mehr oder weniger ausführliche Literaturverzeichnisse. Weitere Literaturquellen sind die Elektrotechnische Zeitschrift (ETZ-A) und vergleichbare ausländische Zeitschriften, z.B. die Transactions AIEE, die Transactions IEEE, die Proceedings IEE, um nur einige zu nennen, aber auch Firmenzeitschriften und Forschungs- und Entwicklungsberichte großer Firmen. Wenn es um die Abklärung von Prioritäten geht, sind auch die Patentschriftensammlungen nicht zu vergessen.

In Fragen der Hochspannungs- Gleichstrom-Übertragung sind in jüngerer Zeit die CIGRE-Berichte die wichtigste Quelle geworden.

Mit dem Literaturverzeichnis zu diesem Lehrbuch habe ich folgende Ziele im Auge gehabt: Mit der neueren Literatur sollen dem Leser Hinweise auf Quellen gegeben werden, in denen bestimmte Stoffgebiete genauer oder weiterführend behandelt und weiterentwickelt werden. Mit der älteren Literatur soll die historische Entwicklung wenigstens in den großen Linien festgehalten werden. Aus Gründen der Ökonomie wird jeder Leser die Information zunächst im eigenen Sprachraum suchen. Das führt dazu, daß man Prioritäten in anderen Sprachräumen manchmal nicht gerecht wird, z.B. im angelsächsischen Sprachraum dem deutschen, im deutschen Sprachraum dem russischen oder französischen.

Zwei Quellensammlungen seien in diesem Zusammenhang besonders genannt:

I. D. van Wyk hat eine Übersicht von historischem Wert zusammengestellt: "Power- and machine electronics 1914–1966, a selected biography and review on the electronic control of electrical machines" (the South African Institute of Electrical Engineers, 1970).

E. Bromberg und *Val S. Lava* haben eine ähnliche Übersicht über das Gebiet der HGÜ zusammengestellt: "An annotated bibliography of high voltage direct current transmission"

1932 bis 1962 (erschienen 1963)

1962 bis 1965 (erschienen 1967)

(The American Institute of Electrical and Electronic Engineers).

Ferner:

1966 bis 1968 (erschienen 1968)

1968 bis 1973 (in Vorbereitung)

Library, Bonneville Power Administration, Portland, Oregon

Im übrigen hofft der Verfasser, daß der Leser, der dieses kurze Lehrbuch wirklich durchgearbeitet hat, neuere und weiterführende Literatur auf dieser Grundlage leicht und schnell versteht und ältere nur dann benötigt, wenn er sich für Prioritäten oder für die historische Entwicklung der grundlegenden Ideen interessiert.

Das Literaturverzeichnis wurde nach dem ersten Abschluß des Textmanuskripts (Frühjahr 1974) vor der endgültigen Drucklegung um einige in dieser Zeit erschienene Literaturstellen ergänzt.

1. Bücher und zusammenfassende Berichte über Stromrichtertechnik

[1.1] *Marti, O. K., Winograd, H.:* Mercury arc power rectifiers. McGraw Hill, New York 1930

[1.2] *Prince, D. C., Vogdes, F. B.:* Mercury arc rectifiers and circuits. McGraw Hill, New York 1927 Quecksilberdampf-Gleichrichter Oldenbourg-Verlag, Berlin 1931

[1.3] *Glaser, A., Müller-Lübeck, K.:* Einführung in die Theorie der Stromrichter Erster Band, Springer-Verlag, Berlin 1935

[1.4] *Anschütz, H.:* Stromrichteranlagen der Starkstromtechnik. Springer-Verlag, Berlin-Göttingen-Heidelberg 1951

[1.5] *Hütte:* Des Ingenieurs Taschenbuch, Bd. IV, Elektrotechnik Teil A, 28. Auflage Abschnitt VII, Stromrichter, von *F. Hölters, G. Krahl, K. Brehm, O. Renner.* Verlag Wilhelm/Ernst u. Sohn, Berlin 1957

[1.6] VDE-Fachbuchreihe: Steuerungen und Regelungen elektrischer Antriebe, Band 4 Herausgeber: *O. Mohr* VDE Verlag GmbH, Berlin 1959

[1.7] *Kümmel, F.:* Regeltransduktoren Theorie und Anwendungen in der Regelungstechnik Springer-Verlag, Berlin-Göttingen-Heidelberg 1961

[1.8] *Wasserrab, Th:* Schaltungslehre der Stromrichtertechnik Springer-Verlag, Berlin-Göttingen-Heidelberg 1962

[1.9] *Bedford, B. D., Hoft, R. G.:* Principles of inverter circuits Mitautoren: *J. D. Harden jr., W. McMurray, R. E. Morgan, D. P. Shattuck, F. G. Turnbull* John Wiley and Sons Inc., New York 1964

[1.10] *Schaefer, J.:* Rectifier circuits, theory and design. John Wiley and Sons, Inc., New York 1965

[1.11] *VDE-Fachbuchreihe:* Energieelektronik und geregelte elektrische Antriebe, Bd. 11, Herausgeber: *R. Jötten* und *K. Steimel* VDE-Verlag GmbH Berlin 1966

[1.12] *Möltgen, G.:* Thyristoren in der technischen Anwendung, Bd. 2, Netzgeführte Stromrichter Siemens Aktiengesellschaft, Berlin-München 1967

[1.13] *Meyer, M.:* Thyristoren in der technischen Anwendung, Bd. 1, Stromrichter mit erzwungener Kommutierung. Siemens Aktiengesellschaft, Berlin-München 1967

[1.14] *Schilling, W.:* Thyristortechnik (Eine Einführung in die Anwendung der Halbleiter in der Starkstromtechnik) R. Oldenbourg Verlag, Berlin 1968

[1.15] Elektronik in der Energietechnik. (Beiträge zur VDE-Fachtagung „Elektronik 1969" (auf der Hannover Messe) VDE/Deutsche Messe- und Ausstellungs-AG Hannover 1969

[1.16] *Heumann, K., Stumpe, A.:* Thyristoren, Eigenschaften und Anwendungen. B. G. Teubner Verlag, Stuttgart 1969

[1.17] *Pelly, B. R.:* Thyristor Phase controlled converters and cycloconverters. John Wiley and Sons, New York 1971

[1.18] Silizium – Stromrichter Handbuch. 25 Autoren der Firma BBC Verlag der Firma Brown Boveri u. Cie. Baden/Schweiz 1971

[1.19] *McMurray, W.:* The theory and design of cycloconverters. The MIT Press, Cambridge, Massachusetts, London, England, 1972

[1.20] *IFAC-Symposium:* Regelung und Steuerung in der Leistungselektronik und bei elektrischen Antrieben, Proceedings, VDI-VDE, GMR Düsseldorf 1974

[1.21] *Csaki, F., Ganszky, K., Ipsits, I., Marti, S.:* Power Electronics. Akademie Verlag Budapest 1975

[1.22] *Heumann, K.:* Grundlagen der Leistungselektronik B. G. Teubner Verlag, Stuttgart 1976

[1.23] Transduktortechnik. (Sammlung von 44 Aufsätzen aus AEG – Mitt. 8./9. und 10./11.1959.) Verlag Allg. Electricitätsges. Berlin 1960 darin: *Mohr, O.*, Grundlagen und Theorie magnetischer Verstärker.

2. Bücher über Hochspannungs- Gleichstrom-Übertragung

[2.1] *Baudisch, K.:* Energieübertragung mit Gleichstrom hoher Spannung Springer-Verlag, Berlin 1950

[2.2] *Adamson, C., Hingorani, N. G.:* High Voltage Direct Current Power Transmission. Garraway, London 1960

[2.3] *Cory, B. J.:* High Voltage Direct Current Converters and Systems. McDonald, London 1965

[2.4] *Kimbark, E. W.:* Direct Current Transmission Vol. I. John Wiley and Co. (Wiley-Interscience), New York 1971

[2.5] *Uhlmann, E.:* Power Transmission by Direct Current. Springer-Verlag, Berlin-Heidelberg-New York 1975

3. Einzelaufsätze

[3.1] *Dällenbach, Gerecke:* Die Strom- und Spannungsverhältnisse der Großgleichrichter. Archiv für Elektrotechnik, 1924

[3.2] *Jungmichl:* Oberwellen in den Primärströmen von Gleichrichteranlagen. Elektrotechnische Zeitschrift 1931

[3.3] *Petersen, W.:* Diskussionsbeitrag zu *M. Schenkel:* Technische Grundlagen und Anwendungen gesteuerter Gleichrichter und Umrichter. ETZ 1932

[3.4] *Müller-Lübeck, K. Uhlmann, E.:* Die Strom- und Spannungsverhältnisse der gittergesteuerten Gleichrichter. Archiv für Elektrotechnik 1933

[3.5] *Uhlmann, E.:* Verbesserung des Leistungsfaktors der gittergesteuerten Gleichrichter mittels zusätzlicher Anoden. Elektrotechnik und Maschinenbau 1933

[3.6] *Lebrecht, L.:* Stromrichterbelastung der Hochspannungsnetze. VDE-Fachberichte 1935

[3.7] *Tröger, R.:* Selbstgeführter mit gittergesteuerten Dampf- oder Gasentladungsgefäßen arbeitender Wechselrichter in Parallelanordnung DRP 682 532 (1936)

[3.8] *Hermle, Partzsch:* Die elektrische Ausrüstung der AEG-Stromrichter-Lokomotive für die Höllentalbahn. Elektrische Bahnen 1937

[3.9] *Tröger, R.:* Freier selbstgeführter Wechsel-Gleichrichter DRP 737991 (1938)

[3.10] *Uhlmann, E.:* Ein einfaches Verfahren zur Berechnung der Oberwellen in Gleichspannung und Netzstrom von Mutatoren. Bulletin des SEV 1941

[3.11] *Leonhard, A.:* Frequenz- und Spannungsverhältnisse in einem durch Wechselrichter gespeisten Drehstromnetz. Elektrotechnik und Maschinenbau 1942

[3.12] *Koppelmann, F.:* Die elektrotechnischen Grundlagen des Kontaktumformers. Elektrotechnik und Maschinenbau 1942

[3.13] *Lebrecht, L.:* Netzrückwirkungen bei stromrichtergespeisten Walzwerksantrieben. Elektrotechnik und Maschinenbau 1942

[3.14] *Read:* The Calculation of Rectifier and Inverter Performance Characteristics Journal Inst. Electrical Engineers 1945

[3.15] *Tröger, R.:* Entstehung der 440 kV-Gleichstrom-Hochspannungsübertragung Elbe-Berlin. Elektrotechnische Zeitschrift 1948

[3.16] *Kettner:* Systeme, Energieverhältnisse und Ausführungsformen der unmittelbaren Umrichter. Elektrische Bahnen 1950

[3.17] *Dobke, Förster, J., Hölters:* Stromrichteranlagen für hohe Leistungen bei höchsten Spannungen. AEG-Mitteilungen 1951

[3.18] *Förster, J.:* Neues Verfahren zur Steuerung eines stromrichtergesteuerten Umkehr-Antriebes. VDE-Fachberichte 1951

[3.19] *Koppelmann, F.:* Der Großkontaktgleichrichter. AEG-Mitteilungen 1951

[3.20] *Hubel, E.:* Stromrichter und Stromrichterschaltungen für Gleichstrom-Hochspannungsübertragung. Elektrotechnik und Maschinenbau 1951

[3.21] *Förster, J.:* Fortschritte auf dem Gebiet der Steuerung und Regelung von Stromrichterantrieben. VDE Fachberichte 1952

[3.22] *Möltgen, G.:* Stromrichteranlagen mit verminderter Blindleistungsaufnahme. Siemens-Zeitschrift 1953

[3.23] *Tröger, R.:* Energetische Darstellung von Blindstromvorgängen. Elektrotechnische Zeitschrift 1953

[3.24] *v. Issendorf, Hartel:* Stromrichter mit Nullanode. Elektrotechnische Zeitschrift 1954

[3.25] *Müller-Lübeck, K.:* Gleichrichter mit Ladekondensator und Hochvakuumröhren oder Selengleichrichtern. Archiv für Elektrotechnik 1954

[3.26] *Jötten, R., Lebrecht, L.:* Die Primärströme der Stromrichterlokomotive im Fahrleitungsnetz und Drehstromnetz. Elektrotechnische Zeitschrift 1956

[3.27] *Jötten, R.:* Regelkreise mit Stromrichtern. AEG-Mitteilungen 1958

[3.28] *Geise, A.:* Leistungsfaktorverbesserung durch Kondensatoren und Saugkreise in Industriewerken mit Stromrichteranlagen. AEG-Mitteilungen 1958

[3.29] *Korb, P.:* Die Gefäßfolgesteuerung, ein Mittel zur Verminderung der Blindleistung von Stromrichteranlagen. Elektrotechnische Zeitschrift A, 1958

[3.30] *Jötten, R.:* Regelungsdynamik stromrichtergespeister Antriebe für durchlaufende Walzenstraßen. Beitrag in 1.6

[3.31] *Förster, J., Stahl:* Die Regelung des Hauptantriebes von stromrichtergespeisten Umkehrwalzwerken. Beitrag in 1.6

[3.32] *Möltgen, G.:* Zur Frage der Spannungsänderungen in Drehstromnetzen bei stoßweiser Stromrichterbelastung. Elektrotechnische Zeitschrift 1959

[3.33] *Jötten, R.:* Zur Theorie und Praxis der Regelung von Stromrichterantrieben. Regelungstechnik 1959

[3.34] *Kanngießer, K. W.:* Ein neuer frequenzelastischer Umrichter. VDE Fachberichte 1960

[3.35] *Meyer, M.:* Neuere Erkenntnisse über den Stromrichter in Gegenparallelschaltung. VDE-Fachberichte 1960

[3.36] *Glas, W.:* Stromrichter-Transformatoren. Elektrotechnische Zeitschrift 1960

[3.37] *Haamann, P.:* Erregung und Regelung großer Synchronmaschinen mit Stromrichtern Elektrotechnische Zeitschrift A, 1960

[3.38] *Jötten, R.:* Geregelter Stromrichter-Umkehrantrieb mit Vierschichtentrioden in Gegenparallelschaltung. AEG-Mitteilungen 1960

[3.39] *Meyer, M.:* Über die untersynchrone Stromrichterkaskade. Elektrotechnische Zeitschrift 1961

[3.40] *Morgan, W.:* A new magnetic controlled rectifier with a saturable reactor controlling on time. AIEE-Transactions, part I, 1961

[3.41] *Zürcher, S.:* Kreisstromfreie Zweistromrichter-Schaltungen. BBC-Mitteilungen 1961

[3.42] *McMurray, W.,* Shattuck: A silicon controlled rectifier inverter with improved commutation AIEE-Transactions, part I, 1961

[3.43] *Depenbrock, M.:* Ruhende Frequenzumformer in der Energietechnik. Elektrotechnische Zeitschrift 1962

[3.44] *Jötten, R.:* Die Berechnung einfach und mehrfach integrierender Regelkreise der Antriebstechnik. AEG-Mitteilungen 1962

[3.45] *Meyer, M., Möltgen, G.:* Kreisströme bei Umkehrstromrichtern. Siemens-Zeitschrift 1963

[3.46] *Turnbull:* Selected harmonic reduction in static dc-ac- inverters. IEEE-Transactions 1963

[3.47] *Uhlmann, E.:* Über die Eigenschaften der Grundschwingungen bei Stromrichtern. Elektrotechnische Zeitschrift 1963

[3.48] *Abraham, L., Heumann, K., Koppelmann, F., Patzschke, U.:* Pulsverfahren der Energieelektronik elektromotorischer Antriebe. VDE-Fachberichte 1964

[3.49] *Berens, W., Glimski, H.:* Ein neues Umrichtungsverfahren für einphasige Verbraucher mit hohem Blindleistungsbedarf. VDE-Fachberichte 1964

[3.50] *Eder, E., Samberger, K.:* Steuerung der Ausgangsspannung bei Wechselrichtern. Siemens-Zeitschrift 1964

[3.51] *Depenbrock, M.:* Selbstgeführter Wechselrichter mit lastunabhängigem Kommutierungsschwingkreis. BBC-Nachrichten 1964

[3.52] *Kanngießer, K. W.:* Umrichter zur Speisung von Drehfeldmaschinen. Elektrotechnische Zeitschrift A 1964

[3.53] *Schönung, A., Stemmler, H.:* Geregelter Umkehrantrieb mit gesteuertem Umrichter nach dem Unterschwingungsverfahren. BBC-Mitteilungen 1964

[3.54] *Schönung, A.:* Möglichkeiten zur Regelung von Drehstrommotoren mit Stromrichtern. BBC-Mitteilungen 1964

[3.55] *Schnörr, R.:* Der Drehstrommotor mit Umrichterspeisung. VDE-Fachberichte 1964

[3.56] *Jötten, R.:* In Frequenz und/oder Spannung bzw. Strom steuer- und regelbarer Umrichter. Deutsches Patentamt, Offenlegungsschrift 1488204 1965/Anm. 1964

[3.57] *Abraham, L., Heumann, K., Koppelmann, F.:* Zwangskommutierte Wechselrichter veränderlicher Frequenz und Spannung. Elektrotechnische Zeitschrift A, 1965

[3.58] *Leonhard, W.:* Regelkreis mit gesteuertem Stromrichter als nichtlineares Abtastproblem. Elektrotechnische Zeitschrift A, 1965

[3.59] *Skudelny, H. C.:* Stromrichterschaltungen für Wechselstrom-Triebfahrzeuge. Elektrotechnische Zeitschrift A, 1965

[3.60] *Borst, D. W., Diebold, E. J., Parrish, F. W.:* Voltage control by means of power thyristors. IEEE Transactions on Industry and General Application. March/April 1966

[3.61] *Morgan, R. E.:* Basic magnetic functions in converters and inverters including new soft commutation. IEEE Transactions on Industry and General Applications, 1966

[3.62] *Abraham, L., Koppelmann, F.:* Die Zwangskommutierung, ein neuer Zweig der Stromrichtertechnik. Elektrotechnische Zeitschrift A, 1966

[3.63] *Bystron, K.:* Strom- und Spannungsverhältnisse beim Drehstrom-Drehstrom-Umrichter mit Gleichstrom-Zwischenkreis. Elektrotechnische Zeitschrift A, 1966

[3.64] *Frankenberg, W.:* Steuereinrichtungen für Stromrichter. Beitrag in 1.11

[3.65] *Wagner, R.:* Elektronische Gleichstromsteller Beitrag in 1.11

[3.66] *Weber, J.:* Elektronische Wechselstrom- und Drehstromsteller Beitrag in 1.11

[3.67] *Möltgen, G.:* Besondere Eigenschaften des Stromrichters in zweipulsiger Brückenschaltung. Siemens-Zeitschrift 1967

[3.68] *Jentsch, W., Lehn, W.:* Weichmagnetische Werkstoffe für Transduktoren. AEG – Mitt. 1959

[3.69] *Schneider, U., Tappeiner, H.:* Zwischenkreisumrichter mit Thyristoren zur Drehzahlsteuerung von Mehrmotorenantrieben. Siemens-Zeitschrift 1967

[3.70] *Mokrytzki, B.:* Pulse width modulated inverters for ac motor drives. IEEE Transactions on Industry and General Applications. 1967

[3.71] *Mapham, N.:* An SCR inverter with good regulation and sine-wave output. IEEE Transactions on Industry and General Applications. 1967

[3.72] *Mapham, N.:* Low cost ultrasonic frequency inverter using single SCR. IEEE Transactions on Industry and General Applications. 1967

[3.73] *Humphrey, A. J.:* Inverter commutation circuits. IEEE Transactions on Industry and General Applications. 1968

[3.74] *Gabler, K., Wallstein, D.:* Frequenzumformung für induktives Erwärmen und Schmelzen mit Elementen der Leistungselektronik BBC-Mitteilungen 1968

[3.75] *Müller-Lübeck, K.:* Gleichrichter in halbgesteuerter Einphasenbrückenschaltung. BBC-Nachrichten 1968

[3.76] *Stemmler, H.:* Speisung einer langsamlaufenden Synchronmaschine mit einem direkten Umrichter. Beitrag in [1.15]

[3.77] *Golde, E., Kulka, S.:* Umrichter für induktive Erwärmung Beitrag in [1.15]

[3.78] *Abraham, L., Häuslen, M.:* Blindstromkompensation über Halbleiterschalter oder Umrichter Beitrag in [1.15]

[3.79] *Förster, J., Putz, U.:* Moderne Stromrichter auf elektrischen Triebfahrzeugen Beitrag in [1.15]

[3.80] *Haböck, A.:* Speisung von Synchronmaschinen über Umrichter mit eingeprägtem Strom im Zwischenkreis Beitrag in [1.15]

[3.81] *Abraham, L., Häusler, M.:* Blindstromkompensation über Halbleiterschalter oder Umrichter Beitrag in [1.15]

[3.82] *Backhaus, G., Möltgen, G.:* Kommutierung beim selbstgeführten Wechselrichter für Betrieb mit eingeprägtem Gleichstrom. Elektrotechnische Zeitschrift A, 1969

[3.83] *Häusler, M.:* Elektrotechnische Grundlagen des gleichspannungsseitig kommutierierenden Stromrichters. Elektrotechnische Zeitschrift A, 1969

[3.84] *Möltgen, G.:* Grundlagen einer Theorie des Stromrichters mit mehrstufiger LC-Kommutierung Siemens-Zeitschrift 1969

[3.85] *Wagner, R.:* Gleichstromsteller mit indirekter Kommutierung. Siemens-Zeitschrift 1969

[3.86] *Wagner, R.:* Strom- und Spannungsverhältnisse beim Gleichstrom-Steller, Siemens-Zeitschrift 1969

[3.87] *Hoffmann, H.:* Kommutierungsvorgänge bei Wechselrichtern in geregelter Brückenschaltung Siemens-Zeitschrift 1969

[3.88] *Köllensperger, D., Tovar, K.:* Stromrichtermotoren größerer Leistung. Siemens-Zeitschrift 1969

[3.89] *Dewan, S. B., Duff, D. L.:* Optimum design of an input-commutated inverter for ac motor control. IEEE Transactions on Industry and General Applications. 1969

[3.90] *Espelage, P. M., Chiera, J. A.:*A wide range static inverter suitable for ac induction motor drives. IEEE Transactions on Industry and General Applications. 1969

[3.91] *Bedford, R. E., Nene, V. D.:* Analysis and performance of a three-phase ring inverter. IEEE Transactions on Industry and General Applications. 1970

[3.92] *Knapp, P.:* Der Gleichstromsteller zum Antrieb und Bremsen von Gleichstromfahrzeugen. BBC-Mitteilungen 1970

[3.93] *Meyer, M.:* Netzverhalten eines Stromrichters in zweipulsiger, unsymmetrisch halbgesteuerter Brückenschaltung. Siemens-Zeitschrift 1970

[3.94] *Buxbaum, A.:* Aufbau und Funktionsweise des adaptiven Ankerstromreglers. Technische Mitteilungen AEG-Telefunken 1971

[3.95] *Mc Murray, W.:* The thyristor electronic transformer, a power converter using a high frequency link. IEEE Transactions on Industry and General Applications. 1971

[3.96] *Golde, E., Riebschläger, H.:* Stromregelung für kreisstromfreie Stromrichterschaltung. Technische Mitteilungen, AEG-Telefunken 1971

[3.97] *Dirr, R., Neuffer, I., Schlüter, W., Waldmann, H.:* Neuartige Regeleinrichtung für doppelgespeiste Asynchronmotoren großer Leistung. Siemens-Zeitschrift 1971

[3.98] *Cordes, D., Eisenack, H.:* Digitale Nachbildung der Vorgänge in Stromrichterschaltungen. Elektrotechnische Zeitschrift 1971

[3.99] *Haböck, A., Köllensperger, D.:* Stand der Entwicklung, Anwendung und Weiterentwicklung des Stromrichtermotors. Siemens-Zeitschrift 1971

[3.100] *Heintze, K., Tappeiner, H.:* Pulswechselrichter zur Drehzahlsteuerung von Asynchronmaschinen. Siemens-Zeitschrift 1971

[3.101] *Neupauen, H., Richter, F.:* Parallelschwingkreisumrichter für die induktive Erwärmung. Siemens-Zeitschrift 1971

[3.102] *Beinhold, G., Wegener, K.:* Kommutierungsschaltung mit verlustarmer Nachladung für selbstgeführte Stromrichter. AEG-Mitteilungen 1972

[3.103] *Buchberger, A., Eckert, I., Leitgeb, W.:* Neue Einsatzmöglichkeiten für ständererregte Synchronmaschinen mit wicklungslosem Läufer durch Stromrichtertechnik. VDE-Fachberichte 1972

[3.104] *Förster, J.:* Löschbare Fahrzeugstromrichter zur Netzentlastung und Stützung. Elektrische Bahnen 1972

[3.105] *Kahlen, K.:* Zweipuls-Gleichstromsteller mit gemeinsamer Löscheinrichtung. Elektrotechnische Zeitschrift A, 1972

[3.106] *Rumpf, E., Ranade, S.:* Comparison of suitable control systems for HVDC. IEEE-Transactions, Bd. 91, 1972

[3.107] *Rumpf, E., Ranade, S.:* Geräte und Verfahren für Steuerung und Regelung einer HGÜ und Gesichtspunkte für ihren Einsatz. Elektrotechnische Zeitschrift A, 1972

[3.108] *Penkowski, L. J., Pruzinsky, K. E.:* Fundamentals of a pulse width modulated power circuit. IEEE Transactions IA 1972

[3.109] *Adams, R. D., Fox, R. S.:* Several modulation techniques for a pulse width modulated inverter. IEEE Transactions IA 1972

[3.110] *Pollack, J. J.:* Advanced pulse width modulated inverter techniques. IEEE Transactions IA 1972

[3.111] *März, G.:* Die zwangskommutierte Drehstrombrückenschaltung. Elektrotechnische Zeitschrift A, 1972

[3.112] *Alexa, D., Priscary, V.:* Selbstgeführte Stromrichter für Umkehrantriebe, die keine Blindleistung benötigen. Elektrotechnische Zeitschrift A, 1973

[3.113] *Depenbrock, M.:* Einphasen-Stromrichter mit sinusförmigem Netzstrom und gut geglätteten Gleichgrößen. Elektrotechnische Zeitschrift A, 1973

[3.114] *Liese, M.:* Gleichstrom-Kompensationswandler mit thyristorgesteuerter Sekundärspannung. Elektrotechnische Zeitschrift A, 1973

[3.115] *Ramey, R. A.:* On the control of magnetic amplifiers. AIEE Transactions Bd. II, 1951

[3.116] *Samberger, K., Weber, J,:* Kommutierungsvorgänge in selbstgeführten Wechselrichtern. Archiv für Elektrotechnik 1973

[3.117] *Zach, E.:* Optimierung des Oberschwingungsgehalts und Leistungsfaktors von Stromrichterschaltungen durch Pulszeitsteuerung (Kombination von Anschnittsteuerung und Zwangskommutierung.) Elektrotechnische Zeitschrift A, 1973

[3.118] *Farrer, W., Miskin, J. D.:* Quasi-sine-wave fully regenerative inverter. PROC. IEE, 1973

[3.119] *Patel, H. S., Hoft, R. G::* Generalized techniques of harmonic elimination and voltage control in thyristor inverters. Part I Harmonic elimination. IEEE Transactions on Industry Applications, 1973

[3.120] *Patel, H. S., Hoft, R. G.:* Generalized techniques of harmonic elimination and voltage control in thyristor inverters. Part II – voltage control techniques. IEEE Transactions Vol. I. A., 1974

[3.121] *Daum, D.:* Steuerung eines einphasigen Stromrichters mit Pulsbreitenmodulation. Beitrag in [1.20]

[3.122] *Wirtz, R.:* Mehrphasiger Thyristor-Wechselrichter mit Zwangskommutierung. Offenlegungsschrift, Int. kl. H 02m 7/48. Deutsche Kl. 21 d2 12/03, 10.8.72/21.2.74

[3.123] *McMurray, W.:* A comparative study of symmetrical three-phase circuits for phase controlled ac motor drives. IEEE Transactions IA 1974

[3.124] *Kunz, U.:* Ein Pulswechselrichter mit weicher Kommutierung. Beitrag in [1.20]

[3.125] *Fick, H., Fleckenstein, V., Loderer, P.:* Bahn-Stromrichter mit gutem Leistungsfaktor. Elektrotechnische Zeitschrift A, 1975

[3.126] *Schröder, D.:* Selbstgeführte Stromrichter mit Phasenfolgelöschung und eingeprägtem Strom. Elektrotechnische Zeitschrift A, 1975

[3.127] *Blumenthal, M., Schnabel, P., Woelky, J.:* Digitales Zündwinkelsteuergerät für netzgeführte Stromrichter an einem Netz variabler Frequenz. Elektrotechnische Zeitschrift A, 1975

[3.128] *Förster, J.:* Zur Stromrichter-Netzbelastung Elektrotechnische Zeitschrift A, 1975

[3.129] *Bowes, S. R.:* New sinusoidal pulse width modulated inverter. Proc. IEE, 1975

[3.130] *Bowes, S. F., Bird, V. M.:* Novel approach to the analysis and synthesis of modulation processes in power converters. Proc. IEE, 1975

[3.131] *Nayak, P. H., Hoft, R. G.:* Optimizing the PWM waveform of a thyristor inverter. IEEE Transactions on Industry Applications, 1975

[3.132] *Zubek, J., Abbondanti, A., Norby, C. J.:* pulse width modulated inverter motor drives with improved modulation. IEEE Transactions on Industry Applications, 1975

[3.133] *Knuth, D.:* Netzbelastungen von anschnitt- und abschnitt-gesteuerten Einphasen-Stromrichtern. Elektrotechnische Zeitschrift A, 1976

[3.134] *Lienau, W., Müller-Hellmann, A.:* Drehstrom-Traktionsantrieb mit stromeinprägendem Zwischenkreisumrichter. Elektrotechnische Zeitschrift A, 1976

[3.135] *Klinger, G.:* Toleranzbandgeregelte Einphasen-Stromrichter-Schaltung mit optimaler Stellgrößenauswahl. Elektrotechnische Zeitschrift A, 1976

4. Dissertationen aus den Jahren 1962 bis 1975

[4.1] *Depenbrock, M.:* Untersuchungen über die Spannungs- und Leistungsverhältnisse bei Umrichtern ohne Energiespeicher. Dissertation, Hannover 1962.

[4.2] *Muttelsee, W.:* Der Dreiphasen-Vierwicklungs-Transformator als Stromrichtertransformator mit gespaltenen Wicklungen. Dissertation, Darmstadt 1963/64

[4.3] *Bystron, D. K.:* Untersuchungen an einem Zwischenkreis-Umrichter in Brückenschaltung zur Drehzahlsteuerung von Asynchronmaschinen. Dissertation, Braunschweig 1964

[4.4] *Böhringer, A.:* Der Anlauf von Stromrichtermotoren mit Gleichstromzwischenkreis. Dissertation, Stuttgart 1965

[4.5] *Abraham, L.:* Der Gleichstrompulswandler und seine digitale Steuerung. Dissertation, Berlin 1967

[4.6] *Peyer, A.:* Beitrag zur Einordnung und Theorie netzgeführter und maschinengeführter Direktumrichter. Dissertation, Graz 1967

[4.7] *Wagner, R.:* Beitrag zur Theorie des direkten Gleichstrom-Gleichstrom-Umrichters. Dissertation, Braunschweig 1968

[4.8] *Häusler, M.:* Der gleichspannungsseitig kommutierende Stromrichter zur Blindleistungserzeugung und zur elastischen Kupplung von Drehstromnetzen. Dissertation, Berlin 1968

[4.9] *Fürnsinn, H. J.:* Einphasen-Pulswechselrichter zur frequenz- und spannungsvariablen Speisung von Einphasen-Asynchronmotoren mit Hilfsstrang unter besonderer Berücksichtigung der Wechselwirkung zwischen Stromrichter und Motor. Dissertation, Wien 1969

[4.10] *Schröder, D.:* Untersuchung der dynamischen Eigenschaften von Stromrichterstellgliedern mit natürlicher Kommutierung. Dissertation, Darmstadt 1969

[4.11] *J. Holtz:* Über den Einsatz des Digitalrechners bei der Nachbildung statischer und dynamischer Vorgänge in Verbundnetzen unter besonderer Berücksichtigung der Hochspannungs- Gleichstromübertragung. Dissertation, Braunschweig 1969

[4.12] *Braun, W.:* Die harmonisierte Steuerung von selbstgeführten Wechselrichtern zur Speisung von Käfigläufermotoren mit Unterdrückung der maßgebenden Stromoberschwingungen. Dissertation, Stuttgart 1971/72

[4.13] *v. Schlotheim, G.:* Untersuchungen an einem neuen zwangskommutierten Direktumrichter zur Speisung ein- oder mehrphasiger Verbraucher. Dissertation, Darmstadt 1971/72

[4.14] *Anschütz, W.:* Die Nachbildung der Hochspannungs-Gleichstromübertragung mit mehr als zwei Stationen auf dem Digitalrechner. Dissertation, Darmstadt 1971

[4.15] *Kahlen, H.:* Vergleichende Untersuchungen an verschiedenen Gleichstromstellern für Fahrzeugantriebe. Dissertation, Aachen 1973

[4.16] *Schmidt, B.:* Der spannungsgesteuerte und selbstgeführte Wechselrichter. Dissertation, Aachen 1973

[4.17] *Willbrand, H. D.:* Beitrag zur Berechnung der Spannungsoberschwingungen in Niederspannungsnetzen, hervorgerufen durch Wechselstromverbraucher mit symmetrischer Phasenanschnittsteuerung. Dissertation, Aachen 1974

[4.18] *Mutschler, P.:* Berechnung von Ausgleichsvorgängen in Drehstromsystemen und Drehstrom-Gleichstrom-Verbundsystemen. Dissertation, Darmstadt 1975

[4.19] *Theuerkauf, H.:* Zur digitalen Nachbildung von Antriebsschaltungen mit umrichtergespeisten Asynchronmaschinen. Dissertation, Braunschweig 1975

[4.20] *Köntje, C.:* Die wirtschaftlichen Auswirkungen phasenschnittgesteuerter Verbraucher in Niederspannungsnetzen. Dissertation, Aachen, 1975

[4.21] *Glatzel, F. J.:* Experimentelle Untersuchung von Netzrückwirkungen des Einsatzes der symmetrischen Phasenanschnittsteuerung bei Elektrowärmeverbrauchsmitteln im Haushalt. Dissertation, Aachen, 1975

Sachwortverzeichnis

Vom gleichen Autor:

Robert Jötten und Helmut Zürneck

Einführung in die Elektrotechnik

Band 1. 1975. VI, 137 Seiten mit 106 Abbildungen.
(uni-text/Studienbuch.) Paperback
ISBN 3 528 03008 9

Inhalt: Begriffe, Größen und Einheiten aus Mechanik, Wärmelehre und Elektrotechnik – Der Strom im Leiter – Netze mit Spannungsquellen und Widerständen – Beispiele nichtlinearer Schaltelemente und Netze – Elektrostatisches Feld – Strom, Spannung, Energieinhalt beim Kondensator – Magnetisches Feld und Induktionsgesetz – Meßtechnik I – Wechselspannung, Wechselstrom – Meßtechnik II – Anhang: Lineare Differentialgleichungen mit konstanten Koeffizienten.

Band 2. 1972. VII, 138 Seiten mit 137 Abbildungen.
(uni-text/Studienbuch.) Paperback
ISBN 3 528 03018 6

Inhalt: Der Transformator – Drehfeldmaschine mit gleichstromerregtem Polrad (Synchronmaschine) – Drehstrom-System – Drehfeld-Transformator und Asynchronmaschine – Die Gleichstrommaschine – Thermische Belastbarkeit und Kühlung elektrischer Maschinen – Bauelemente und elementare Schaltungen der kontaktlosen Steuerungstechnik – Beispiel für Steuerung und Regelung in der Elektrotechnik.